HYDROLOGY

제3판

수문학

이종형 · 김이현 · 박정규 공저

도서출판
구미서관

上善若水

상선약수

水善利萬物而不爭

수선리만물이부쟁

處衆人之所惡

처중인지소오

故幾於道

고기어도

가장 좋은 것은 물과 같다.
물은 만물을
잘 이롭게 하면서도 다투지 않는다.
뭇 사람들이 싫어하는
낮은 곳에 처하기를 좋아한다.
그러므로 도에 가깝다.

[老子道德經]

머리말

인구의 증가와 산업의 발달에 따라 물수요가 급격하게 증가하고 이에 따라 배출량의 증가로 수질이 변화됨에 따라 치수·이수·물환경관리와 수자원이 개발·관리 등이 중요한 과제로 대두된다. 특히 기상상태의 이상화로 강수와 유출현상이 급격하게 변화되므로 수문특성과 분포 등 수문순환과정을 잘 이해하여 수문계획과 설계에 활용할 수 있어야 한다.

본서의 목적은 홍수의 유출계산, 추적계산 그리고 확률계산을 행하는 방법을 해설하고 수문설계에 이르는 제반과정 즉, 수문기상으로부터 유출에 이르는 과정을 연속적·체계적으로 구성하여 수문자료 관측 및 수집, 분석 그리고 수문설계에 이르기까지 단계별로 쉽게 이해할 수 있도록 예비지식과 기본개념을 정리하고자 하였다.

본서는 총 12장으로 구성하였으며 1장은 수문학의 정의, 수문기상, 우리나라 수자원의 특성에 대해 설명하였으며, 2장은 유역의 지형 특성을 나타내는 각종 변수, 3장과 4장은 강우의 원인 및 강우분석, 강수량의 측정, 5장은 유량관측 및 수문곡선, 6장은 침투특성, 7장은 강우의 손실현상, 8장은 강우의 유출특성, 9장은 유출량의 시간분포, 10장은 홍수파의 전파, 11장은 홍수의 발생확률에 대한 개념, 그리고 12장은 수문설계에 대한 기본개념을 서술하였다.

특히 대학 교육과정에서 수문순환의 원리와 기본개념을 이해할 수 있도록 구성하였으며 부족한 점이 많으나 수자원의 계획 및 실무에 활용되었으면 하는 바람이다.

끝으로 이 책의 출판을 위해 애써주신 구미서관 임해진 사장님과 편집부 관계자 여러분께 감사드린다.

2021년 8월
저자 일동

차 례

제1장 | 서론 / 1

1.1 수문학의 정의 ········· 2
1.2 수문순환 ········· 3
1.3 수문기상 ········· 5
1.3.1 대기(atmosphere) ········· 6
1.3.2 태양복사(solar radiation) ········· 11
1.4 우리나라 수자원의 특성과 부존량 ········· 13
1.5 기후변화에 따른 수자원 전망 ········· 16
연습문제 ········· 18

제2장 | 유역의 특성 / 19

2.1 하 천 ········· 20
2.2 하천유역 ········· 21
2.3 하천차수(stream order) ········· 25
2.4 하천길이 ········· 27
2.5 유역형상 ········· 28
2.6 하천밀도와 하도 도달거리 ········· 29

2.7 하천경사 ··············· 30

2.8 유역내의 고도분포 ··············· 31

2.8.1 등고선 면적법 ··············· 32

2.8.2 등고선 연장법 ··············· 33

2.8.3 교점법 ··············· 33

2.9 유역의 평균경사 ··············· 34

2.9.1 등고선 연장법 ··············· 35

2.9.2 교점법 ··············· 35

연습문제 ··············· 38

제3장 | 강수량 / 39

3.1 강수와 그 종류 ··············· 40

3.2 강 우 ··············· 41

3.3 강우의 원인 ··············· 45

3.4 강우의 종류 ··············· 46

3.4.1 대류성 강우 ··············· 47

3.4.2 산악성 강우 ··············· 48

3.4.3 저기압성 강우 ··············· 49

3.5 온대저기압의 비 ··············· 50

3.6 태풍(열대저기압)의 비 ··············· 54

3.7 기록우량과 가능 최대 강우량 ··············· 55

3.8 강우강도식 ··············· 57

3.9 설계호우(design storms) ··············· 61

3.10 유역 평균우량의 산정법 ··············· 64
3.11 우량깊이-유역면적-강우지속기간 관계 ············ 67
3.12 부족한 강우 자료의 보충 ··············· 70
3.13 계기의 일관성(consistency) 검토 및 조정 ······· 72
연습문제 ··············· 77

제4장 | 강수량의 측정 / 81

4.1 우량측정 ··············· 82
4.1.1 우량의 측정원리와 보통우량계 ··············· 82
4.1.2 자기 우량계 ··············· 83
4.1.3 우량계로 우량을 측정할 때의 문제점 ············ 84
4.1.4 우량계의 설치밀도 ··············· 85
4.1.5 우량계의 설치장소 ··············· 89
4.2 기상레이다에 의한 강우지역의 관측 ··············· 90
4.3 인공강우 ··············· 93
연습문제 ··············· 95

제5장 | 수문곡선 / 97

5.1 수문곡선과 하천유량 ··············· 98
5.1.1 수문곡선을 작성할 때 기본생각 ··············· 98
5.1.2 하천 유량측정의 원리 ············ 100

5.2 평균유속관측 ············ 102
5.2.1 유속계에 의한 유속측정 ············ 102
5.2.2 부자(float)에 의한 관측 ············ 105
5.2.3 수직선의 간격 ············ 107
5.3 유속관측의 방법과 장소 ············ 108
5.3.1 유속관측의 방법 ············ 108
5.3.2 관측소의 장소선정 ············ 109
5.4 수위-유량곡선의 작성 ············ 110
5.4.1 수위유량 관계를 지배하는 요소 ············ 110
5.4.2 수위유량 관계의 결정 ············ 111
5.4.3 수위유량곡선의 연장 ············ 113
5.5 수위측정 ············ 114
5.5.1 하천의 수위 ············ 114
5.5.2 보통수위계의 종류 ············ 115
5.5.3 자기수위계의 종류 ············ 116
5.5.4 자기수위계를 설치할 때 필요한 시설 ············ 116
5.6 수문곡선의 작성 ············ 117
5.7 유황곡선(flow duration curve) ············ 119
연습문제 ············ 121

제6장 | 강수의 지중에서 운동 / 123

6.1 지중수 ············ 124
6.1.1 지중수대 ············ 124
6.1.2 토양수대의 물 ············ 126

6.1.3 포화대의 물 ············· 128

6.2 강수의 지중침투 ············· 131

6.3 대수층에 있는 지하수의 운동 ············· 138

6.3.1 포화대의 종류 ············· 138

6.3.2 대수층에서 지하수의 운동 ············· 140

6.3.3 대수층의 지하수 보급과 방출의 방법 ········· 145

6.3.4 하천과 대수층의 관계 ············· 146

연습문제 ············· 148

제7장 | 강우의 손실 / 149

7.1 강우손실의 종류 ············· 150

7.2 웅덩이 저류에 의한 손실 ············· 151

7.3 증발에 의한 손실 ············· 152

7.4 증발산과 증발산량 ············· 161

연습문제 ············· 164

제8장 | 강우의 유출 / 165

8.1 유출 순환 ············· 166

8.1.1 유출과 유출순환 ············· 166

8.1.2 Hoyt에 의한 유출순환 ············· 167

8.2 강우의 유출 ············· 170
8.2.1 유출의 지배요인 ············· 170
8.2.2 유출성분 ············· 173
8.2.3 직접유출과 기저유출 ············· 175
8.3 홍수 수문곡선 ············· 176
8.3.1 홍수 수문곡선의 형 ············· 176
8.3.2 기저유량의 분리와 직접유출유량의 수문곡선 181
8.3.3 조건에 따른 수문곡선의 형상 ············· 182
8.4 유효우량 ············· 184
8.4.1 유효우량의 개념 ············· 184
8.4.2 유효우량 산정방법 ············· 185
8.4.3 침투능값이 전반적으로 낮은 유역에서 유효우량의 취급방법 ············· 186
8.4.4 NRCS의 유효우량 산정방법 ············· 189
연습문제 ············· 197

제9장 ㅣ 유출량의 시간분포 / 199

9.1 유출계산 ············· 200
9.1.1 유출계산 ············· 200
9.1.2 유출의 수치 모형 ············· 201
9.2 합리식법 ············· 202
9.2.1 합리식의 개념 ············· 202
9.2.2 합리식법 ············· 203

9.3 단위도법 ············· 229

9.3.1 단위도(unit hydrograph) ············· 229

9.3.2 단위도법의 이론과 그 적용범위 ············· 230

9.3.3 단위도의 작성 ············· 232

9.3.4 단위도에 의한 직접유량의 수문곡선 계산 ··· 237

9.4 단위도 합성 ············· 238

9.4.1 Snyder 등의 합성단위도법 ············· 238

9.4.2 홍수추적 방법에 의한 단위도 합성법 ········· 241

연습문제 ············· 246

제10장 | 홍수파의 전파 / 249

10.1 홍수파의 전파와 홍수추적 ············· 250

10.2 수문학의 분야에서 행하는 홍수추적계산의 흐름 252

10.3 수문학적 홍수추적 계산법 ············· 254

10.3.1 홍수추적 계산의 기본식 ············· 254

10.3.2 홍수추적계산법의 종류 ············· 255

10.4 수로 추적(channel routing) ············· 257

10.5 Muskingum법 ············· 259

10.6 홍수조절법 ············· 267

10.6.1 저수지에 의한 홍수조절 ············· 268

10.6.2 수로개수 ············· 269

10.6.3 경제적인 홍수조절 ············· 271

10.6.4 홍수조절법의 조합 ············· 272

연습문제 ············· 275

제11장 | 홍수의 발생 확률 / 277

11.1 확률년의 개념 ············· 278

11.2 초과확률과 비초과확률의 개념 ············· 280

11.3 확률년 계산에 필요한 수문자료 ············· 282

11.4 홍수의 확률년 계산에 이용하는 이론확률 밀도함수 284

11.4.1 이론확률 밀도함수의 종류와 형 ············· 284

11.4.2 확률지의 이용 ············· 287

11.4.3 Plotting position ············· 289

11.4.4 통계매개변수 ············· 291

11.4.5 확률년과 확률수문량을 구하는 방법 ········· 293

11.5 홍수의 발생확률을 간접적으로 구하는 방법 ···· 298

11.6 선형 회귀(linear regression) ············· 299

연습문제 ············· 303

제12장 | 수문설계 / 305

12.1 수문설계 축척 ············· 306

12.1.1 추정 한계값 ············· 308

12.1.2 확률을 기초로 한 한계 ············· 309

12.1.3 물 이용에 대한 설계 ············· 310

12.2 설계수준의 선택 ············· 311

12.2.1 경험적 접근 ············· 311

12.2.2 위험도 해석 ············· 312

12.2.3 수문경제 해석 314
연습문제 317

참고문헌 318
부록 321
찾아보기 340

제1장

서 론

1.1 수문학의 정의

1.2 수문순환

1.3 수문기상

1.4 우리나라 수자원의 특성과 부존량

1.5 기후변화에 따른 수자원 전망

제1장

서 론

1.1 수문학의 정의

수문학(水文學, hydrology)은 지구과학의 하나로서, 지구의 물의 생성, 순환과 분포, 화학적 및 물리적 성질 그리고 생물에 대한 관계를 연구하는 것이다. 수문학은 지표수문학과 지하수문학으로 이루어지며, 지구과학에 관계되는 기후학, 기상학, 지질학, 지형학, 지리학 그리고 해양학을 포함한다.

수문학(hydrology)은 넓게 해석하면 "물에 관한 과학"이라 정의된다. 그러나 수문학은 순수한 과학만은 아니고 많은 실용적인 면을 갖고 있으며, 그 실용적인 면을 주체로 한 수문학의 체계에 대해서는 응용수문학(applied hydrology)이라고 부르는 것이 일반적이고, 같은 취지에서 기술수문학(engineering hydrology)이라고도 부른다.

기술수문학은 지구과학을 응용한 것이며, 지구 수자원의 인위적 개발로부터 발생하는 기술적 문제의 해법에 수문학적 원리를 이용한다. 그리고 응용수문학 혹은 기술수문학에 대응하여 수문학의 순수한 과학적 분야를 순수수문학(scientific hydrology)이라고 부른다. 그러므로 수문학을 다시 상세하게 정의하려면 그것을 행하는 사람의 입장에 따라 다르게 번역된다.

수문학을 순수한 과학이라는 입장에서 본 예로 1959년 미국의 당시 대통령에 의해 설치된 과학기술위원회(Ad Hoc Panel on Hydrology of the Federal Council for Science and Technology)는 "Hydrology is the science that treats of the earth, their occurrence, circulation and distribution, their chemical and physical properties, and their reaction with their environment, including their relation to living things. The domain of hydrology embraces the full life history of the water on the erath." "수문학은 지구상의 물을 취급하는 과학으로 물의 발생, 순환과 분포, 화학적 · 물리적 성질, 생물과의 관계를 포함해서 그것이 환경에의 작용을 논하는 것이다"라고 정의를 내렸다.

또 응용면을 강조하는 측에서는 예를 들면 Wisler, C. O.와 Brater, E. F는 "수문학은 지구육상부의 수자원 감소와 보충을 지배하는 과정을 취급하는 과학이다"로 정의하고 있다.

수문힉(hydrology)은 지구표면의 위와 아래에 내한 물의 채십, 분포 그리고 이농의 연구이며, 수문학에는 지표수, 기상학 그리고 지하수라는 세가지 일반적 연구 범위가 있다.

1.2 수문순환

수문순환(水文循環, hydrology cycle)이란 물이 대기중의 수증기로부터 발생하여 지표에 낙하하고 여러 가지 경로를 지나 다시 수증기로 되어서 대기중으로 되돌아가는 반복과정을 말하며 이것을 모식적으로 그린 것을 **수문순환도**라 말하며 그림 1.1과 같다.

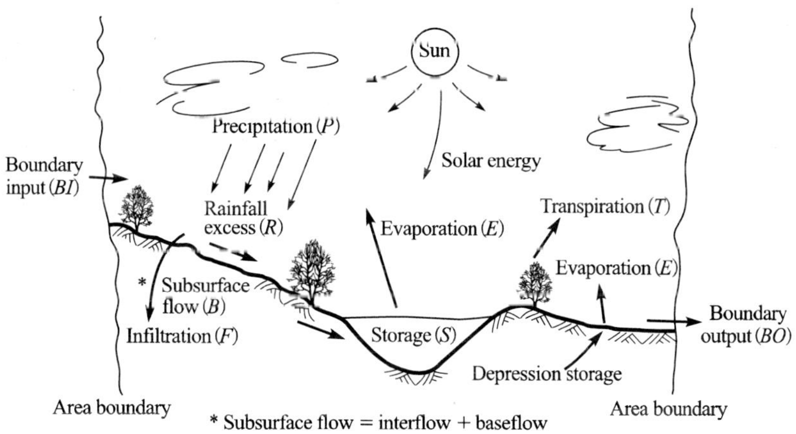

그림 1.1 수문순환

수문순환은 대기, 토지 그리고 바다로 이어지는 지구의 물의 연속적인 재순환 이동을 묘사하고 그 과정은 아주 복잡하며 많은 부순환을 포함한다. 순환의 요소는 강수(precipitation, P), 증발(evaporation, E), 침투(imfiltration, I), 유출(runoff, R), 지하수(groundwater flow, G) 그리고 저류(storage, S)를 포함한다. 순환의 추진력은 태양으로부터 받은 복사에너지로부터 추진된다.

수문순환은 다음 단계로서 단순하게 설명할 수 있다.

① 물은 지구의 바다와 호수로부터 증발한다.
② 증발된 수증기는 구름을 형성한다.
③ 구름은 지구 기후양상의 대기압을 따라 움직인다.
④ 수증기는 응축하고 비, 눈의 형태로 강수한다.
⑤ 비는 땅위에 떨어지고 하천까지 육상을 흐른다.
⑥ 하천은 강까지 흐르고 결국 바다와 호수로 들어간다.

수문순환의 일부분을 나타나는 각 과정을 통과하는 수량에 대해서는 **수문방정식**(hydrological equation) 혹은 **물 수지방정식**(water budget equation)이라는 다음 식이 성립한다.

$$I - O = \Delta S$$

여기서, I는 어느 기간내에서 유입수량, O는 같은 기간내 유출수량, ΔS는 저수량의 변화를 나타낸다.

수문방정식은 일반적으로 연속방정식(continuity equation)과 본질적으로 같은 것이며, 기술수문학은 이 방정식을 해석하기 위한 학문이라고 말할 수 있다.

수문순환의 모든 요소에 대한 계산과정은 조절 표면 혹은 공간의 한정을 요구하고 각자 유입과 유출을 동일시한다. 수학적으로 이 계산을 요약하면 질량 균형 방정식으로 쓸 수 있고 질량 보존의 원리는 유입 빼기 유출은 저류 변화와 같다는 상태로 응용할 수 있다.

$$P + R + B - F - E - T = \Delta S$$

각 요소를 유량(m^3/S)으로 쓴다면 저류도 단위시간당 변화로 표현된다.

$$P + R + B - F - E - T = \frac{\Delta S}{\Delta t}$$

지구상에 존재하는 물의 양은 엄청나지만 지구상에서 구할 수 있는 물의 97.5%가 바닷물처럼 인간이 곧바로 이용할 수 없는 물이고 그대로 이용할 수 있는 담수는 2.5%에 불과하다. 게다가 담수의 68.7%는 극지방이나 높은 산의 빙하·만년설이, 30.1%는 지하수가 차지하고 있다(그림 1.2).

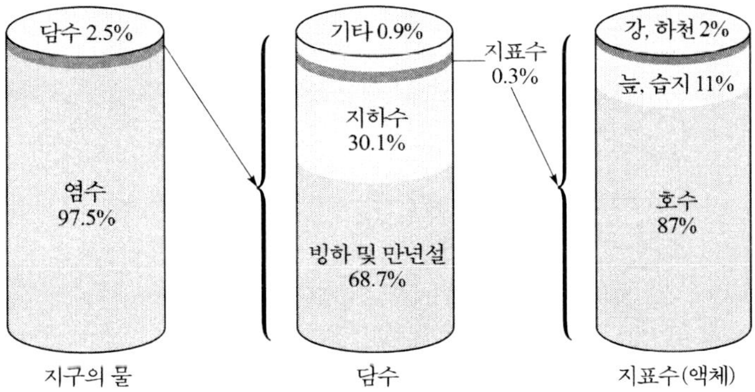

그림 1.2 **지구상 물의 존재**

강과 호수는 거의 대부분 하늘에서 떨어지는 비와 눈으로 채워지며, 연간 지구상에 비나 눈으로 내리는 수자원의 양은 5백 77조m^3에 달한다. 하지만 이 중 80%는 바다위로 쏟아지고 육지에 떨어진 빗물 가운데 63%는 곧장 증발하거나 지하수로 들어가 버린다.

결국 인간이 이용할 수 있는 수자원은 42조 6천억 m^3정도이지만 이 역시 홍수 때 한꺼번에 바다로 흘러가는게 많아 이를 모두 이용하지 못하고 있다.

1.3 수문기상

수문기상학(hydrometeorology)은 기상학 중에서 지구상의 수자원과 관계되는 대기의 현상을 연구하는 과학이며, 일반적으로 강우가 지상에 도달하기 이전까지의 대기 현상을 다루고 있다. 대기의 성질을 지배하는 3요소는 기압, 기온, 습도이며 이것이 비람, 구름, 비, 눈 등에 영향을 준다.

한 지역의 수문학적 특성은 그 지역의 기후와 지형 및 지질구조에 의하여 결정되며 중요한 기상인자로는 강수의 양과 그의 시간 및 공간적 분포, 눈과 얼음의 생성, 그리고 증발과 증산 및 융설에 미치는 대기압, 기온, 습도 및 바람의 영향 등 여러 가지를 들 수 있다. 따라서 수공 구조물의 효율적인 설계, 관리 및 운영을 위해서는 수문기상학적인 고려(hydrometeorological considerations)가 있어야 하는 것이다.

한 지역의 기후는 그 지역이 지구상의 어떤 위치에 자리잡고 있느냐에 따라 주로 결정되는 것이며 중요한 기상학적 인자들은 모두 지구상의 물 순환의 한 과정인 증발과 증산에 직접적인 영향을 미친다.

지형인자는 강수의 형태나 강수량의 분포에 영향을 미치게 되며 호수나 늪지대의 형성 및 유출률(runoff rate)의 정도에 결정적인 요소가 되므로 한 지역의 수문기상에 대단히 중요한 영향을 미친다.

지질인자는 한 지역의 지형형상을 지배할 뿐만 아니라 지표면을 통해 침투한 물이 지하수를 형성하는 대수층(帶水層, aquifer)의 구조에 막대한 영향을 미치게 된다.

1.3.1 대기(atmosphere)

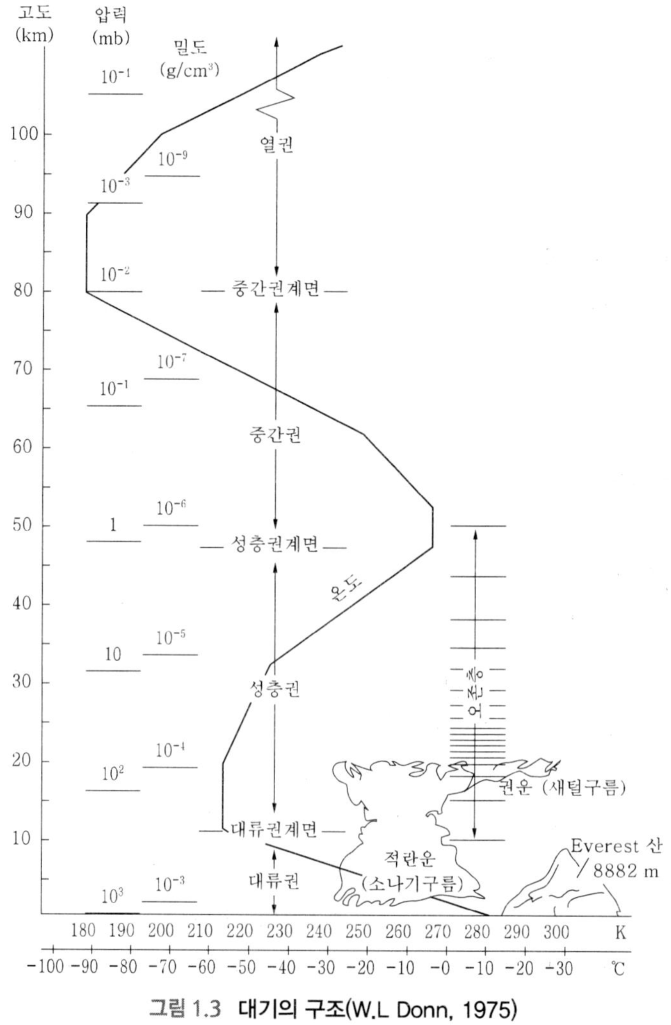

그림 1.3 대기의 구조(W.L Donn, 1975)

대기는 지구 주위에 약 100km 두께로 독특한 보호층으로 형성한다. 공기압력과 밀도는 둘다 고도증가에 따라 급하고 연속적으로 감소하지만 온도는 불규칙하게 변화하나 독특한 방법에 주의한다. 대기의 층인 영역(spheres)은 온도양상에 의해 정의된다. 일반적으로 온도는 대류권(troposphere)을 통하여 감소한 후 20~50km 높이에서 온도증가는 단파 태양복사의 소멸, 열같은 에너지의 방출을 하는 오존층에 기인한다.

수문학자에게 대류권은 대기무게의 75%를 포함하고 사실상 모든 수분을 포함하기 때문에 대단히 중요한 층이다. 기상학자는 성층권과 mesophere에 흥미를 가지는 것이 증가하게 되므로 그들 기원이 되는 대류권과 지구표면에 영향을 미치는 방해의 범위 밖이다.

권계면(tropopause)의 높이는 대류권과 성층권 사이의 경계층으로 8~16km이고 평균적으로 약 11km이다(그림 1.3). 계절적인 변화는 대기권에서 공기 온도와 압력의 변화에 기인한다. 일반적으로 표면 온도가 높을 때 해수면 압력은 높고, 높은 수면에서 일어나는 권계면에 대한 경향이다. 평균적으로 지표면으로부터 권계면까지 온도는 고도증가에 따라 끊임없이 6.5℃/km로 떨어지고, 이를 체감율(lapse rate)이라 한다.

1) 대기압과 밀도

대기압의 기상학자들의 정의는 측정 높이로부터 대기 정상까지 횡단면의 단위 면적당 공기기둥의 무게이다. 더 정확히 압력은 연직 상부공기의 질량(m)에 대한 중력(g)의 작용으로부터 결과되는 단위수평면적에 대한 하향력이라고 생각한다.

해수면에서 평균대기압(p)는 1bar($10^5 Nm^{-2}$)이고, 1bar의 압력은 수은 760mm와 동등하고 표준 수은기압계의 평균 독취이다.

공기밀도(ρ)는 $\rho = P/RT$로써 얻으며 여기서 R은 건조공기에 대한 비공기상수이고, T는 공기온도이다. 해수면에서 평균 $T=288$k이므로 해수면에서 평균밀도 $\rho = 1.2$kg/m^{3}이다. 공기밀도는 높이에 따라 급격하게 떨어진다. 개방된 공기, 압축성유체는 자유로이 팽창하고, 압력처럼 밀도는 높게 무기한으로 감소하며 대기의 한계는 불확실하게 된다. 대류권내에서 낮은 압력한계는 약 100mb이다. 해수면에서 압력 변화 범위는 약 940~1,050mb이고 영국제도 주위 평균해수면 압력은 1,013mb이다.

2) 수증기(water vapor)

대기에서 수증기의 양은 온도에 직접 관계되고, 공기보다 더 가볍지만 수증기는 온도가 고도에 따라 감소하기 때문에 대류권의 낮은 층에 한정된다. 수증기의 분포는 역시 온도에 따라 지구표면에서 변화하며 극지에서 가장 낮고 적도지역에서 가장 높다. 수증기 용적 혹은 공기의 습도(humidity)는 보통 증기압(蒸氣壓, vapour pressure)으로 측정하고, 단위는 millibars(mb)이다.

지구표면의 공기층에서의 습도는 통상 습도계(psychrometer)로 측정한다. Psychrometer는 2개의 습도계로 구성되어 있는데 그 중 하나는 습도계의 발브(bulb) 부분을 물에 추긴 금포로 둘러싼 습도온도계이며 다른 한 개의 온도계는 공기중에 노출되어 있다. 이들 습도계는 바람이 잘 통하도록 환기장치가 부착되며 그 차를 습도강하량(wetblub depression)이라 하며 건구온도계에 나타나는 온도하에서의 실제증기압 e는 다음 식으로 표시할 수 있다.

$$e = e_w - \gamma(t - t_w) \tag{1.1}$$

여기서, t_w는 습구온도계의 독치(℃)이고, e_w는 t_w에서의 포화증기압(milibars)이다. 또한 γ는 psychrometer 상수로서 e를 milibar로 표시했을 때 0.66의 값을 가지고, e를 mmHg로 표시했을 때는 0.485의 값을 가진다.

대기에서 물에 관계하는 물리적 성질을 알아보는 몇 가지를 수문순환의 기상학적 위상에서 일어나는 복잡한 변화의 이해를 돕기 위해 정의한다.

① **포화**(saturation) : 공기는 수증기의 최대양을 포함하고 우세한 온도에서 유지할 수 있을 때 포화되었다고 말한다. 포화증기압(e)과 공기온도 사이의 관계는 그림 1.4에 나타냈다. 지면 가까이의 대표적인 온도에서 e 범위는 5~50이고, 어떤 온도, $T = T_a$에서 포화는 증기압 $e = e_a$에 대응하여 일어난다.

기상학지는 포화된 공기는 수증기를 더욱 차지하고 충분히 잘 분할된 상태에서 액체인 물과 접촉해 있으면 과포화(supersaturated)된다는 것을 인정한다. 그림 1.4의 삽화의 0℃에서 물에 관한 것(e_w)과 얼음에 관한 것(e_i)의 2개 포화증기압곡선이 있다. 그 곡선 사이의 지대에서 공기는 물에 관하여 포화하나 얼음에 관하여 과포화한다. 이것은 뒤에 볼 수 있는 것처럼 대기에서 공통조건이다.

② **이슬점**(dew point) : 비포화된 공기의 질량이 압력이 일정하게 됨에 따라 차가워질 때 포화되는 온도 T_d이다. 그림 1.4에서 온도 T_a에서 공기가 T_d로 차가워지면 대응하는 포화증기압 e_d는 공기에서 수증기의 양을 표시한다.

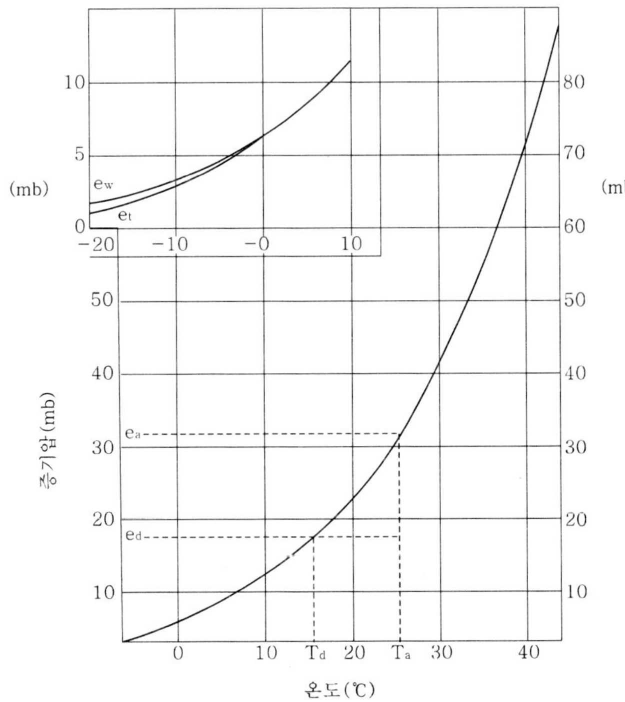

그림 1.4 포화압력과 공기온도($e_a - e_d$ = 포화부족량, T_d = 이슬점온도)

③ **포화부족량** : 공기온도 T_a에서 포화증기압과 이슬점 T_d에서 포화증기압에 의해 표시하는 실제증기압 사이의 차이이다. 포화부족량($e_a - e_d$)는 공기가 포화되기전 온도 T_a를 유지할 수 있는 수증기량을 의미한다.

④ **상대습도**(relative humidity) : 같은 온도에서 공기를 포화하는데 필요한 양과 공기내 수분량의 상대적 측정으로 %로 표시한다.

$$\text{상대습도} = \frac{e_d}{e_a} \times 100(\%) \tag{1.2}$$

⑤ **절대습도**(absolute humidity) : 주어진 온도에서 공기의 단위체적당 수증기의 질량으로써 표시하고 수증기 밀도와 동등하다. 공기의 체적 V (m^3)가 수증기 m_w(g)을 포함하면

$$\rho_w = \frac{m_w}{V} (\text{g/m}^3) \tag{1.3}$$

표 1.1 온도 t℃에 따른 포화증기압 e_a(mmHg), 1mmHg=1.36milibar

온도 t ℃	0.0	0.1	0.2	0.3	0.4	0.5	0.6	0.7	0.8	0.9
−10	2.15									
−9	3.32	2.30	2.29	2.27	2.26	2.24	2.22	2.21	2.19	2.17
−8	2.51	2.49	2.47	2.45	2.43	2.41	2.40	2.38	2.36	2.34
−7	2.71	2.69	2.67	2.65	2.63	2.61	2.59	2.57	2.55	2.53
−6	2.93	2.91	2.89	2.86	2.84	2.82	2.80	2.77	2.75	2.73
−5	3.16	3.14	3.11	3.09	3.06	3.04	3.01	2.99	2.97	2.95
−4	3.41	3.39	3.37	3.34	3.32	3.29	3.27	3.24	3.22	3.18
−3	3.67	3.64	3.62	3.59	3.57	3.54	3.52	3.49	3.46	3.44
−2	3.97	3.94	3.91	3.88	3.85	3.82	3.79	3.76	3.73	3.70
−1	4.26	4.23	4.20	4.17	4.14	4.11	4.08	4.05	4.03	4.00
0	4.58	4.55	4.52	4.49	4.46	4.43	4.40	4.36	4.33	4.29
0	4.58	4.62	4.65	4.69	4.71	4.75	4.78	4.82	4.86	4.89
1	4.92	4.96	5.00	5.03	5.07	5.11	5.14	5.18	5.21	5.25
2	5.29	5.33	5.37	5.40	5.44	5.48	5.53	5.57	5.60	5.64
3	5.68	5.72	5.76	5.80	5.84	5.89	5.93	5.97	6.01	6.06
4	6.10	6.14	6.18	6.23	6.27	6.31	6.36	6.40	6.45	6.49
5	6.54	6.58	6.54	6.68	6.72	6.77	6.82	6.86	6.91	6.96
6	7.01	7.06	7.11	7.16	7.20	7.25	7.31	7.36	7.41	7.46
7	7.51	7.56	7.61	7.67	7.72	7.77	7.82	7.88	7.93	7.98
8	8.04	8.10	8.15	8.21	8.26	8.32	8.37	8.43	8.48	8.54
9	8.61	8.67	8.73	8.78	8.84	8.90	8.96	9.02	9.08	9.14
10	9.20	9.26	9.33	9.39	9.46	9.52	9.58	9.65	9.71	9.77
11	9.84	9.90	9.97	10.03	10.10	10.17	10.24	10.31	10.38	10.45
12	10.52	10.58	10.66	10.72	10.79	10.86	10.93	11.00	11.08	11.15
13	11.24	11.30	11.38	11.75	11.53	11.60	11.68	11.76	11.83	11.91
14	11.98	12.06	12.14	12.22	12.96	12.38	12.46	12.54	12.62	12.70
15	12.78	12.86	12.95	13.03	13.11	13.20	13.28	13.37	13.45	13.54
16	13.63	13.71	13.80	13.90	13.99	14.08	14.17	14.26	14.35	14.44
17	14.53	14.62	14.71	14.80	14.90	14.99	15.09	15.17	15.27	15.38
18	15.46	15.56	15.66	15.76	15.96	15.96	16.06	16.16	16.26	16.36
19	16.46	16.57	16.68	16.79	16.90	17.00	17.10	17.21	17.32	17.43
20	17.53	17.64	17.75	17.86	17.97	18.08	18.20	18.31	18.43	18.54
21	18.65	18.77	18.88	19.00	19.11	19.23	19.35	19.46	19.58	19.70
22	19.82	19.94	20.06	20.19	20.31	20.43	20.58	20.69	20.80	20.93
23	21.05	21.19	21.32	21.45	21.58	21.71	21.84	21.97	22.10	22.23
24	22.27	22.50	22.63	22.76	22.91	23.05	23.19	23.31	23.45	23.60
25	23.75	23.90	24.03	24.20	24.35	24.49	24.64	24.79	24.94	25.08
26	25.31	25.45	25.60	25.74	25.89	26.03	26.18	26.32	26.46	26.60
27	26.74	26.90	27.05	27.21	27.37	27.53	27.69	27.85	28.00	28.16
28	28.32	28.49	28.66	28.83	29.00	29.17	29.34	29.51	29.68	29.85
29	30.03	30.20	30.38	30.56	30.74	30.92	31.10	31.28	31.46	31.64
30	31.82	32.00	32.19	32.38	32.57	32.76	32.95	33.14	33.33	33.52

⑥ **비습도**(specific humidity) : 주어진 체적에서 축축한 공기의 질량과 수증기의 질량을 관계시킨다.
이는 비포화공기의 같은 체적의 밀도와 절대습도를 관계시킨 것과 같다.

$$q= \frac{m_w}{(m_w + m_d)} = \frac{\rho_w}{\rho}(g/kg) \tag{1.4}$$

여기서, m_d는 건조공기의 질량이다.

1.3.2 태양복사(solar radiation)

지구표면에서 에너지의 주요 원천은 복사와 일사(insolation)라는 태양의 복사에너지이다. 그것은 수문순환을 추진하는 열기관의 연료가 지구에 부딪치는 복사에너지이다. 지구표면 위의 어느 점에서 받은 복사에너지의 양은 다음에 정의된 인자에 지배된다.

1) 태양력

태양, 빛나는 물질의 천체는 약 320km 두께의 가스 외부층과 빛전도 그리고 145백만 km의 거리로부터 지구를 향하는 다른 복사를 갖는다. 에너지의 방사율은 그림 1.5에 나타냈으나 이의 작은 파편은 지구에 의해 차단된다. 총에너지의 반은 파길이가 0.4~0.7μm인 자외선 혹은 적외선파로써 도착한다.

태양방사의 최대율(10,500kw/m^2)은 볼 수 있는 빛 범위에서 0.5μm파 길이로 발생한다. 태양력은 태양흑점과 대폭발의 발생에 관련하여 변화하므로 이들은 지구에 의해 받은 에너지양을 평가하여서 무시한다. 총태양복사는 태양상수로써 알고 있는 태양으로부터 평균 거리인 지구에서 태양선과 오른쪽 각도에 위치한 표면의 단위면

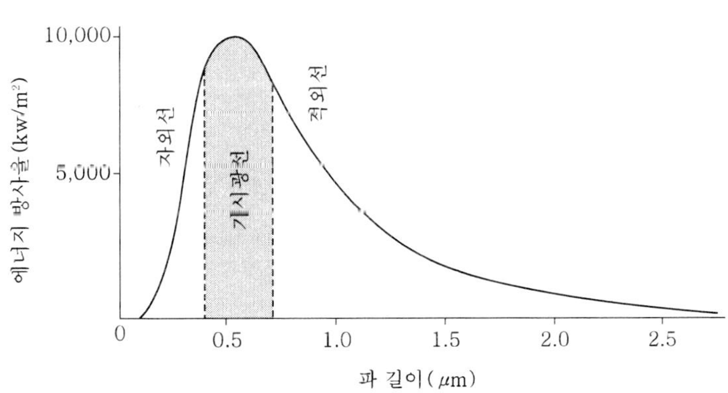

그림 1.5 태양복사

적에 단위시간동안 받는다. 태양상수의 평균값은 1.39kw/m^2(1.99cal/cm^2 · min)이다.

2) 태양으로부터 거리

태양으로부터 지구표면에 관한 어느 점의 거리는 지구의 편심궤도 때문에 연속적으로 변화한다. 지구는 근일점에서 1월에 태양에 가장 가깝고 원일점에서 7월에 태양으로부터 가장 멀다. 태양상수는 따라서 변화한다.

3) 태양의 고도

수평위의 태양고도는 지구상 어느 점에서 받은 태양복사율에 영향되어 구분한다. 태양고도로 결정되는 인자는 위도, 계절 그리고 일의 시간이다.

4) 낮의 길이

지구표면의 한점에 내리는 복사의 총량은 위도와 계절에 의존되는 낮의 길이에 의해 지배된다.

[태양복사에 관한 대기 영향]

대기는 지구의 표면에서 에너지 균형에 영향되어 구분한다. 한 관계에서 극도의 외부 영향으로부터 지구를 보호하는 보호물로써 행위이나 역시 열손실을 직접 막는 것이다. 이는 양방향의 에너지 여과기로써 작용한다. 태양복사와 지구표면 사이의 열교환은 많고 복잡한 점에서 대기를 통하여 지날 때 태양복사로부터 에너지 손실인 감쇠(attenuation)가 다음 세 가지 주요한 사항으로 일어난다.

① **산란**(scattering) : 유입복사의 약9%는 공기 혹은 수증기의 미분자로써 충돌을 통하여 공간으로 되돌아 흩어진다. 게다가 16%가 역시 흩어지나 복사발산, 특히 짧은 파길이로 지구에 도달하며 하늘은 파란 현상을 나타낸다.

② **흡수**(absorption) : 태양복사의 15%는 대기가스 특별히 오존, 수증기와 산화탄소에 의해 흡수된다. 이들 가스는 단지 0.3μm보다 작은 파길이를 흡수하고 이 복사의 매우 작은 것은 고도 40km 아래로 들어간다.

③ **반사**(reflection) : 평균적으로 태양복사의 33%는 구름과 지표로부터 공간으로 되돌아 반사한다. 그 양은 반사하는 표면의 albedo(r)에 의존한다. 흰구름과 신선한 흰 눈은 복사의 양 90%를 반사($r = 0.9$)하나 높은 태양 아래 어두운 열대 바다는 거의 흡수한다($r \to 0$). 이들 두 극단 사이는 조도, 흙의 형태 그리고 토양의 함수비에 의존하는 표면조건의 범위이다. 저수지 수표면의 albedo는 보통 0.05로 가정하고 짧은 유리면은 0.25이다.

여러 가지 대기 손실의 결과로써 단지 태양복사의 43%만 지구표면에 도달하고 43%의 짧은 파성분은 토지와 바다열로써 흡수된다. 지구는 긴파 범위에서 에너지를 복사하고 이 긴파복사는 대기에 의해 쉽사리 흡수된다. 지구표면은 짧은파 태양복사에서 받은 적외선 범위의 많은 에너지의 2배보다 더 방사한다.

1.4 우리나라 수자원의 특성과 부존량

우리나라는 대륙에서 돌출된 반도로 형성되어 있어 기상의 성격이 반대륙성 및 반해양성으로 계절풍과 태풍의 영향을 많이 받는 지대에 속하고 있어 계절적으로 강우차이가 극심한 것이 특색이다.

연평균 강우량은 1,300mm로서 세계평균 813mm 비하여 1.6배로 비교적 많은 편이나 용수이용면에서 보면 인구밀도가 조밀한 관계로 인구 1인당 연간 총우량은 2,546m^3로서 세계 평균 15,044m^3의 1/6 밖에 되지 않으므로 매우 적은 편에 속한다.

우리나라는 국토의 대부분이 급준한 산지가 많으며 평야부는 적고 하천의 유속은 빠르고 격한 편이며, 연평균 강우량의 2/3가 우수기인 6, 7, 8, 9월에 집중 강하하는 기상특성으로 때로는 수해, 때로는 한해 등 재해를 입기 쉽다. 강우량은 대부분 홍수로 유출되어 평상시 유출이 총 수자원 양의 16%밖에 되지 않으므로 하천수 이용율이 매우 낮은 불리한 자연적 여건을 가지고 있다.

또한 지하수의 부존량은 1조 3,240억m^3로 추산되고 있으나 지하수 이용가능량은 120.0억m^3/년에 불과하며 지하수가 부존하고 있는 대수층이 얇고 사전 조사 및 개발에 있어서 기술적 경제적 타당성이 희박하고 또한 유역별 수자원 부존량과 용수수요가 균형을 이루지 못하고 있기 때문에 광역 용수 개발이 불가피하며, 관정 등 소규모 이외의 지하수 개발은 기대하기 어려운 실정이다.

이상과 같은 여건하에 있는 우리나라의 월별 평균강우량은 그림 1.6과 같고 연도별 강수량 변하는 그림 1.7과 같다.

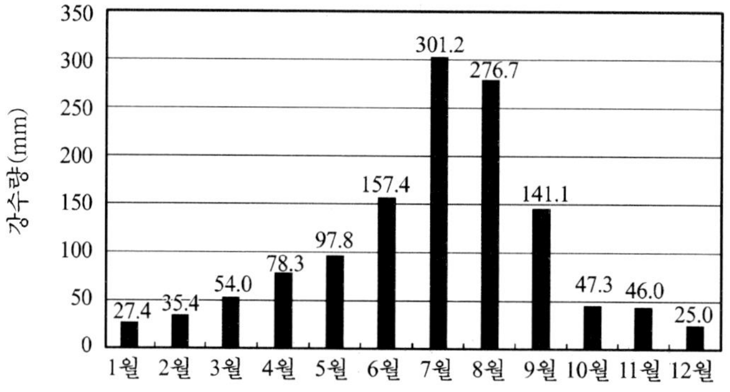

그림 1.6 **월별 평균강우량 (1986~2015)**

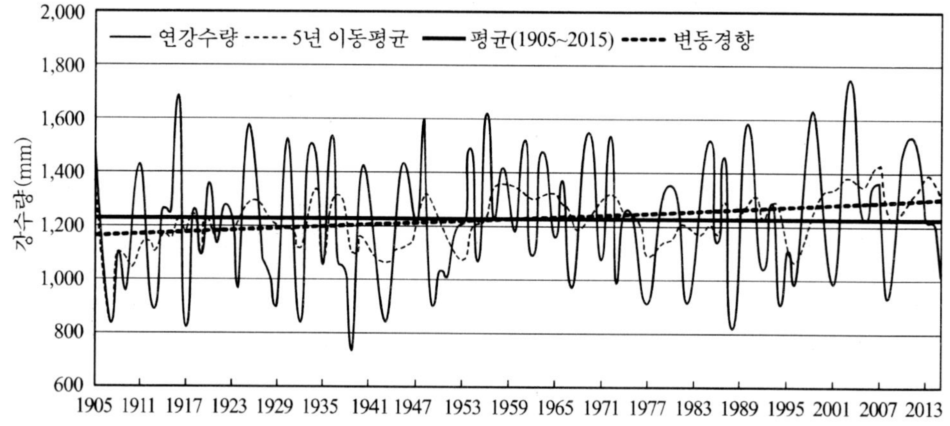

그림 1.7 **연평균 강수량의 경년변화 (1905~2015)**

한편, 우리나라 전역에 내리는 연평균 강수량은 약 1,300mm로서 이는 약 1,323억m^3에 달하는 수량이며 우리나라의 연평균 수자원 부존량이라 할 수 있다.

우리나라는 국토면적의 70%가 지면경사 20%이상인데다 임상(林相)이 불량하여 수원 함양 상태가 좋지 않으며 일단 강우가 있으면 단시간 내에 홍수가 하천으로 유출된다.

유황(流況)의 변동진폭을 대표하는 지표로서 이용되는 **하상계수**가 보여 주듯이 다른나라와 비교하면 하천유황이 불안정하여 연간 760억m^3이라는 영구적인 수자원 부존량을 보유하고 있음에도 불구하고 그 중 548억m^3이 홍수로 유출되어 막대한 재산과 인명을 앗아가면서 바다로 유입되고 있으며 나머지 212억m^3만 홍수기가 아닌 평상시에 유출된다.

표 1.2 **국내 주요하천의 수자원 현황**

이 름	유역면적(km^2)	유로연장(km)	연평균유출량(억m^3)	연평균강수량(mm)
한 강	25,954(35,7701)*	494	160	1,208
낙 동 강	23,384	506	157	1,178
금 강	9,912	398	70	1,227
섬 진 강	4,912	224	41	1,433
영 산 강	3,468	138	28	1,336
안 성 천	1,656	76	11	1,189
삽 교 천	1,649	64	11	1,194
만 경 강	1,504	81	12	1,255
형 산 강	1,133	63	7	1,138
동 진 강	1,124	51	9	1,224

*( )안은 북한시역을 포함한 한강의 유역면적임

표 1.3 **국내외 주요하천의 유량변동계수**

하 천 명	유량변동계수	하 천 명	유량변동계수
한 강	90	테 임 즈 강	8
낙 동 강	260	세 느 강	34
금 강	190	라 인 강	18
섬 진 강	270	나 일 강	30
영 산 강	130	미시시피강	3
양 자 강	22	요 도 강	114

우리나라 하천은 외국의 주요 하천에 비해 최대유량과 최소유량의 격차가 매우 커 연중 강수량의 변동이 심해 기상조건을 반영하고 있다. 이러한 특성은 하천의 물 이용 여건이 유럽이나 다른 외국에 비해 상대적으로 열악함을 단적으로 말해 준다.

또한 우리나라 하천유역에는 산지가 많아 홍수기에는 홍수 직후 1~3일내에 상류의 물이 하구에 도달하므로, 이수측면에서 보면 강수 특성상 홍수기에 집중되는 강우를 모아 갈수기 동안 사용할 수 있는 합리적인 방안을 강구할 필요가 있다.

한편 우리나라의 수자원 부존량과 이용현황은 그림 1.8과 같고, 이를 기초로 수자원의 장기수급계획을 사전에 세워 물의 수요를 충족시킬 수 있도록 공급원을 개발해 나가고 관리를 철저히 해야 물부족 문제를 해결할 수 있을 것이다.

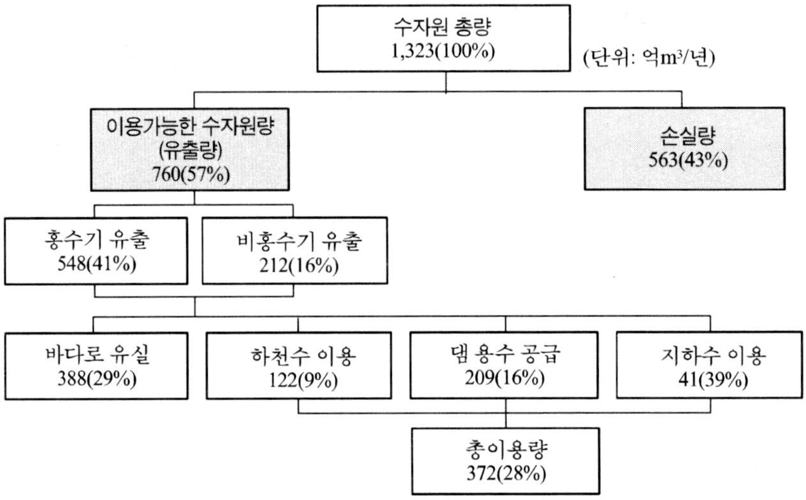

[용도별 수자원 이용현황]

구분	이용량(억 m^3/년)	비율(%)
생활 · 공업 · 농업용수	251	100
- 생활용수	76	30
- 공업용수	23	9
- 농업용수	152	61
하천유지용수	121	
합계	372	

그림 1.8 우리나라 수자원의 부존량 및 이용현황(수자원장기종합계확 수정, 2016)

1.5 기후변화에 따른 수자원 전망

우리가 직면한 물의 위기적 양상은 크게 나뉘어 물의 지역적, 시간적 분포의 불균형에서 야기되는 양적인 부족과, 수질오염과 이에 따른 토양 및 지하수 오염으로 생태계의 순환에 장애가 발생하고, 지구상의 생명의 존재 자체가 위협을 받는 현상으로 대별할 수 있다.

현재의 물 문제는 기상이변이나 해당지역의 지리 · 사회문화적 여건, 그리고 물을 사용하는 국민들의 정서와 실천을 동시에 감안할 것이 요구되는 매우 복잡한 사안이다.

지구온난화로 인한 기후변화는 대규모의 심각한 악영향을 미칠 것으로 예측됨에 따라 전 세계적으로 이슈가 되고 있다. 이러한 기후변화는 인간 삶의 기반 약화, 생태계의 악화, 수자원 및 식량문제, 해안 및 저지대의 위협, 산업 및 인간의 건강을 해치는 등 여러 부문에 광범위하게 영향을 미칠 것이다. 특히, 호우빈도의 증가, 홍수규모 및 빈도의 증가, 태풍강도의 증가 등으로 심각한 자연재해를 유발하게 될 것으로 예상되며 또한, 강수변동성의 증가로 인해 가뭄재해도 증가할 것으로 예상된다.

기상청 발표에 의하면 우리나라의 경우 기온은 20세기 동안 1.5℃ 상승하였으며, 최근 20년간 강수량은 7% 증가한 반면 강수일수는 14% 감소하고 80mm 이상의 호우 발생빈도는 증가하는 추세를 보이고 있다고 하였다. 이러한 극한 강우 특성의 변화는 인간 생활 및 생태계에 변화를 야기할 수 있으며 특히, 홍수 빈도 및 규모에 영향을 미치게 될 것이다.

표 1.4 **연평균 기온 및 연강수량의 변화 전망**

구 분	과거(1971~2000)	미래(2061~2090)	증 가
연평균 기온	12.5℃	16.1℃	3.6℃
연평균 강수량	1,230mm	1,398mm	14.0%

홍수 위험성은 1일 강수량 100mm 이상의 집중호우 발생 횟수가 과거에 비해 2.7배 이상 증가하고, 100년빈도 홍수량이 20% 증가로 현재 100년 및 200년 빈도의 홍수에 견딜 수 있도록 설계된 제방의 홍수방어 능력이 1/2로 감소되며, 아울러 집중호우로 인한 토석류와 산사태 등 토사재해 발생도 증가할 것으로 전망된다.

가뭄의 위험성은 비가 적게 오는 해도 많아져 가뭄 발생 기간이 과거에 비해 3.4배 증가하며 기온상승은 생활·공업·농업용수뿐만 아니라 하천유지용수 등 모든 부분에서 수요 증가 및 부족을 초래하고, 또한 비가 많이 오는 기간이 6~8월에서 7~9월로 이동함에 따라 농업용수 수요가 많은 6월 강수량의 감소로 농업생산량 저하도 예상된다.

수질 및 하천환경에 대한 영향은 수온상승에 따른 하천 및 호소 밑바닥 저·무산소(hypoxia)현상으로 인한 어류집단 폐사 등 수생태 악영향이 발생하고, 강우강도 증가 및 갈수기간 장기화로 탁도 증가 및 수질악화가 우려된다.

연습문제

1.1 수문순환과정을 열거하시오.

1.2 대기의 성질을 지배하는 요소와 기상현상과의 관계를 설명하시오.

1.3 지구상의 수자원 현황과 과제에 대해 설명하시오.

1.4 우리나라 수자원의 특성과 과제에 대해 설명하시오.

1.5 다음을 설명하시오.

① 수문방정식
② 대류권
③ 상대습도
④ 복사에너지양을 지배하는 인자

1.6 대기의 온도 t_1, 상대습도가 75%인 상태에서 증발이 진행되어 온도는 t_2로 상승하고 대기 중의 증기압은 20% 증가하였다. 온도 t_1 및 t_2에서의 포화증기압을 각각 10mmHg 및 18mmHg라 할 때 온도 t_2에서의 상대습도는?

1.7 우리나라 하상계수의 특징과 하천유량관리에 미치는 영향을 설명하시오.

제2장

유역의 특성

2.1 하 천

2.2 하천유역

2.3 하천차수(stream order)

2.4 하천길이

2.5 유역형상

2.6 하천밀도와 하도 도달거리

2.7 하천경사

2.8 유역내의 고도분포

2.9 유역의 평균경사

제2장

유역의 특성

2.1 하 천

지표에 낙하한 강수의 일부는 지표의 경사진 길고 가느다란 웅덩이로 흘러들어 한데 모아져 낮은 쪽으로 향해서 내려가 마침내 호수와 대양(ocean)에 도달한다. 이 흘러내리는 수류를 **하천**(河川, stream)이라 부른다.

하천법에서 정의된 "하천"이란 지표면에 내린 빗물 등이 모여 흐르는 물길로서 공공의 이해에 밀접한 관계에 있어 국가하천 또는 지방하천으로 지정된 것을 말하며, 하천구역과 하천시설을 포함한다고 되어 있다.

하천법상 하천은 국토보전상 또는 국민경제상 중요한 하천으로 기준에 해당하는 하천으로서 국토교통부장관이 명칭과 구간을 지정하는 국가하천과 지방의 공공이해에 밀접한 관계가 있는 국가하천 이외의 하천으로서 시 · 도지사가 명칭과 구간을 지정하는 지방하천으로 구분한다.

하천의 전구간 또는 그 일부 구간에서 물이 흐르는 상황으로부터 상시하천(perennial stream), 간헐하천(intermittnet stream) 그리고 일시하천(ephemeral stream)으로 분류한다. 상시하천은 항상 물이 흐르는 하천이고, 간헐하천은 1년 내의 어느 기간에 물이 마르는 하천이다. 일시하천은 큰 비가 있을 때와 융설 때만 물이 흐르는 하천이다.

하천은 일반적으로 단 1본 만으로 이루어진 것은 없으며 작은 하천이 합쳐져 큰 하천이 되며, 평면적으로 보면 마치 수지상을 나타내며 호수나 바다로 이어진다. 이 하천이 최후로 바다와 호수에 흘러드는 지점을 하구(estuary or river mouth)라 부른다.

하천이 보다 수리학적으로 큰 하천에 이어진 경우 작은쪽의 하천을 **지류**(支流) 혹은 **지천**(tributary or tributary stream)이라 부르며, 큰쪽의 하천을 **본류**(本流) 혹은 **본**

천(main stream)이라 부른다. 또 1개의 하천이 2개로 나누어지는 경우 나누어진 쪽의 하천을 분류 혹은 파천(distributary)이라 부른다. 그리고 지류가 본류에 합해진 지점을 합류점(confluence), 본류에서 분류한 지점을 분류점이라 부른다.

한편 수지상으로 된 하천 및 이것에 연락하는 호소 전체를 일괄하여 **수계**(水系, river system)라 부르고, 그 중심이 되는 하천을 본천(main river or trunk stream)이라 부르며 그 명칭을 그 수계의 명칭으로 한다. 또 이 수지상에 연결되어 있는 수계는 마치 그물 모양으로 보아서 수계망, 혹은 **하천망**(channel network)이라 한다.

2.2 하천유역

수계내 하천의 어느 지점을 흐르고 있는 물은 강수가 지표면에 낙하하여 그 일부가 지표면 위, 지표면 아래 부근, 지표면 보다 훨씬 아래를 흘러 하천에 들어가 하천을 흘러 내려오는 것이며 그 모여져 오는 범위를 **배수유역**(排水流域, drainage basin or catchment)이라 한다(그림 2.1).

그러므로 유역은 하천 도중의 임의 지역의 유역, 지천이 본천에 합류하는 지점의 유역, 하천이 최종적으로 바다와 호수로 흘러드는 지점 즉, 하구의 유역 등과 같은 종류가 있을 수 있다. 각 유역은 물의 이동에 영향을 주는 자신들의 특별한 수문학적 특성을 갖고 이들 매개변수는 유역경계 배수면적, 배수경로, 표면경사, 토지이용, 표면온도 그리고 토양 특성을 포함한다.

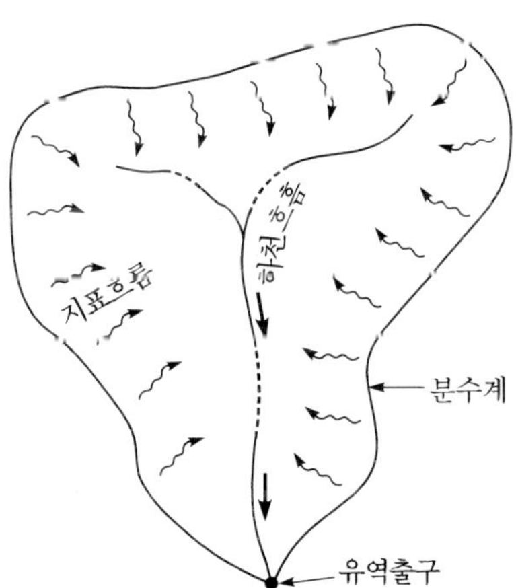

그림 2.1 대표적인 배수유역의 윤곽(지표 흐름은 분수계로부터 중력 방향과 하천쪽으로 향한다)

유역계를 생각하는 경우 하천은 반드시 그 유역계로부터 밖으로 흘러 나가므로 하천과 유역계가 교차하는 지점을 유역의 출구(outlet) 혹은 유역의 입(mouth)이라 일컫는다. 또 유역의 입에서 단위 시간내에 밖으로 흘러나가는 물의 체적(m^3/sec) 즉, 이 지점의 하천 **유량**(流量, discharge)을 **유출량**(流出量, outflow)이라 한다.

배수유역의 경계의 윤곽인 가상의 선은 **유역계**(流域界, basin divide)라 하고 토지의 지형학에 의해 결정한다. 유역계는 하천 주위 토지의 등고선 지도 위에서 윤곽을 그리고 유출 계산에서 첫 번째 단계이다.

그림 2.2는 지도에 윤곽을 그린 배수면적을 갖는 단순화 한 등고선지도를 나타낸다. 배수유역 윤곽을 그리는 첫단계는 유역시작인 하천상 점을 결정한다. 시작점을 해석점(point of analysis) 혹은 도달점(point of concentration)이라 하고 하천을 따라 어느 곳일 수 있다. 일상적으로 해석점은 암거같은 제안된 수리구조물의 위치에서 선택한다.

그림 2.2에서 유역계는 배수유역 윤곽을 그리는 주요원리를 설명한다.

① 등고선에 수직인 계를 그린다.
② 산마루를 따라 산등성이 (안부)를 가로질러 계를 그린다.
③ 저습지를 따르거나 가로 지르는 계를 그리지 않는다.
④ 같은 표고의 두 등고선 사이와 평행하게 계를 그린다.
⑤ 선에 의심이 되면 선 가까이 토지에 떨어진 비를 상상하여 시험한다. 떨어져 만들어진 유출경로를 추적한다.

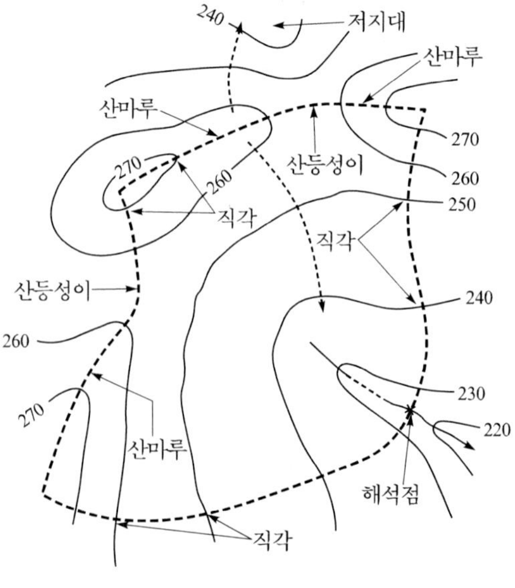

그림 2.2 배수유역의 윤곽을 그리는 원리

유역 윤곽의 주요한 토지 지세를 그림 2.3에 나타냈다. 저지대(swale)는 오르막점으로 굽은 등고선에 의해 특성화되며 산마루(ridge)는 반대로 내리막점 등고선이다. 산등성이(saddle)는 두 산마루와 두 저지대 사이 변이이다.

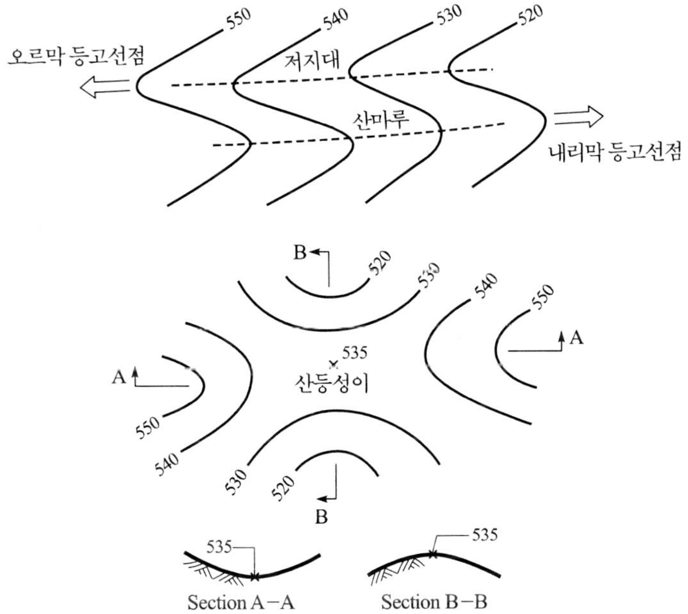

그림 2.3 **저지대, 산마루 그리고 산등성이를 이루는 등고선**

지표면에 낙하한 강수의 일부가 지표면 및 지표면 아래 부근만을 흘러 하천에 유출하는 것이라면 유역계는 지형만으로 용이하게 결정되나 반드시 그런 것만은 아니므로 엄밀한 의미에서의 유역의 결정은 곤란하나, 일반적으로 유역이라는 것은 지형만으로 결정하는 것이 원칙이라고 한다. 이와 같이 지형만으로 결정한 분수계를 특히 **지형학적 분수계**(topographic divide)라 한다(그림 2.4).

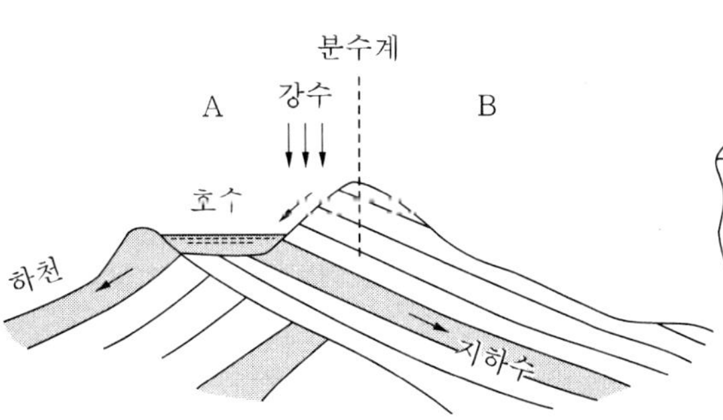

그림 2.4 **분수령**

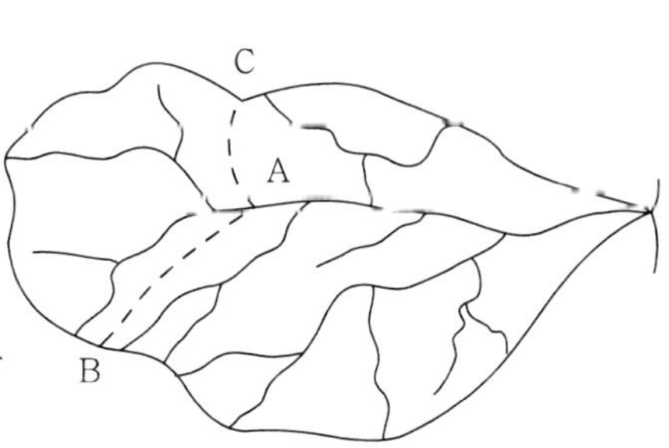

그림 2.5 **집수구역**

배수 유역 윤곽을 그린 후 다음단계는 유역면적을 측정하는 것이다. 면적측정은 윤곽내를 포함한 수평면이며 지표의 실제 표면은 아니다.

모든 배수 면적은 표면 유출을 규정하는 결정적인 중요한 기하학적 변수를 갖는다. 가장 공통적으로 이용되는 기하학적 변수는 면적, 길이 그리고 경사이고 면적은 표면 유출 모형화를 위해 가장 중요한 유역 특성이다. 면적은 유출을 일으키기 위해 수집되는 강우에 대해 이용할 수 있는 그릇의 크기로 규정하고 면적은 유역 묘사의 결과로서 결정된다.

유역넓이는 한 하천 전체에 대해서 생각할 수 있는 외에 하천의 어떤 임의의 점에 관해서도 생각할 수 있다. 즉 그림 2.5의 A점에 대한 유역넓이의 강수가 A점에 모이는 범위의 넓이, 즉 BAC선 상류부의 유역넓이가 된다.

유역 경계 내 면적은 어떤 이용할 수 있는 수단에 의해 측정한다. 지형정보시스템(GIS)와 그 수치 고도 모형(DEM)과 함께라면 유출모형에 도움이 되고 유역 경계 내 유역 면적은 경계선으로서 자동적으로 계산된다.

극면적계(polar planimeter)는 작은 면적 측정에 매우 좋은 정밀한 기계적 탁상용 장치로서 팔 선회축에 부착된 측정바퀴는 주거리에 더하고 빼주어 측정된 면적의 양을 합한다. 그림 2.6은 구적계 이용을 나타내고 구적계를 이용할 때는 항상 세 번 측정하고 평균을 계산한다.

그림 2.5 **극면적계를 이용한 면적 측정**

2.3 하천차수(stream order)

더 정확한 수문곡선 형상을 얻기 위해 유역은 개개의 하천으로 나눌 수 있고 개별적 수문곡선은 각자에 대해 계산한다. 하천차수는 수문곡선을 동일시 하는데 도울 수 있도록 표면배수 부분에 대해 숫자를 사용하는 방식이다.

어떤 작은 하천(일시하천 포함)도 기입되어 있는 수계망도가 준비되어 있다고 하면 그 최종 끝의 하천부분을 모두 제1차 하천의 부분(first order segment)이라 한다. 제1차 하천의 부분끼리 합류하여 흘러온 하천부분을 제2차 하천의 부분(second order segment)이라 한다. 제2차 하천의 부분끼리 합류하여 흘러온 하천부분을 제3차 하천의 부분(third order segment)이라 한다.

또, 예를 들면 제3차 하천의 부분에 제2차, 또는 제1차 하천의 부분이 합류하여도 합류후의 하천부분은 제3차 하천부분이 유지된다. 즉, 제n차끼리의 하천부분이 합류한 후의 하천부분은 제(n +1)차 하천부분이라 하고, 제n차 하천 부분에 대해서 그 보다 낮은 차의 하천부분이 합류하여도 합류 이후의 하천부분의 차수는 변하지 않는다고 한다. 그러므로 수계 본류의 하구부분은 최고차수의 하천부분이 되며, 최고차의 하천부분은 그 유역내에 1본만이 된다(그림 2.7).

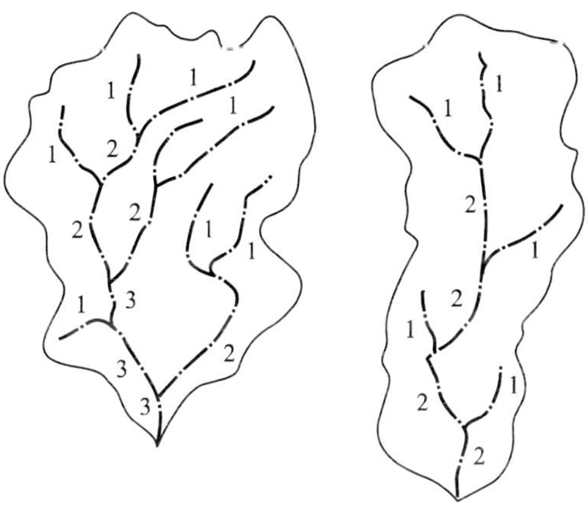

그림 2.7 하천차수

이 같은 방법으로 하천부분을 차이를 둔 것을 **하천차수**(河川次數, stream order)라 부르며 이상 설명한 방법은 Horton에 의해 제창되어 Strahler, A. N.에 의해서 개량·보급된 것이다.

유역의 배수면적 혹은 하천차수는 배수도관으로까지 표면 흐름에 기여하는 면적인 것이다. 2차 유역의 배수면적은 2차 도관만으로 들어오는 배수면적의 합 더하기 도랑을 따르는 기여면적(A_0)로 이루어진다(그림 2.8).

$$A_u = \sum_{i=1}^{n} A_{1i} + \cdots + \sum_{i=1}^{n} A_{i-1i} + \sum_{i=1}^{n} A_{0i} \tag{2.1}$$

여기서, A_i : i 하천 차수의 배수면적

A_1 : 1차 하천의 배수면적

A_0 : 하천을 따르는 배수면적

n : 기여면적의 총수

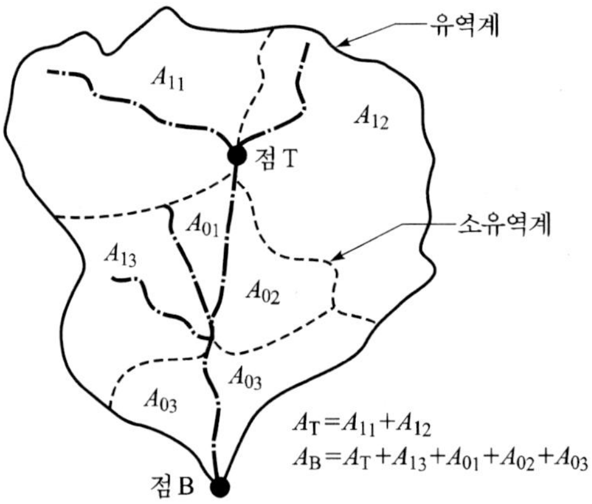

그림 2.8 소유역

배수면적은 많은 수학적 모형에서 입력자료로 이용되고 다른 수문학적 자료와 관계를 갖는다.

a. 단일 큰 유역에 대한 배수면적 대 차수

$$\text{Log} A_u = ku \tag{2.2}$$

여기서, A_u : 유역면적

k : 비례상수

u : 하천차수

b. 지형학적으로 유사한 면적에 대한 하천길이 대 유역면적

$$L = k_1 A^{k_2} \tag{2.3}$$

여기서, L : 도관길이

A : 유역면적

k_1, k_2 : 상수

c. 지형학적으로 유사한 면적에 대한 유량 대 유역면적

$$Q = k_1 A^{k_2} \tag{2.4}$$

여기서, Q : 특정한 재현기간에서 유량

A : 유역면적

k_1, k_2 : 상수

지금 차수가 u 및 $u+1$ 하천부분의 수를 N_u, N_{u+1}로 하면 **분기비**(分岐比, bifurcation ratio)는

$$R_b = \frac{N_u}{N_{u+1}} \tag{2.5}$$

이 분기비 값은 이웃한 차수마다 완전히 일정값으로 되는 것은 아니며, 1개의 수계에 대해서 보면 거의 일정한 값이라고 볼 수 있다. 분기비 값은 일반적으로 3.0~5.0이며 이론적으로 그 최저치는 2.0이 된다.

그림 2.9와 같이 분기비 값이 극단으로 큰 유역 A, 극단으로 작아서 이론 최저치에 가까운 유역 C, 그것에 평균적인 유역 B를 생각하여 보면 유역에 같은 호우가 내린 경우 유역 출구의 유출량에는 극단으로 차이가 나타나는 것을 쉽게 예상할 수 있을 것이다. 여기서, 이같이 다른 큰 유역에서 유출량의 비교를 행하는 경우에는 일반적으로 유출량 Q를 유역면적 A로 나누어서 단위면적당의 유출량으로 환산한 값 즉, 비유량(specific discharge)을 이용하는 편이 좋다.

위와 같은 하천차수를 이용하면서 유역끼리의 비교, 특이한 유역의 발견이 용이하게 되며, 또 수계망을 정량적으로 표현하는데 대단히 유용하다.

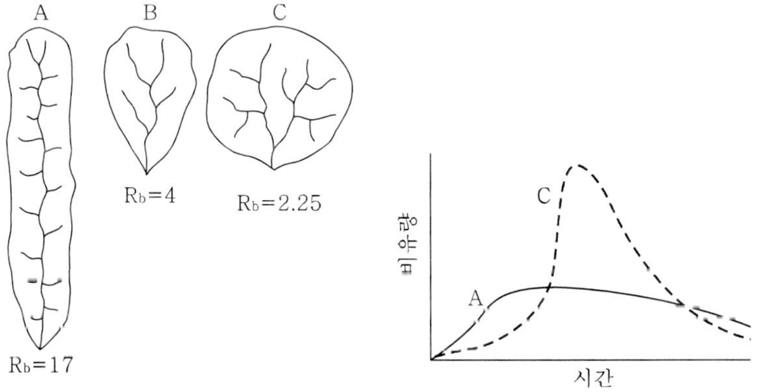

그림 2.9 분기비 값이 극단으로 큰 값과 작은 값을 나타내는 가상의 유역

2.4 하천길이

하천의 길이는 수계의 본천의 하구에서 최상류단까지의 총연장을 말한다. 수계의 어느 부분을 본천이라고 부르느냐 판정에 망설일 수 있으나 이 같은 경우에는 통상 유역면적이 넓은쪽, 유로연장이 긴쪽, 홍수시 유출량이 큰쪽 중 어느 것 1개를 기준으로 하

여 1개를 본천, 기타를 지천이라고 본다.

하천의 길이를 논하는 경우 차수별로 그 하천부분의 평균길이를 생각하는 경우가 좋다. 즉, 차수가 u 인 개개의 하천부분의 길이를 L_u , 그 본수를 N_u , 평균길이를 $\overline{L}_u$ 로 하면 다음 식과 같이 된다.

$$\overline{L}_u = \frac{\sum_{i=1}^{N} L_u}{N_u} \tag{2.6}$$

지금 본천의 차수가 K인 수계의 각 차수별 하천부분의 길이$\overline{L}_u$를 계산하여 전부 합하면 즉,$\Sigma\overline{L}_u$가 그 수계의 하천길이가 되는 것이다(그림 2.10).

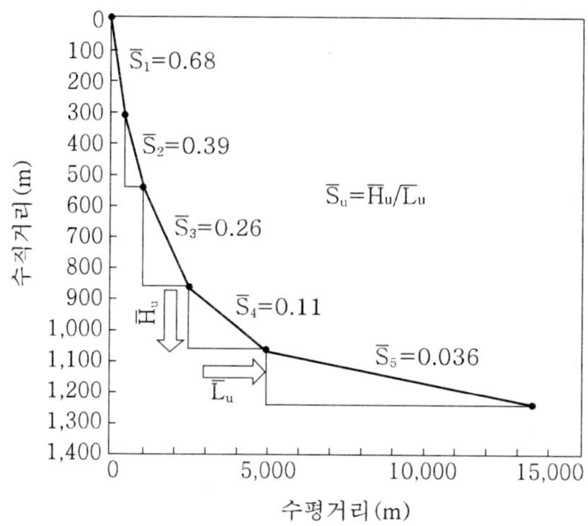

그림 2.10 차수의 개념을 응용한 하천길이와 복합경사

2.5 유역형상

유역형상(basin shape or outline form)은 그 유역에서 홍수시 유출량에 크게 영향한다. 예를 들면 2.3절에서 이미 기술한 것 같이 분기비 값이 큰 가늘고 긴 유역과 작으며 둥근 유역이라면 극단으로 유출량이 다른 것은 그 예이다.

유역길이는 유역 형상을 규정하는 데 도움이 되는 특성이다. 유역길이는 거리로써 규정하며 유역 출구에서 시작하여 유역의 주수로를 따라 유역계까지 육상으로 가로지른다.

어느 하천의 유역면적 A_u 를 유역길이 L_b로 나눈 값을 유역의 평균폭이라 한다.

$$B = \frac{A_u}{L_b} \tag{2.7}$$

B 가 L_b에 비해서 작으면 유역의 형은 가늘고 길게 되며, B 와 L_b가 거의 같으면 유역의 형은 거의 원형에 가깝다. Horton은 유역의 형상을 정량적으로 나타내기 위해 유역의 **형상계수**(形狀係數, form factor)라는 지표를 제안했다. 즉,

$$R_f = \frac{B}{L_b} = \frac{A_u}{L_b^2} \tag{2.8}$$

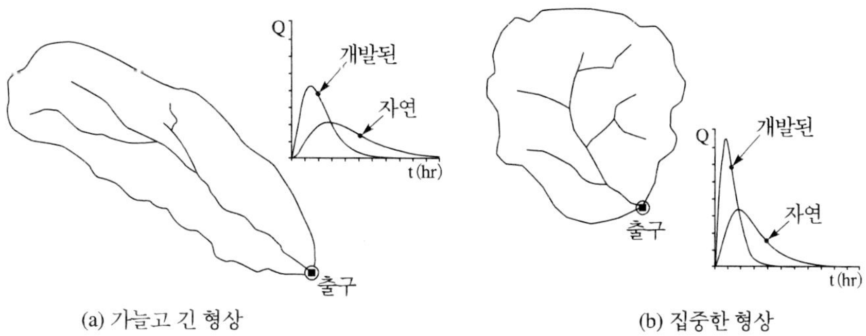

그림 2.11 수문곡선 형상에 관한 유역과 토지이용의 영향

2.6 하천밀도와 하도 도달거리

하천밀도(drainage density)란 단위면적내를 흐르는 하천의 평균길이로 다음 식과 같다.

$$D = \frac{\sum_{i=1}^{k}\sum_{i=1}^{N} L_u}{A_u} \tag{2.9}$$

여기서, k는 최고차의 차수, A_u 는 유역면적이다.

하천밀도의 역수를 하도유지상수(constant of maintenance)라 한다. 즉,

$$C = \frac{1}{D}$$

이것은 단위거리의 하도를 유지하는데는 어느 만큼의 유역면적이 필요한가를 나타내

는 값이다. Horton은 분수계에 내린 강수가 지표면을 흘러서 근처 하천에 흘러들기까지의 수평거리를 하도 도달거리라 정의하여 그 수문학적 중요성을 지적하고 있으며 평균하도 도달거리$\overline{L}_g$와 하천밀도 및 하도유지상수 사이에는 다음 관계가 있다.

$$\overline{L}_g = \frac{1}{2D} = \frac{C}{2} \tag{2.10}$$

2.7 하천경사

하천경사(stream slope)는 하천에서 그 성질을 결정하는 가장 중요한 요소이다. 하천이 1본 밖에 없는 경우는 문제가 없으나 수계의 경우에는 많은 하천이 있어서 간단히 수계로서의 하천경사를 논하는 수밖에 없다. 수계로서 하천경사를 구하는 경우 다음 두 가지 방법이 있다.

① 본천의 경사를 수계로서의 하천경사로 한다.
② 복합경사를 이용한다.

①에 대해서는 수계중에서 어느 것이 본천인가를 결정하면 용이하게 지형도 등에서 구한다. 그러나 본천과 현저히 성격이 다른 큰 지천이 있는 경우 등 그것이 수계를 대표한 값이라고 말하기 어려운 경우가 가끔 생긴다. ②의 방법은 수계의 각 차수마다에 하천부분의 평균 수평거리와 평균낙차를 구해서 각 차수마다의 평균경사를 구하는 방

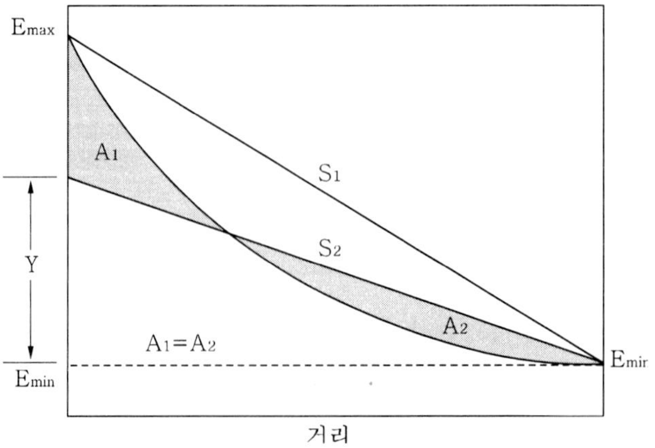

그림 2.12 수로경사의 개요

법이며 이론적으로는 완전하다. 그러나 가상 하천경사이므로 실제작업에 결부해서 어려운 것이 단점이다.

일반적으로 하천경사의 계산법은 다음과 같다.

$$S_c = \frac{\Delta E}{L_c} \tag{2.11}$$

여기서, ΔE는 수로의 상부와 하부 끝점 사이의 고도차이, L_c는 두 점 사이의 수로 길이이다.

수로경사가 균등하지 않는 경우에 대하여 가중경사는 유역의 수문응답에 관한 경사의 영향을 더 반영하는 지수를 준비해야 한다. 수로경사지수는 다음과 같이 정의한다.

$$S_1 = (n/k)^2 \tag{2.12}$$

여기서, i 는 나누어진 수로 부분의 수이다.

$$K = \sum_{i=1}^{n} \frac{1}{(\Delta e_1 / l_i)^{0.5}}$$

여기서, Δe_1는 수로 부분 i 의 끝점 사이의 고도차이, l_i 는 부분 i 의 길이이다.

예제 2.1

유역이 부분으로 나누어지면 각 부유역에서 수로구간은 수로경사 계산에 이용할 수 있다. 다음 도표는 부유역과 전체유역에 대한 수로와 유역경사를 나타낸다.

구간	고도변화 (m)	구간길이 (m)	수로경사 (m/m)	부면적	고도변화 (m)	길이 (m)	유역경사 (m/m)
1	450-340=110	4,750	0.023	1	608-340=268	6,750	0.040
2	400-340=60	2,375	0.025	2	540-340=200	5,000	0.040
3	340-300=40	3,600	0.011	3	540-300=240	5,100	0.047
전체	450-300=150	8,350	0.018	전체	608-300=308	10,350	0.030

일반적으로 유역이 측면경사는 수로보다 항상 경사가 급하기 때문에 유역경사는 수로경사보다 더 크다.

2.8 유역내의 고도분포

하천유역은 전체로서는 상류에서 하류로 향하여 경사하고 있다. 일반적으로 장기간의 강수량은 고도 1,000~1,500m까지는 해발고도에 비례해서 증대한다고 한다. 또 눈은 떨어지는 양과 녹는 시기 및 녹는 쪽이 대단히 고도의 영향을 받는다. 그러므로 유역에서의 유출량은 유역내의 고도분포에 크게 좌우되는 것을 생각할 수 있다.

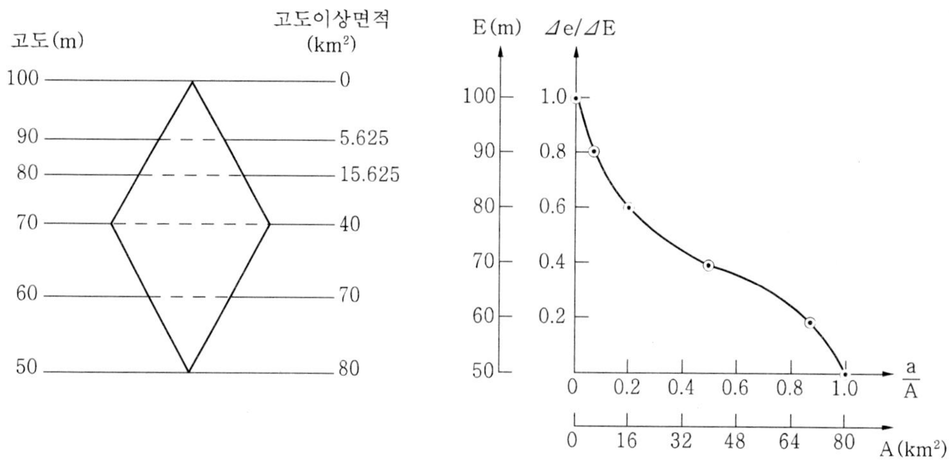

(a) 유역 (b) 상대고도곡선

그림 2.13 가정의 유역에 대한 면적–고도곡선의 작성

유역내의 고도 분포를 나타내는 데는 면적고도곡선(hypsometric or elevation curve)을 작성하면 좋다. 이것은 지형도상에서 일정의 고도간격마다에 면적을 측정하여 종축에 해발고도를 취하며 횡축에 임의의 해발고도보다 낮은 부분의 면적을 취해서 나타낸 것이다. 또 고도와 면적이 다른 유역상호의 비교에는 면적고도비곡선(percentage hypsometric curve)을 이용하는 것이 편리하다.

유역내의 고도분포 상황을 나타내는 지표로서 자주 유역평균고도(mean elevation of basin)가 이용된다. 이것을 구하는 데는 몇 가지 방법이 있으며, 자주 이용하는 것은 다음 세 가지 방법이다.

2.8.1 등고선 면적법

일정의 고도마다 등고선을 그린 지형도가 있는 경우에는 면적계로 각 등고선 사이의 대상면적 a를 측정하여 그것에 양측의 등고선 고도 h_1과 h_2의 평균값을 곱해서 누계하여 유역면적 A로 나누어 평균고도 E로 한다. 즉,

$$E = \frac{1}{A}\Sigma\left(a \times \frac{h_1 + h_2}{2}\right) \tag{2.13}$$

2.8.2 등고선 연장법

등간격의 등고선(고도 h)의 길이 l 를 측선계로 측정하여 다음 식으로 계산한다.

$$E = \frac{\Sigma(\ell h)}{\Sigma l} \qquad (2.14)$$

2.8.3 교점법

이상의 두 방법은 소유역에 대해서 행하는 방법으로 대유역에 대해서는 간략법인 교점법이 이용된다. 즉, 등고선이 넣어진 유역의 지형도에 등간격의 격자망을 덮어서 그 교점에서 고도를 측정하여 평균하여 평균고도를 구한다.

예제 2.2

어떤 하천유역의 다른 등고선 고도 사이의 면적이 다음과 같다. 유역에 있어서 평균과 중간고도를 결정하여라.

등고선 고도(m)	등고선 사이의 면적(km^2)
< 225	181
225~300	723
300~375	1,144
375~450	814
450~525	216
525~600	46
> 600	140

풀이

표 2.1 유역의 평균고도의 계산

등고선 고도 (m)	등고선 사이의 평균고도, E_1(m)	등고선사이의 면적, a_1 (km^2)	계산결과, $a_1 \times E_1$ (km^2 - m)	평균고도 (m)
1	2	3	4	5
< 225	200	181	36,200	
225~300	262.5	723	190,000	$E_b = \frac{\Sigma a_1 E_1}{\Sigma a_1}$
300~375	337.5	1,144	3,860,000	
375~450	412.5	814	335,500	$= \frac{1,169,940}{3,264}$
450~525	487.5	216	150,400	
525~600	562.5	46	25,840	$= 358m$
> 600	650	140	91,000	
		3,264= $\Sigma a_1 = A$	1,169,940= $\Sigma a_1 E_1$	

표 2.2 유역의 중간고도의 계산

등고선 고도(m)	등고선사이의 면적, a_1(km^2)	전체면적 비율(%)	주어진 최저한계 이상의 총면적의 %
< 225	181	5.5	100.0
225~300	723	22.1	94.5
300~375	1,144	35.1	72.4
375~450	814	25.0	37.3
450~525	216	6.6	12.3
525~600	46	1.4	5.7
> 600	140	4.3	4.3
	A=3,264		

이 결과를 그래프로 나타낸 것이 그림 2.10과 같으며 중간고도는 면적비율 50%에 해당하는 350m이다.

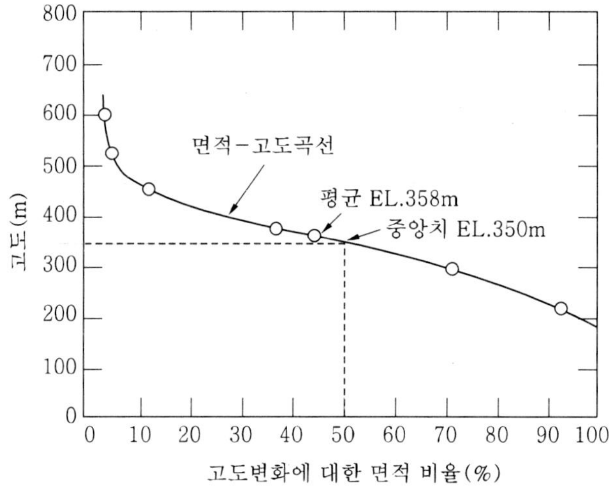

그림 2.14 Hypsometric 곡선

2.9 유역의 평균경사

유역경사는 유역 전체의 평균 표면 경사를 반영하는 매우 일반적 용어이다. 대부분에서 이 유역특성은 강우에 응답하는 유역의 능력을 반영한다. 경사는 유역 표면을 따라서 이동에 이용할 수 있는 에너지의 척도이기 때문에 중요한 변수이다.

유역은 사면의 집합체이다. 유역내에 급사면이 많으면 강수의 일부가 하천으로 도달하는 시간이 짧게 되며 더구나 그것을 빨리 하류로 흘러가게 하므로 유역의 경사는 유출의 문제에 있어서 대단히 중요한 요소로 되는 것은 의심할 여지가 없다.

GIS내 DEM을 이용하면 유역경사는 쉽게 계산한다. 지형도에서 유역경사는 유역내 여러 육상 흐름경로에 대한 표면 경사 계산과 수학적 평균 계산에 의해 잘 결정한다. 경사는 다음과 같이 단순하게 계산한다.

$$S = \frac{\Delta h}{L} \tag{2.15}$$

여기서, Δh는 육상경로를 따라서 고도 변화, L은 경로길이

유역내 1지점의 경사를 아는 것은 용이하나 유역의 평균경사란 평균고도를 구하는 것 같이 간단하지 않다. 유역평균경사(mean slope of basin)를 구하는 방법으로서는 다음 두 가지 방법이 이용되고 있다.

2.9.1 등고선 연장법

유역내 일정 간격의 각 등고선 길이 l의 총계 Σl로 유역면적 A를 나누면 각 등고선간의 수평 평균거리 $\bar{d}$를 구한다. 유역평균경사 S_g는 등고선의 일정간격을 Δh로 하면 다음식이 된다.

$$S_g = \frac{\Delta h}{\bar{d}} \tag{2.16}$$

2.9.2 교점법

등고선연장법은 정확하나 많은 노력을 필요로 하므로 Horton은 대유역에 대한 간편법을 나음과 같이 세안했나. 우선 대상 유역에 적당한 크기의 격자를 덮어 그 격자의 선과 등고선의 교섬수 N을 센다. 서로 이웃하는 등고선에 끼어있는 격자선의 길이를 l, 이것과 등고선이 교차하는 각도를 α로 하면 이 2본의 등고선 사이의 거리는 $l\sin\alpha$와 같다.

그러므로 전교점 N에 대해시 시로 이웃하는 2본의 등고선 사이의 거리 평균값 $\bar{d}$는 디음식과 길다.

$$\bar{d} = \frac{\Sigma l \sin\alpha}{N} \tag{2.17}$$

N가 극히 많을 때는 등고선과 격자선이 교차하는 각도 α는 $0 \sim \frac{\pi}{2}$이며 $\sin\alpha$의 평균값으로서

$$\frac{2}{\pi}\int_0^{\pi/2}\sin\alpha\, d\alpha = \frac{2}{\pi}$$

을 이용하면 식은 다음과 같이 쓸 수 있다.

$$\bar{d} = \frac{2}{\pi}\frac{1}{N}\Sigma l \tag{2.18}$$

그러므로 등고선 간격을 Δh로 하면 유역평균경사 S_g는

$$S_g = \frac{\Delta h}{\bar{d}} = 1.571\frac{N\Delta h}{\Sigma l} \tag{2.19}$$

즉, 격자선의 총길이 Σl과 격자선과 등고선의 교점수 N만 지형도상에서 측정하면 유역평균경사를 구하는 것이 가능하다.

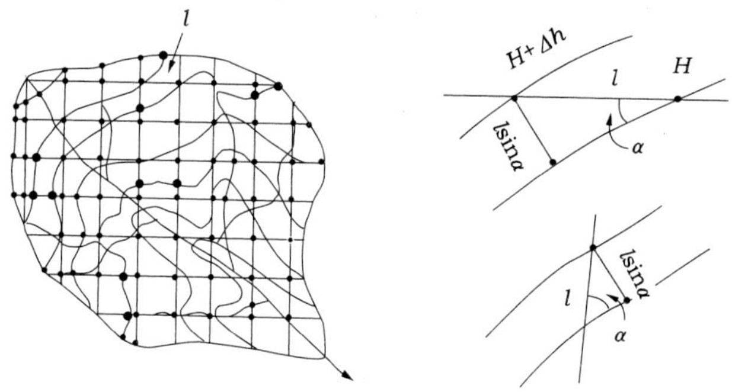

그림 2.15 교점법

예제 2.3

그림 2.16에 나타낸 유역에 대하여 5개 경로에 대한 평균 유역 경사를 결정하시오.

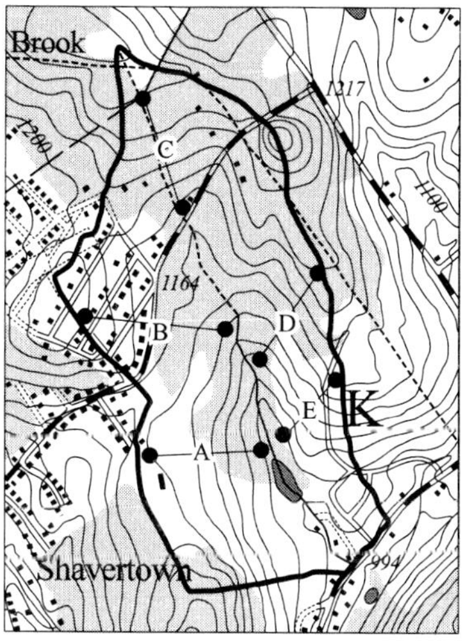

그림 2.16 **유역경사는 여러 경로경사를 평균하여 결정**

풀이

경로	Δh(m)	L(m)	경사(m/m)
A	1140-1040=100	1000	0.100
B	1220-1120=100	1250	0.080
C	1280-1180=100	980	0.102
D	1220-1080=140	920	0.152
E	1160-1040=120	670	0.179
평균			0.123

연습문제

2.1 다음을 설명하시오.

① 간헐하천
② 본류
③ 유역
④ 비유량
⑤ 면적 고도곡선

2.2 하천차수의 법칙에 대해 설명하시오.

2.3 분기비에 따른 유역의 형상과 유출특성에 대해 설명하시오.

2.4 유역면적이 258,948km^2, 길이 1,400km일 때 형상계수를 계산하시오.

2.5 유역의 고도분포에 따른 강우와 유출특성에 대해 설명하시오.

2.6 지형도를 이용하여 지역하천의 유역계를 표시하고 각 변수를 구하시오.

제3장

강수량

3.1 강수와 그 종류
3.2 강 우
3.3 강우의 원인
3.4 강우의 종류
3.5 온대저기압의 비
3.6 태풍(열대저기압)의 비
3.7 기록우량과 가능 최대 강우량
3.8 강우강도식
3.9 설계호우(design storms)
3.10 유역 평균우량의 산정법
3.11 우량깊이-유역면적-강우지속기간 관계
3.12 부족한 강우 자료의 보충
3.13 계기의 일관성(consistency) 검토 및 조정

제**3**장

강수량

3.1 강수와 그 종류

강수(降水)란 그 형이 액체인가, 얼어서 고체로 변하여 있는가를 따져서 대기로부터 낙하하여서 지면에 도달하는 물 입자의 전체 형태를 가리킨다.

강수량(降水量, precipitation)은 어느 특정 기간내에 지면에 낙하한 강수가 지면에 스며들며 증발도하나 전혀 손실이 없이 전부 그대로 낙하한 장소에 남아 있는 것으로서 강수가 고체이면 녹여서 액체로 하여 그 수심으로 표시한 것이다. 강수량 측정의 단위는 mm를 채용한다.

강수는 그 나타내는 형태로부터 다음과 같은 종류로 분류할 수 있다.

① 안개비(drizzle) : 공기의 흐름중에 떠 있는 것 같이 보인다. 대단히 작아서 수가 많으며, 균일하게 분포되어 있는 물방울을 말하고 안개에 가깝다. 안개와 다른 것은 지면에 낙하하여 올 수 있는 것이다. 안개비는 통상 낮은 층운에서 떨어져 오며 자주 시계가 나쁘게 되며 또 안개를 동반한다.

② 비(rain) : 대기중에서 낙하하여 온 물방울에 의한 강수로 물방울의 직경이 0.5mm 이상인 것을 말한다.

③ 눈(snow) : 대기중에서 낙하하여 온 6각형 혹은 프리즘형으로 엉켜서 굳어진 얼음을 말한다. 대기의 온도가 빙점이하 보다 상당히 낮으면 눈의 결정은 액체의 물로 얇게 덮어져 그것이 충돌하면 합체하여 큰 설편(flake)으로 낙하한다. 대단히 낮은

온도로 되면 눈의 결정은 건조하여 큰 설편은 볼 수 없게 된다.

④ **진눈깨비**(sleet) : 녹은 눈 혹은 눈과 비가 혼합한 것을 말한다. 찬 공기층을 빗방울이 통과할 때 얼어서 작은 형태로 낙하한 것을 말한다.

⑤ **우빙**(glaze) : 빗방울이 찬 공기층을 통과하며 낙하하여서 지상의 물체에 충돌하자마자 언 것을 말한다.

⑥ **우박**(hail) : 직경이 5~50mm 혹은 그 이상의 큰 얼음덩이이며 거의 예외없이 급격히 뇌우 때에 떨어진다.

⑦ **이슬**(dew) : 대지가 야간의 복사로 냉각한 장소에 습하고 따뜻한 공기가 흘러와 접촉하여 수증기가 직접 응결한 것이다.

이상과 같이 강수는 여러 가지로 분류되나 기술수문학에서 중요한 것은 비라고 말해도 좋다. 그러므로 이후 강수라는 말을 이용할 때는 강우를 가리키는 것으로 한다.

3.2 강우

비는 넓은 범위로 하늘에서 연속하여 떨어지는 물방울이며 강우(降雨)는 비가 떨어진 것이다. 이 비가 떨어지는 모양을 나타내는 것을 분류하는데 이용하는 중요한 것을 열거하면 다음과 같다.

① **우량**(rainfall) : 어느 특정기간 중에 지표에 낙하한 빗방울이 지중에 깊이 스며들어가고, 지표면의 낮은 쪽으로 향하여 흘러가고, 증발함이 없이 그대로 그곳에 모인 것으로서 그 모인 물의 깊이(depth)를 표현한 것이다. 우량은 우량계(raingage)에 의해서 통상 1시간마다 혹은 1일마다 측정하며 그것을 1시간 우량, 1일 우량이라 부른다. 일우량은 당일 0시부터 24시간의 우량으로 한다.

② **총우량**(total rainfall) : 어느 특정 기간 중에 내린 비의 양을 특정기간(duration)마다 측정하여서 그것의 합계로 표현한 것이다

③ **시간우량** : 큰비가 있어서 비가 내리기 시작부터 끝날 때까지의 우량이 어느 시간마다 측정되어 있다면 그 시간마다의 우량을 시간 우량이라 하며, 시간 우량의 합계가 그 큰 비의 총유량이 된다. 시간우량을 측정하는 시간 단위는 일반으로 매 정시에서 다음 정시까지의 1시간을 이용하는 경우가 많다.

④ **강우지속시간** : 지속기간은 특정한 호우사상에 대하여 발생하는 강우의 시간 간격

이고 때때로 특정한 수문학적 방법에서 지정된 표준 호우 길이와 관련된다. 어떤 방법에서는 설계호우 지속기간은 배수면적의 도달시간(time of concentration)으로 표현한다. 긴 지속기간 호우는 대체로 많은 강우 용적을 포함하고 짧은 지속기간 호우는 대체로 큰 강우강도를 갖는다.

⑤ **강우 강도**(rate of rainfall or intensity of rainfall) : 비가 내리는 여기서 심한 정도를 표현하는 말로서 단위 시간당 내린 비의 양을 측정하여 평가한다. 일반으로는 1시간이든지 1일간이라는 기간 비가 똑같이 심하게 내린 것으로 그 기간 중에 내린 우량 값으로 환산하여 표현한다. 내린 비는 끊임없이 강우가 변화하며 임의 시점의 강우 강도는 우선 비가 내리기 시작부터 시시각각의 우량을 누가한다. 이것을 누가우량(accumulated rainfall)이라 하며 누가우량을 종축에 시간을 횡축에 놓아서 그 관계를 그린 것을 누가우량곡선(mass curve of rainfall)이라 한다. 임의 시점에 있어서 이 누가우량곡선의 접선경사를 구하면 강우강도를 얻는다.

⑥ **평균강우강도**(average intensity of rainfall) : 어느 특정 기간 중에 내린 비가 그 기간 중 변화없이 똑같이 내린 것으로서 그 강우강도를 구하는 것이다.

⑦ **시간최대우량**(maximum depth of for duration) : 큰 비가 내리기 시작부터 끝날 때까지의 기간 중에서 5분, 10분, 1시간, 24시간과 같은 시간내에 내린 우량의 최대값을 말한다.

⑧ **지점 우량**(point rainfall) : 우량을 측정하기 위해서 우량계가 설치되어 있는 지점 혹은 유역중의 특정 1지점에서의 우량을 지점우량이라 한다.

⑨ **지역우량 혹은 면적우량**(areal rainfall) : 유역에서 우량의 분포 문제를 취급하는 것을 가리킨다.

⑩ **유역평균우량** : 일반으로 평균우량이라고 부르기도 한다. 큰비의 지속시간중 혹은 어느 기간 중 또는 어느 특정기간 중에 유역에 평균하여 어느 만큼의 우량이 왔는가를 나타내는 것으로 지점우량으로부터 계산한다. 기술수문학에서 기상에 관한 지식이 필요한 것은 이 유역 우량을 구하기 위한 것이라고 해도 과언이 아니다.

호우는 공간과 시간적으로 그리고 지리적 위치에 따라 크게 변화한다. 그들은 **등우선도**(等雨線圖, isohyetal maps)로 표시 할 수 있으며, 등우선(isohyet)은 일정한 강우량의 윤곽선이다. 등우선도는 관측점에서 기록된 강우자료의 보간에 의해 준비한다. 우량계 기록은 연속하는 시간 증가에 대하여 일련의 강우 깊이로 이루어져 있다. **우량주상도**(雨量株狀圖, rainfall hyetograph)는 주어진 강우사상을 막대그래프형태로 나타내며 시간의 함수로써 강우깊이 혹은 강도의 표시이고, 시간을 통하여 강우증가를 더하므로써 누가 우량주상도 혹은 누가우량곡선을 만든다(그림 3.1).

호우에서 주어진 시간 증가에 기록된 최대 강우깊이 혹은 강도는 호우의 여러점에서 시간증가에 대하여 연속하여 강우깊이를 더해 나가서 찾고 다음에 이 계열에서 최대값을 선택한다. 30분 시간 간격에 대하여 예를 들면 표3.1은 첫 30분에서 1.17cm 기록된 것을 시작으로 더해 나간 것을 나타낸 것이다. 최대 30분 기록된 깊이는 55분과 85분 사이에 기록된 3.07cm이며, 이 간격동안 3.07/0.5h=6.14cm/h의 평균강도에 해당한다.

표 3.1은 마찬가지로 1시간과 2시간 간격에 대하여 계산된 최대깊이와 강도를 나타냈다. 시간기간 증가에 따라 평균강도는 호우감소에 의해 손해를 받는 것을 볼 수 있나. 최내우량깊이와 강도계산은 같은 위치에서 기록된 다른 호우와 비교한 특정호우에 엄밀한 방법의 지수를 주어 이 방법으로 수행하고 유량소절 구조물의 설계에 대하여 유용한 자료가 된다.

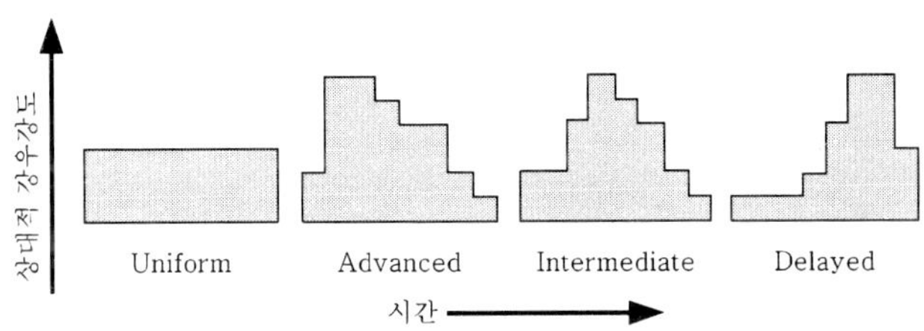

(a) 강우양상에 따른 대표적인 강우주상도

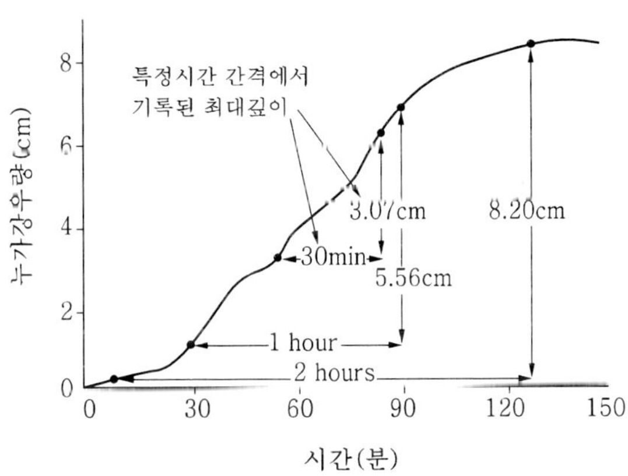

(b) 누가우량곡선

그림 3.1 우량변화도

표 3.1 한점에서 강우깊이와 강도의 계산

시간 (min)	강우량 (cm)	누가강우량	연속합계		
			30 min	1 h	2 h
0		0.00			
5	0.02	0.02			
10	0.34	0.36			
15	0.10	0.46			
20	0.04	0.50			
25	0.19	0.69			
30	0.48	1.17	1.17		
35	0.50	1.67	1.65		
40	0.50	2.17	1.81		
45	0.51	2.68	2.22		
50	0.16	2.84	2.34		
55	0.31	3.15	2.46		
60	0.66	3.81	2.64	3.81	
65	0.36	4.17	2.50	4.15	
70	0.39	4.56	2.39	4.20	
75	0.36	4.92	2.24	4.46	
80	0.54	5.46	2.62	4.96	
85	0.76	6.22	**3.07**	5.53	
90	0.51	6.73	2.92	**5.56**	
95	0.44	7.17	3.00	5.50	
100	0.25	7.42	2.86	5.25	
105	0.25	7.67	2.75	4.99	
110	0.22	7.89	2.43	5.05	
115	0.15	8.04	1.82	4.89	
120	0.09	8.13	1.40	4.32	8.13
125	0.09	8.22	1.05	4.05	**8.20**
130	0.12	8.34	0.92	3.78	7.98
135	0.03	8.37	0.70	3.45	7.91
140	0.01	8.38	0.49	2.92	7.88
145	0.02	8.40	0.36	2.18	7.71
150	0.01	8.41	0.28	1.68	7.24
최대깊이 최대강도(cm/h)			3.07 6.14	5.56 5.56	8.20 4.10

3.3 강우의 원인

물(H_2O)은 고체, 액체, 기체의 3개의 형태로 존재하며 고체형태를 얼음(ice), 액체 형태를 물(water), 기체 형태를 수증기(water vapor)라 부른다. 수증기는 냉각하면 물로 되며 이것을 **응결**(凝結, condensation)이라 부른다. 물이 냉각하면 얼음이 되며 빙결(freezing)이라 부르고, 반대로 얼음이 따뜻해지면 융해(melting)하여 물로 되며 물이 뜨거워지면 물의 표면에서 물분자가 공기 중으로 달아나 즉, 증발(evaporating)하여 수증기로 된다. 그러나 온도가 낮아 빙점(freezing point)이하인 때에는 수증기는 물상태를 통하지 않고 직접 얼음이 되며 반대로 얼음은 녹지 않고 그대로 수증기로 변화한다. 이 현상을 승화(sublimation)라 한다.

공기는 그 안에 무한히 수증기를 떠올리게 되는데 그때 온도에 따라 어느 한계량을 갖으며 그 한계를 포화점(saturation point)이라 한다. 공기 중에 있는 수증기 양의 정도를 습도(humidity)라 하며, 습도는 일반적으로 공기가 그 온도에서 그 안에 떠올라 얻은 수증기의 최대량과 현재 있는 수증기량의 백분율 즉, 상대습도를 이용하여 표현한다. 이에 대하여 지금 공기 중에 있는 수증기량을 계량한 때 그 양을 절대습도(absolute humidity)라 한다.

공기는 일종의 혼합기체이며 공기를 구성하는 각 기체가 같은 온도에서 개개로 혼합기체와 같은 체적을 점할 때에 나타내는 압력을 분압(partial pressure)이라 하고 공기의 압력은 구성 기체의 각 분압의 힘과 같게 된다. 수증기도 공기를 구성하는 한 기체이므로 당연히 분압이라고 생각되며 수증기의 분압을 **증기압**(蒸氣壓, vapor pressure)이라 한다. 수증기가 포화상태로 있는 공기의 증기압을 포화증기압(saturation vapor pressure)이라 한다. 수증기가 포함되어 있으나 포화하지 않은 공기가 이슬이 많은 모양으로 냉각되면 어느 온도에서 포화점에 도달하며 그 포화점에 도달한 때의 온도를 이슬점(dew point)이라 한다.

당초 공기의 한덩어리는 100m 밀어 올라 갈 때 온도가 약 1℃의 비율 즉, 건소단열감소율(dry adiabatic rate)로 낮아지므로 그것이 지표면상에 있던 때의 온도와 습도에 따라서 어느 고도까지 다가가면 포화점에 도달한다. 이때의 고도를 응결고도(condensation level)라 한다. 공기의 한 덩어리가 응결고도를 초과하여 밀어 올라가면 그 중의 수증기가 응결하여 물방울로 되며 더구나 온도가 빙점이하로 내려간 경우는 승화하여 작은 얼음 결정이 되어 공중으로 떠오르는데 이것이 구름의 입자이다. 공기의 덩어리가 응결고도를 초과하여 올라갈 때의 온도저하율 즉, 습윤단열감소율

(saturation adiabatic rate)은 100m에 약 0.5℃로 되며 당초보다 떨어진다. 이것은 수증기가 구름입자로 변화하기 때문에 갖고 있는 잠재열(latent heat)을 방출하기 때문이다. 구름입자는 직경이 0.015~0.06mm 정도의 대단히 작은 물방울 혹은 작은 얼음결정이며 조금은 위쪽으로의 공기 흐름에 실려 공중으로 떠오르게 된다. 그러므로 생성된 구름입자는 공기가 밀어 올라가면 결국 온도가 낮은 공중으로 운반되게 된다.

공기 덩어리가 공중으로 올라가면 이슬점이하 결국 빙점 이하로 냉각되어서 그중에 어느 수증기가 응결 혹은 승화하게 되므로 현미경적인 크기로 대기 중으로 떠올라 있는 먼지가 중심이 되어 수증기의 응결과 승화를 일으킨다. 이 먼지를 응결핵(condensation nucleus)이라 한다.

지상의 습한 공기가 응결고도 이상으로 올라가서 구름이 생겨도 구름 입자는 대단히 작으므로 약간 공기의 위쪽 흐름에 운반하여 대기 중을 떠돌며 비로 되어 지상에 낙하하여 오지 않는다. 즉, 비가 내리기 위해서는 많은 수의 작은 구름 입자가 합체하여 지상에 낙하할 수 있을 정도 크기의 물방울까지 성장할 필요가 있다.

즉, 비가 떨어질 때에는 왕성하게 공중으로 올라가는 습한 공기가 연속으로 흘러서 그것이 다량의 수증기를 응결고도 이상의 공중으로 운반하지 않으면 안 된다.

3.4 강우의 종류

대기의 상태는 온도, 수증기, 바람 그리고 압력을 측정하므로써 지역의 기후를 결정할 수 있다. 기후체계는 강수사상의 형태와 공기질량에 관계된다. 공기질량은 물리적 성질이 수평면에서 대략적으로 일정한 큰 공기 덩어리이다. 이들 공기질량은 북극과 남극지역, 아열대 해양면적 그리고 건조한 아열대 토지에서 찾을 수 있다. 공기질량은 이들 지역으로부터 움직이고 공기질량이 운동하는 동안 표면보다 차가우면 강수는 항상 발생한다. 공기 질량 사이의 가장자리를 전선(front)이라 하고 공기의 치환에 의해 분류한다. 찬공기가 따뜻한 공기로 대신하면 차가운 전선이고, 따뜻한 공기가 면적 안으로 움직이면 따뜻한 전선 결과이다. 따뜻한 공기질량이 증가하면 장소가 차갑게 되고 강수가 발생할 수 있다.

비는 수증기를 포함한 지상의 공기가 공중으로 연속적으로 올라가서 그 결과 팽창하여 냉각하며 그중의 수증기가 응결하여 물방울로 되어서 지표에 낙하하여 온 것 이므로 강우의 종류를 생각할 때는 어떤 상태로 지상의 습한 공기가 연속적으로 올라가는가를 분석할 필요가 있다.

공기가 공중으로 연속적으로 올라가는 기구로부터 강우는 대류성강우(convective precipitation), 산악성강우 혹은 지형성 강우(orographic precipitation) 그리고 저기압성강우(cyclonic precipitation)의 3종류로 대별된다. 그러나 현실로 강우는 이런 3종류 중의 하나인 것만은 아니며 특히 강한 비는 조합된 경우가 많다.

3.4.1 대류성 강우

대기가 불안정한 상태 때 지상의 습한 공기가 연속적으로 공중의 어느 높이까지 올라가고 부양력의 어느 공기로 변하여 자기 힘으로 다시 공중으로 향하여 수직으로 불어쳐서 공기 흐름의 기둥이 생긴다. 이 수직의 공기 흐름기둥 중에서는 짙은 구름을 생성하여 그것이 큰 물방울이 되면 이 물방울은 기둥중이 공기의 흐름 속도가 대단히 크기 때문에 낙하하지 않으나 반대로 구름 기둥의 위쪽으로 불어쳐서 혼잡하다.

이 최초는 수직으로 상승하며 다음으로는 수직으로 상승하는 흐름과 하강하는 흐름이 공존하고 최후로는 이것이 전부 하강으로 변하는 공기의 흐름 기둥을 대류셀(convective cell)이라 한다. 어째서 이 같은 수직한 공기흐름의 기둥을 대류셀이라 부르는가 하면 기상학에서는 대기의 탁월한 수직방향의 운동을 대류(convection)라 표현하며 이것에 대해서 수평방향의 운동을 이류(advection)라 표현하고, 대류에 의한 대기 순환의 최소단위(cell)라는 의미로 대류셀이라고 사용한다. 또 대류셀중에서 위쪽의 흐름 부분을 특히 수직상승기류(convective current)라 부른다. 이 같은 대류가 일으킨 결과 내린 비라 하여서 대류성 강우라 부르며 그 특징은 좁은 범위에서 강한 비가 돌연 내리기 시작하며 그 같은 비가 내리는 쪽을 소나기(shower)라 부른다. 요컨대 우

그림 3.2 대류성 호우

리가 일상 소나기라 부르는 비가 대류성 강우이고, 또 비에 천둥(thunder)과 번개(lightning)가 동반하면 뇌우(thunder storm)라 한다.

소나기와 뇌우가 일어나는 경우 대류셀이 단지 1개만 발생하는 것은 적으며 몇 개의 대류셀이 동시에 덩어리로 되어 발생하고 대류계(convective system)라는 것을 형성한다. 대류셀의 크기는 직경이 수 km~10km 정도이며 대류계에 있는 각각의 셀의 발달단계는 같지 않으며 일반적으로 빗나간다.

대류셀이 발생하기 위해서는 지표의 습한 공기가 우선 연속적으로 어느 높이까지 올라가는 도화선의 존재가 필요하며 다음에 열거한 것과 같다.

① 산의 사면에 따라서 공기가 흐르며 공중으로 올라간다.
② 공기가 흐르고 있는데 지면과의 마찰 등에 의해서 생기는 역학적 난류
③ 전선면에 따라서 공기의 흐름이 공중으로 올라간다.
④ 공기의 흐름이 있는 방향으로 수평으로 집중하여 다가온 결과 두께가 증가한다.
⑤ 따뜻한 공기 위에 차가운 공기가 이류하여 올 때
⑥ 대기가 아래에서 뜨거워질 때 예를 들면 지표가 일중 뜨거워질 때

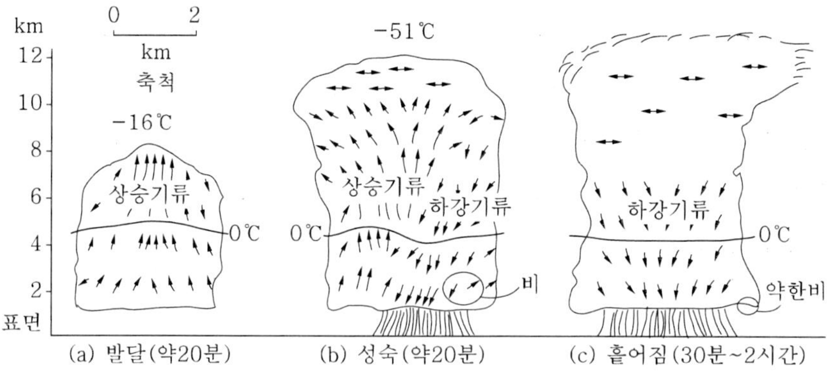

그림 3.3 대류셀의 과정단계

3.4.2 산악성 강우

습한 공기의 흐름이 산맥과 산지 즉, 산악 장벽(orographic barrier)을 타고 넘어서 그것보다 공중으로 올라가며 그결과 내린 비를 산악성 강우 혹은 지형성 강우라 한다.

산악장벽 등에 의해 공기의 흐름이 밀어 올라가는 것을 강제상승(forced ascent)이라고 한다. 공기의 흐름이 산악장벽에 의해 강제 상승될 때 만약 이것이 안정하면 층상의 구름이 발생하고 그것으로부터 내린 비는 강하고 한결 같다.

산지에서는 1년간에 내린 우량이 인근의 평지보다 현저히 많다. 이것은 산악에 의해서 공기의 흐름이 강제적으로 상승되는 직접적인 효과뿐만이 아니라, 몇 개의 다른 원인도 복잡하며 그중에서 중요한 것을 열거하면

① 산지는 대류성 소나기를 내리기 쉬운 조건하에 있다.
② 산지가 저기압을 가로막아 그 진행을 방해한다.
③ 산지의 평면지형이 수평한 공기 흐름의 두께를 증가시키는 작용을 한다. 즉, 강제 상승시킨다.
④ 대류 불안정한 대기가 불안정하게 변하는 공기층의 전체적인 상승을 가져온다. 1,000m 이하의 산지에서는 공기의 흐름을 강제 상승시켜도 그것에 의해 비가 그렇게 불필요하게 내리지 않으나 이상에 열거한 것과 같은 간접적인 원인에서 주위의 평지에 비해 다량의 비가 산지에서는 내린다.

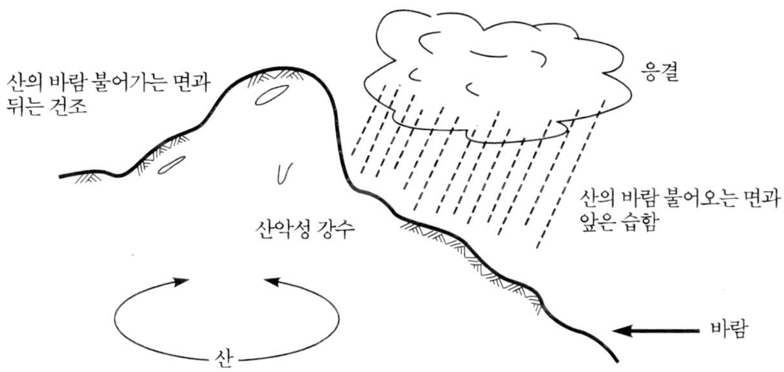

그림 3.4 **산악성 호우**

3.4.3 저기압성 강우

지상전기도(surface map)의 위에서 주위에 비해 기압이 낮은 타원형 또는 원형의 폐쇄 등압선(isobar)을 갖는 구역은 지표면 부근에서는 공기가 반시계 방향으로 회전하여서 내측으로 향하여 흘러 치밀어 오고 대류권(troposphere)의 여러 가지 높이의 장소는 반대로 외측으로 향해서 흘러나가서 큰 공기의 소용돌이가 되며 이것을 저기압(cyclone)이라 한다. 저기압 중에서는 지표부근의 습한 공기가 공중으로 밀어 올라가서 구름이 생겨 비가 내린다. 즉, 저기압에 의해 내린 비를 총칭해서 저기압성 강우라 부른다. 저기압은 열대의 대양에서 생기는 열대저기압(trophical cyclone)과 열대저기압이 아닌 저기압 즉, 온대저기압(extratrophical cyclone) 이라는 2종류가 있다.

같은 저기압이라 해도 양자중에서 일으키는 지표부근 공기를 공중으로 밀어 올리는 방법은 대단히 다르므로 비의 내리는 방법도 상당히 다르다. 그래서 저기압성의 강우 좀더 구체적으로 말하면 저기압의 기후 구역에서 내린 비를 온대저기압의 비와 태풍의 비로 나눈다.

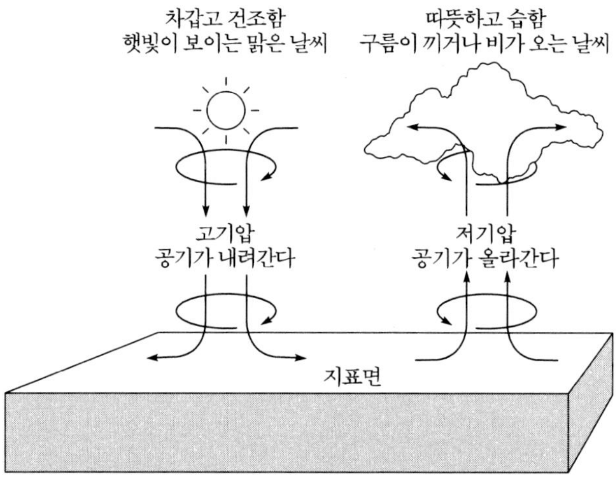

그림 3.5 기압에 따른 공기의 흐름과 바람방향

3.5 온대저기압의 비

수평방향으로 대략 같은 성질을 갖는 큰 공기 덩어리를 기단(air mass)이라고 한다. 기단은 지구상의 특정장소에서 발생하며 이것을 기단의 발원지라 하고 발원지에 따라서 열대 기단(tropical air mass)과 한대 기단(polar air mass)으로 대별하며 그 발원지가 대륙인가 대양인가에 의해서 대륙성(continental)과 해양성(maritime)으로 자세하게 구별한다. 또 차가운 발원지로부터 생긴 따뜻한 지면위에 있는 기단을 한기단(cold air mass) 그 반대를 난기단(warm air mass)이라 한다.

다른 성질 즉, 온도와 습도 그리고 결과적으로 밀도가 다른 2개의 기단이 부딪쳐 합쳐진 때는 지구의 coriolis힘 때문에 양자는 서로 자유롭게 혼합하지 않아서 대단히 명확한 혹은 그렇게 명확하지 않은 경사면에서 경계를 접촉하게 된다. 그래서 이때 한쪽의 기단에서 다른 쪽의 기단으로 빠져나간다고 하면 이 경사면에 온도와 습도, 풍향등이 급변한다. 즉, 이 경사면에서 기상요소가 불연속이 되고, 이면을 불연속면 혹은 전면이라 한다. 이 전면이 지표면이랑 해면과 교차하여 생기는 선을 지상전선(surface front)이라 한다. 전면은 지상천기단의 위에서는 1본의 선 즉, 지상전선으로 표현한다. 그리고 이 같은 대기의 불연속 구조 전체를 전선(front)이라 하며 반대로 전면을 전선면(frontal surface)이라 한다.

이 성질이 다른 2개의 기단을 나누고 있는 불연속면은 일정의 장소에 머물고 있는 것은 적으며 힘이 강한 쪽이 다른 쪽을 밀어서 전진을 시작한다. 즉, 전선이 움직이기 시작한다. 전선에는 2개의 기본적인 형식을 인정하며 그 하나는 차가운 밀도가 높은 공기의 위로 가벼운 따뜻한 공기가 적극적으로 미끄러지도록 높이 올라가서 차가운 공기를 밀어내기를 진행하는 것이며 또 하나는 차가운 공기가 따뜻한 공기 아래로 잠입하여 강제적으로 따뜻한 공기를 밀어 올라가도록 진행하는 것이다. 공히 결과적으로 진신면에서는 따뜻한 공기가 상공으로 밀어 올라간다. 전자를 온난전선(warm front), 후자를 한냉전선(cold front)이라 한다. 지구상에서 전선이 발생하는 장소는 세절에 따라서 거의 결정된다. 지구의 중위도 지방을 반연속적으로 둘러싸서 반영구적으로 존재하는 전선을 한대전선(polar front)이라 한다. 한대전선은 한대기단과 열대기단과의 경계에서 발생하는 전선이다(그림 3.6).

그림 3.7의 A는 한대기단과 열대기단이 정체전선을 형성하고 있는 상태를 표시하고 있다. 보통 전선이 언제까지도 정체한 채 있는 것은 아니며 난기를 한기 안으로 얕게 밀어내서 그림 B같이 전선이 남북으로 물결치며 즉, 전선파동이 생겨 한냉전선과 온난전선이 발생한다. 어떻게 해서 이같은 파동이 발생하는가는 그다지 정해져 있지 않으나 이 전선의 파동이 온대성저기압 발생의 징조로 된다. 이 전선의 파동은 급속하게 동으로 진행하며 파의 길이가 만약 약 500km 이하이면 안정하여서 온대저기압이라는 것까지 발달하지 않게 된다. 그러나 전선이 남북으로 물결쳐서 정체전선이 파봉을 경계로 해서 온난전선과 한냉전선으로 부분적으로 변화하는 것이므로 관련하는 지역의 날씨는 현저히 나빠진다. 이 전선에 생긴 파동이 충분히 커지면 난기가 한기의 안으로 급속히 쐐기상으로 억지로 비집고 들어가 기압이 낮아져 파봉 부근에서는 등압선이 닫혀서 미숙한 온대저기압이 발생한다. 이 상태를 나타낸 것이 그림 (c)이다.

이 한기 안으로 돌입해서 행한 난기의 형은 부채꼴 혹은 혀모양을 하고 있다. 전선의 파동이 시작하여서 30~60시간 정도 되면 온대저기압은 청년기에 들어가 그 형은 거의 원형에 가깝게 되며 혀모양 난기의 구역이 넓게 되어 온난전선과 한냉전선은 전형적이라고 하고 이 상태를 표시한 것이 그림 (d)이다.

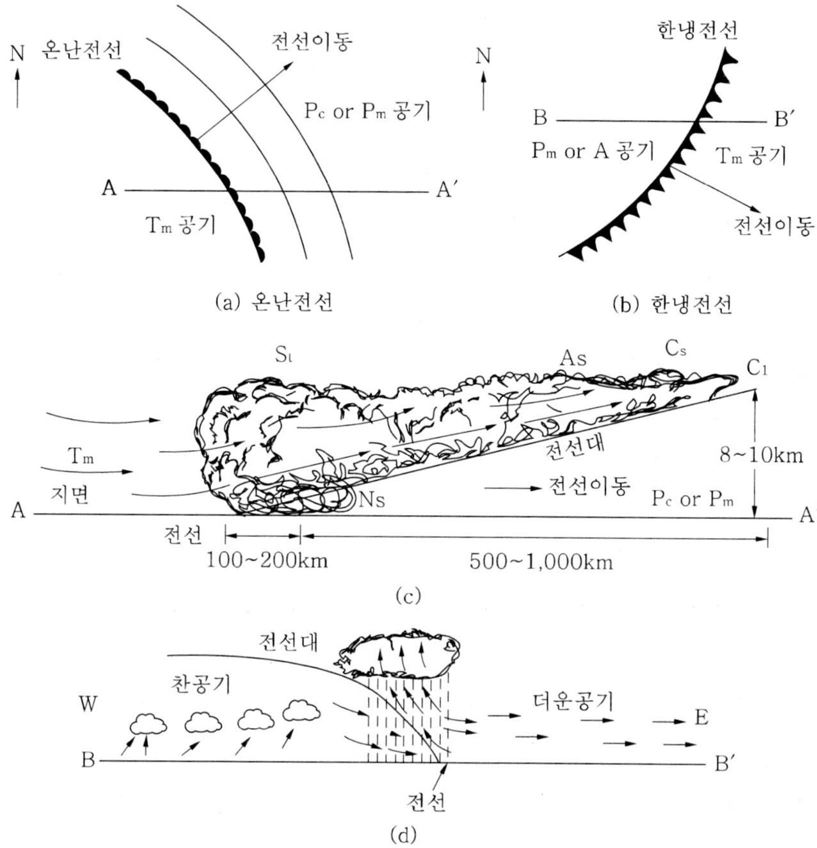

그림 3.6 전선기후조건(W.L.Donn, 1975)

이상으로부터 온대저기압이 지표공기를 상공으로 밀어 올리는 활동을 하는 것은 온대저기압이 전선을 동반하기 때문인 것을 안다. 그 외에 온대저기압의 혀모양 난기에서는 한냉전선의 급속한 진행에 따라서 그 구역이 좁아져 두께를 증가하여 난기가 상공으로 밀어 올려져 이슬비를 내리는 층운이 생긴다. 그리고 이 난기상태가 불안정한 때에는 난기가 상공으로 밀어 올려지는 것이 기폭제가 되어 대류성 소나기와 뇌우가 생기는 것이다. 이같은 것에 있어서도 온대저기압에서의 강우 주체는 어디까지나 전선에 의해서 내리는 비여서 온대저기압성의 강우를 전선형 강우라 하는 것이 많다.

전선형 강우는 전선면에 따라서 습한 공기의 흐름이 강제 상승하여서 생기는 비여서 전선의 성질에 의해 다음과 같이 분류할 수 있다.

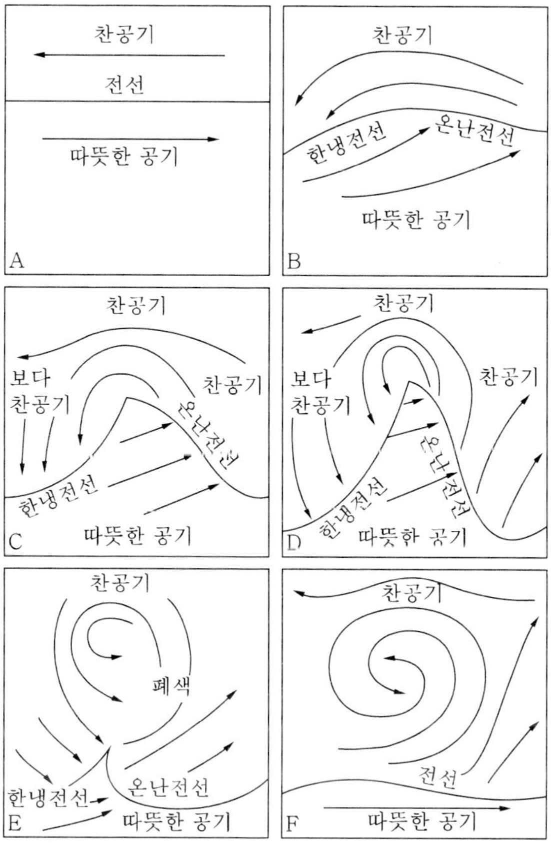

그림 3.7 온대저기압의 일생

1) 온난전선형 강우

온난전선의 전선면 경사는 비교적 완만하여 통상 1/100~1/200이다. 난기는 전선면에 따라서 천천히 높이 올라가며 그 속도의 수직성분은 난기가 안정하여 대류가 발생하지 않는한 일반으로 작은 것이다. 난기 흐름의 마찰력에서 쐐기상으로 냉기를 없앤 후에 밀어 내려서 전선의 선단에서는 공기의 혼합이 일어나 지상전선의 위치를 정확히 정하는 것은 곤란하다.

강우는 고층운의 단계에서 시작하며 지상전선이 통과할 때까지 계속한다. 온난전선의 강우는 강우 지역이 넓고 그 내리는 쪽은 심하지 않으나 한결같이 장시간 계속하는 것이 일반적인 특징이다. 단, 난기가 불안정하면 대류성 소나기와 뇌우를 갖는 것이다.

2) 한냉전선형 강우

한냉전선의 전선면 경사는 온난전선보다 현저히 급하며 보통 1/50~1/100이다. 또

전선면 경사가 진행방향과 반대이므로 온난전선 같은 구름의 발생에 의해서 전선의 접근을 미리 알 수 없다. 한냉전선은 진행속도가 빠르고 전선면의 경사가 심하기 때문에 날씨가 악화하는 지대의 폭은 대단히 좁다. 한냉전선에 따른 날씨의 성질은 전선의 진행에 따라 배제되는 난기의 성질에 의해서 크게 다르며 만일 그것이 안정하여 건조하여 있으면 조각구름이 발생하는 정도이며 비는 내리지 않는다. 반대로 따뜻하며 습한공기이면 적난운이 발생하여 전선상의 소나기와 뇌우가 내린다. 어느 경우에는 지상전선의 통과에 선행한 비가 내리나 대개는 통과후의 차가운 공기중에서 비가 내린다. 한냉전선형 강우의 특징은 소나기성이다.

3.6 태풍(열대저기압)의 비

열대저기압이란 열대 및 아열대의 대양 위에서 발생하는 저기압에 붙이는 일반적인 명칭이며 발생하는 지방에 의해 특별한 이름이 붙여져 있다. 북태평양의 서남부 이른바 남양에서 발생하는 것은 **태풍**(typhoon)이다. 열대저기압이 발생하는 것은 수온이 27℃ 이상으로 되어 있는 상당히 넓은 해역에 있어서 더구나 위도가 남북 공히 5°~8° 보다 높은 곳이다. 태풍이 발생하는 시기는 7~9월에 집중한다.

태풍의 발생초기에는 태풍은 열대성 동요 등이라고 한다. 이 시기가 2~5일간 정도이며 이것을 지나서 2~6일간에서 최성기에 달한다. 태풍은 차츰 발달하므로 천천히 무역풍대(trade wind belt) 안을 서쪽으로 향해 이동하든지 태평양의 서쪽 가장자리에 도달하면 북으로 향하여 방향을 바꿔 계속하여 북태평양 고기압의 서쪽 가장자리를 돌아서 동으로 향하여 열대를 관통하여 중위도 지방으로 들어가면 급격히 약해져 한대전선상의 강한 온대저기압으로 된다. 태풍은 진로를 동쪽으로 향한 시기가 최성기이므로 우리나라에 오는 태풍은 최성기가 우리나라를 통과하는 시기이다. 태풍은 무역풍대에서는 10~20km, 방향을 변화하여서는 속도를 높여서 30~40km 혹은 그 이상의 속도로 이동한다. 태풍은 깊어서 격렬한 공기의 소용돌이가 있으며 저층에는 중심으로 향해 반시계 회전으로 공기가 흘러 들어오며 중층에는 격렬하게 상공으로 불어치는 공기의 흐름이 있고 상층에는 저층과는 반대방향의 밖으로 향해 유출하는 공기의 소용돌이가 생긴다. 공기의 소용돌이 깊이는 10,000m 이상에 이른다. 풍속은 중심부근에서는 50m/s 이상으로 되며 풍속이 강한 구역은 짙은 적난운으로 덮혀있다. 태풍의 가장 중심은 쾌청한 날씨의 구역으로 되어 있어서 주위와는 반대로 공기가 하강하며 이것을 태풍의 눈(eye of the storm)이라 하고 그 직경은 20~40km이다. 태풍의 등압선은 거의 원형을 하며 그 크기는 100~수백km 정도이며 온대저기압의 약 1/3이다.

태풍은 열대의 동일한 난기 중에서 발생하므로 온대저기압과 다르며 태풍의 구역내에는 원래 전선이 없다. 태풍 본래의 비는 회전하므로 중심으로 향해 불어 넣어진 습한 공기의 흐름이 중심부근에서 갈 곳이 없게 되어 고공으로 향해 고속으로 불어 올려져 단열 변화하며 적난운을 발생하여 그것에서 대단히 강하게 내리는 것이다. 대단히 강하게 내리는 것은 중심에서 150km 정도 범위, 내리는 양은 평균으로 통상 100~200mm의 양이다.

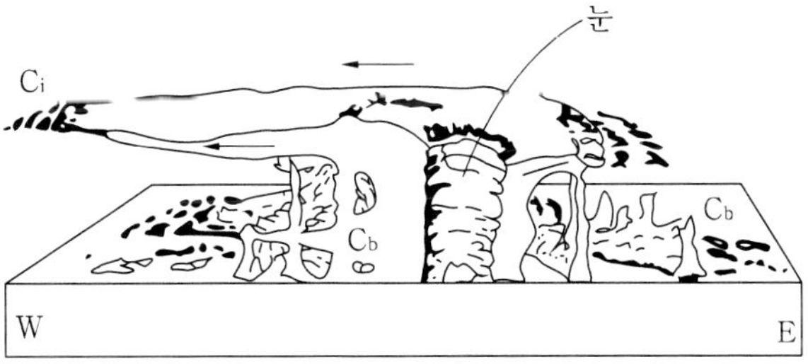

그림 3.8 열대저기압의 개념도(C_b는 적난운, C_i는 비단운)

태풍의 강한 바람이 산악사면에 불게 될 때는 태풍 본래의 비에 산악형 강우가 더해지므로 특히 평지에 동반한 산악사면에서는 평지의 2~3배의 비가 내린다. 또 태풍의 강한 바람이 기폭제가 되어 대류형 소나기를 초래하는 경우가 있으며 기타 여러 가지 조건이 겹쳐서 1개의 태풍에서 1,000mm 이상의 비를 내리는 것도 자주 있다.

3.7 기록우량과 가능 최대 강우량

이 지방은 대단히 많은 비가 내리는 곳이라든가 혹은 별로 내리지 않는 곳이라든가 또 1일 최대 몇 mm 정도, 1시간이면 최대 몇 mm 정도라는 말을 한다. 그리고 그것이 그 지방에 있어서 상식으로 된다. 어느 정도 상식을 상회하는 큰 비가 연속하여 내리는 경우도 있다. 그래서 비는 도대체 최대 어느 정도 내려 얻어지는가 하는 것이 문제가 된다.

세계에서 분, 시간, 일, 월, 년 같은 시간내의 기왕최대 지점우량 즉, 기록우량을 조사하여 횡축은 시간(분), 종축은 강수량(mm)의 각각 대수치로 그린 것이 그림 3.9와 같다. 세계에 대해서 보면 시간과 기록우량 관계의 포락선은 거의 직선관계를 나타내며 다음 식으로 표현할 수 있다.

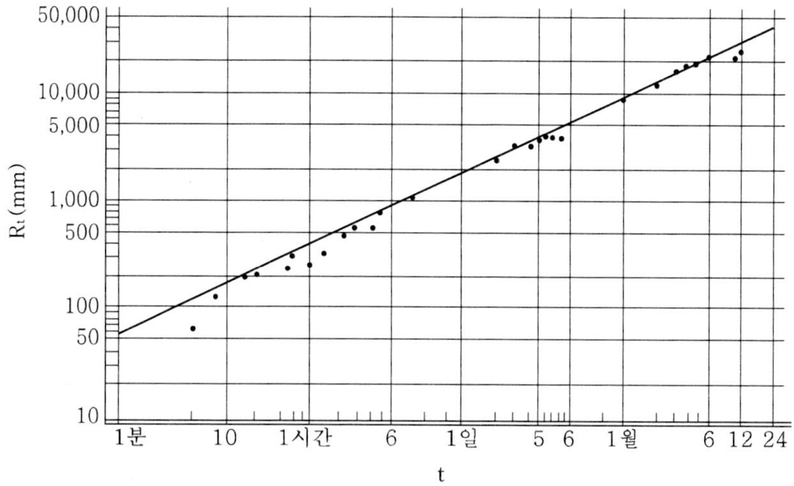

그림 3.9 세계의 기록우량

$$P = 425\,D^{0.475} \tag{3.1}$$

여기서, P는 최대기록우량(mm), D는 시간(hr)이다.

어느 지점에서 어느 시간내에 최대 어느 정도의 비가 내려 얻어지는 양을 가능최대우량(possible maximum precipitation or probable maximum precipitation)이라 하고 기술수문학에서는 대단히 중요한 개념이다. possible maximum precipitation인 경우는 생각하면 생각되는 최대의 큰 비(이론가능 최대우량)를 의미하며 Probable maximum precipitation은 생각하는 만큼이 아니라 충분히 일어나 얻어지는 최대의 큰 비(개연적 가능 최대 우량)를 의미한다. 이 가능최대우량을 생각하는데 있어서는 각지의 기록우량과 그 발생의 기상・지리조건을 조사하는 것은 대단히 유효한 기준을 주는 것이 될 것이다. 단, 기상학적으로 말하면 강수량에 상한치는 존재하지 않는다고 생각된다.

[통계적방법(statistical method)]

어떤 지속기간에 대한 최대강우량을 선택하여, 장기간 자기우량계로부터 필요한 지속기간에 대한 년최대치는 극치분포로 적응시킨다. 이런 분포에 대하여 다음과 같이 표시할 수 있다.

$$R_T = R + K(T)\sigma$$

여기서, R_T는 재현기간 T의 지속기간에서 강우깊이이며, R는 년최대강우량의 평균, $K(T)$는 빈도계수로서 T의 함수, σ는 표준편차이다.

PMP에 대하여 $K(T)$의 최대치는 초과되지 않는 R_T의 값으로 주어진다. $K(T)$는 어떤 최대치 K_m을 갖는다고 생각하면

$$PMP = R + K_m\sigma \tag{3.2}$$

여기서, K_m은 Hersh Field(1961)에 의하면 15로 제시되었다.

이것은 소유역에 있어서 짧은 지속기간 호우에 대하여 매우 유용하고 단순한 방법이나 R과 σ에 대해 이용할 수 있는 집단의 길이와 빈도계수의 최대치 가정에 의존한다.

3.8 강우강도식

우량계가 설치되어 우량이 관측되고 있는 장소를 우량관측소(station)라 한다. 우량계는 보통우량계, 자기우량계, 적산우량계가 있다. 보통우량계와 적산우량계는 어느 기간 내에 내리 비의 양을 측정한 만큼이며 그것이 그 기간의 어느 때 내렸는가는 알지 못하는 것이다. 그것에 반해 자기 우량계는 연속적으로 우량을 측정할 수 있는 것으로 되어 있는 것이다.

자기우량 관측소에서 상당기간에 걸쳐 관측한 많은 큰 비의 기록을 해석하며 각 큰 비에 대해서 각종의 시간(t)에 대해서 시간최대우량을 구하여 t시간 최대 평균 우량강도 i를 계산한다. 이 시간으로서는 일반적으로 5, 10, 20, 30, 40, 60, 80, 120분이란 시간을 사용한다. 횡축에 t 종축에 i를 잡아 각 큰 비에 대해서 산출한 각 t와 i와의 관계를 그래프에 순차 표시하면 기간이 어느 정도 길게 되면 t와 i 관계를 나타내는 매끄러운 포락선을 그을 수 있다. 이 포락선을 수식화한 것을 **강우강도식**(降雨强度式)이라 한다. 또 이 관계에 확률년의 개념을 도입한 것을 확률강우강도식이라 한다.

강우강도식으로서는 일반적으로

$$i = \frac{a}{t+b} \qquad \text{Talbot 형}$$

$$i = \frac{a}{\sqrt{t} \pm b} \qquad \text{Japanese 형}$$

$$i = \frac{c}{t^n} \qquad \text{Sherman 형} \qquad (3.3)$$

의 형이 적합하다고 한다. 여기서 i는 강우강도(mm/hr), t는 지속시간(min)이고 a, b, c, n은 우량관측소가 있는 지역에 관계되는 계수로서 우량관측소별로 강우지속기간(t)별 최대강우강도(I) 자료계열을 통계처리에서 사용하는 최소자승법(最小自乘法, method of least squares)에 의한 회귀분석(回歸分析, regression analysis)으로 결정할 수 있다.

예제 3.1

다음은 어느 유역의 10년 확률강우량이다. Talbot형에 의하여 10년 확률강우강도식을 산출하시오.

강우계속시간(min)	5	10	20	30	40	60	80	120
강우량(mm)	8	14	23	31	36	47	56	72

풀이

- Talbot 형

$$I = \frac{a}{t+b}$$

여기서, a, b는 상수로 최소자승법에 의하여 구하면

$$a = \frac{\sum I^2 \sum It - \sum I \sum I^2 t}{N\sum I^2 - \sum I \sum I} \qquad b = \frac{\sum I \sum It - N\sum I^2 t}{N\sum I^2 - \sum I \sum I}$$

N은 자료수이다.

- Sherman 형

$$I = \frac{a}{t^n} = \frac{170}{t^{0.3144}}$$

여기서, a,n은 상수로 최소자승법에 의하여 구하면

$$\log a = \frac{\sum \log I \sum (\log t)^2 - \sum \log I \cdot \log t \sum \log t}{N\sum (\log t)^2 - \sum \log t \sum \log t}$$

$$n = \frac{\sum \log I \sum \log t - N\sum \log I \cdot \log t}{N\sum (\log t)^2 - \sum \log t \sum \log t}$$

N은 자료수이다.

- Japanese 형

$$I = \frac{a}{\sqrt{t} \pm b} = \frac{500}{\sqrt{t} \pm 2.85}$$

여기서, a, b는 상수로 최소사승법에 의하여 구하면

$$a = \frac{\sum I\sqrt{t}\sum I^2 - \sum I^2\sqrt{t}\sum I}{N\sum I^2 - \sum I \sum I}$$

$$b = \frac{\sum I \sum I\sqrt{t} - N\sum I^2\sqrt{t}}{N\sum I^2 - \sum I \sum I}$$

N은 자료수이다.

[강우강도-지속기간-생기빈도관계(Intensity-Duration-Frequency curve)]

강우 기록이 30~40년 있다면 기록된 기간동안 변화된 강우 기록은 크기의(최대깊이 혹은 최대 강우강도의) 역순서로 배열되게 될 것이다. 이와 같이 감소가 역순서로 배열될 때, n치의 총 개수와 어떤 특별한 호우수(최대깊이 혹은 강우강도)가 m이라면, 그 호우 크기에 대한 **재현기간**(再現期間, recurrence interval, return period, T)은 다음 식으로 주어진다.

California method(1923)	T=n/m	
Hagen's method(1930)	T= n/(m−1/2)	
Weibull method(1939)	T= (n+1)/m	(3.4)

그리고 재현기간 T를 가지는 호우 크기에 대한 생기빈도 F는 다음과 같이 주어진다.

$$F = \frac{1}{T} \times 100\% \tag{3.5}$$

강우량은 '빈도곡선(frequency curve)'이 시간에 따라 퍼센트 비율로 감소되어 표시된다. 만약 항목수가 크다면, 특히 위에 주어진 세 가지 방정시 모두는 이 곡선부(빈도곡선)의 중앙에 매우 일치하게 된다.

재현기간은 주어진 크기의 호우수(최대강우깊이 또는 강우강도)가 한번 발생이 예상되는 즉, 초과되는 동안의 년의 평균기간이다. **생기빈도**(生起頻度) F는 주어진 크기의 호우가 같거나 초과되는 동안의 %이다. 예를 들어 주어진 크기의 호우가 20년에 한번 발생된다면, 재현기간은 T= 20yr이며 그의 생기빈도(초과확률) $F = (1/20) \times 100 = 5\%$이다. 즉, 생기빈도는 재현기간의 역수(%)이다.

$T-$year 호우(그리고 빈도 $F=1/T\times 100\%$)가 어떤 계열 N년에 발생되지 않을 확률은

$$P=(1-F)^N \tag{3.6}$$

이며, 이것이 발생될 확률은

$$P_E=1-(1-F)^N \tag{3.7}$$

이다. 여기서, $P_E=N-$year안에 $T-$year 호우의 발생확률이다.

20년 호우의 확률(즉, T=20, F=5%)은 다음 10년 안에 발생되지 않을 확률이 $(1-0.05)^{10}=0.6$ 또는 60%이며, 다음 10년 동안에 발생될 확률은 1−0.6=0.4 또는 40%이다.

관측된 강우 기록의 통계적 해석은 용적, 강도, 지속기간 그리고 빈도의 특성이 상호연관되어 보여진다. 특정한 지리적 위치 및 호우기간에 대해 빈도가 감소하면 용적과 강도는 증가하고 빈도가 주어진 동일한 지리적 위치에 대해 지속기간이 증가하면 용적은 증가하나 강도는 감소한다. 이러한 특성은 호우설계에 대한 강우사상을 적절하게 규정하는데 필요하다. 그림 3.10은 **IDF**(Intensity−Duration−Frequency) **곡선**을 나타낸 것이다. 장기간 강우기록은 빈도해석(frequency analysis)이라는 통계적 방법을 이용하여 상호의존성을 규정하는데 사용된다. 매우 일반적인 조건에서 많은 강우관측 지점의 기록은 극치사상을 규정하는 특정한 임계값을 초과하는 강우깊이에 대해 해석된다.

만약, 강우강도−지속기간 곡선이 서로 다른 재현기간을 가진 다양한 호우로서 표시된다면, 그 관계식은 다음 식에 의해 얻어지고 **확률강우강도식**이라 한다.

$$i=\frac{kT^x}{t^e} \quad \text{(Sherman)} \tag{3.8}$$

여기서, k, x 및 e는 상수이다.

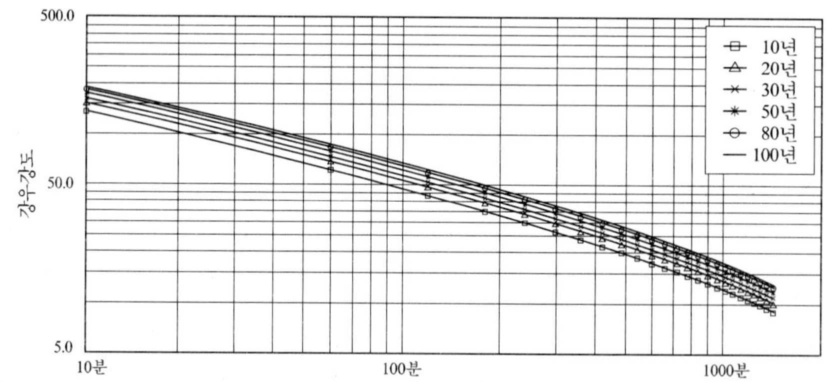

그림 3.10 IDF 곡선 예(천안기상대, 2014)

3.9 설계호우(Design storms)

설계호우는 설계강우의 시간분포이고 일반적으로 특정한 지역 혹은 설계 지점에 대한 IDF자료를 기초로 수학적으로 산출한다. 가장 단순한 설계호우는 재현기간과 호우지속기간이 관련된 특정한 강우용적 혹은 강도일 수 있다. 이 단순한 정보는 IDF로부터 직접 읽으나 많은 수문학적 설계 방법들은 주상도(hyetograph)로 표현되는 강우용적과 강도를 요구한다.

호우설계에서 설계호우에 이용되는 가장 공통적인 것은 첨두유출량(runoff peak flow)의 결정 혹은 설계 유출 수문곡선(design runoff hydrograph)을 생성하는 것이다. 설계유출수문곡선 생성에서 설계호우의 이용은 n년 강우사상은 n년 유출사상을 일이킨다는 단순한 가정을 기초로 하고 이 가정은 지점의 호우전 습도 조건을 무시한다. 동일한 강우사상에 대하여 호우전 건조지점은 습한 지점보다 적은 유출이 발생한다. 이 가정은 설계가 유출대신 강우 재현기간에 기초를 둔다는 것이다. 그러나 지점에 대한 적절한 유출빈도곡선을 개발하는 것이 어려우므로 이러한 실행은 받아들여진다. 설계 강우 주상도 생성을 위하여 재현기간, 지속기간 그리고 시간단계를 선택할 필요성이 있다. 재현기간과 지속기간은 분포를 포함하여 강우용적을 결정하게 된다. 설계호우의 형태는 강우용적의 시간분포를 결정하게 되고 형태는 호우를 합성하므로써 필요에 따라 생성할 수 있다. 그림에 나타낸 것처럼 초기첨두, 중앙첨두 그리고 후기첨두의 세가지로 고려한다.

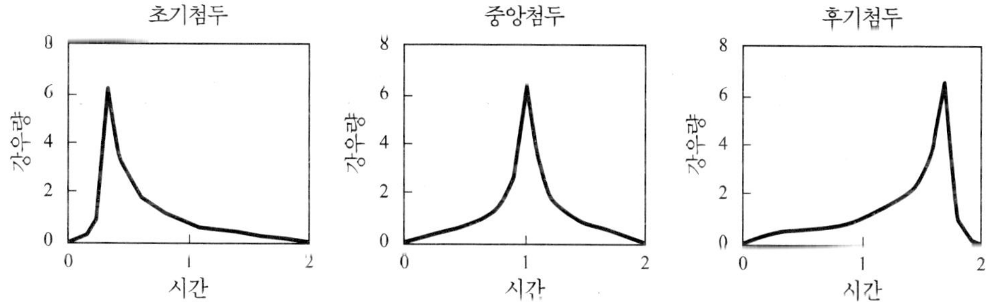

그림 3.11 합성설계호우의 일반적 형상

강우의 시간분포는 유출 홍수 첨두에 중요한 영향을 미친다. 중앙과 후기 첨두 호우는 초기 첨두 호우보다 상당히 큰 첨두량을 생성하고 이 의미는 중앙과 후기호우의 초기 부분이 가벼운 강우를 제공하여 지표면이 젖고 지하로 스며들게 하기 때문이다. 강우의 가장 강한 부분이 오게 되면 표면은 포화되고 유역은 포장면과 유사하게 반응한다.

1) NRCS 24시간 강우분포

도시 호우 설계에서 가장 일반적으로 사용되는 강우 분포는 Type I, Type IA, Type II, 그리고 Type III라고 하는 4가지 형태로 규정하는 NRCS 24시간 강우 분포이다. 이 분포는 지속기간 24시간까지 재현기간 1~100년을 갖는 배수면적 400mile^2 혹은 작은 유역에 대한 미국 기상국 강우자료를 해석하여 개발하였다.

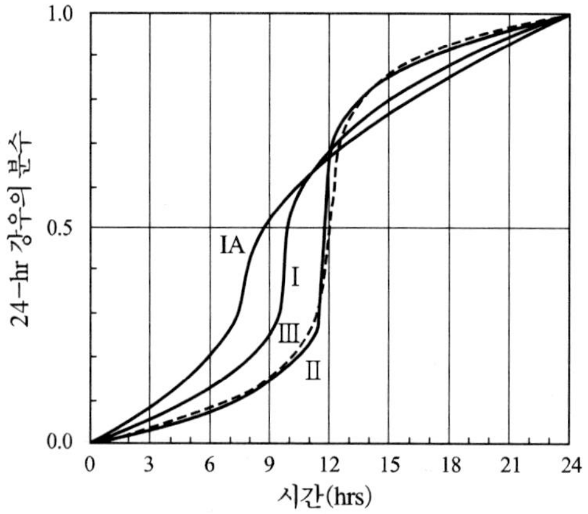

그림 3.12 NRCS 24-hr 강우분포(USDA SCS TR-55, 1986)

이 분포들은 호우에 대한 총 강우의 무차원 분수로 표현된다. 이들 호우의 S곡선형태는 중앙첨두시간분포를 반영하였고 강우곡선의 경사가 도표의 중앙부분에서 가장 급한 것에 주목한다. 이 곡선들은 누적강우이기 때문에 급한 경사는 강우사상 동안 가장 강한 강우비율을 가리킨다. SCS 강우 분포의 개개의 값을 표로 만들어 표 3.2에 나타냈다.

표 3.2 **누적 NRCS 24-hr 강우분포를 정의하는 도표작성값(Mc Cuen, 2005)**

Time(hours)	P/P_{24}			
	Type I	Type IA	Type II	Type III
0.0	0.000	0.000	0.0000	0.0000
0.5	0.008	0.010	0.0053	0.0050
1.0	0.017	0.020	0.0108	0.100
1.5	0.026	0.035	0.0164	0.0150
2.0	0.035	0.050	0.0223	0.1200
2.5	0.045	0.067	0.0284	0.0252
3.0	0.055	0.082	0.0347	0.0308
3.5	0.065	0.098	0.0414	0.0367
4.0	0.076	0.116	0.0483	0.0430
4.5	0.087	0.135	0.0555	0.0497
5.0	0.099	0.156	0.0632	0.0568

5.5	0.112	0.180	0.0712	0.0642
6.0	0.126	0.206	0.0797	0.0720
6.5	0.140	0.237	0.0887	0.0806
7.0	0.156	0.268	0.0984	0.0905
7.5	0.174	0.310	0.1089	0.1016
8.0	0.194	0.425	0.1203	0.1140
8.5	0.219	0.480	0.1328	0.1284
9.0	0.254	0.520	0.1467	0.1458
9.5	0.303	0.550	0.1625	0.1659
10.0	0.515	0.577	0.1808	0.1890
10.5	0.583	0.601	0.2042	0.2165
11.0	0.624	0.624	0.2351	0.2500
11.5	0.655	0.645	0.2833	0.2980
12.0	0.682	0.664	0.6632	0.5000
12.5	0.706	0.683	0.7351	0.7020
13.0	0.728	0.701	0.7724	0.7500
13.5	0.748	0.719	0.7989	0.7835
14.0	0.766	0.736	0.8197	0.8110
14.5	0.783	0.753	0.8380	0.8341
15.0	0.799	0.769	0.8538	0.8542
15.5	0.815	0.785	0.8676	0.8716
16.0	0.830	0.800	0.8801	0.8860
16.5	0.844	0.815	0.8914	0.8984
17.0	0.857	0.830	0.9019	0.9095
17.5	0.870	0.844	0.9115	0.9194
18.0	0.882	0.858	0.9206	0.9280
18.5	0.893	0.871	0.9291	0.9358
19.0	0.905	0.884	0.9371	0.9432
19.5	0.916	0.896	0.9446	0.9503
20.0	0.926	0.908	0.9519	0.9570
20.5	0.936	0.920	0.9588	0.9634
21.0	0.946	0.932	0.9653	0.9694
21.5	0.956	0.944	0.9717	0.9752
22.0	0.965	0.956	0.9777	0.9808
22.5	0.974	0.967	0.9836	0.9860
23.0	0.983	0.978	0.9892	0.9909
23.5	0.992	0.989	0.9947	0.9959
24.0	1.000	1.000	1.0000	1.0000

NRCS누적 강우 분포를 생성하기 위하여 24시간 설계호우 깊이는 표에서 무차원적 강우값에 곱하여 이용된다. 강우강도 분포가 필요하면 시간에 대하여 이웃의 누적강우량 사이의 차이를 계산하고 표시한다. 적절한 시간 단계는 설계호우를 생성하기 전 선택해야 한다.

2) IDF 도표로부터 설계호우

설계호우는 유출모형에 필요하다. 많은 유역에서 유출모형은 부분적으로 이루어지고 이 경우 유역은 소면적으로 나누고 각 소면적은 전체로부터 독립적으로 해석한다. 각 소면적 해석후에 각 소면적 유출결과는 유역에 대한 합성 유출 해석을 생성하기 위해 수문학적으로 함께 더하여 완성한다. 소면적에 따라 호환할 수 있는 유출결과를 얻기 위해 각 소면적은 동일한 강우사상을 경험해야 한다.

이 의미는 유역내 모든 소면적에 적합한 하나의 설계호우를 생성해야 한다. 전 유역의 도달시간은 대표적인 설계호우 지속기간의 선택을 이끌어내야 한다. 추가적으로 설계호우는 유역내 모든 소면적에 대해 한계 설계 강우 강도를 포함해야 한다. 중앙 합성 설계 호우는 어떤 시간 간격 이상 내리는 최대 강우가 대응하는 지속시간에 의해 나타나는 설계 호우와 같도록 구성해야 한다.

3.10 유역 평균우량의 산정법

하나의 큰비의 총우량, 시간우량 혹은 특정기간내에 내린 비의 유역 평균치를 구하기 위해서는 우량관측소망에 의해 얻어진 각 지점우량을 이용하여 그 강우의 유역에서 지역분포를 추정하지 않으면 안 된다. 지금 유역내에 우량관측소가 거의 균등하게 지극히 세밀하게 배치되어 있다면 어떤 문제가 없으나 현실로는 수십 km^2～수백 km^2의 넓은 구역에 1개소의 비율로 우량관측소가 배치되어 있는 것이 보통이다. 그러므로 유역내 강우의 지역분포가 어떻게 되는가는 각각 관측소의 관측치가 어느 만큼의 넓은 구역의 강우상황을 대표하고 있는가라는 것을 염두에 두지 않고 어쨌든 그것이 넓은 구역의 강우상황을 대표하고 있는 것이라고 가정하여 그 관측치를 이용하여 유역평균우량을 산정하여 얻는 것이다.

유역내에 수가 적어도 거의 균등하게 우량관측소가 배치되어 있으면 각 우량관측소 관측치의 평균치를 계산하여 유역평균우량이라 해도 좋으나 배치가 현저히 치우쳐 있는 경우에는 단순히 평균치를 이용하여서는 안 된다.

1) 산술평균법

가장 단순한 방법으로서 유역내 많은 계기에서 기록된 강우깊이를 평균하는 것이다.

$$\overline{P}=\frac{1}{n}\sum_{n=1}^{n}P_i \tag{3.9}$$

이 방법은 산악영향의 중요성이 없고 전체유역 위에 강우깊이가 거의 일정하며 계기가 면적에 균등하게 분포한다면 만족한다.

2) Thiessen polygon 법

Thiessen은 우량관측소의 배치가 현저히 치우쳐 있는 경우에 대해서 서로 인접한 우량관측소의 경계는 지도상에서 2개의 우량관측소 지점을 직선으로 연결하여 그것의 수직이등분선을 갖는다는 방법을 생각해 냈다. 이 같은 방법에서 우량관측소의 관측치가 대표하는 구역(담당면적)을 결정하는 방법을 Thiessen method라 하며 현재 이 방법이 대단히 많게 이용되고 있다. Thiessen법의 구체적인 순서는 다음과 같다.

① 유역내의 우량관측지점을 지도상에서 이어서 3각형의 망을 만든다. 이 삼각망을 Thiessen network라 한다. 이때 가능한 한 각 삼각형이 정삼각형에 가까운 형이 되도록 한다. 또 유역 근방의 우량관측소도 이용한다.

② 각 삼각형 각변의 수직이등분선을 그리며 이 수직이등분선으로 우량관측수를 둘러싸는 다각형을 만든다. 이때 문제인 것은 삼각망의 각 삼각형이 전부 예각삼각형이면 하나의 삼각형 각변의 수직이등분선은 그 삼각형 중에서 한점으로 교차하여서 이 작업은 자동적으로 행한다. 그러나 둔각 삼각형이 섞여 있는 경우는 교점은 삼각형 밖으로 빠져 버리므로 상황에 따라서 적당하게 다각형을 만들지 않으면 안된다. 이 다각형을 Thiessen polygon이라 하며 이 Thiessen polygon의 거의 중심에 있는 우량관측소의 관측치는 그 구역을 대표하는 것으로 한다.

③ 유역내 또는 그 근망을 포함한 n개소의 우량관측소의 각 번호를 i 로, 각각의 Thiessen polygon의 면적을 A_i 및 그 합 즉, 유역면적을 A 또 관측된 우량을 P_i라 하면 유역 평균우량은

$$\overline{P}=\frac{\sum_{i=1}^{n}A_iP_i}{\sum_{i=1}^{n}A_i}=\frac{\sum_{i=1}^{n}A_iP_i}{A} \tag{3.10}$$

Thiessen법을 일명 가중평균법(weighted mean method)이라고도 한다.

3) 등우선법

지점우량으로부터 등우량선(어느 특정기간 중에 내려진 혹은 특정의 큰 비에 의해서 내린 우량이 같은 지점을 지도상에 기입하여 매끈하게 선으로 연결한 것. iso-hyet)을 그어서 산악의 영향을 고려하여 계산하는 방법이다. 앞에서도 말했듯이

대단히 세밀한 우량관측소망이 펼쳐 있으면 그것에 의하여 그어진 등우량선에 의미가 발생하나 일반적으로 정확한 등우량선을 긋는 한계로 조밀한 우량관측소망이 유역내에 배치되어 있는 곳은 거의 없으므로 이 같은 방법이 실제로 이용되는 것은 극히 드물다고 해도 좋다.

$$\overline{P}=\sum_{i=1}^{n}\frac{A_i\overline{P_i}}{A} \tag{3.11}$$

여기서, A_i는 등우선 i 와 $i+1$ 사이의 유역 면적, P_i는 등우선 i 와 $i+1$에 대한 평균강우량, n은 등우선 간격의 수이다. A_i/A는 특정한 강우계에 적용되는 가중치이다.

종종 어떠한 방법으로 유역평균우량을 구하면 좋다고 하는 토론을 획일적으로 하지만 이 문제는 모든 유역에 대해서 주어진 조건에 따라서 생각해야 하는 것이며 Thiessen법은 산술평균법 보다 우세하다.

예제 3.2

유역면적 28.6km^{2}인 유역에 우량계의 위치는 그림 3.13과 같다. 유역의 평균강우량을 계산하라.

풀이

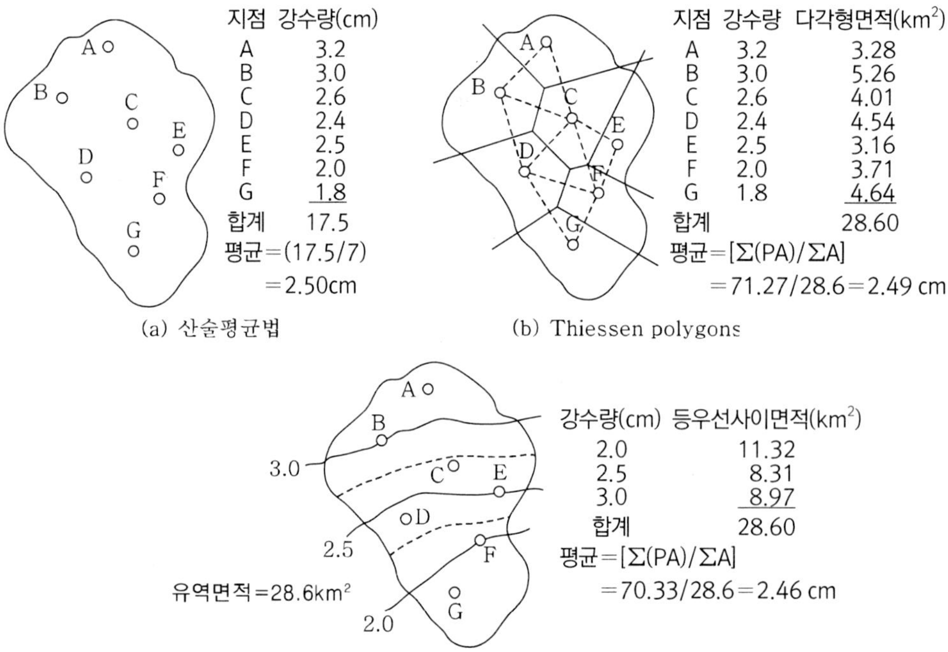

(a) 산술평균법 (b) Thiessen polygons

(c) 등우선법

그림 3.13 평균강수량 산정

3.11 우량깊이-유역면적-강우지속기간 관계

각종 강우가 유역면적이 큰 지역에서는 균등하게 발생하기가 어렵다. 그러므로 강우강도나 총강우깊이는 호우의 중심으로부터 외곽으로 갈수록 점점 작게 변화되고, 유역면적이 증가함에 따라 균등 강우깊이는 점차로 감소함을 알 수 있다. 유역면적에 따른 지속기간을 가진 강우가 발생할 때 예상되는 지속기간별 최대강우량을 유역별로 최대우량깊이-유역면적-지속기간간의 관계(rainfall depth-area-duration relationship)를 수립하는 작업을 DAD **해석** 이라 한다. 연속적인 기록을 가진 일련의 호우중 최대강우량을 그 지역의 호우로 선택하여 그 유역 전면적에 대하여 다음 절차로서 해석된다.

① 유역내 각 관측점 강우기록중 최대우량을 누가우량곡선으로부터 구하고, 전유역을 등우선에 의해 몇 개의 소구역으로 나눈다.
② 소구역에 대한 누가평균우량을 산정한다.
③ 소구역에 누가면적에 대한 평균누가우량을 결정한다.
④ 각각의 지속기간에 대한 최대평균우량깊이를 종축에 소유역의 누가면적을 횡축에 잡아서 반대수지에 표시하면 DAD 곡선을 얻게 된다.

DAD곡선은 유역면적이 비교적 큰 경우에는 거의 직선에 가까우나 면적이 작은 경우에는 직선으로부터 차이가 커진다. 한편 어떤 유역의 최대평균우량은 지속기간에 비례하고 유역면적에 반비례한다.

DAD방법은 주로 여러 크기의 서로 다른 지속시간에 대한 최대 강우량을 결정한다.

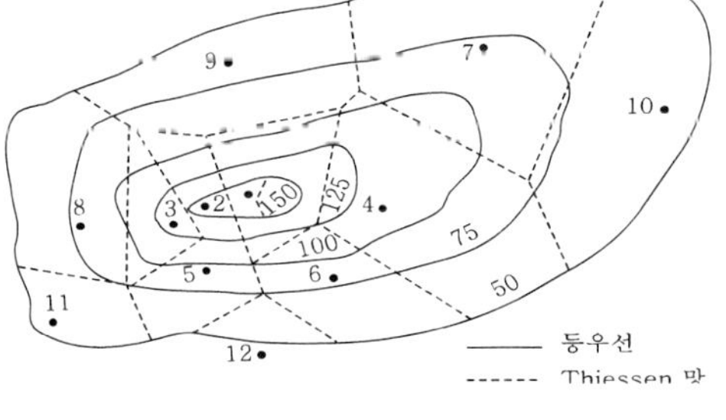

관측소	호우시작부터 누가강우량(mm)			
	6h	12h	18h	24h
1	30	125	128	160
2	27	120	124	153
3	21	106	108	130
4	19	87	90	114
5	17	70	72	90
6	14	55	60	80
7	14	53	58	78
8	15	60	62	76
9	17	42	50	65
10	10	30	40	60
11	12	40	45	55
12	12	35	40	45

그림 3.14 강우량-유역면적-강우지속시간 분석

DAD분석을 위해 필요한 자료는 그림 3.14와 같다. 이 방법을 설명하기 위해 지속시간 24시간의 호우를 예로 들었으며, 전체 호우의 등우선은 12개의 강우관측소로부터의 측정값에 따라 그려진다. 각 관측소에서 6시간씩 네 번에 걸쳐 누가되어진 강우량값은 그림 3.14에 주어졌고 관측소에 대한 면적 가중치를 결정하기 위해 Thiessen다각형이 관측소 주위의 등우선 위에 그려졌다.

표 3.3 150mm 등우선에 둘러싸인 지역(면적은 $10km^2$, 지역강우는 155mm)

관측소	면적 가중 계수	6시간	12시간	18시간	24시간
1 1	0.7 누가강우량	30	125	128	160
2	0.7×누가강우량	21	87.5	89.6	112
3 2	0.3 누가강우량	27	120	124	153
4	0.3×누가강우량	8.1	36	37.2	45.9
5 가중된 강우량의 합		29.1	123.5	126.8	157.9
6 지역강우에 대하여 조정된 누가강우량		28.6	121.2	124.4	155
7 증가량		28.6	92.6	3.3	30.5
8 각 지속시간별 최대 가능 강우량		92.6	121.2	126.4	155

표 3.4 125mm 등우선에 둘러싸인 지역 (면적은 $25km^2$, 지역강우는 144.5mm)

관측소	면적 가중 계수	6시간	12시간	18시간	24시간
1	0.4	30	125	128	160
	0.4×누가강우량	12	50	51.2	64
2	0.3 누가강우량	27	120	124	153
	0.3×누가강우량	8.1	36	37.2	45.9
3	0.1 누가강우량	21	106	108	130
	0.1×누가강우량	2.1	10.6	10.8	13.0
4	0.2 누가강우량	19	87	90	114
	0.2×누가강우량	3.8	17.4	18	22.8
가중된 강우량의 합		26	114	117.2	145.7
지역강우에 대하여 조정된 누가강우량		25.8	113.1	116.2	114.5
증가량		25.8	87.3	3.1	28.3
각 지속시간별 최대 가능 강우량		87.3	113.1	118.7	144.5

우선적으로 등우선에 의해 둘러싸인 강우량을 전체 호우에 대해 결정한다. 150mm 등우선에 의해 둘러싸인 $10km^2$ 지역이 맨 먼저 계산되고, 지속시간의 계산은 표 3.3처럼 진행된다. 전체 호우의 $10km^2$ 유역에 대한 강우량은 155mm이다. 관측소 1과 2가

150mm 등우선에 포함되며, 측정값에 따라 두 관측소에 의해 표현되는 면적의 비는 각각 0.7과 0.3이다. 그리고 두 지점의 4개 시간대의 강우는 그에 상응하는 지역의 가중치와 곱해진다(표 3.3의 2열과 4열).

각 시간대의 가중치의 합은 표 3.3의 5열에 있고, 6열에서 그 합은 호우에 대한 지역 평균값으로 조정된다(즉, 157.9mm를 155mm로). 24시간 동안의 강우량을 6시간씩 나누어 각 시간 간격 사이에 대한 증가량을 7열에서 계산하였고, 가장 많은 강우량은 두 번째 시간대(92.6mm)에서 일어남을 알 수 있다. 마지막 8열은 증가량을 합함으로써 각 시간 간격에 대한 지역 최대강우량을 알 수 있게 해준다. 6시간 최대강우량은 이미 알고 있고(12h), 12시간 최대강우량은 처음 두 부분(6h+12h)의 증가량이며, 18시간 최대값은 마지막 세 부분(12h+18h+24h)의 증가량의 합이다.

분석의 두 번째 단계는 표 3.3에 주어져 있다. 다음 등우선에 둘러싸인 지역은 앞에서와 같이 비슷하게 취급된다. 여기에는 125mm 등강우선에 의해 포함된 지역의 Thiessen다각형을 대표하는 1, 2, 3, 4 네 개의 관측소가 있다. 그 관측소들의 면적의 가중치는 각각 0.4, 0.3, 0.1, 0.2이다. 그 등우선에 둘러싸인 면적은 25km^{2}이고 지역에 내린 비는 144.5mm이다. 각 지속시간 동안에 25km^2 지역에 최대로 내릴 수 있는 강우량은 마지막 줄에 나타나 있다. 모든 등우선에 의해 둘러싸인 지역에 대해 위와 같은 방법을 반복함으로써 계산은 계속되고 결과는 그림 3.11에 주어져 있다. 대상 지역 안에서 가능하면 많은 호우가 이런 방법으로 분석된다. 당연히 호우는 지속시간이 다르며, 그 지속시간의 범위는 다양하게 분석될 수 있다. 각 호우지역의 확장범위는 호우지역을 한계 짓는 최저 등우선에 의해 제한되어지고 이것은 호우지역의 형상과 최대강우에 의해 결정된다. 만약 호우가 넓은 지역에 걸쳐 발생했다면 몇몇 호우중심이 확인될 수 있고 각 호우중심은 별도로 분석된다.

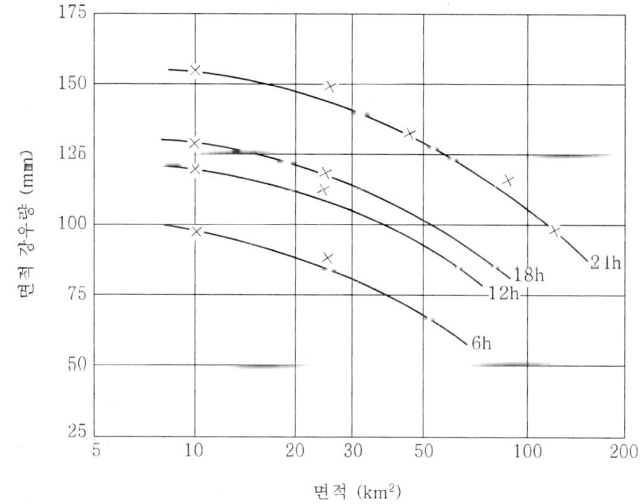

그림 3.15 강우량-유역면적-강우지속기간 곡선

표 3.5 최대 DAD의 값(mm)

면적(km^2)	지속시간(h)					
	3	6	9	12	‘18	24
10	95	110	116	130	150	180
25	92	100	108	124	130	150
50	86	94	100	115	etc.	etc.
100	78	88	etc.			
150	68	etc.				
etc.						

결과적으로 자료는 모두 집계되고 강우량-유역면적-강우지속시간 해석의 최대값은 그래프 위에 도시된다. 더불어 면적과 지속시간에 따른 최대강우량이 집계될 수 있다(표 3.5).

폭우의 형태는 시간이 경과해도 변하지 않는다는 가설은 DAD분석에 꼭 필요하다. 실제로 대부분의 폭우는 시간이 흐르면 그 형태가 변하게 되고, 이상적으로는 각각의 시간대마다 등우선이 새로 그려져야 하며, Thiessen다각형도 시간대별로 다시 만들어져야 하는 것이다. 그러나, 이렇게 하면 엄청난 작업량이 발생하게 된다.

3.12 부족한 강우 자료의 보충

강우자료는 수문해석과 설계의 많은 문제에서 중요하다. 자료선택에 따라 비용이 관련되기 때문에 모든 지점에서 완전한 기록을 갖는 것이 매우 중요하나 조건들이 때때로 이를 방해한다.

강우의 불완전한 기록은 때때로 조작자 실수 혹은 장비의 기능장애에 의해 가능하다. 이 경우 그 부족한 기록을 평가할 필요가 있다. 부족한 기록을 갖는 어떤 지점 X를 가정한다. 부족한 기록을 채우는 절차는 가능한 X지점 주위에 균등하게 분포하고 가깝게 위치하며 완전한 기록을 갖는 세 개의 지표지점(A, B, C)을 확인한다. X, A, B그리고 C지점의 각각에 대한 년평균강우량을 구한다.

만약 지표지점 A, B혹은 C의 각각에서 년평균강우량이 X지점과 10% 이내이면 지표지점에서 강우량 값의 **단순산술평균**으로 X지점에서 부족한 값을 준비한다.

$$P = \frac{1}{n}\sum_{i=1}^{n} P_i \qquad (3.12)$$

만약 지표지점의 어느 지점에서 년평균강우량이 X지점으로부터 10%이상 다르면 **정상 년 비율법**을 이용한다. 이 방법에서 X지점에서 부족한 강우량 값은 다음과 같다.

$$P_X = \frac{1}{3}[(\frac{N_X}{N_A})P_A + (\frac{N_X}{N_B})P_B + (\frac{N_X}{N_C})P_C] \qquad (3.13)$$

여기서, P : 강우량, N : 정상 년 평균강우량(正常 年 平均降雨量, normal annual precipitation)(30년간의 평균), 첨자 X, A, B 그리고 C는 각 지점을 나타낸다.

또한 부족한 강우량 자료를 보충하는 **교호방법**은 National Weather Service에 의해 개발되었다. 이 방법은 관심의 X지점에 가깝게 위치한 4개 지표지점 A, B, C 그리고 D에 대한 자료와 X지점을 통과하여 그려진 동서 남북선에 의해 범위를 정한다(그림 3.16). X지점에서 평가된 강우량 값은 4개 지표지점에서 평균값에 가중된다. 각 지표지점에 대하여 적용하는 가중치는 X지점에서 거리 L의 제곱의 역수이다. 이 절차는 다음 식과 같다.

$$P_X = \frac{\sum_{i=1}^{4}(P_i/L_i^2)}{\sum_{i=1}^{4}(1/L_i^2)} \qquad (3.14)$$

여기서, P : 강우량, L : X지점과 지표지점사이의 거리이다.

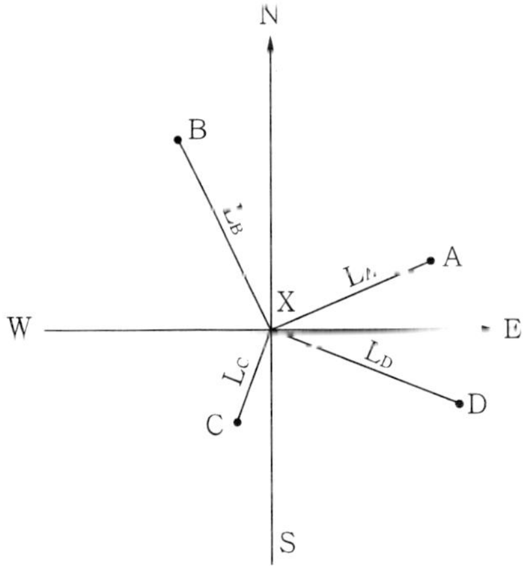

그림 3.16 지점 X와 지표지점의 위치

3.13 계기의 일관성(consistency) 검토 및 조정

우량계에서 포착량은 가끔 시간 주기동안 일치하지 않고 측정된 자료의 조정은 일치하는 기록을 준비해야 할 필요가 있다. 계기의 일관성에 대한 조정은 부족한 값보다 오히려 영향을 추정하는 문제이다. 일치하지 않는 기록은 많은 사건의 어느 하나로부터 결과되고, 특별히 조정은 관측절차의 변화, 계기 노출의 변화, 토지이용의 변화에 의해서 필요하다.

이중누가곡선(double mass curve)해석은 계측된 기록의 일관성에 대해 검토하는데 이용하는 방법이다. 이중누가곡선은 관심의 우량계에서 누가량과 유사한 수문기상학적발생에 종속하는 지역에서 하나 혹은 많은 계기의 누가량의 그래프이다. 기록은 기록기간 동안 수문기상학적 발생이 일치하는 평가이면 이중누가곡선은 일정한 경사일 것이다. 이중누가곡선의 경사가 분명하게 변화한다면 기록은 조정하는 기록의 기간 이전과 이후에 따라 조정할 수 있다.

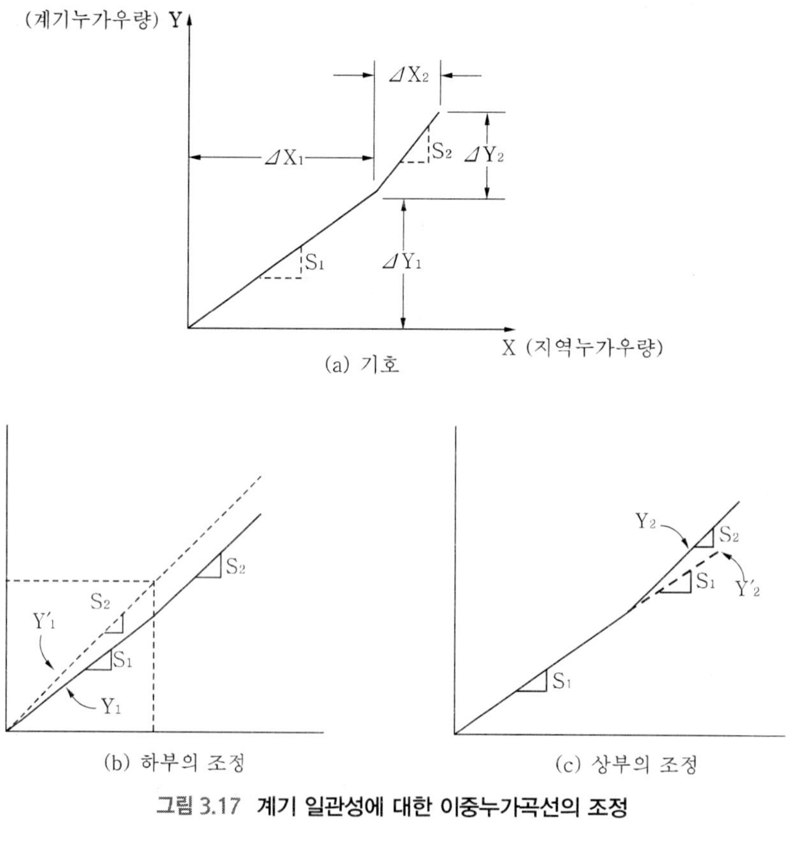

그림 3.17 계기 일관성에 대한 이중누가곡선의 조정

조정방법은 그림 3.17처럼 도식적으로 쉽게 이해한다. 지역누가량 X와 일관성 검토가 필요한 계기에서 누가량 Y 사이의 이중누가곡선은 첨자 1과 2에 의해 표시된 두 부분에 의해 특색을 이룬다. 두 부분 S_1과 S_2의 경사는 누가량으로부터 계산할 수 있다.

$$S_i = \frac{\Delta Y_i}{\Delta X_i} \tag{3.15}$$

여기서, S_i는 부분 i의 경사, ΔY_i는 부분 i의 끝점과 계기 Y에 대한 누가량 사이의 변화, ΔX_i는 부분 i의 끝점과 지역계기의 합에 대한 누가량 사이의 변화이다.

이중누가곡선의 어느 부분도 일관성에 대하여 조정할 수 있다. 계기를 영구적으로 재배치한다면 기록의 초기부분 조정에 관심이 있으므로 기록의 후기 부분에 일치시키고 자료는 앞으로 수집해야 한다. 계기를 오직 일시적으로 재배치하든지 계기의 노출이 짧은 기간동안 포착량에 불리하게 영향이 되면 기록의 후기부분 조정에 관심이 있으므로 기록의 초기부분에 따라 일치해야 한다. 이 조정은 기록의 후기부분을 기록의 초기부분과 장래 수집된 자료에 일치해야 한다.

지점 Y기록의 초기 부분 조정에 관심이 있다면 ΔY_2와 ΔX_2에 기초를 두어 S_2는 정확해야 하고 Y_1값을 조정하는데 필요하다. 조정은 Y_1'로써 표시하는 자료계열을 조정하는데 대비한다. S_2가 정확하면 경사 S_1은 Y_1으로부터 이동시키고 경사 S_2로 대체한다.

$$Y_1' = \frac{S_2}{S_1} Y_1 \tag{3.16}$$

여기서, S_2/S_1은 조정계수이다. 식 (3.16)의 조정계수에 의해 Y_1계열의 각 값에 곱해서 윗부분 Y_2와 같은 기울기를 갖는 Y_1'계열을 산출한다.

표 3.6의 자료는 이중누가곡선의 아랫부분 조정에 식 (3.16)의 이용을 설명하는데 이용할 수 있다. 계기 H는 3년 후 영구적으로 재배치되어서 1979~1981년 기록된 값의 조정이 필요하다. 그림 3.14에 나타낸 이중누가곡선은 지역의 3개 계기에서 누가량과 관심의 계기 H에서 누가량에 대하여 표시하였다. 1979~1981년 기간 동안 경사 0.4323은 1982~1986년 기간의 경사 0.3808보다 더 크다. 식 (3.16)을 이용하여 1979~1981년 기간의 조정한 값을 계산할 수 있다.

$$H_1' = \left(\frac{0.3808}{0.4323}\right) H_1 = 0.8809 H_1 \tag{3.17}$$

이렇게 측정된 자료는 약 12% 줄여야 한다. 이중누가곡선의 아래 부분에 대한 조정된 경사는 그림 3.18에 나타냈고 조정된 량은 표 3.6에 주어졌다.

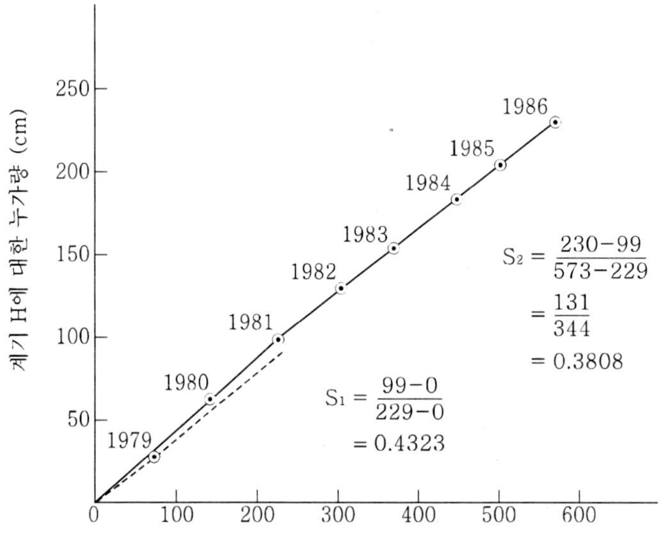

그림 3.18 이중누가곡선의 하부조정

표 3.6 이중누가곡선의 하부조정 설명

년	년우량(cm)				합 계 E+F+G	누가우량(cm)		
	E	F	G	H		E+F+G	H	H_1'
1979	22	26	23	28	71	71	28	24.7
1980	21	26	25	33	72	143	61	29.1
1981	27	31	28	38	86	229	99	33.5
1982	25	29	29	31	83	312	130	
1983	19	22	23	24	64	376	154	
1984	24	25	26	28	75	451	182	
1985	17	19	20	22	56	507	204	
1986	21	22	23	26	66	573	230	

이중누가곡선의 윗부분 조정에 대한 절차는 아랫부분의 조정과 유사하다. 취지는 윗부분의 경사를 아랫부분의 경사로 바꾼다.

$$Y_2' = \frac{S_1}{S_2} Y_2 \qquad (3.18)$$

S_2로 나누어 존재하는 경사의 영향을 이동시키고 S_1을 곱하여 S_1으로 바꾼다. Y_2'계열은 S_1경사를 갖는다.

표 3.7의 자료는 이중누가곡선의 윗부분 조정에 식 (3.18)의 이용을 설명하는데 이용할 수 있다. 그림 3.19는 계기 A, B그리고 C에서 누가량과 계기 D에서 누가량의 이중누가곡선을 나타낸다.

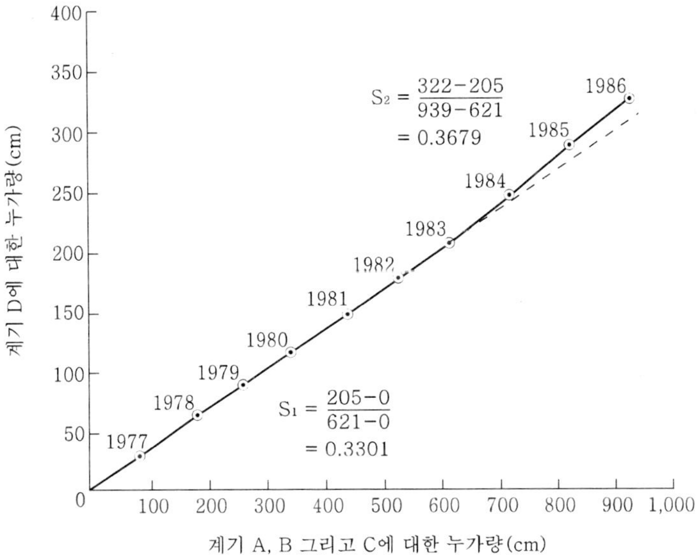

그림 3.19 이중누가곡선의 상부조정

곡선의 두 부분에 대한 경사는 중간부분점으로써 1983년을 이용하여 계산되었다. 이중누가곡선 윗부분의 경사는 1984~1986년 기간 동안 다르다. 식 (3.18)에 기초하여 곡선의 윗부분 조정에 대한 방정식은

$$D_2' = \left(\frac{0.3301}{0.3679}\right) D_2 = 0.8973\,D_2$$

1984~1986년에 대한 조정값은 표 3.6에 주어졌고 이 기간에 대해 조정된 이중누가곡선은 그림 3.15에서 점선으로 나타냈다. 곡선의 조정된 부분은 곡선의 아랫부분과 같은 경사를 갖는다.

표 3.7 **이중누가곡선의 상부조정 설명**

년	년우량(cm)				합 계	누가우량(cm)		
	A	B	C	D	A+B+C	A+B+C	D	D_2'
1977	30	31	27	29	88	88	29	
1978	33	36	32	32	101	189	61	
1979	26	27	24	28	77	266	89	
1980	27	26	27	29	80	346	118	
1981	34	34	30	30	98	444	148	
1982	31	33	31	29	95	539	177	
1983	28	30	24	28	82	621	205	
1984	35	34	33	39	102	723	244	35.0
1985	37	39	36	41	112	835	285	36.8
1986	34	35	35	37	104	939	322	33.2

연습문제

3.1 다음을 설명하시오.

① 강우강도
② 유역평균우량
③ 등우선
④ 우량주상도
⑤ 산악형강우
⑥ 재현기간과 빈도
⑦ DAD 곡선
⑧ 이중누가곡선
⑨ 최대가능강우량(P.M.P.)
⑩ 정상년평균간우량(A.A.R.)

3.2 우량관측점에서 관측하여 유역의 평균강우깊이를 계산하는 방법과 특징에 대해 설명하시오

3.3 서로 다른 배수유역의 Thiessen다각형과 등우선도가 그림 3.20, 3.21과 같고 자료는 표와 같을 때 이 유역이 평균강수량을 계산하라.

지 점	Thiessene 다각형면적(km^2)	강수량(cm)
A	170	9.3
B	164	10.5
C	156	10.9
D	150	12.2
E	116	13.5
F	36	14.0
G	124	14.2
H	42	12.8
유역면적	=958km^2	

지 역	면 적
Ⅰ	56
Ⅱ	192
Ⅲ	420
Ⅳ	244
Ⅴ	44
Ⅵ	58
유역면적	=1,014km^2

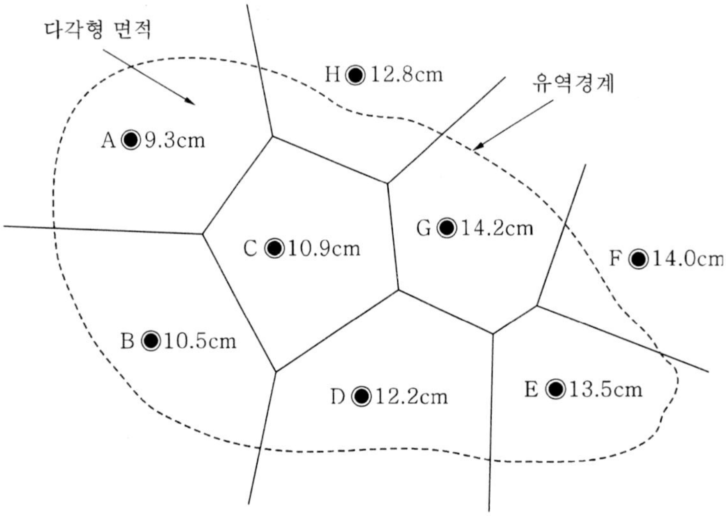

그림 3.20 Thiessen 다각형

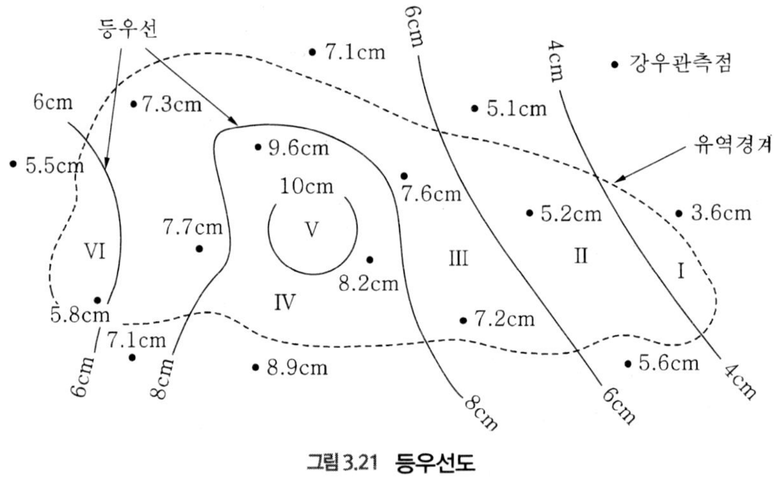

그림 3.21 등우선도

3.4 지점 X의 년강수량과 주위지점의 20년 평균 년 강수량이 표와 같을 때 X지점에서 강수자료의 일관성을 산정하고 조정하라.

년	지점 X의 년 강우량(cm)	20개 지점의 평균 년 강우량(cm)	년	지점 X의 년 강우량(cm)	20개 지점의 평균 년 강우량(cm)
1962	30.5	22.8	1972	28.2	33.3
1963	38.9	35.0	1973	17.3	23.4
1964	43.7	30.2	1974	22.3	36.0
1965	32.2	27.4	1975	28.4	31.2

1966	27.4	35.2	1976	24.1	23.1
1967	32.0	28.2	1977	26.9	23.4
1968	49.3	36.1	1978	20.6	23.1
1969	28.4	28.4	1979	29.5	33.2
1970	24.6	25.1	1980	28.4	26.4
1971	21.8	23.6			

3.5 어떤 장소에서 발생하는 호우에 대해 강우 관측점 P, Q 및 R의 강우량은 각각 3.8, 4.1 및 4.5cm이었다. 그러나 이웃하는 지점 S의 강우량은 고장으로 측정하지 못하였다. 네 개 지점 P, Q, R 및 S의 정상년 강수량은 각각 45, 48, 53 및 50cm이었다면 지점 S에 대한 강우량을 추정하라.

3.6 한 장소의 30년동안 년평균강우량이 아래 표에 주어져 있다. 강우의 생기빈도곡선을 그리고 다음을 계산하여라.

(a) 5년, 10년, 20년 강우의 재현기간

(b) 0.75 확률의 강우

(c) 강우≥ 35cm인 발생확률

년 도	강우량(cm)	년 도	강우량(cm)
1951	31.6	1966	36.2
1952	30.1	1967	33.6
1953	29.8	1968	30.2
1954	39.9	1969	35.5
1955	37.8	1970	36.3
1956	30.1	1971	36.4
1957	30.7	1972	30.7
1958	38.0	1973	33.4
1959	35.7	1974	40.4
1960	32.9	1975	35.4
1961	30.3	1976	33.7
1962	41.0	1977	30.1
1963	33.5	1978	31.7
1964	34.0	1979	33.4
1965	33.3	1980	30.2

3.7 다음 표와 같이 40분간 집중호우가 계속되었다면 지속기간 10분, 20분인 최대 강우량과 최대 강우 강도는?

시간(분)	우량(mm)
0~5	1
5~10	4
10~15	2
15~20	5
20~25	8
25~30	7
30~35	3
35~40	2

제4장

강수량의 측정

4.1 우량측정

4.2 기상레이다에 의한 강우지역의 관측

4.3 인공강우

제4장

강수량의 측정

4.1 우량측정

4.1.1 우량의 측정원리와 보통우량계

우량을 측정하는 기계 즉, 우량계는 위가 열려져 있으며 평탄한 바닥이 있는 내부가 비어있는 원통을 지면에 설치한 것이다. 비는 원통의 입구로 들어가 가운데로 떨어져 바닥에 도달하므로 그 수심을 측정하면 우량이 된다. 눈과 기타의 고형 강수는 녹여서 물로 하여 수심을 측정하면 된다.

실제로 사용되고 있는 우량계는 조금 복잡한 구조를 하고 있어 채수부와 측정부로 나누어져 있고, 그림 4.1은 표준형우량계이다. 떨어져 내리는 빗방울을 받는 부분을 채수기(receiever)라 하고, 채수구(orifice)의 직경은 20cm, 채수기의 최상단은 날카로운 형태로 되어있다. 채수기는 원통부분과 그것에 연결된 깔때기로 구성되어 있으며 이 같은 모양의 채수기를 깔때기형 채수기라 한다.

채수기에서 받은 비는 깔때기의 끝에서 저수병에 떨어져 고이며 저수병이 가득되면 입구에서 넘쳐 바켙의 안에 고이게 되어 있다. 저수병의 용량은 우량으로서 약 80mm이며 바켙의 용량은 250mm이다. 이 표준형의 우량계는 지면에 구멍을 뚫어서 지면에서 가장자리의 높이가 정확히 30cm정도가 되도록 묻어서 설치하고 우량계의 주위에는 잔디를 심는다.

이 표준형의 우량계에 의한 우량측정은 측정시각이 되면 우선 채수기를 빼내서 저수병을 꺼내어 그 안의 우수를 우량실린더로 옮겨 그 수위를 우량실린더에 새겨진 0.1mm 단위의 눈금을 읽는다. 우수량이 많아 1회로 측정되지 않는 경우는 이것을 몇 회 반복하여 합계한다. 우량실린더는 1회로 10mm까지 측정되는 것이 잘 이용된다. 우량관측의 시각은 매 정시를 기준으로 하고 당일 0시부터 24시간의 강수량을 일강수량으로 한다. 보통 우량계와 자기우량계와의 차이는 우량의 측정부와 기록부에 있으며 채수기의 구조자체는 채수기의 구경이 다른 것이나 거의 동일하다.

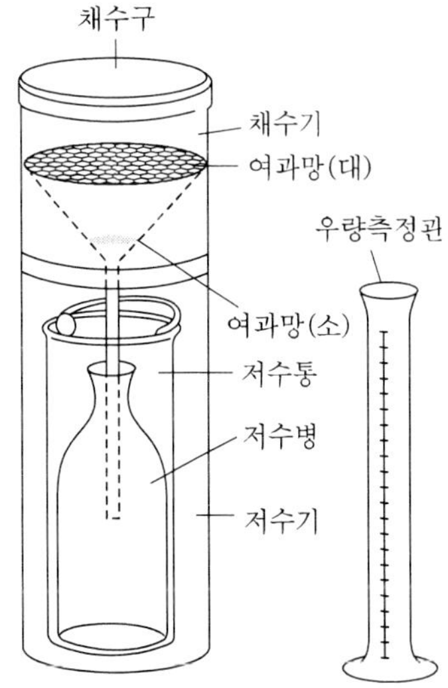

그림 4.1 보통우량계

4.1.2 자기 우량계

자기우량계는 보통우량계에서는 측정되지 않는 짧은 기간의 우량 혹은 시시각각의 우량강도를 자동적으로 측정하도록 특별히 고안된 우량계로 측정된 우량이 기록지에 자동적으로 기록되도록 되어 있다.

1) 전도형 자기우량계

우량을 전도물받이(tipping bucket)를 이용하여 계량하도록 되어 있다. 전도물받이는 3각형의 작은 물받이가 회전축에 따라서 모아지게 되어 있으며 어느 쪽의 물받이에 채수기의 깔때기에서 우수가 떨어져 오도록 되어 있는 구조이다. 깔때기에서 떨어져온 우수가 한쪽의 물받이에 한컵이 되면 무거워진 물받이는 전도하여 우수는 흘러 없어지며 다른 물받이가 깔때기의 밑에 오도록 되어 있다. 회전축이 회전하면 회전축에 연결되어 있는 전기스위치가 작동하여 전도물받이의 전도를 알아서 신호가 기록기로 흘러서 우량이 자동적으로 기록된다. 전도형 자기우량계는 통상 채수부와 측정부, 신호발생부가 일체로 되어 있으며 신호의 기록부

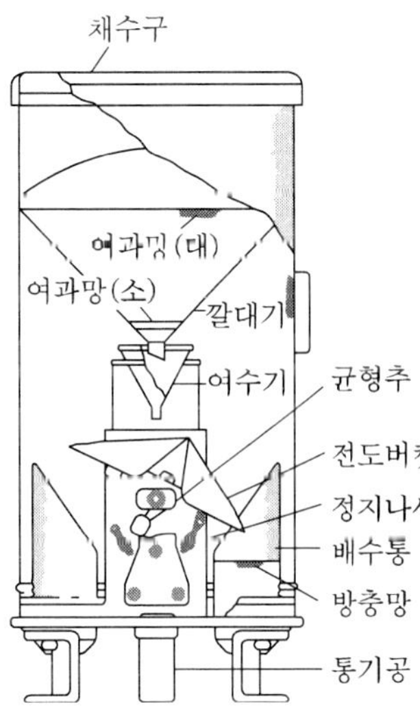

그림 4.2
Tipping-bucket 우량계

는 떨어진 장소에 설치되도록 되어 있다. 전도형 자기우량계 채수기의 직경은 20cm이며 1개의 물받이에 고인 우수의 양은 0.5mm나 1mm에 상당하는 것이 작성된다.

그러므로 0.5mm의 전도물받이가 이용된다면 0.5mm보다 작은 우량은 측정될 수 없으며 약한 비와 비의 내린 시점과 내린 종점의 시각 등을 정확히 구하는 것이 곤란하다.

2) 저수형 자기우량계

채수기에서 받은 우수를 도관으로 원통용기로 유도하여 그 원통내의 수위 변화에 따라서 금속성의 부자가 움직이도록 된 것이다. 부자의 심봉에는 펜이 부착되어 있으며 시계 장치로서 회전하는 원통에 감겨진 자기지에 수위, 즉, 우량이 기록된다. 보통 채수기의 구경은 20cm이며 자기지의 폭은 20mm의 우량을 작성하도록 되어 있다. 원통내의 고인 우수가 우량으로 20mm에 도달하면 사이폰의 작용으로 자동적으로 배수되며 펜은 0mm 위치로 되돌아간다. 이 때문에 사이폰식 자기우량계라고도 한다. 저수형 자기우량계는 채수부와 측정·기록부의 2부분으로 나누어져 있다. 추울 때에는 저수가 동결하여서 측정이 이루어질 수 없기 때문에 보온할 수 없는 장소에서는 동계는 사용할 수 없는 결점이 있다. 또 저수형 자기우량계에 의한 우량의 독취는 0.1mm이다.

4.1.3 우량계로 우량을 측정할 때의 문제점

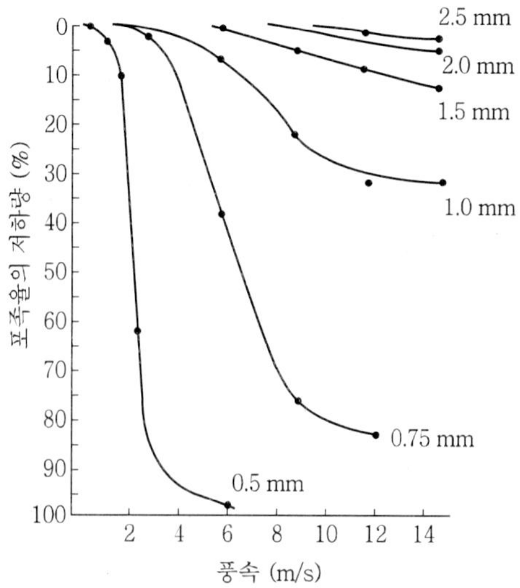

그림 4.3 바람이 불 때 우량계 포족률 저하의 상황(영국 기상청II형 표준 우량계)

지면 위에 설치된 우량계는 부는 바람에 대해서 장애물로서 작용하여 우량계의 주위에는 기류의 흐트러짐이 발생하며 그 결과 작은 빗방울은 채수구 안으로 들어가지 않는다. 그림 4.3은 가장자리가 지면에서 30cm 높이로 설치된 영국 기상청의 II형 표준우량계의 위를 바람이 불 때 우량계의 빗방울 포족률의 저하를 풍동실험의 결과로부터 이론적으로 구한 것이다.

우량계의 설치에 의해서 그 주위의 기류 흐트러짐을 생기게 하지 않으려면 우량계의 채수기를 지면보다 위에 설치하지 않으며 구멍을 뚫어서 가장자리의 높이가 지면과 같도록 묻고 동시에 주위에 상당히 폭넓게 자갈을 깔아놓는 동시에 채수기의 안에도 자갈을 전면에 깔아서 우량계의 설치 후에도 지표면에 변화가 생기지 않도록 하면 좋다. 이 같은 우량계를 자연우량계(gravimetric gage)라 한다. 영국에서 이형의 자연우량계와 지상 30cm 높이에 설치된 II형 표준형 우량계를 나란히 1년간에 걸쳐 비교 관측한 결과 자연우량계 쪽이 약 8%여분으로 우량을 받아들인다고 보고되고 있다.

자연우량계는 연구목적으로 사용되어도 실용되지 않으며 영국과 캐나다는 표준형 우량계가 지상 1m 높이에 설치되어 있다. 이것은 빗방울이 튀어 포함됨을 일으킴, 더구나 바람의 영향이 가능한 한 적게 되도록 생각한 결론일 것이다. 우량계의 높이를 낮게 해도 바람의 영향을 받는 것을 피할 수 없으면 반대로 빗방울이 튀어 포함됨을 적게 하기 우해서 우량계를 지면보다 어느 정도 높은 곳에 설치하며 그것에 바람의 영향을 작게 하기 위한 장치를 부착하는 발상일 것이다. 이 바람의 영향을 작게 하기 위한 장치를 바람막이(rain-gage shield)라 한다. 바람막이는 지면과 병행하여 부는 바람을 우량계의 가장자리면보다 위에서는 설치전과 같게 병행하여 유지되도록 고안된 일종의 날개이다.

요약하면 지면보다 높은 위치에 설치된 우량계는 자연 우량계와는 다르며 대개의 경우 작은 우량 밖에 측정할 수 없다. 그러므로 우량계의 높이에 따른 보정계수를 곱하여 지표면의 우량으로 환산하여야 한다. 그러나 이 보정계수는 우량계의 설치장소나나, 비마다 변하는 성질의 것이며 또 간단히 구할 수 없다. 그러므로 자연우량계에서 얻는 만큼 근사한 값을 얻는 여러 가지 수단은 취하나 보정계수를 곱하는 것은 행히지 않는다.

4.1.4 우량계의 설치밀도

비가 유역전체에 동일하게 내리는 것이라면 우량측정을 행하는데 첫째조건이 좋은장소에 우량계를 설치하여 거기서 생기는 만큼 정확히 우량을 측정하면 좋게 된다. 그러나 유역의 우량 분포는 지극히 불균일한 것이므로 그 불균일성을 받아들이는 만큼의 우량계가 유역의 안에 흩어져 있지 않으면 안된다.

강한 비를 수분간 관측하는데는 반드시 관측자의 위를 성열단계에 있는 대류 cell이 빠져나갈 때에 일어난다. 대류 cell은 크기가 2∼10km, 수명이 30분 정도, 이동 속도가 30∼50km/h로 극히 빠르므로 이것이 단 1개 머리위를 통과한 만큼에서는 그저 얼마 시간 밖에 강한 비를 내리지 않는다. 이 같은 기상상태를 소규모 기상(microscale) 혹은 대류규모 기상(convective scale)이라 한다. 소규모 기상은 강한 비를 내리는 최소규모의 기상상태이다. 이 대류 cell이 몇 개 동반하여 발생 그것이 관측자의 머리 위를 잇달아 통과하면 어느 기간 강한 비가 계속적으로 내리는 것이 관측된다. 이같은 기상상태를 중규모 기상(meso scale)이라 하며 소나기는 중규모 기상이다. 상당히 넓은 지역에서 강한 큰비가 내리기 위해서는 기상상태가 총관 규모 기상(synoptic scale)이 되지 않으면 안된다. 총관규모 기상으로 전선과 강한 저기압의 중심 또는 강한 저기압 중심을 갖는 폭풍우의 조직이 수백∼수천 km이상의 범위로 넓어서 대륙 총관 천기도상에 표시될 정도 클 때에 사용되는 것이다. 강한 큰 비를 내리는 총관규모 기상은 중규모 기상의 열로써 구성된다고 하는 공통적인 기초구조를 갖고 있다. 즉, 상당히 넓은 구역에서 강한 큰 비가 내리기 위해서는 총관규모 기상 아래서 소규모 기상이 발생하여 이것이 중규모기상으로 발전하여 넓은 구역의 가운데를 열지어 있다. 다시 말해 관측자의 상공을 잇달아 소규모 기상이 빠져나가는 것이 필요하다(그림 4.4).

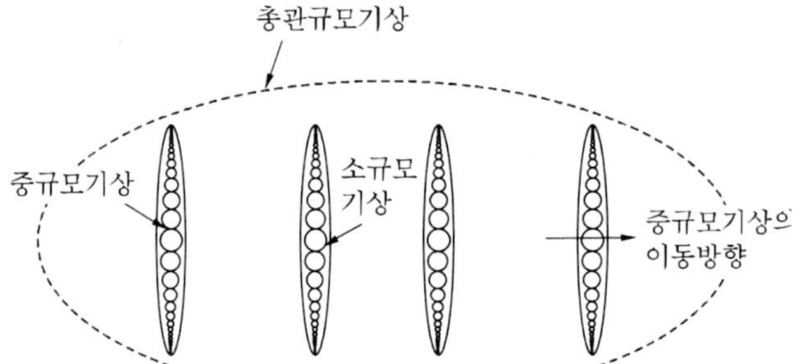

그림 4.4 큰 비를 내리는 총관규모 기상의 전형적인 구조

이상 설명한 것 같이 소규모 기상은 강한 비가 내릴 때 기상의 기본구조로 되므로 이때 강우의 지역분포를 확실히 받아들이기 위해서는 소규모 기상에 맞추어 배치할 필요가 있다. 즉, 서로 이웃한 우량관측소의 거리는 성열단계에 있는 대류 cell의 강우구역이 평균직경 이하이어야 한다. 구체적인 수치로서는 서로 이웃한 관측소 사이의 거리가 4∼5km 이하이면 강한 비를 상당히 정확하게 잡을 수 있을 것이다.

유역에서 물수지의 문제를 논하기 위해서 배치되는 우량계의 밀도는 유역면적이 수십 km^2 의 큰 유역이면 20～30km^2 이하에 1개소로 나누어 배치할 필요가 있다. 강수계측 지점망의 설계는 하천 유역계에서 입력의 측정을 주므로 수문학자에게 보다 중요하다. 강우입력은 유역면적과 시간에 걸쳐 불규칙하게 분포한다. 필요한 강수지점의 밀도로 일반적으로 세계의 다른 부분에 대한 절대 최소밀도를 표 4.1에 주었다.

산악면적처럼 강수의 면적분포가 더욱 변화하면 계기는 적당한 표본을 주는데 더욱 필요하다. 전체 낮은 강우량의 지역에서 발생은 변화하나 드문 강우사상은 높은 강도가 되는 경향이 있고, 관측망 설계자는 중대한 홍수의 경향이 있는 면적 위에 적당한 견본이 되도록 확보해야 한다.

표 4.1 **우량관측소 최소밀도 권고사항(WMO, 2008)**

지 형	관측소 최소밀도(km^2 / 관측소)	
	비 자 기	자 기
해 안 지 역	900	9,000
산 지	250	2,500
평 야	575	5,750
구 릉 지	575	5,750
섬 지 역	25	250
도 시 지 역	-	10～20
극지/건조지역	10,000	100,000

[최적 우량 관측망 설계]

최적 우량관측망 설계의 목적은 수문기상학적 인자(hydrometorological elements)의 정적인 분포를 규정하는 평균 및 극한에 관한 모든 양적인 자료를 얻는데 있다. 면적 평균 강우 깊이가 단순히 산술 평균식으로 계산될 때, 주어진 유역내에 수립되는 관측지점의 최적개수는 다음의 방정식으로 주어진다.

$$N = \left(\frac{C_v}{P} \right)^2 \tag{4.1}$$

여기서, N : 유역내 세워진 관측지점의 최적개수

C_v : 현존하는 우량관측점(즉, n)의 우량 변동계수$= \frac{\sigma}{x}$

P : 유역 전체 강우의 평균깊이를 산정하는 확률오차의 등급

많은 수가 추가되는 강우관측점($N-n$)은 그 지역, 즉 유역 전체에 현존하는 관측지점의 공간적인 분포와 강우의 변화량에 비율로서 여러 지역(등우선의 원인)으로 분포되

어야 한다.

만약 과업이 매우 중요하다면, 강우는 매우 정확하게 산정되어야 하므로 강우 관측망은 평균 강우깊이를 산정하기 위해 추가되는 강우 관측점이 다소 많은 수가 필요하다. 그러한 망을 안정망(satulated network)이라고 부른다.

예제 4.1

그림 4.5와 같은 유역에서 다음과 같은 정상연 강우깊이가 기록되었고 등우선이 주어져 있다. 만일 이 유역에서 강우 평균치의 10% 범위 내에서 오차가 허용되어야 한다면 이 유역 내에 세워지는 강우 관측점의 분포를 어떻게 표시하여야 하는지 지적하라. 또 유역 전체의 깊이를 산정하는 현재의 강우 관측망의 정확도는 몇 %인가?

풀이

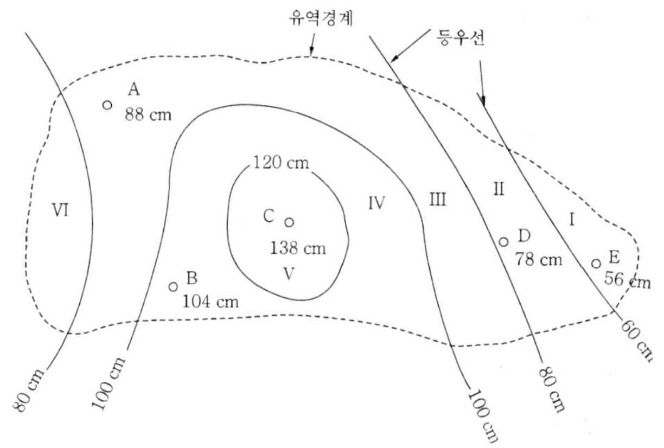

그림 4.5 등우선도

지 점	정상년강우량 x(cm)	편 차 $x-\bar{x}$	(편차)^2 $(x-x)^2$	통계적인 계수 $\bar{x}$, σ, C
A	88	-4.8	23.0	$\bar{x}=\frac{\Sigma x}{n}=\frac{464}{5}=92.8\text{cm}$
B	104	11.2	125.4	
C	138	45.2	2,040.0	$\sigma=\sqrt{\frac{\Sigma(x-\bar{x})^2}{n-1}}$
D	78	-14.8	219.0	$=\sqrt{\frac{3767.4}{5-1}}=30.7$
E	56	-36.8	1,360.0	
n=5	$\Sigma x=464$	$\Sigma(x-\bar{x})^2=3,767.4,\ C_v=\frac{\sigma}{\bar{x}}=\frac{30.7}{92.8}\times 100=33.1\%$		

여기서, $\bar{x}$는 산술평균, σ 는 표준편차, C_v는 변동계수라 한다.

강우의 평균값은 P=10% 이내로 오차를 제한하므로 우량 관측소의 최적 개수는,

$$N=\left(\frac{C_v}{P}\right)^2=\left(\frac{33.1}{10}\right)^2=11 \qquad \therefore \text{ 추가 우량관측소 수는 } N-n=11-5=6\text{개}$$

추가된 6개의 우량 관측소는 아래 표와 같이 등우선 사이의 면적에 비례적으로 분포되어야 한다.

지 역	I	II	III	IV	V	VI	합 계
면적(km^2)	410	900	2,850	1,750	720	550	7,180
면적(비율)	0.06	0.12	0.40	0.24	0.10	0.08	1.00
Nx비율	0.66	1.32	4.4	2.64	1.1	0.88	-
완전한 수	1	1	4	3	1	1	11
현재 우량계	1	1	1	1	1	-	5
추가 우량계	-	-	3	2		1	6

이들 추가된 관측소들은 이들 사이의 연결된 거리를 고려한 후에 등우선 사이에 공간적으로 분포되어야 하며, 관찰 및 유량 측정지점 등 개인이 이용하기 쉬워야 한다.
현존하는 관측망속의 평균 강우깊이를 산정하기 위한 오차 P의 확률은 다음과 같다.

$$P^2 = \frac{C_v^2}{N},\ N = n\text{이라 놓으면}$$

$$\therefore\ P = \frac{33.1}{\sqrt{5}} = 14.8\%$$

또는 정확률(percentage accuracy)은 85.2%이다.

4.1.5 우량계의 설치장소

우량계에 대한 적당한 위치 선택은 쉽지 않다. 계기에 의해 측정된 양은 주위면적에 관한 강우를 나타낸다. 예를 들어 $15km^2$의 작은 하천유역이라도 그 면적과 비교하면 이 점측정은 단지 총 유역면적의 $1/10^9$만을 나타낸다. 따라서 부족한 위치에 의해 계측하는 측정의 작은 오차라도 유역위 물의 매우 실질적인 용적을 나타낸다.
우량계를 설치하는 장소는 다음과 같은 장소를 선택할 수 있다.

- 관측자가 접근에 용이한 장소
- 평탄하며 바람이 지면과 병행하여 부는 장소
- 산의 정상과 봉우리, 산중턱, 지붕위, 보이지 않는 곳, 수목의 그늘과 같은 장소는 가능한 한 피해야 한다.

지형이 평탄하며 바람이 지면과 병행하여 부는 장소가 초원과 관목림이면 우량계를 적당한 받침대에 얹어 수관위로 내밀어 설치하며 바람막이를 설치한다. 그 장소가 고목림이면 그 중 나무의 성장이 없는 장소를 선택하며 경우에 따라서는 벌채하여 공간을 조성하여 그 중앙에 우량계를 설치한다. 특히 바람이 주요한 쪽으로 경사진 지표면을 찾는 것이 최적이고 차폐되나 완전히 차폐되지 않는 위치가 이상적이다.

우량계 위치는 장치의 노출로 어떤 변화 가능성에 주의하여 종종 시험해야 한다. 기록의 불일치가 계기노출의 변화로 인할 때 자료처리자는 측정을 적당하게 수정해야 한다.

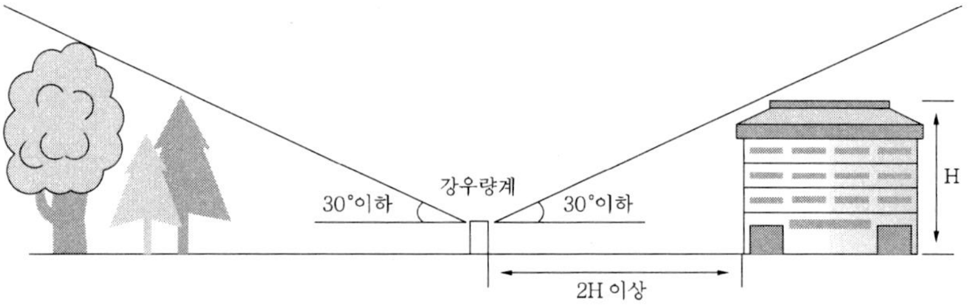

그림 4.6 강우관측기기와 장애물의 이격거리

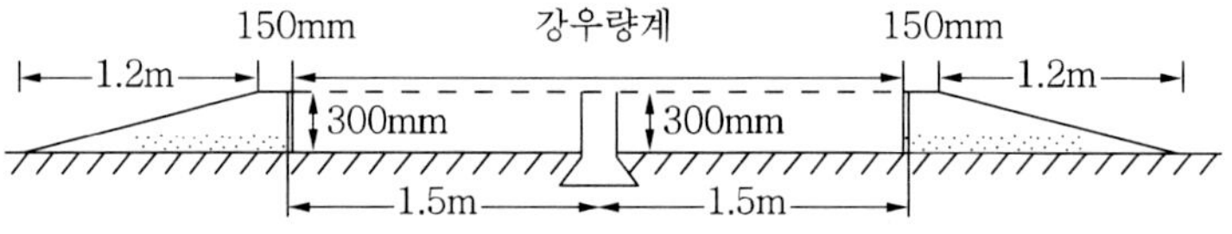

그림 4.7 축조된 강우관측지점(과도한 개활지)

4.2 기상레이다에 의한 강우지역의 관측

레이다(radar)는 radio detecting and ranging의 머리글자로 전파 탐지기라 부른다. 레이다는 적의 배나 비행기를 발견하는 정도가 아니고 전파의 파장을 적당히 선택하여서 비나 눈이 내리는 구역을 찾아내어 내리는 쪽의 강도를 측정할 수 있다. 그래서 비나 눈을 관측하기 위해 특별히 설계된 레이다를 기상레이다(weather radar)라 한다.

기상용 레이다에 이용되는 전파의 파장은 1~20cm, 주파수는 30,000~1,500MHz로 보다 짧은 파장의 전파를 이용하면 공중에 떠 있는 보다 작은 빗방울을 잡을 수 있다(표 4.2).

이 같이 지극히 파장이 짧은 전파(microwave)가 1μs(1/백만초)와 같은 대단히 짧은 기간, 일정시간 간격마다 안테나에서 발사된다. 이것을 pulse라 하며 이것이 1초간에 안테나에서 발사된 횟수를 pulse 반복 횟수라 한다. 레이다의 최대 탐지거리는 pulse 간격의 1/2로 빛속도(2.98×10^8m/s)를 곱한 것이 되므로 구름도 먼 장소를 탐지

표 4.2 **기상레이다 주파수 밴드(WMO, 2008)**

밴드 (band)	주파수 (MHz)	파장 (m)
S	1,500-5,200	0.1930-0.0577
C	3,900-6,200	0.0769-0.0484
X	5,200-10,900	0.0577-0.0275

하려면 pulse반복 횟수를 작게 해야 할 필요가 있다. 또 pulse의 계속시간을 pulse폭이라 하며, pulse폭이 적게 될 수록 거리방향의 분해능이 좋게 된다. 또 거리분해능이란 방위가 동일하며 거리가 다른 2개의 목표가 있는 경우 2개의 목표를 구별할 수 있는 상호간의 최단 거리를 말한다.

소리가 벽에 부딪혀 되돌아오듯이 전자파도 진행도중 장애물을 만나면 반사되어 돌아온다. 이 때 장애물의 크기, 강도, 밀도 등에 따라서 반사의 강도가 일정규칙에 의해 비례한다. 이러한 원리로 수문레이다로부터 송신된 전자파가 비나 눈, 우박, 구름 등에 부딪혀 돌아오는 반사파를 수신하여 그 강도에 따라 강우량을 평균적, 연속적으로 관측하고 단시간 광범위한 강우상황을 자세하고 정확하게 측정하게 된다.

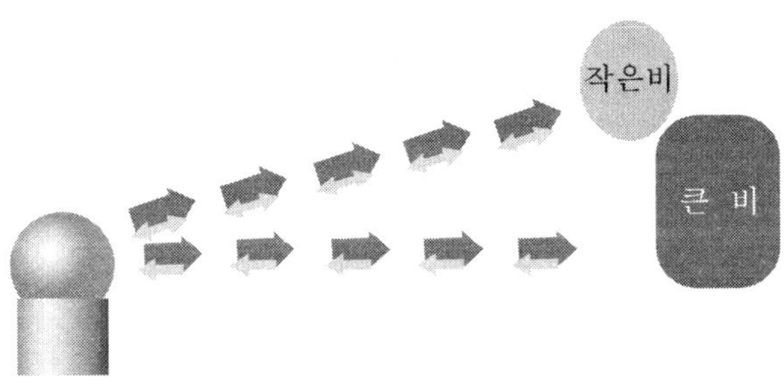

반사강도와 강우량간에는 다음과 같은 관계가 있다.

$$Z = aR^b \text{ 또는 } R = \left(\frac{Z}{a}\right)^{1/b} \tag{4.2}$$

여기서, Z : 전파의 반사강도
R : 지상에서의 강우율

a와 b는 지역 및 강우특성에 따라 조금씩 다르고, 다년간의 축적된 데이터와 연구에 의해서만이 정확하게 결정되어지는 상수이다. 우리나라 관측소에서는 세계적으로 많이 사용하는 200과 1.6을 각각 사용하고있으나, 보다 정확한 강우량산출을 위해서는 앞으로 계속적인 연구가 필요하다.

한번의 빔으로서 전체적인 강우를 측정할 수 없으므로 일정각도별로 측정을 한후 지상으로부터 일정고도의 데이터로부터 강우량을 계산한다. 이를 Volume Scan에 의한 CAPPI(Constant Altiude Plan Position Indication)라고 하며 이러한 과정을 여러번에 걸쳐 관측한후 누적된 값으로부터 특정유역에 대해 단위시간동안의 평균강우량을 계산한다.

기상레이다에서 발사되는 전파의 형(radar beam)은 중심각이 1~3도의 마치 연필심 같은 형을 하고 있다. 이 연필심의 평면형상은 둥글며 단면형상은 포물선형을 하고 있는 paraboloidal reflection antenna로 만들 수 있다. 이 연필심의 중심각을 beam폭이라 하고 beam폭은 사용파장에 비례하며, parabola폭에 반비례한다. 파장을 λ(m), 안테나 직경 D(m), beam폭을 θ(도)라 하면 다음식에서 beam폭을 계산할 수 있다.

$$\theta = \frac{70\lambda}{D} \tag{4.3}$$

그러므로 파장이 일정하면 안테나를 크게 하여서 beam폭을 좁게 할 수 있다. 안테나의 크기가 일정하다면 파장을 짧게 하여서 beam폭을 작게 할 수 있으며 레이다 방위방향의 분해능 즉, 방위분해능이 높다. 방위분해능이란 등거리로 방위각이 약간 다르게 떨어져 있는 2개의 목표가 있는 경우 2개의 목표를 구별할 수 있는 최소의 방위각도 차를 말한다.

우선 발신기에서 pulse파를 만들어 이것이 안테나에서 pencil beam으로 되어 공중으로 발사된다. 발사된 전파는 연속파로 되어 pulse파이므로 날으는 전파의 형은 거의 원통형을 하고 있다. 이 원통형을 한 전파가 나르는 앞의 공간으로 빗방울이 많이 떠있으면 전파는 그것에 부딪쳐 그 일부가 반사되어 발사된 때와 비교할 수 없을 정도 약한 반사전파가 안테나로 향해 되돌아 온다. 안테나가 받은 반사파는 수신기로 들어와 여기서 신호 전류로 바뀌어 지시계에 인도된다.

기상레이다의 안테나는 어느 방향으로도 전파를 발사할 수 있는 구조로 되어 있으나 통상은 beam의 중심선과 수평면과의 이루는 각도 즉, 수평각을 일정하게 유지하도록 연속회전하고 있거나 또는 안테나의 회전을 멈춰 한 방향으로 향하는 수평각의 범위내에서 머리를 상하로 흔들도록 반복 운동한다. 전자같은 beam의 발사 방식을 하는 경우에는 지시장치로서 PPI-scope를 이용하며, 후자의 경우에는 RHI-scope를 이용한다. 또 안테나를 일정방향으로 완전히 고정한 경우에는 A-scope나 R-scope를 이용한다.

4.3 인공강우

인공강우(人工降雨, artificially induced rainfall)란 구름에 어떤 영향을 주어 비를 내리게 하거나 그 방법에 의하여 내린 비를 말한다. 옛날에는 비를 오게 하기 위하여 불을 지르거나 대포를 쏘아 올리는 등 여러 가지 방법이 시도되기도 하였다.

1933년 베르세론이 빙정설을 발표한 뒤 5년 후인 1938년 한다이센이 이 빙정설에 따라 인공적으로 빙정핵을 구름 속에 뿌리면 비 또는 눈을 오게 할 수 있다고 발표하였다. 이러한 이론 등에 기초하여 미국 제너럴 일렉트릭 연구소의 과학자들은 비행기 위에서 드라이아이스의 작은 조각이나 요오드화은의 연기를 구름에 뿌리는 실험을 하여 과냉각된 구름을 빙정구름으로 만드는데 성공하였다. 이것이 인공강우에 대한 최초의 시도였다. 인공강우에 대한 농업, 발전, 수도관계 분야의 수요가 대단히 컸기 때문에 이후 세계각지에서 급속도로 인공강우의 실험이 실시되고 있다.

지금까지 실시되어 온 인공강우의 방법은

첫째, 드라이 아이스(dry ice)법이다. 드라이아이스 수kg을 지름 약 1cm의 작은 조각으로 빻아서 비행기로 구름 위에 뿌린다. 구름 꼭대기의 온도가 영하 7℃ 이하이고, 구름부분의 두께가 약 1,500m 이상의 경우 강우확률이 높다.

둘째, 방법은 요오드화은(AgI)법이다. 보통 아세톤에 녹여 이것을 연소시켜 요오드

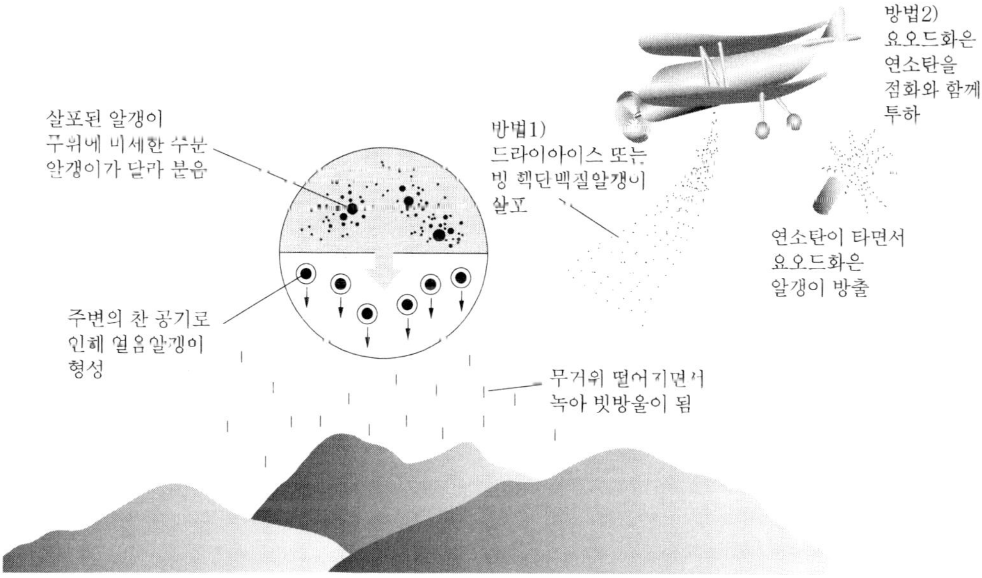

그림 4.8 항공기이용 인공강우 실험방법

화은의 연기를 낸다. 비행기나 지상에서 연기를 내기도 하나 화약에 섞어 필요한 고도에서 폭발시켜 뿌리는 방법도 사용된다.

이들 방법으로 강수량의 10~20% 정도가 증가한다고 알려져 있다.

연습문제

4.1 우량계의 위치선정에 고려해야할 요소는 무엇인가?

4.2 우량계밀도에 대해 설명하시오.

4.3 어떤 하천유역에 6개의 우량관측지점의 정상 년 강우깊이는 각각 42.4, 53.6, 67.8, 78.5, 82.7 및 95.5cm이다. 만약 진수유역의 평균강우량값의 오차 한계를 10% 이내로 한다면 유역내에 세워지는 최적우량계 개수를 계산하시오.

4.4 그림에 정상 년 강우깊이와 등우선이 그려져 있다. 평균강우량 값의 오차한계를 10% 이내로 한다면 이 유역내에 세워지는 최적우량계 개수를 계산하고 만약 우량계가 추가된다면 분배하시오. 또 현존하는 관측망의 정확한 확률은 어느 정도인가?

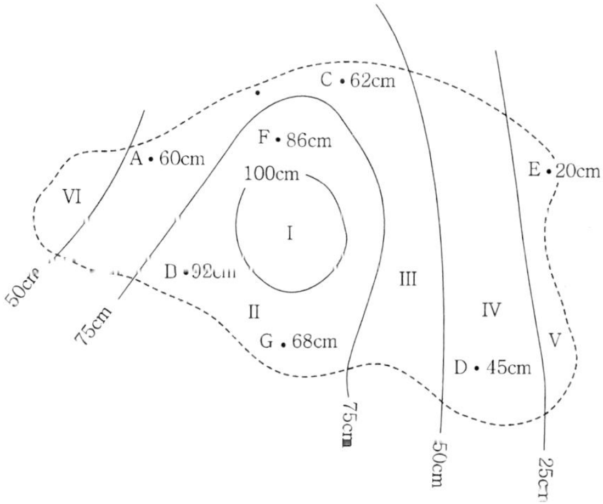

그림 4.9 Isohyetal도

지 역	I	II	III	IV	V	VI	합계
면적(km^2)	63	278	389	220	55	33	1,038

제5장

수문곡선

5.1 수문곡선과 하천유량
5.2 평균유속관측
5.3 유속관측의 방법과 장소
5.4 수위-유량곡선의 작성
5.5 수위측정
5.6 수문곡선의 작성
5.7 유황곡선

제5장

수문곡선

5.1 수문곡선과 하천유량

5.1.1 수문곡선을 작성할 때 기본생각

하천 흐름의 평균적인 방향과 직각으로 교차하는 가상의 면 즉, **단면**(cross sectional plane)을 생각하여 이 단면이 유수로 젖어있는 부분을 하천의 **횡단면**(cross section)이라 한다. 하천의 경사가 비교적 완만한 경우에는 횡단면은 평면도상에서는 한본의 선으로서 표시되므로 횡단선이라고 한다.

하천의 유량(流量, discharge, flow rate)은 단위 시간내에 횡단면을 통과하는 물의 체적을 말하며, 실용단위로서는 통상 m^3/s가 이용된다. 또 유역과 관련해서 하천의 유량을 취급하는 경우 유역에서의 유출유량(runoff)이라고도 한다.

하천의 어느 횡단면에 관한 수위, 유량, 유속 혹은 기타 흐름의 특성과 시간과의 관계를 그림으로 표현한 것을 **수문곡선**(水文曲線, hydrograph)이라 한다. 유수의 특성과 시간의 관계에서 가장 일반적인 것이 유량과 시간과의 관계이므로 보통 수문곡선이라 하면 유량과 시간과의 관계도를 가리킨다.

하천에 횡단면을 설정한 장소의 어느 기간내 수문곡선을 얻기 위해서는 그곳에 관측소를 설치하여 어느 기간마다 유량측정을 행하여 측정한 유량을 그래프상에 표시하며 점차 매끄러운 선으로 연결하면 좋다. 하천의 유량은 평소 서서히 증감하나 큰 비가 내리기 시작하면 급격히 증가하며 비가 계속 내리는 사이는 그 내린 쪽에 따라서 변동하고 내림이 끝난 후에는 최초는 급격히 그 후 점점 감소하여 마침내 평상시 상태로 돌아온다. 그러므로 유량 측정을 행하는 시간간격은 평상시는 상당히 길어도 좋으나 큰 비가 내리기 시작하면 현저하게 짧은 시간 간격으로 실시하지 않으면 안 된다. 그리고 하천의 유량이 평상시 상태로 돌아오면 시간간격을 또 길게 할 수 있다. 큰 비가 내려서 하천의 유량이 평상시 상태에서 급격히 증가하여 최대량에 도달하며 그것이 또 평상시 상태로 돌아갈 때까지 사이의 수문곡선을 그릴 수 있는 정도의 시간 간격에서 연속적으로 유량측정을 행하는 것은 대단히 큰일이므로 실제로는 행하기 어렵다. 한편 하천의 수위(stage)를 연속적으로 관측하는 것은 유량측정과는 비교할 수 없을 정도로 용이하다.

그래서 평상시는 반개월에 1회든지 주에 1회든지 정기적으로 유량을 측정하며, 큰 비가 내리면 짧은 시간 간격으로 평상시보다 증대하는 기간중 유량측정을 행하며 동시에 수위도 관측하여 수위-유량관계(stage-discharge relation)를 구한다. 이때 시간간격은 수문곡선을 직접 그릴 수 있는 정도의 짧은 시간 간격이 되지 않아도 좋다. 이 수위 유량 관계로부터 연속적인 수위관측 기록을 이용하여 임의의 시각에서 하천의 유량을 구하여 수문곡선을 그릴 수 있게 된다. 즉, 수문곡선은 하천의 유량측정으로만은 아니며 하천의 수위로부터 수위유량관계를 이용하여 간접적으로 구하는 것이

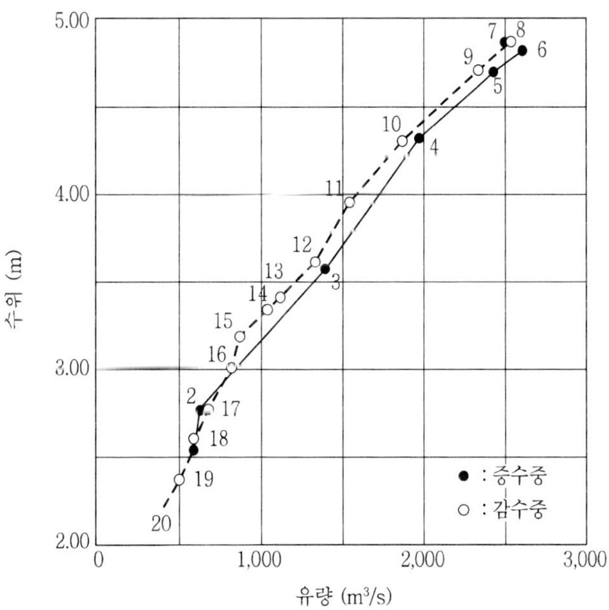

그림 5.1 홍수시 수위유량 관계의 일예

보통이다. 하천의 유량을 측정하는 것은 원리적으로는 간단한 사항이나 기술적으로는 대단히 곤란한 것이다.

유량측정을 위한 방법들을 표 5.1처럼 분류하였다.

표 5.1 **흐름측정방법의 분류**

A. 수위(수면 높이)
  1. 시각관측
  2. 부표
  3. 압력 센서
  4. 전기적 저항
B. 유량(비구조물)
  1. 유속계
  2. 희석
  3. 부표
  4. Manning's 방정식
C. 유량(구조물)
  1. 직접 용적 수집
  2. 위어
  3. 플룸
  4. 오리피스

5.1.2 하천 유량측정의 원리

하천을 포함한 개수로의 유량을 정확히 측정하는 제일 좋은 방법은 횡단면을 일정시간 내에 통과한 수량을 채수기에 받아서 그 저수량을 시간으로 나누어 유량을 산정하는 것이다. 실험실 내의 수로에서는 비교적 용이하게 행하나 하천에서는 그같은 것을 행하는 것은 사실상 불가능하다. 그래서 하천의 유량은 다음과 같이 측정한다.

① 우선 하천의 횡단면을 거의 일정간격의 수직선으로 연속하여 나눈다.

② 이 수직선상의 각점의 유속은 보통 포물선상에서 변화하고 있으므로 이것을 적당한 방법으로 관측하여 수직선의 평균유속(mean velocity)을 구하고 이 평균유속이 서로 인접한 수직선의 중간선까지의 띠모양의 구역 즉, 구분 횡단면(stripe)의 평균유속이라고 한다.

③ 구분횡단면의 평균유속을 구분 횡단면의 면적에 곱하면 이것이 구분 유량이 된다.

④ 각 구분유량을 합계하면 그것이 하천의 유량이 된다.

이 경우 수직선의 유속을 관측하는 일반적인 방법으로서는 회전식 유속계(current meter), 부자(float)를 이용하는 방법이 있다.

단면에 대한 평균속도를 결정하며 횡단면적을 계산하면 유출율은 연속 방정식의 결정률적인 형을 이용하여 결정할 수 있다.

$$Q_i = A_i V_i \tag{5.1}$$

여기서, Q_i : 단면 i에 대한 유출률 용적(cms)

A_i : 단면 i에서 유속에 수직인 횡단면적(m^2)

V_i : 단면 i에 대한 평균속도(m/s)

총 유출율은 하천을 가르지르는 모든 단면의 유출율 합이다. 단면은 하천 깊이를 나타내도록 선택하여 각 단면의 수와 폭은 하천 깊이의 변화와 바라는 정확도에 의존된다. 하천 깊이는 그림 5.2처럼 수심을 측정하고 표시한다. 속도는 각 단면의 중심 그리고 표 5.2에 제시된 깊이에서 측정한다. 이 방법은 종종 속도-면적 방법이라 한다.

$$Q = \sum_i Q_i = \sum_i A_i V_i \tag{5.2}$$

여기서, Q : 총 하천유량(cms)

유출율에 대한 측정은 시간을 가지므로 수심변화가 발생한다.

유속과 수심측정으로부터 유량의 계산은 그림 5.2와 같이 두 가지 방법이 있다.

평균단면(mean section)**법**은 연직의 평균유속과 소구간 단면의 경계에서 깊이의 평균을 취하고 소구간의 폭을 곱한다.

$$Q = \Sigma q_i = \Sigma \bar{v} \cdot a = \sum_{i=1}^{n} \frac{(\bar{v}_{i-1} + \bar{v}_i)}{2} \cdot \frac{(d_{i-1} + d_i)}{2} \cdot (b_i - b_{i-1}) \tag{5.3}$$

여기서, b_i는 제방기준으로부터 측정점(i)의 거리, n은 소면적이다.

중앙단면(mid section)**법**은 평균유속과 소구간 점에서 측정된 수심에 이웃 부분의 중앙점 사이에서 측정된 부분폭을 곱한다.

$$Q = \Sigma q_i = \Sigma \bar{v} \cdot a = \sum_{i=1}^{n} \bar{v}_i \cdot d_i \cdot \frac{(b_{i+1} - b_{i-1})}{2} \tag{5.4}$$

n은 측정된 연직과 소면적의 수이다. 중앙단면 계산에서 어떤 유량은 횡단면의 끝에서 생략되므로 첫째와 마지막 연직은 가능한한 제방 근처에 위치해야 한다.

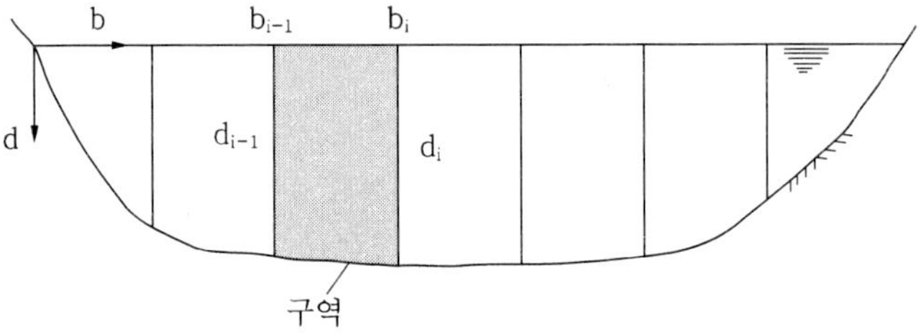

(a) 평균단면법

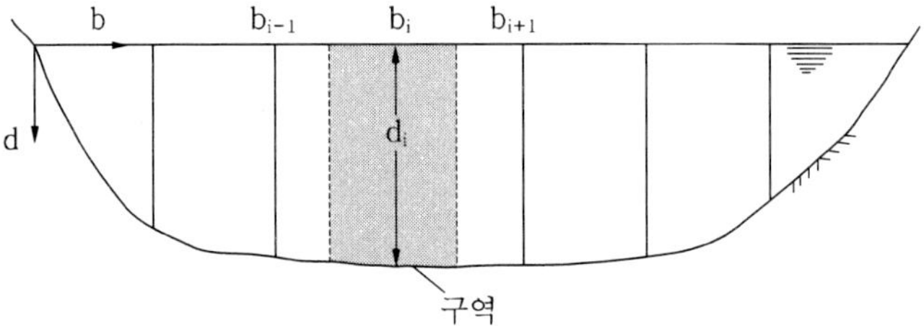

(b) 중앙단면법

그림 5.2 유량계산

5.2 평균유속관측

5.2.1 유속계에 의한 유속측정

유속계의 종류에는 크게 회전식 유속계, 전자기 유속계, (초)음파 유속계, 전자파 유속계 등이 있다. 유속계 선정은 측정지점의 상황, 유량, 유속 등 측정환경과 측정방법, 기기 조작의 용이성 등을 고려하여 결정하며 반드시 측정에 필요한 정밀도를 만족하여 정확도 높은 자료를 생산할 수 있어야 한다.

1) 회전식 유속계에 의한 관측

하천의 유속을 관측하기 위한 유속계라면 일반적으로 회전식 유속계를 가리키는 것이다. 회전식 유속계는 유수중의 한점에 수차를 고정하여 수차의 일정시간내 회전수에 의해 그 점의 유속을 관측하는 것이다. 수차는 회전축의 지지방식으로부터 횡축형과 종축형으로 대별한다. 횡축형은 screw 혹은 propeller가 수차로서 이용되며, 종축형은 cup 혹은 날개(vane)가 이용된다.

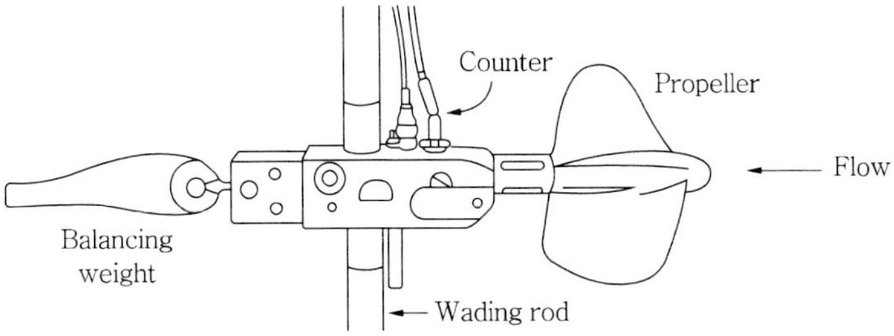

(a) 프로펠러식

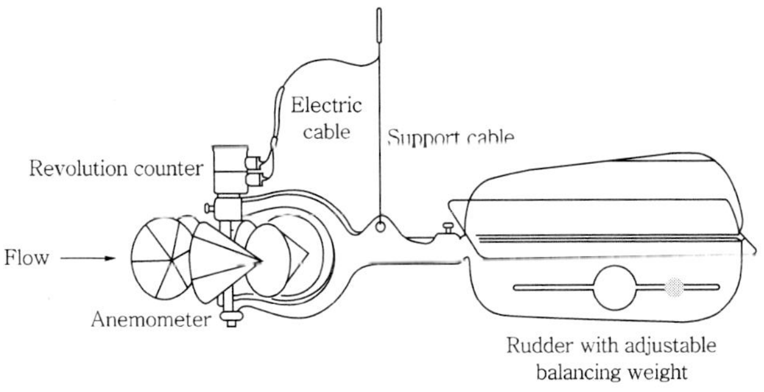

(b) price식

그림 5.3 회전식 유속계 종류

유속계로 유속을 관측하기 위해서는 수차의 회전 속도와 유속의 관계를 미리 알아야 한다. 이것을 유속계의 검정(rating)이라 한다. 유속계의 검정은 똑같은 일정속도로 흐르는 수로중에 유속계를 고정하여 행하는 것이 바람직하나 이것을 행하는 것은 불가능하므로 반대로 정수중을 일정속도로 유속계를 움직여서 대신한다. 이 때문에 유속계를 수중에 가라 앉혀 여러 가지의 일정속도로 달릴 수 있도록 설계된 대차를 구비한 좁고 긴 수로를 특별히 설치하여 시판의 유속계는 전부 거기서 검정하도록 한다. 수차의 회전수와 유속의 관계, 검정식은 일반적으로 다음의 형으로 나타낸다.

$$V = a + bN \tag{5.3}$$

여기서, a는 측정할 수 있는 최소 속도, N는 수차의 회전속도, b는 기계 상수이다. 검정식은 일일이 계산하지 않아도 좋도록 검정표로 되어 있다. 유속계는 그 형식에 따라서 유속을 정확히 측정할 수 있는 하한과 상한값을 갖고 있으므로 측정하려는 흐름이 그 범위내인가에 대해서 항상 주의를 할 필요가 있다.

속도는 흐르는 하천 내 위치와 시간에 따라 변화하므로 다양한 면적과 깊이는 유출율 결정에 이용된다. 개수로 바닥 근처의 속도는 하천 바닥 마찰 때문에 작을 것이고 다른 깊이에서 속도는 크다. 물줄기의 깊이가 0.6m 보다 크면 단면에 대한 평균 속도는 물줄기의 총깊이의 0.2와 0.8배와 같은 깊이에서 측정한 속도의 평균으로써 결정할 수 있다. 흐름깊이가 0.6m보다 작으면 유속계는 물줄기깊이의 0.6배에 위치하고 수면으로부터 측정한다. 이 깊이에서 속도는 하천 단면에 대한 평균속도를 나타낸다고 가정한다. 깊이에 따른 속도 측정에 대한 지침을 표 5.2와 같고 동일한 속도선에 따른 대표적인 속도 측면도는 그림 5.5와 같다. 수로를 가로지르는 단면수는 바라는 정확도를 유지하기에 충분해야 한다.

수직선상의 유속분포는 예외없이 포물선상을 나타내고 있다. 그러므로 수면으로부터 전수심의 20%점에서의 측정유속을 $v_{0.2}$, 60%점에서 측정유속을 $v_{0.6}$, 80%점에서 측정유속을 $v_{0.8}$이라면 연직방향의 평균유속은 표 5.2와 같이 구한다.

표 5.2 **속도에 대한 측정점 깊이와 평균방정식**

측점수	깊이(m)	측정점(수면으로부터 측정)	평균속도
1	0.3~0.6	0.6D	$\overline{V} = V_{0.6}$
2	0.6~3	0.2와 0.8D	$\overline{V} = 0.5(V_{0.2} + V_{0.8})$
3	3~6	0.2, 0.6, 와 0.8D	$\overline{V} = 0.25(V_{0.2} + 2V_{0.6} + V_{0.8})$
4	6 이상	0.3m, 0.2D, 0.6D, 0.8D, 바닥위 0.3m	$\overline{V} = 0.10(V_1 + 3V_{0.2} + V_{0.6} + 3V_{0.8} + V_B)$

D = 수심

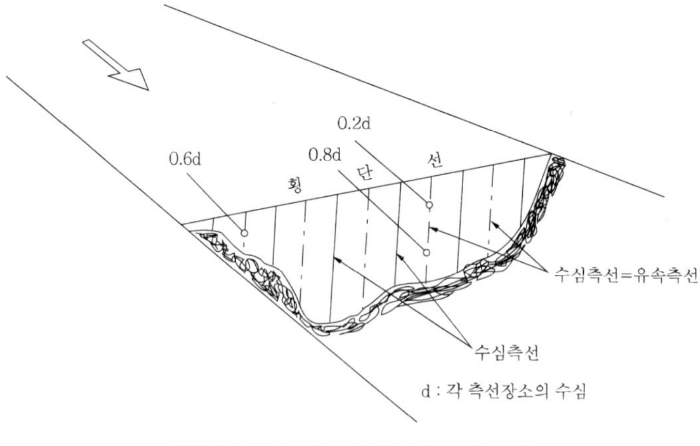

그림 5.4 **수심측선과 유속측선의 배치**

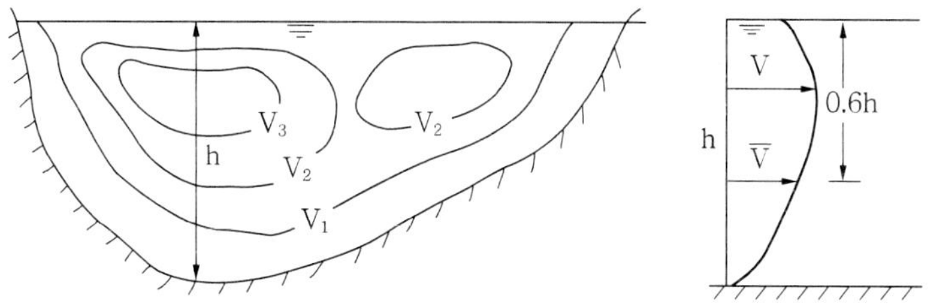

(a) 횡단면 (b) 연직단면

그림 5.5 유속분포

유속계를 하천 흐름의 특정한 수심의 점에 고정하기 위해서는 2개의 방법을 채택한다. 제 1방법은 선단에 발판을 부착한 금속성의 둥근 막대를 이용하는 것으로 비교적 유속이 약하며 낮은 수심의 장소에 적용한다. 제 2방법은 굵은 줄로 유속계를 달아매는 방법이다. 이 경우는 유속계를 가라앉히기 위해서 유속계 아래에 고기형을 한 측침추를 설치한다. 하천 흐름이 빨라서 현저하게 줄이 경사진 경우에는 경사의 보정이 필요하게 된다.

2) 전자기 유속계

전자기 유속계는 패러디의 전자기 유도법칙을 이용하여 자기장을 이동하는 물에 의해 발생되는 기전력으로부터 유속을 구하는 방식으로, 측정 시 직접 움직이는 부분이 없기 때문에 이에 따른 마찰과 저항이 발생하지 않아 회전식 유속계와 유사한 정확도를 얻을 수 있다는 장점이 있다. 그러나 검증되지 않은 범위와 센서의 연직길이의 3배보다 얕은 수심의 경우에는 사용하는데 제약이 있다.

3)초음파 유속계(ADV)

ADV(Acoustic Doppler Velocimeter)는 초음파를 수중에 송신하여 되돌아오는 초음파의 변이를 분석하는 도플러 효과를 이용하여 측정하는 기기로 ±0.001m/s의 정확도로 유속을 측정할 수 있어 저유속에서 높은 정확도로 측정이 가능하다.

5.2.2 부자(float)에 의한 관측

수직선의 평균유속은 유속계를 이용하여 관측하는 것이 바람직하나 유속이 커서 유속계의 측정범위를 초과할 때에는 부자(浮子, float)를 이용하며 부자에는 표면부자, 봉부자, 이중부자의 3종류가 있다(그림 5.6).

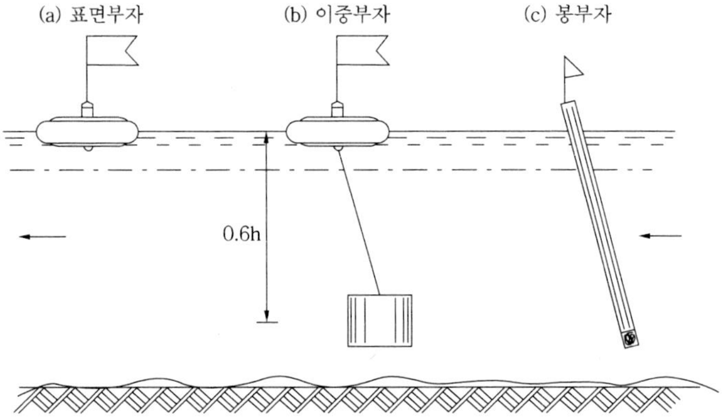

그림 5.6 부자의 종류

봉부자는 옆으로 되지 않도록 선단에 추가 설치되어 있으며 적립하여 수중을 흐르도록 되어 있다. 봉부자의 선단이 하천바닥과 스칠 듯이 흐르는 때에는 봉부자의 유하속도는 하천바닥과 수면 사이 유속의 평균치와 거의 같은 속도로 된다. 그러나 부자가 흘러가는 앞의 하천바닥 깊이는 일정하지 않으므로 이 같은 봉부자의 흐름 방법을 하는 것은 곤란하다. 그래서 하천바닥에 걸리지 않도록 충분히 안전을 충족하는 봉부자를 이용하여 그 유하속도에 그때의 상황에 따른 보정계수를 곱하여 평균유속을 구하고 이계수를 부자의 보정계수라 한다.

표면부자는 수중에 가라앉은 부분이 없는 부자로 하천수면의 유속은 평균유속의 1.2배이므로 표면부자의 유하속도에 0.8을 곱하면 평균유속을 얻게 된다. 이중부자는 표면부자와 닫힌 추를 가는 선으로 연결한 것으로 추는 정확히 평균유속을 발생하는 위치에 오도록 한다.

홍수동안 유속 측정에서는 생명위험 그리고 부정확한다. 이 상황에서 특별하게 준비한 부표는 속도 측정에 이용된다. 하천을 따라 두지점을 표시하고 그 점 사이 거리를 기록한다. 측정된 거리는 하천 중심선과 평행해야 한다. 표시된 거리를 통과하는 부표가 갖는 시간을 기록한다. 폭이 넓은 하천을 위해 추가적인 부표를 이용한다.

부자로 유속을 관측하기 위해서는 부자를 어느 거리 흐르게 하지 않으면 안된다. 우선 부자를 투하하는 단면을 정하고 보통 이곳에서 50m 정도 하류에 제1관측단면, 거기서부터 100~200m 정도 하류에 제2관측단면을 설정한다. 즉, 부자의 유하속도는 부자유하구간 또는 부자유하거리를 부자가 흐르는 평균속도이다. 그러므로 부자에 의해 관측된 수직선의 평균유속은 유속계의 유속과 다소 성질이 다르게 된다.

홍수시의 유속관측은 부자를 이용하는 것이 원칙으로 되어 있으나 유속계에 의한 방법으로 바꾸는 것이 바람직하다.

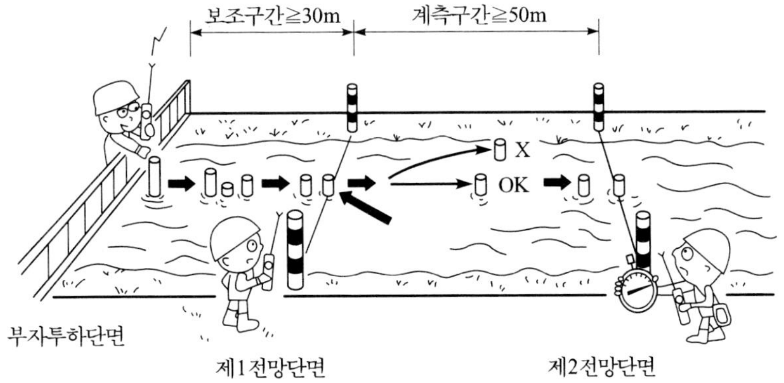

그림 5.7 **부자에 의한 유량관측**

5.2.3 수직선의 간격

하천의 유속분포는 깊이 방향에 대해서는 비교적 단순하나 횡단방향에 대해서는 대단히 복잡한 상황을 나타내는 것이 일반적이다. 그러므로 유량측정의 정도를 높이기 위해서는 수직선의 수를 많게 즉, 수직선 간격을 짧게 하는 것이 긴요하다. 미국에서는 적어도 20~30본의 수직선을 설정하며 인접한 수직선간의 유량이 전체유량의 5%를 넘을 때는 다시 수직선의 수를 증가시키도록 규정하고 있다. 그러므로 전체의 수직선 유속을 관측하는데는 상당한 장시간을 요한다. 평상시 하천의 흐름은 부정류이나 대개 정상류로 볼 수 있다. 그러나 홍수시에 있어서는 하천 흐름은 완전히 부정류이므로 수직선 유속의 관측으로 그렇게 긴 시간을 들일 이유는 없다. 그러므로 홍수시에는 유속계의 수를 적정하게 증가시킬 필요가 있다. 혹은 수직선의 수를 평상시보다 줄이지 않으면 안될 수도 있다. 유속계를 이용할 경우는 임의 위치에 수직선을 설정할 수 있으나 부자를 이용하는 경우는 부자는 생각보다 흐름이 없는 쪽이 많으므로 유속계를 이용하는 경우보다 자세한 수직선을 설정하지 않는 것이 일반적이다.

표 5.3 **수면폭 및 유속 측선수**

수면폭(m)	0~0.5	0.5~1	1~3	3~5	5~10	10~100	100~200	200 이상
측선수(개)	3~4	4~5	5~8	8~10	10~20	20~25	25~30	30 이상

5.3 유속관측의 방법과 장소

5.3.1 유속관측의 방법

수직선의 유속을 관측하기 위해서 실제로 이용하는 기계는 회전식 유속계와 부자의 2종류이다. 이것을 이용하여 유속관측을 행하는 방법은 다음과 같다.

우선 유속계를 이용하는 경우는 다음과 같다.

① 도보에 의한 방법 : 하천이 얕아서 유속이 비교적 느린 경우는 도보에 의해 유속을 관측한다. 우선 관측하려고 하는 횡단면에 적당한 간격으로 눈금을 한 테이프 또는 강철줄의 관측선을 뻗쳐 소정의 위치에서 유속을 관측한다. 이 경우 관측인은 자신이 서있는 위치에 주의하여 유속계 부근의 유속분포를 흩트러지지 않도록 충분히 주의할 필요가 있다.

② 케이블에 의한 방법 : 하천 양안에 기둥을 세워 강선을 뻗쳐 그것에 케이블카를 매달아 관측인이 타서 소정의 위치에서 유속계를 수중으로 내려서 유속을 관측하는 방법이다. 이 방법을 채택하는 경우 특히 주의해야 할 것은 홍수가 한창인 때는 여러가지 물체가 상류에서 흘러오므로 그것이 유속계에 걸리는 경우는 철선과 신호용의 전선을 즉시 절단 할 수 있는 장치를 준비하는 것이 바람직하다.

③ 교량에 의한 방법 : 이 경우의 교량에는 2종류가 있으며 유속을 관측하기 위해서 특별히 교량을 놓는 경우와 기설의 교량을 이용하는 경우이다. 유속관측을 위한 전용교량은 케이블에 의한 방법과 본질적으로 변화가 없으나 기설의 교량을 이용하는 경우는 2개의 문제가 있다. 첫째는 교통 중에서 관측을 행하는 것이므로 큰 위험이 있을 수 있다. 둘째는 교각에 의해 횡단면이 분열되는 경우이다. 유속관측을 일반적으로 교량의 하류측에서 행한다. 만일 교량의 방향이 횡단선과 일치하지 않는 경우는 교량과 횡단면의 이루는 각도로 보정해야 한다.

④ 배를 이용하는 방법 : 우선 관측선을 뻗는다. 이 관측선은 수직선의 위치를 결정하는 정도만 아니며 배를 계류하는 것에 이용되므로 도보에 의한 경우보다 매우 굵어서 강하고 긴 줄이 이용된다. 배는 관측선에서 선미를 상류로 향해 하류로 흐르며 선미의 앞에서 내밀어 달아낸 봉으로 유속계가 물속에 내려진다.

다음에 부자를 이용하는 경우는 최상류 단에 부자를 투하하는 단면, 거기서 50m 정도에 제1관측 단면, 그로부터 100~200m 정도에 제2관측 단면을 설치하며 양단에서 단면을 표시하기 위해 관측표식을 설치한다. 이 관측표식에는 전등을 부착 야간관측에 준비한다. 동일하게 흐르는 부자에도 야간은 등불을 부착한다. 부자에 의한 방법은 부자를 하천에 투하하는 방법으로 다음과 같이 분류한다. 기설의 교량을 이용하여 부자를 투하하는 교량에 의한 방법, 하천폭이 넓은 하천에서 이용하는 배에 의한 방법, 유속계를 이용하는 경우의 케이블에 의한 방법과 동일한 부자 투하기에 의한 방법이 있다.

부자에 의한 방법과 유속계에 의한 방법의 큰 차이는 유속계에 의한 방법에서는 우선 수직선의 깊이를 측정하여 어느 수심에서 유속을 관측할가를 결정하는 것에 대하여 부자에 의한 방법에서는 부자를 흘려서 유속을 관측하는 사이에는 횡단면의 수심을 측정 수위만 관측하여서 홍수전과 후에 횡단 측량을 행하여 그 평균치로써 횡단면의 형으로 하는 것이다.

5.3.2 관측소의 장소선정

하천의 유속을 관측하는 장소를 관측소라 하며 관측소에는 반드시 수위를 관측하는 시설을 겸해서 설치해야 한다.

관측소를 설치하는 장소는 다음 4개의 조건으로 정리할 수 있다.

① 접근이 쉬운 장소일 것. 관측소는 평상시에도 혹은 큰 홍수중에도 용이하게 접근할 수 있는 장소이어야 한다.
② 최고수위에서 최저수위까지를 일괄해서 관측할 수 있는 장소일 것. 즉, 수위가 낮은 사이는 양호하나 높게 되면 정도가 현저히 떨어지는 것처럼 혹은 극단의 경우 낮은 수위 때 측정할 수 없는 장소는 결격이다.
③ 안정성이 높은 장소일 것. 수위유량관계는 시간과 더불어 서서히 변화하므로 그 변화가 가능한 적은 장소인 것이 바람직하다.
④ 반 영구적으로 유속측정을 행하는 장소일 것. 유량기록은 긴시간에 걸쳐 정비되어서 그 초기에 존재가치가 나타나는 것이다. 그러므로 관측을 도중에 중지시키지 않는 장소가 적합하다.

5.4 수위-유량곡선의 작성

5.4.1 수위유량 관계를 지배하는 요소

수위유량관계는 여러 가지 요소에 영향되며 그런 영향을 종합한 것을 수위유량관계를 지배하는 것으로 표현한다. 만약 수위유량관계가 시간과 함께 변화하는 것이라면 그 지배는 일시적(impermanent)이라고 한다. 원래 무엇이 지배를 변화시키는 요소인가를 해석하는 것은 수위유량관계를 생각할 때 지극히 중요한 사항이고, 지배의 주된 요소로서는 다음과 같다.

① **하도변화** : 하도의 준설을 행하든지 하천에 부속하는 구조물이 설치되든지 혹은 수생식물이 계절적으로 이동하고 무성하면 하도는 현저히 변화한다.

② **충적하도** : 하저가 실트, 모래, 자갈로 구성되어 있는 경우 하상은 항상 변화하며 대단히 불안정하다.

③ **배수변화** : 관측소 하류의 어느 지점의 수위가 정상상태 보다 변화, 다시말해 증대하면 그로부터 상류의 수면경사는 완만해지며 이제까지와 같은 수위에 대해서도 그곳을 흐르는 유량은 작게 된다. 구체적으로는 지천이 합류하는 본천의 수위가 홍수를 일으켜 증대하여 배수(back water)가 변화하는 경우이다. 배수의 영향은 수위 유량관계에 제3의 변수로서 수위차 혹은 수면경사를 도입하여서 산정하며 이것을 도입한 것을 수위차 수위유량관계라 한다.

④ **수위의 급변화** : 수위가 급격히 변화하는 상황하에서는 가령 같은 수위에서도 수위가 변화하지 않는 때의 수위 유량관계와는 다른 관계로 된다. 이 경우 수위 유량관계에 제3의 변수로서 수위변화의 비율 즉, 수위변화 속도를 도입한다.

⑤ **하도저류의 변화** : 하도가 상시 물이 흐르는 저수로와 홍수시에만 물이 흐르는 지극히 넓은 고수부 혹은 범람원(flood plain)의 2개로 구성되어 있는 경우 등은 수위의 상승시에는 수면경사는 같은 유량이 계속되는 때보다도 크게 되며 따라서 같은 수위에서도 유량이 크게 된다. 반대로 유량이 저하하기 시작하면 고수부와 범람원에 범람한 물이 돌아와서 수면경사는 같은 유량이 계속되는 때보다도 완만하게 되며 따라서 같은 수위에 대해서도 유량이 작게 된다. 결과로서 수위유량관계는 홍수마다에 빗나간 loop를 그리게 된다.

⑥ **수생식물** : 하도에 수생식물이 자라면 하도의 횡단면적을 감소시켜 하도의 조도(roughness)를 증가시킨다. 그 결과 같은 수위에 대해서도 유량이 감소한다.

5.4.2 수위유량 관계의 결정

1) 단순한 수위유량 관계

수위유량관계를 그래프에 표시하는 경우에는 횡축에 유량, 종축에 수위를 취하는 것이 원칙이다. 장기간의 수위와 유량관계를 그래프에 표시하여 보아서 그것이 한 본의 곡선상에 거의 놓인다고 보면 지배는 영구적이라고 보아 한본의 수위유량곡선을 얻는다. 표시한 점이 평균적인 곡선의 주위를 상당히 큰 폭으로 둘러싸는 경우는 지배는 추이적이라고 하며 이 때는 이 흩어짐에 크게 기여하는 지배요소가 본래 어떤 것인가를 충분히 확인하여야 한다. 장기간의 수위유량관계를 적당한 기간으로 나누어 각 기간 마다에 표시하여 고친 경우 이것이 한본의 곡선 위에 거의 놓인다고 보는 경우에는 여러 가지 해석이 성립한다. 예를 들면 각 분할기간 마다에 언어진 유량곡선이 서서히 어느 방향으로 장기간에 걸쳐 이동하게 되면 그것은 하상변동 때문일지도 모른다. 1년 사이에 주기적으로 이동하게 되면 그것은 생식물의 번성의 결과일지도 모른다. 또 어느 기간을 경계로 수위유량관계가 크게 변화하면 그것은 하천구조물 설치의 영향이 나타난 것일지도 모른다. 이같이 수위와 유량의 관계를 표시한 경우 적어도 분할기간에 대해서는 한본의 곡선 위에 거의 표시된 점이 놓여 있다고 보는 경우는 그것을 가로지르는 한본의 곡선을 그어서 이것을 수위유량곡선으로 한다.

수위유량곡선은 측정된 유량이 낮은 수위에 대응하는 유량으로부터 높은 수위에 대응하는 유량까지 거의 균등하게 흩어져 있는 경우는 free hand에 의해 어림으로 그어도 좋으나 보통은 낮은 쪽의 수위에서 측정된 유량에 치우쳐 있는 경우가 많으므로 최소자승법을 이용하여 구하는 것을 원칙으로 한다. 이를 위해서는 우선 곡선형을 가정해야 한다. 수위(H)와 유량(Q)와의 관계를 일반으로 다음의 2차곡선의 형으로 가정한다.

$$Q = aH^2 + bH + C \tag{5.4}$$

$$Q = a^2\left(H + \frac{b}{a}\right)^2 \tag{5.5}$$

여기서, a,b,c는 계수이다. 보통은 계산의 간편으로부터 식 (5.5)를 이용한다. 식 (5.5)를 이용한다면 양변을 전개하여 다음 형으로 한다.

$$\sqrt{Q} = aH + b \tag{5.5'}$$

즉, 보통 방안지에 H와 $\sqrt{Q}$의 관계를 표시하여서 거의 직선상으로 늘어서면 계수 a와 b의 값을 최소자승법으로 구하면 좋다. 이때 부분적으로는 직선상으로 늘어서 있으나 전체로서는 한본의 곡선이라고 보는 것이 무리 또는 이상한 경우에는 이것을 꺾어진 선이라고 생각하여 각 꺾어진 선 마다에 최소자승법으로 계수 a와 b를 정한다. 하도가 저수로와 고수부의 2개 부분으로 구성된 복단면이 되는 경우는 물이 고수부로 놓인 단계에서 수위 유량관계가 변화한다.

2) 수위차 수위유량곡선

배수의 변화가 수위유량관계를 지배하고 있는 때에는 앞에서 설명한 것 같이 제3의 변수로서 수위차를 도입하여 수위차 수위유량곡선을 작성해야 한다. 이를 위해서는 수위 관측오차가 문제로 되는 만큼 큰 수위차가 되는 하류의 적당한 지점과 관측소 사이의 수위차를 수위와 유량의 관계에 더하여 준비해 놓아야 한다. 우선 수위와 유량의 관계를 그래프에 표시하여 점의 위에 그때의 수위차를 기입한다. 이런 후는 2개의 방법중 어느 것을 상황에 대응하여 채택한다. 수위차가 적으면 수위가 동일해도 유량이 다를 경우에는 정수위차 수위유량곡선을 이용하는 방법을 채택한다. 수위차가 어느 수위에 대해서 일정값 이하로 되면 수위가 동일해도 유량이 다를 경우에는 한계 수위차 수위유량곡선을 이용하는 방법을 택한다.

3) 복잡한 loop를 한 수위유량곡선

바다의 조석의 영향을 받는 하천 구간 즉, 하천의 감조구간 등에서는 통상의 개념에서 수위유량곡선을 작성하는 것이 곤란한 경우가 많다. 이 같은 장소에서는 예를 들면 홍수가 발생해서 종료 때까지의 기간, 어느 일정의 시간 간격에서 연속적으로 유량측정하여 시간을 추가해 수위와 유량과의 관계를 그래프에 표시한다. 그리고 표시된 점에 대해서는 유량측정의 순번(시간)을 붙여 시간의 경과를 명확하게 하여서 매끈한 곡선으로 연결한다. 이것이 loop를 한 수위유량곡선이다. 이것을 작성하기 위해 유량의 측정시간 간격은 직접 수문곡선을 그릴 때의 유량 측정시간 간격보다 상당히 길어도 좋다. loop를 한 수위유량곡선을 얻게 되면 시간 경과를 추가하여서 수위에서 유량을 구하면 좋다.

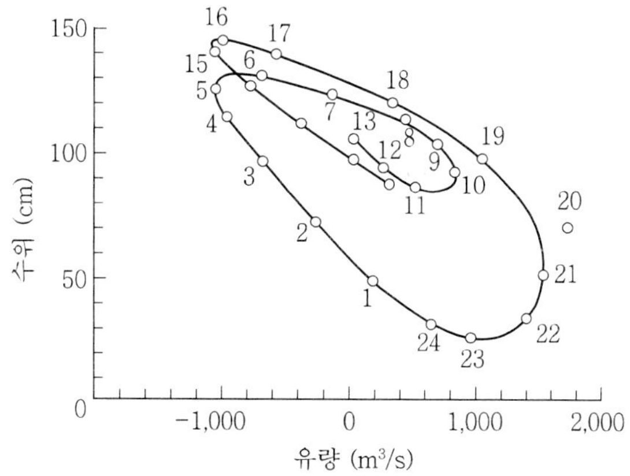

그림 5.8 복잡한 loop를 한 수위유량곡선의 예

5.4.3 수위유량곡선의 연장

본래 수위유량곡선은 수문곡선을 측정된 유량으로부터 직접 그리는 정도로 짧은 시간 간격에서 유속관측을 행하는 것이 곤란하므로 측정된 2개의 유량 발생시점의 사이 즉, 점과 점 사이를 보간하는 목적으로 작성하는 것이다. 그러므로 측정된 유량보다도 현저히 큰 유량의 범위에서 수위로부터 유량을 추정하는 것 즉, 수위유량곡선을 측정된 유량 이상으로 현저히 연장하는 것에 대해서는 신중해야 한다.

수위유량곡선의 연장은 다음 절차로 비교적 합리적으로 행할 수 있다. 횡단면의 측정결과로부터 여러 가지 수위에 대해서 외삽을 필요로 하는 수위까지 통수능 인자 $AR^{2/3}$을 계산하여 그것과 수위와의 관계를 그래프에 표시하고 그 점을 가로질러 곡선을 그린다(그림 5.9). 다음에 그 횡단면에서 측정된 유량자료를 이용하여 경사-조도인자 $\sqrt{s}/n$ 즉, $QA^{-1}R^{-2/3}$을 계산하여 그것과 수위와의 관계를 그래프에 표시하고 그점을 가로질러 곡선을 그린다. 그렇게 하면 이 곡선은 외삽을 필요로 하는 수위까지 적당히 연장한다. $AR^{2/3}$과 $\sqrt{2}/n = QA^{-1}R^{-2/3}$을 곱하면 $Q = (1/n)AR^{2/3}\sqrt{s}$ 즉, 유량이 얻어지므로 각 수위에 대응하는 통수능 인자와 경사-조도인자를 구하여 합쳐서 얻은 유량을 수위유량관계에 표시하면 비교적 합리적으로 수위 유량곡선을 연장할 수 있다. 여기서, A는 횡단면적, R은 동수반경, s는 수면경사, n은 Manning's의 조도계수 그리고 Q는 유량이다. 이외에도 여러 가지 수위유량곡선의 연장법이 있다.

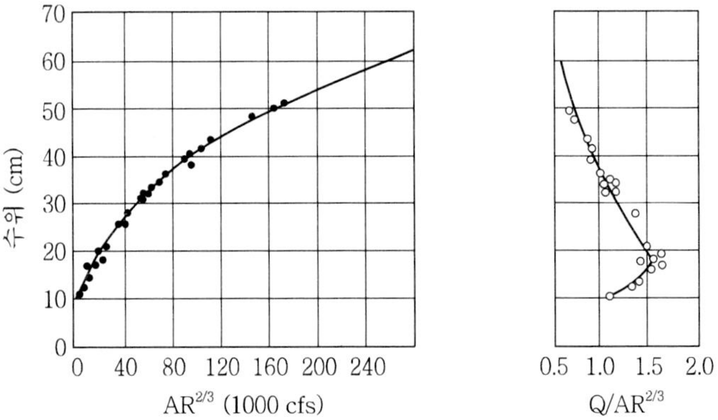

(a) 통수능과 수위의 관계 (b) 경사조도와 수위의 관계

그림 5.9 수위유량곡선 연장법의 일예

5.5 수위측정

5.5.1 하천의 수위

하천의 유량측정에 관해서 이용하는 **수위**(水位, river stage)란 임의의 기준면(datum)에서 측정한 횡단면의 수면의 어느 점의 높이이다. 수위는 모든 수문학적 과정과 유역의 물이동 특성을 반영한다. 수위기록은 높고 낮은 물높이를 정의하기 위한 가치가 있고 유출율 단위로 바꿀 수 있기 때문에 수위수문곡선이라 한다.

수위기록기는 교량 혹은 다른 구조물을 따라 자와 같은 단순한 것이고 수위는 정기적으로 읽을 수 있으나 보통 자동적으로 기록한다. 자동화는 부표, 압력센서 혹은 물 접촉에 의한 전기적 저항의 변화를 이용하여 달성한다. 부표와 센서는 기록지에 철사 혹은 쇠사슬로 연결하여 모든 물높이 변화를 기록한다. 평형시키는 기록장치에 대한 대표적인 도르래 조립을 그림 5.10에 설명하였다. 구조물은 물줄기에 정확하게 위치하고 취소마찰손실이 되도록 연결한다.

하천의 수위는 수위계로 측정하고 수위계는 보통 수위계와 자기 수위계로 대별된다. 수위계란 말하자면 하천의 횡단면에 적용되는 척도이며 보통 수위계는 눈금에 나타난 수위를 사람이 읽도록 구성되어 있다. 자기수위계는 눈금에 나타난 수위를 기계가 읽어서 동시에 자기지에 자동적으로 기록하는 구조인 것이다. 원격수위계(telemeter)는 기계가 읽은 수위를 부호로 변환하여 유선이나 무선(초단파무선)으로 멀리 떨어진 수위의 표시장치에 보내져 표시하는 것이다.

시각별 수위는 매 정시를 기준으로 측정하며 일평균수위는 1시부터 24시까지의 시각별 수위를 산술평균한 값으로 한다. 하천의 수위를 측정하는 기준면으로서는 우리나라는 장기간 관측하여 얻은 평균 해수면을 일반적으로 이용하며 장소에 따라서는 수준점을 사용한다.

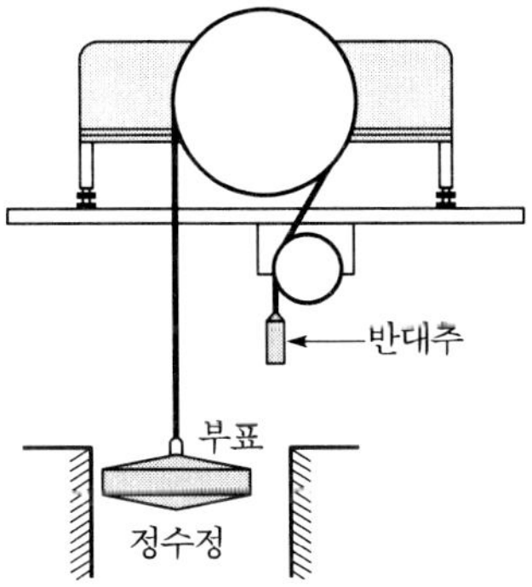

그림 5.10 **대표적인 안내 도르래**

5.5.2 보통수위계의 종류

1) 수위표 혹은 양수표

수위표 혹은 양수표(staff gage)는 길이를 측정하는 척도를 하천내에 기둥을 세워서 혹은 교각 등의 하천구조물을 이용하여 그것에 붙인 것이다. 그 척도로는 수위를 읽기 쉽도록 눈금으로 고안되어 있다. 또 척도를 직립하지 않고 하안에 눕힌 것이 있으며 이것을 경사수위표라 한다. 또 복단면의 하천에서는 여러 개 기둥을 세워서 그것에 척도를 설치하여 단계적으로 수위를 측정한다. 이것을 구간수위표라 한다.

2) 추식 수위계

추를 끈에 매달아서 수면에 향하여 떨어뜨려 추가 수면에 정확히 닿을 때 풀어낸 끈의 길이를 측정하면 수위를 측정할 수 있다. 끈으로 chain, tape, wire을 이용한다.

3) 부자식 수위계

부자식 수위계(float gage)는 tape의 일단이 수면에 떠있는 부자에 연결되어 고정 활차를 타며 타단은 균형의 추에 연결되어 있는 구조이다. 이같이 하면 수위를 측정할 때에 테이프를 수면에 향해 풀어내는 귀찮음이 없게 된다. 그러나 부자와 테이프, 추를 보호하는 특별한 시설이 필요하다.

5.5.3 자기수위계의 종류

1) 부자식 자기수위계

자기 수위계 중에서 가장 일반적인 종류이며 부자식 수위계의 응용이다. 그 구조는 일단에는 수면에 떠있는 부자를 타단에는 균형추가 매어있는 테이프 또는 와이어가 고정활차를 타고 있다. 수위가 상승 또는 하강하면 그것에 따라 활차가 회전한다. 즉, 수위의 변화는 회전각으로 변환된다. 이 회전은 나선형 홈의 끊어져 있는 축에 전달되며 그 홈 가운데에 지점을 설치 펜홀을 수평방향, 수위의 증감에 따라서 좌우로 이동시킨다.

펜의 아래에는 자기지를 설치하여서 이것을 일정 속도로 나선축에 직각 방향으로 끌어 보내면 수위의 변화가 자동적으로 기록되게 된다.

2) 기포식 자기수위계

기포식 자기수위계는 압력 탱크의 가운데 고압가스를 감압판에서 적당한 압력으로 감압하며 마개를 조절하여 하천 바닥에 설치한 도관으로부터 지극히 조금씩 기포로 하여 수중에 방출한다. 그때 도관내의 가스압력은 도관 선단의 수압 즉, 수위에 정확히 같게 된다. 그래서 도관내 가스압력을 감도가 좋은 압력계로 측정하면 간접적으로 수위를 측정할 수 있다. 이 측정기구로서는 도관에서 갈라진 압력 측정관을 수감부에 연결 다시 말해 수위가 조금 상승하여 도관내의 가스압력이 이전보다 조금 높으면 그 압력증가가 수감부가 약간 움직여 변화되며 그것이 지레에 보다 증폭되어 지침에 전달되도록 되어 눈금판에서 직접 수위를 읽을 수 있다.

5.5.4 자기수위계를 설치할 때 필요한 시설

하천에서 실용적으로 제공되어 있는 자기수위계는 부자식과 기포식 두 종류이다. 또 촉침식은 댐에서 자주 이용한다. 그중에서 부자식과 촉침식 자기수위계를 설치하기 위해서는 정수정(stilling well)을 설치하는 것을 필요로 한다. 그리고 그 위에 기계를 넣어 두기 위해서 기계실을 얹는다. 정수정은 유수면의 위에 직접 부자를 떠오르게 그림 5.11과 같이 일반적으로 철근 콘크리트제의 우물을 하천변과 하천 가운데에 세워 도수관으로 유수면과 연결하여 정수면의 수위를 횡단면의 수위와 같게 하는 시설이다. 정수정은 홍수가 한창인 때는 교각과 같이 세찬 물이 부딪히며 큰 부유물이 걸리므로 특히 견고하게 만들어야 한다.

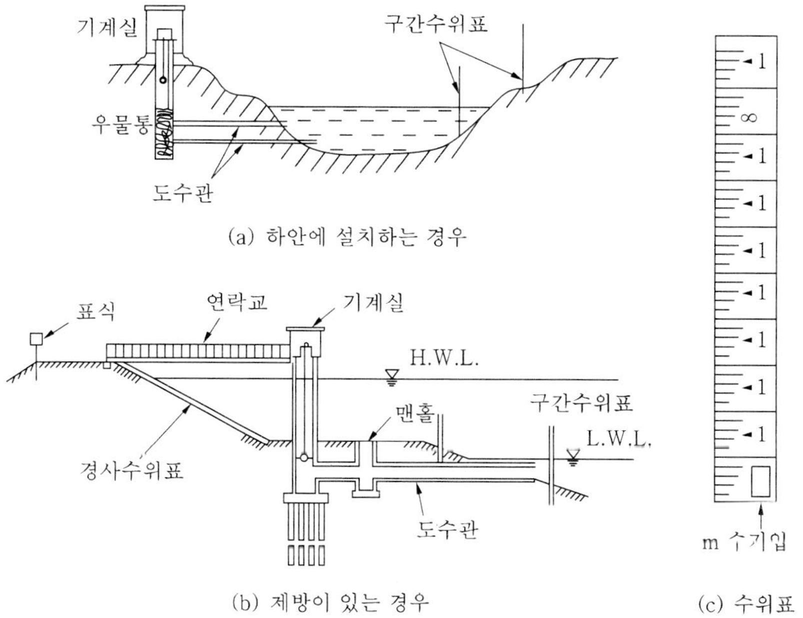

그림 5.11 자기수위계 설치를 위한 시설

5.6 수문곡선의 작성

수문곡선에는 유량을 순간유량(instantaneous flow)으로 표시한 경우와 평균유량(mean flow)으로 표시한 경우의 두 종류가 있다. 순간유량이란 시시각각의 유량이며, 평균유량이란 어느시간 간격내의 시시각각 유량의 평균치이다. 그리고 유량을 순간유량으로 표시한 수문곡선의 것을 순간유량 수문곡선이라고 한다.

순간유량 수문곡선은 적당한 시간 간격마다에 우선 자기수위계의 자기지에서 관측소의 수위를 읽고 다음에 수위유량곡선을 이용하여 수위로부터 유량을 구하며, 시간을 횡축 유량을 종축으로 하여 그래프 위에 시간과 유량의 관계를 시간을 따라 차례로 표시하고 매끈한 선으로 연결하여서 얻는다. 이때의 시간 간격은 수위가 적어도 거의 똑같이 증가 혹은 감소한다고 보는 기간이어야 한다. 그러므로 평상시는 길고 큰 비가 내려 수위가 급격히 증가하기 시작하면 짧으며, 최고수위 부근은 매우 짧아야 한다. 그리고 수위가 감소하기 시작하면 시간간격을 점차 길게 할 수 있다.

월간 단위든지 년간 단위의 긴 수문곡선을 작성하는 경우에는 유량은 순간유량이 아니라 평균유량을 이용한다. 이 경우의 유량은 보통은 일평균유량(mean daily flow)

즉, 1일간의 평균 유량을 많이 사용하며 단위는 $m^3/s/day$이다. 일평균유량은 일반으로 매 정시 시간유량의 24시간 분의 평균치로서 구하는 것이 많다. 그림 5.12와 같이 유량을 순간 유량으로 표시하는 것, 평균유량으로서 표시하는 것에 의해서 본래는 같은 유량자료이어도 수문곡선형은 외관상 크게 변화하므로 그 이용에 대해서는 주의를 할 필요가 있다.

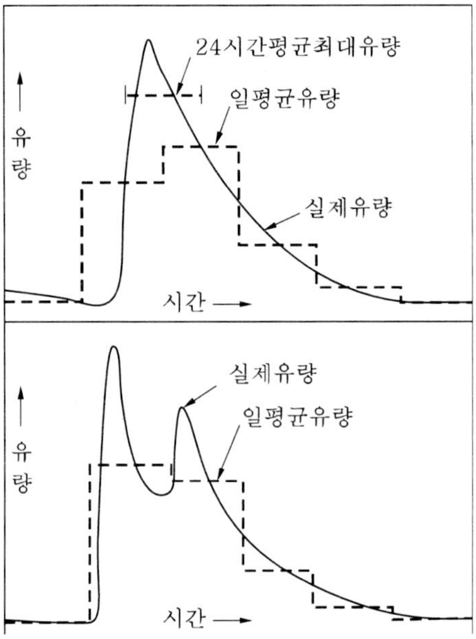

그림 5.12 순간유량 수문곡선과 평균유량 수문곡선의 비교

수문곡선을 유역과 관련하여 생각할 때 유량은 유출유량 또는 간략해서 유출량(runoff)이라 한다. 이 경우 유출유량의 단위를 수문곡선 우량강도의 단위와 같게 하는 편이 편리한 경우가 많아서 유출유량을 우량강도로 환산하여 수문곡선을 만들어 고치는 것이 종종 행해진다. 관행으로서 유량은 영어 알파벳의 대문자, 환산하여 우량강도로 표시하는 경우는 소문자를 이용하는 경우가 많고 이것을 유출고라 한다. 우량강도로 환산한 유출유량 즉, 유출고 q(mm/hr)와 환산전의 유출유량 $Q(m^3/s)$의 관계는 유량을 측정한 지점의 유역 면적 $A(km^2)$라 하면 다음 관계식으로 나타낸다.

$$q = \frac{3.6}{A} Q \tag{5.6}$$

5.7 유황곡선

유황곡선(流況曲線, flow duration curves)은 이용할 수 있는 기록년수에서 같거나 혹은 초과하는 일별, 월별 혹은 년별 유량의 어떤 값에 대한 시간의 백분율로 나타낸다. 시간 간격의 선택은 연구의 목적에 의존하고 시간 간격이 증가함에 따라 곡선의 범위는 감소한다. 유황곡선은 실제적으로 하천유량 빈도곡선이고 더욱 정확한 것은 장기간의 기록기간을 가진 것으로 이는 장기간 하천 유량을 나타낸다. 완만한 곡선은 적은 홍수, 지하수 기여가 큰 하천을 지시하는 한편, 급경사 곡선은 빈번한 홍수와 지하수 기여가 적은 건조기간을 나타낸다.

예로서, 평균유량의 빈도를 표 5.4에 나타냈고 그 결과를 정규 축척에 표시한 유황곡선은 그림 5.13과 같다. 이 곡선 아래 면적은 고려한 총 시간에서 과거 관측점을 흘러간 물의 총체적의 측정이다. 물 공급의 확실한 평가를 위해서 가장 습하고 건조한 기록에 대한 유황곡선을 얻고 표시해야 한다.

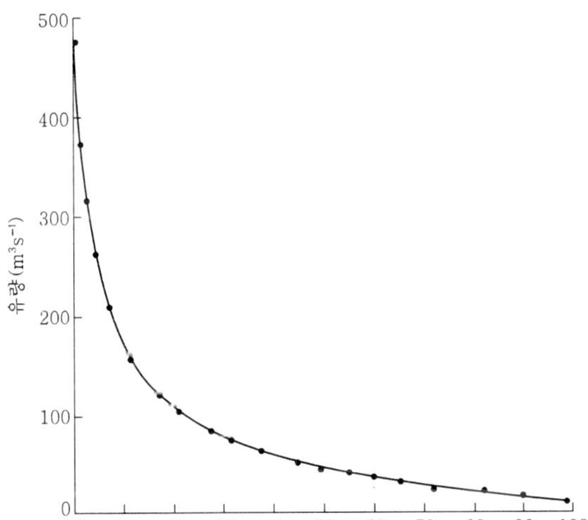

그림 5.13 유황곡선

하천수계상 어떤 지점에서의 가용한 하천유량의 규모와 변동성을 평가하기 위한 수단으로 유황분석(flow duration analysis)이 필요하며, 이를 통하여 유황곡선(flow duration curve)을 작성한다. 이러한 유황분석은 해당지점에서의 매년 일 유량자료를 사용하여 산출된 갈수량(Q_{355}), 저수량(Q_{275}), 평수량(Q_{185}), 풍수량(Q_{95})의 평균값을 구하고 이 값들을 도시하여 유황곡선을 작성하게 된다(그림 5.14).

표 5.4 **유량빈도**

일평균유량(m^3s^{-1})	빈 도	누가빈도	누가빈도비율
475 이상	3	3	0.21
420~475	5	8	0.55
365~420	5	13	0.89
315~365	8	21	1.44
260~315	25	46	3.15
210~260	36	82	5.61
155~210	71	153	10.47
120~155	82	235	16.08
105~120	52	287	19.64
95~105	42	329	22.52
85~95	50	379	25.94
75~85	58	437	29.91
65~75	83	520	35.59
50~65	105	625	42.78
47~50	72	697	47.71
42~47	75	772	52.84
37~42	73	845	57.84
32~37	84	929	63.59
26~32	103	1,032	70.64
21~26	152	1,184	81.04
16~21	141	1,453	99.45
11~16	141	1,453	99.45
11 이하	8	1,461	100.00

수문관측업무 규정에 정의된 유량의 정의는 다음과 같다.

- "최대유량"이라 함은 일정한 기간을 통하여 최대의 유량을 말한다.
- "최소유량"이라 함은 일정한 기간을 통하여 최소의 유량을 말한다.
- "평균유량"이라 함은 1년을 통하여 185일은 이보다 많은 유량을 말한다.
- "저수유량"이라 함은 1년을 통하여 275일은 이보다 많은 유량을 말한다.
- "갈수량"이라 함은 1년을 통하여 355일은 이보다 많은 유량을 말한다.

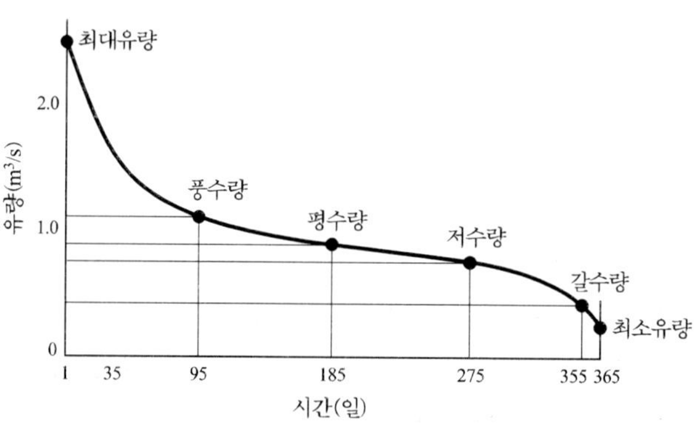

그림 5.14 **유황 분석**

연습문제

5.1 다음을 설명하시오

① 유량
② 수문곡선
③ 수위-유량곡선
④ 수위
⑤ 유황곡선

5.2 수위-유량관계곡선에 영향을 미치는 요소에 대해 설명하시오.

5.3 하천의 어느 단면의 유량을 측정하는 방법과 순서에 대해 설명하시오.

5.4 유량측정지점 선택에 영향을 미치는 인자에 대해 설명하시오.

5.5 하천의 유황별 유량의 종류를 설명하시오.

5.6 하천의 측정 지점에서 유속계로 다음의 자료를 얻었다. 유량을 계산하라.

수변의 한끝으로부터 거리(m)	수심, d (m)	수면아래 유속계의 점수		
		깊이(m)	회전수	시간(sec)
0	0	-	-	-
2	1.0	0.6	10	40
4	2.2	0.44	36	48
		1.76	20	50
6	4.0	0.80	40	57
		3.20	30	53
8	8.0	1.6	46	59
		6.4	33	57
10	4.2	0.84	33	51
		3.36	29	49
12	2.5	0.50	34	52
		2.00	29	53
14	1.2	0.72	16	48
16	0	-	-	-

유속계의 관계 방정식 $v = 0.2N + 0.04$

5.7 다음 자료는 측정지점의 하천에서 구하였다.

(1) 중앙단면법

(2) 평균단면법에 의해 유량을 계산하라.

수면의 한 끝으로 부터 거리(m)	수 심 (m)	유속(m/sec)		
		0.6d	0.2d	0.8d
0	0	−	−	−
1.2	0.7	0.4	−	−
2.4	1.7		0.7	0.5
3.6	2.5		0.9	0.6
4.8	1.3		0.6	0.4
6.0	0.5	0.35		
7.2	0	−	−	−

제6장

강수의 지중에서 운동

6.1 지중수

6.2 강수의 지중침투

6.3 대수층에 있는 지하수의 운동

제6장

강수의 지중에서 운동

6.1 지중수

6.1.1 지중수대

수문학적으로 말하면 물은 지표수(surface water)와 지중수(subsurface water)로 대별된다. 지표수란 지면의 위에 있는 물 즉, 하천과 호수 등의 물이며, **지중수**는 토양층과 토층 그리고 기반암층의 틈에 들어있는 물이다. 지표수가 지표사면의 위를 얇은 막상을 하여 흐르고 있는 상태를 지표면류 혹은 표면류(overland flow)라 부른다. 지중수가 지하를 흘러가는 상태를 중간류(subsurface flow)로 분류할 수 있다. 중간류란 토층에 침투한 강수의 일부가 그 가운데를 지표면과 병행하여 근처 하천으로 향하여 흐르는 상태를 말한다.

이 지하수가 들어있는 지면의 아래는 강우가 한창인 때 및 그 직후와 같은 특별한 시기를 제외한 평상시 지하수 존재의 방식에 의해 크게 포화대와 통기대로 대별된다.

포화대(飽和帶)는 토양과 기반암층의 틈이 전부 물로 채워져 있는 지대로 이 포화대 중에 있는 물을 특히 **지하수**(ground water)라 한다. 지하수의 압력은 그것에 접한 대기의 압력보다도 높은 상태이다.

통기대(通氣帶)는 토양과 기반암층의 틈에 대기압보다 압력이 낮은 상태로 있는 물과 대기압과 같은 압력의 공기와 가스가 혼재하는 지대이며 통상은 포화대의 위에 놓여 있다. 통기대는 더구나 토양수대, 중간대, 모관대의 3개로 나눈다. 토양수대는 문자대로 토양층에 상대하며 또 식근대에도 상당한다. 식근대란 토층의 식물 뿌리가 침입하여 있든지 또는 침입하여 얻은 부분을 말한다. 그러므로 토양수대는 식물의 성장에 이용하는데 얻는 수분이 있는 곳이다. 포화대와 통기대의 수면을 이루는 경계면을 **지하수면**이라 하며 영어로는 ground water level, ground water table, phreatic surface, ground water surface 등 다양하게 표현한다.

기반암층의 위에 두꺼운 토층이 놓여서 지하수면이 토층의 중간에 있는 상태의 장소에서는 지하수면의 바로 위에는 모관대라는 수대가 생기며 그 윗면을 모관수연(capillary fringe)이라 한다. 그리고 이 모관수연과 토양수대의 아래면과의 사이 지대를 중간대라 한나.

즉, 지표면에서 대단히 깊은 곳에 기반암의 층이 있어 그 위에 두꺼운 토층이 놓여 있는 장소의 지표면 아래는 그림 6.1과 같이 통기대와 포화대로 대별되며 통기대는 위에서부터 토양수대, 중간대, 모관대로 나눈다. 그리고 포화대와 통기대의 경계면을 지하수면, 모관대와 중간대의 경계선을 모관수연이라고 한다.

포화대가 지표면 근처에 있는 곳에서는 통기대의 두께는 작고, 극단적인 경우에는 호수와 습지 혹은 하안, 호안, 해안 같은 장소에서는 지하수면이 지표에 나타나 있어 통기대는 전연 존재하지 않게 된다. 또 산지와 구릉지의 통기대는 일반적으로 그 두께가 크다.

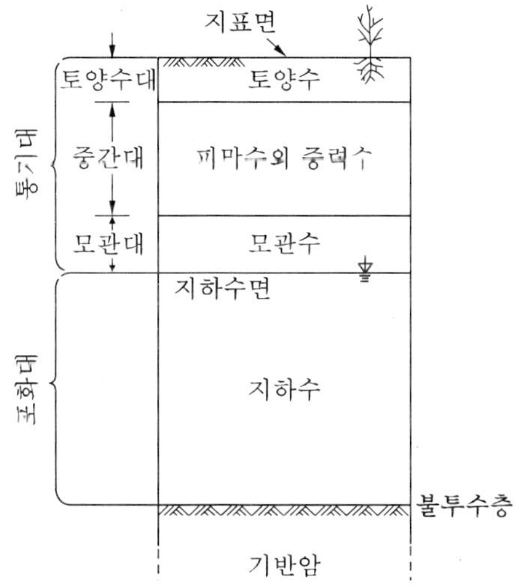

그림 6.1 지하수대

6.1.2 토양수대의 물

토양수대에 포함되어 있는 물을 토양수, 그 물의 양을 토양수분량(moisture content)이라 한다. Biggs는 토양수를 흡착수, 모관수, 중력수로 분류한다. 흡착수는 건조로에서 건조시킨 흙을 상온의 습기있는 대기중에 방치하여 놓은 경우에 흙이 대기중의 습기를 흡수하여 그것을 토입자의 주위에 얇은 수막으로 붙잡아 있는 상태의 물이다. 흡착수가 토입자에 흡착하여 있는 힘 즉, 흡착력(hygroscopic force)은 대단히 크므로 그것을 식물은 이용할 수 없다. 모관수는 토입자의 주위를 연속적인 수막으로 되어 둘러 싸여 있는 물로 표면장력에 의해 토입자에 부착하여 있으며 모관력에 의해 움직일 수 있는 물이다. 그러므로 이 물은 식물이 이용할 수 있다. 중력수는 토입자의 사이로부터 중력에 의해 배수되며 토양에서 취한 말하자면 잉여수(excess water)이다.

흡착계수는 완전히 건조된 토양 덩어리를 온도 25℃, 상대습도 50%의 대기에서 흡수하는 정도의 최대수분량이다.

야외 용수량 혹은 최대보수량(field capacity)은 큰비가 내린 후 혹은 야외에 대량으로 물을 뿌린 후 토양층으로부터 잉여한 중력수가 빠짐이 끊어진 때의 토양수분량이다. 수분당량(moisture equivalent)은 완전히 포화시킨 토양 덩어리를 중력의 1,000배 원심력으로 배수시킨 후에 보유하고 있는 토양수분량이다. 토양층의 공극을 전부 포화하는데 필요한 토양수분량을 최대보수량이라 한다. 토양수분량은 일반적으로 수분을 포함한 토양 덩어리를 중량을 측정한 후 건조하여 다시금 중량을 측정하며 건조된 토양 덩어리에 대하여 포함한 수분량의 중량백분율(%)로 표시된다.

토양수분량을 알기 위해서는 토양층에서 시료를 채취하여 와서 계량, 건조, 계량을 행하면 좋다. 그러나 이를 위해서는 토양층을 흩트리면 안 된다. 토양층을 그다지 흩트리지 않고 연속적으로 토양수분량을 측정하기 위해서는 다음 3가지의 방법을 생각한다.

1) Tensiometer를 이용하는 방법

tensiometer란 물은 통해도 공기는 통하지 않는 대단히 수량이 적은 도기의 컵으로 압력계 즉, manometer를 연결한 것이다(그림 6.2). 이 도기의 컵을 토양층에 구멍을 뚫어 삽입하며 가운데에 생기는 만큼의 기포를 내쫓아 물을 완전히 채운다. 토양층이 건조하여 있으면 토양입자는 컵의 벽을 통해서 컵안의 물을 흡인하므로 컵 안의 수압은 저하하여 수은주는 상승하며 어느 시점에서 평형상태에 도달한다. 만약 토양층이 완전히 포화하여 있으면 토양입자는 컵 안의 물을 흡인하지 않으므로 수은주는 전연 상승하지 않게 된다. 즉, 수은주의 높이는 토양입자군이 컵안의 물을 끌어당기는 힘에 상당하는 것이므로 이것에 수은의 비중을 곱하여 물기둥으로 환산하여 상용대수값을 취하면 pF값을 얻고 이 힘을 토양수분 흡인력이라 한다. 그림 6.2에서 B점의 압력 포텐샬은

$$\phi_B = \phi - \rho_w gb + \rho_m ga \qquad (6.1)$$

그러나 $\phi_B = 0$(대기압)이므로

$\phi = \rho_w gb - \rho_m ga$이다. tensiometer는 Richards에 의해 개발되었고, tensiometer의 상섬은 도기의 컵을 토양층내에 가는 구멍을 뚫이시 삽입하는 정도로 약간의 토양층을 흩트리며 연속적으로 pF값을 측정할 수 있는 것이다. 단. 이것에 의한 측정범위는 pF=0~2.9 즉, 0.85기압 정도까지이다.

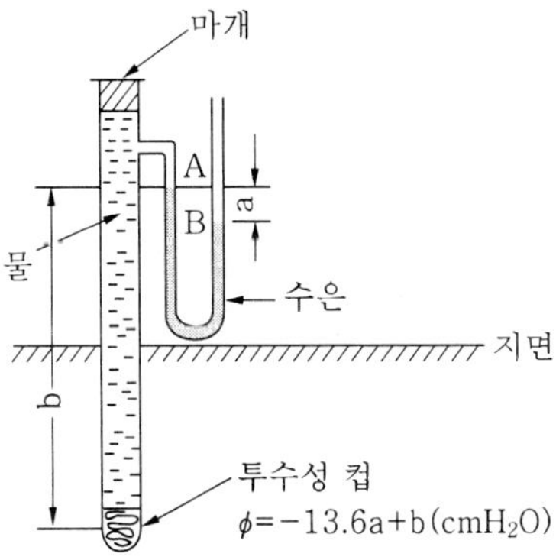

그림 6.2 Tensiometer 원리도

2) 석고 block법

석고를 토양층내에 채워 놓은 경우 내부의 수분 상태가 즉시 주위의 토양수분 상태와 조화된 덩어리 즉, block 다시 말해 구운 석고(plaster of paris)의 block안에 전극을 넣어 놓아서 block내의 수분상태, 즉 토양층의 수분상태를 전극의 전기저항에 의해 꺼내는 방법이다. 구운 석고란 황산칼슘의 중수화물($CaSO_4$ 1/2 H_2O)의 백색 분말로 석고($CaSO_4H_2O$)를 구워서 부분적으로 탈수하여서 만든다.

3) 중성자법

이 방법은 금속중성자(fast neutron)는 수소에 충돌하면 현저하게 그 속도가 약해져 저속중성자로 변화하는 것을 원리로 한다. 토양층내의 수소는 거의 물의 형태로 존재하므로 급속중성자 발생원과 저속중성자 계수기를 상하 일체로 해서 토양층 안에 구멍을 뚫어서 내려보내면 토양층 안의 수분에 의해서 고속중성자는 저속중성자로 변화하므로 그 수를 계수기로 계측하면 간접적으로 토양수분량을 측정하게 된다(그림 6.3). 또 이 경우 고속중성자원을 우주선에서 구하는 것도 가능한 이유이다.

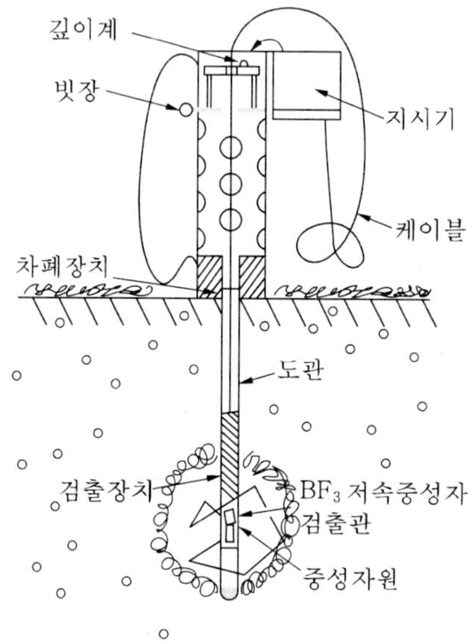

그림 6.3 중성자 수분계의 일예(NERC, Wallingford)

이상 3가지의 방법은 어느 것이나 토양수분량과 pF값, 전기저항, 저속중성자 수와의 관계를 미리 눈금을 새겨 놓아 즉, 조정을 해 놓을 필요가 있다.

6.1.3 포화대의 물

수면 높이는 변동하고 직접적으로 강수에 관계된다. 표면 아래 저장될 수 있는 물의 양은 지표하 지층의 공극, 액체의 형 그리고 인접한 지하토양과 수면 조건들에 의존한다. 지하수 이동에서 매체는 많은 인자에 의해 특성화되나 빈공간(porosity)과 투수성(permeability)이다.

1) 공극

앞에서도 정의한 것 같이 포화대에 있는 물을 지하수라 하고 포화대 틈 안의 지하수 흐름을 지하수류(ground water flow)라 한다. 포화대중의 지하수가 전부 그 틈 안을 이동한다는 뜻은 아니며 지하수류로 되는 것은 그 일부이다. 포화대 중의 지하수량은 포화대를 형성하고 있는 토층과 암석층 틈의 양이며, 이것은 **공극률**(空隙率, porosity)로 나타낸다.

$$\alpha = \frac{100\,W}{V} \tag{6.2}$$

여기서, V는 토층과 암석층의 총체적, W는 V 중에 있는 틈을 충족시키는데 필요한 혹은 포화되어 있는 물의 양이다. 퇴적암과 토층 및 토양층의 공극률은 개략 그림 6.4에 나타낸 것과 같다. 포화대 틈 사이의 지하수에서 중력의 작용으로 배수되지 않는 정도를 보유수(retained water)라 한다. 그리고 포화대 단위체적 중의 보유수량을 보유수율(specific retention)이라 한다. 즉,

$$S_r = \frac{100 W_r}{V} \tag{6.3}$$

여기서, W_r은 포화대의 총체적 V 중의 보유수량이다. 한편 포화대 단위체적당의 중력으로 배수되는 지하수량을 **비산출율**(specific yield)이라 한다. 비산출율은 유효공극률(effective porosity)과 동의어이며, W_y를 포화대의 총체적 V에서 배수하여 얻는 지하수량이라 하면 다음 식으로 표시된다.

$$S_y = \frac{100 W_y}{V} \tag{6.4}$$

여기서, $W = W_r + W_y$이므로 α는 다음 식으로 표시된다.

$$\alpha = S_r + S_y \tag{6.5}$$

비산출율 값은 토층의 경우 토입자의 크기, 형, 공극의 분포, 긴장상태 등에 따라 다르다. 암석층의 경우는 절리의 분포, 층과 층 사이 틈의 발생과 공동의 발달, 단층과 파쇄된 층의 발생 등에 의해 다르다.

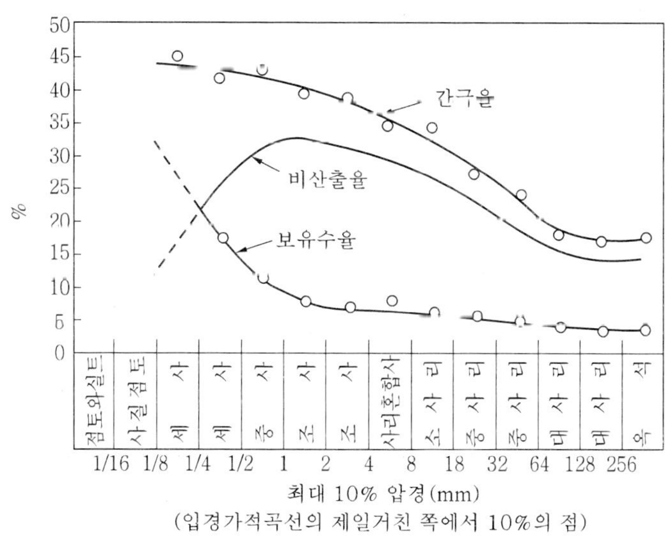

그림 6.4 토층의 간극률, 보유수율, 비산출율의 관계도

즉, 일반적으로 토층에서는 크고 암석층에서는 작다. 점토층과 실트층의 경우 공극률 자체는 상당히 큰 값을 나타내나 비산출율은 0에 근사한 값이며 암석층 보다는 매우 작다. 비산출율의 개략값은 그림 6.4에 나타낸 것과 같으며, 이것은 The Great Basin(미국서부의 대분지)에서 구한 것이다.

안전채수율은 대수층의 기능이나 수질에 해를 끼치거나 경제적 타당성을 상실하지 않고 인간이 이수목적으로 대수층내의 물을 취수할 수 있는 상한율을 말한다.

수문학적 물 수지관계를 고려한 **안전채수량**(安全採水量, safe yield)은

$$G = P - Q_s - E_T + Q_g + \Delta S_g - \Delta S_s \tag{6.6}$$

여기서, G : 안전채수량

P : 대수층이 위치한 유역면적상에 일정기간 내린 강우량

Q_s : 해당 유역의 지표하천수량

E_T : 증발산량

Q_g : 유역내로 유입하는 순 지하수량

$\Delta S_g, \Delta S_s$: 지하수 및 지표수 저류량의 변화율(1년을 기준으로 하면 $\Delta S_s \fallingdotseq 0$)

2) 투수계수(permeability)

대수층의 공극에서 물은 중력 그리고 재료의 연결된 공극을 통하여 아래로 흐르는 경향에 지배를 받는다. 이 지하 흐름에서 저항은 폭넓게 변화한다. 재료의 공극을 통하여 움직이는 물의 비율(permeability 혹은 hydraulic conductivity)은 저항의 측정이다. 거친 자갈 같은 큰 공극을 갖는 대수층은 큰 투수성을 갖는다고 하고 점토같은 매우 작은 극미의 공극을 갖으면 낮은 투수성을 갖는다. 두 압력 측정 장치(piezometer)를 지하수에 위치하면 지하수의 속도는 흐름길이당 수두변화의 관계를 이용하여 그림 6.5의 이상화한 조건으로 계산할 수 있다.

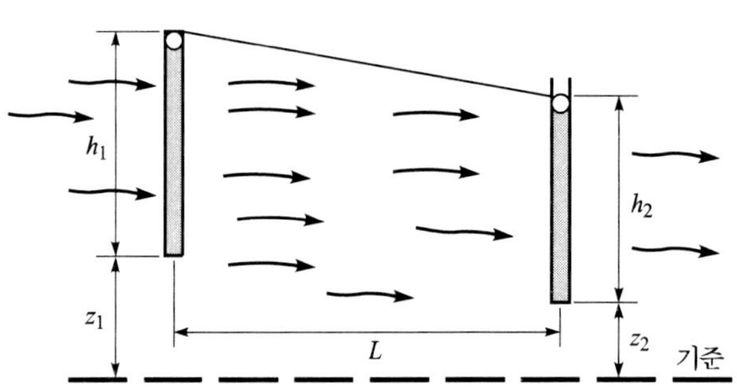

그림 6.5 1차원 지하수 흐름

$$V = K\left[\frac{(h_1 + Z_1) - (h_2 + Z_2)}{L}\right] \tag{6.7}$$

여기서, K : 투수계수(길이/시간)

L : 피에조메터 사이 길이

h : 압력 수두

Z : 위치 수두

V : Darcy 속도(길이/시간)

방정식 6.7은 Darcy 방정식이라 하고 속도는 동수경사에 비례한다는 것을 발견했으며, 비례인자는 투수계수이다. 투수계수는 투수계를 이용하여 실험으로 결정할 수 있다. 입구와 출구에서 압력수두를 일정하게 유지하는 일정수두 그리고 오직 출구 끝에서 일정한 수두를 유지하는 강하수두의 두 형태를 이용한다. 여러 가지 자연토양에 대한 투수계수의 가능한 범위를 그림 6.6에 나타냈으며 이들은 단지 대표적인 값으로써 이용된다.

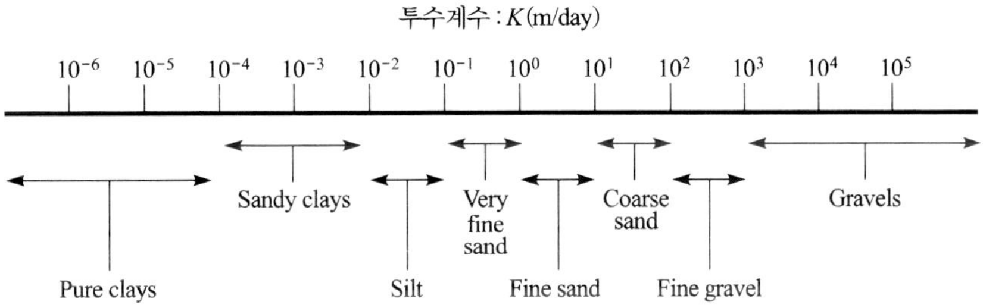

그림 6.6 토양에서 투수계수의 범위

6.2 강수의 지중침투

강수가 지표의 표층, 즉 토양수대에 침입하는 것을 **침투**(浸透, infiltration)라 한다. 그리고 토양수대중을 지표면과 병행하여 중력류 즉, 중간류로 되어 근처의 하천으로 향하여 흐르는 것을 천층투과(shallow percolation)라 한다. 토양수대를 빠져나간 강수가 거듭 중간대를 심부로 향해 강하하는 것을 심층투과(deep percolation)라 한다.

강우강도가 시간적으로 변화하지 않으며 여러 가지 단계의 강우강도로 상당히 장시간에 걸쳐 계속하여 내리는 얼마의 비를 생각한다. 이 비의 내리는 시작에서 지면 아래의 습한 상태는 완전히 동일한 것으로 한다. 강우강도가 어느 크기의 비까지는 어느 시간에 달해도 비는 전부 지면 아래로 침투할 것이다. 그러나 어느 한계의 강도를 초과하는 비는 내리기 시작부터 어느 시간에 달하면 전부 지면 아래로 침투하지 않게 되며 침투하지 않은 정도가 점점 증가하여 마침내는 일정값에 도달하여 그 정도는 지면의 웅덩이에 도달하며 넘쳐서 지면이 낮은 쪽으로 근처의 하천으로 향해서 흐르기 시작한다. 이 침투하지 않고 지면위로 근처의 하천으로 향해서 흐르는 우수의 흐름은 지표면류 혹은 표면류라 한다. 또 지면에 내린 비중에서 침투하지 않고 표면류로 되는 비를 **초과강우**(rainfall excess)라 한다.

강우사상동안 면적으로부터 흐르고 면적위 강우의 총용적의 질량균형은 초과강우를 이해하는데 도움이 된다. 강수의 용적 P, 초과강우 R, 침투 F, 증발 E, 그리고 초기손실 I_A 변수로써 고려한다. 초기손실은 식물과 표면 웅덩이 저류에 의해 차단된 물이다. 고정시간 기간에 대한 단순한 물수지의 질량균형은 경계 이송을 무시하고 저류변화가 없는 것을 고려하면

초과 강우=강수−출력

$$R = P - E - F - I_A \tag{6.8}$$

강수사상동안 증발을 무시하고 침투와 초기손실의 용적이 강수용적에 비례한다면 초과강우의 양은 강수의 분수로써 표현할 수 있다.

$$R = CP \tag{6.9}$$

여기서, C는 유출계수($0 \leq C \leq 1$)

유출계수는 강수와 초과강우의 비율로 정의하고, 유출계수는 광범한 강우와 유출연구 혹은 발표된 값으로부터 결정할 수 있다.

강우가 지면아래로 침투하는 정도를 **침투율**(infiltration rate)이라 하며, 통상 우량강도와 같이 시간당 몇 mm(mm/h)의 단위를 이용하여 표현한다. 또 지면에는 그때 지면 아래의 상황에 따라서 강우를 침투시키는 최대한도가 있으며, 이것을 **침투능**(浸透能, infiltration capacity, fp)이라 한다.

비가 내리기 시작부터 표면류가 발생하는 정도가 큰 우량강도의 비가 온다면 강우 개시 때의 침투율은 대단히 큰 값을 나타내나 침투율은 시간과 함께 급격히 저하하여 어느 시간(1~3시간)에 달하면 거의 일정한 값에 머문다. 그리고 이 경우 침투율의 변화 상황은 즉, 침투능의 변화상황을 나타내는 것으로 된다. 이 때 강우 개시때의 최대 침투능을 초기침투능, 비가 계속해서 내려 침투능이 일정하게 된 때의 침투능을 최종 침투능이라 한다.

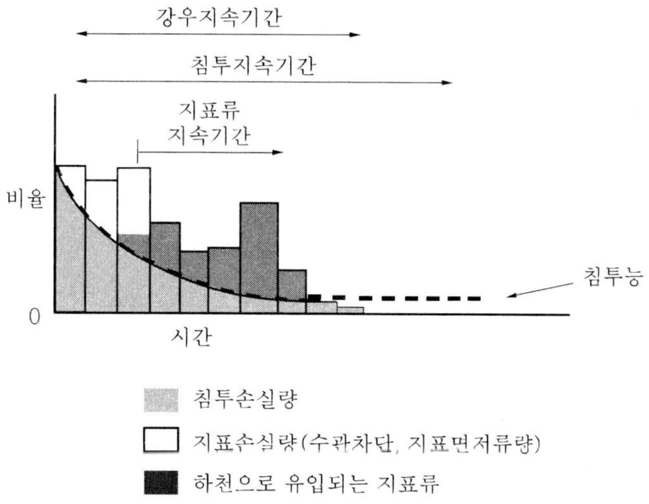

그림 6.7 우량주상도와 침투능

Horton은 비가 내리기 시작으로부터의 시간 t와 함께 침투능 f 가 변화하는 상황을 다음 식으로 표현했다. 즉,

$$f_t = f_c + (f_0 - f_c)e^{-kt} \tag{6.10}$$

$$k = \frac{f_0 - f_c}{F_c}$$

여기서, f_c는 최종침투능, f_0는 초기침투능, e는 자연대수의 밑, k는 지면아래의 상태에 의해 결정되는 계수이며 이 식을 **Horton의 침투능곡선**이라 한다.

침투는 강우강도가 침투능과 같거나 초과할 때(즉, $i \geq f_p$)의 용량 비에서 일어나며, $i < f_p$일 때의 실제 침투율은 강우율과 거의 같다.

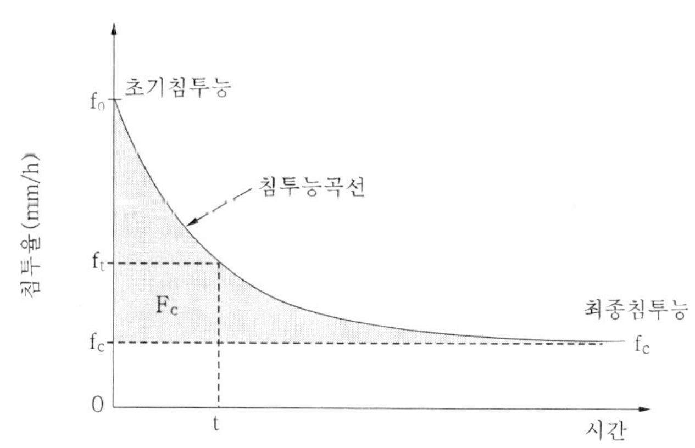

그림 6.8 침투능곡선

1) 침투현상을 지배하는 인자

토양의 침투능은 토양의 종류라든지 함수량(含水量), 토양면의 상태 및 기타 여러 가지 인자에 의하여 지배된다. 강우강도 I는 분명히 침투율에 영향을 미치며 강우강도가 토양의 침투능보다 최소한 커야만 실제침투율 f_a는 f_p에 도달할 수 있다. 만약 강우강도가 침투능보다 작으면 실제침투율은 강우강도보다는 더 커질 수 없음은 분명하다. 그러나 여기에 한 가지 복잡한 문제점이 있다. 즉, 침투능 f_p는 일정하게 유지되는 것이 아니라 계속되는 강우로 인하여 침투가 계속됨에 따라 토양면과 내부 토양의 상태가 시간에 따라 변한다는 사실이다. 따라서 f_p의 결정은 그다지 쉬운 일이 아니며 여러 가지 인자에 의해 결정된다.

침투현상은 물의 토양면 유입(suface entry), 토양 내부로의 이동(transmission in the siil) 및 토양 내 저류용량의 고갈(depletion of storage capacity)의 3단계 과정을 거쳐 이루어지게 되며 이들 각 단계에 영향을 미치는 인자에는 다음의 여러 가지가 있다.

① **토양의 종류** : 침투능은 주로 토양 속의 공극(空隙) 크기(pore size), 공극 크기의 분포상태(pore size distribution) 및 강우시나 관개용수 주입시 이들 공극의 안정성에 의하여 크게 좌우된다. 모래질 토양에 있어서는 공극이 비교적 크고, 또한 안정성이 크기 때문에 침투율은 대체로 크다. 물론, 빗방울이 가지는 충격력 때문에 흙 입자가 재배치되므로 공극 크기는 건조상태 때보다 약간 작아지지만 다른 토양에 비하면 비교적 안정성이 큰 편이다. 실트(silt)질이나 점토질 토양은 강우에 의하여 그 구성이 일단 분해되어 건조시의 비교적 큰 공극은 대폭 줄어 들게 된다. 이는 통상 이런 유형의 토양이 내포하고 있는 콜로이드 물질(colloidal material)이 물에 의하여 부풀기 때문이다. 따라서 토양의 투수성(透水性, permeability)은 모래질 토양의 경우보다 크게 떨어지게 된다. 뿐만 아니라 빗방울이 가지는 충격력에 의해 흙덩어리가 분해될 때 생기는 미립자가 부유하다가 공극을 막아버리게 되므로 침투율은 크게 저하하게 된다.

② **지면보유수의 깊이와 포화층의 두께** : 토양면을 통한 물의 침투현상은 토양 속의 공극으로 형성되는 수많은 미소관을 통한 흐름에 비유할 수 있다.

그림 6.9는 지름이 D, 길이 L인 미소관을 통해 물이 침투하는 과정을 도시하고 있다.

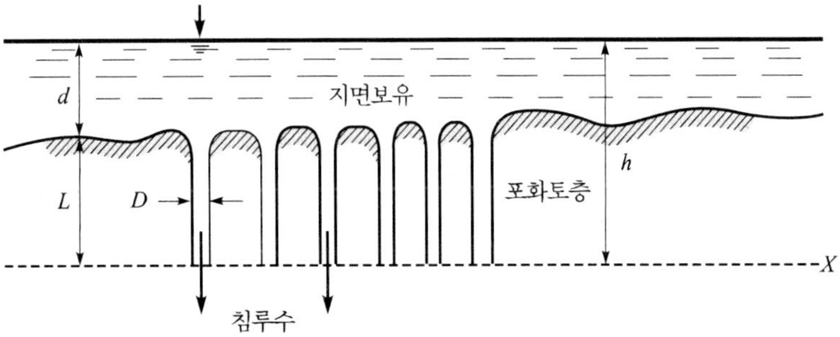

그림 6.9 침투과정

그림 6.9의 1개관을 통한 흐름을 생각하면 단위질량의 물이 X면까지 도달하는 데 소모되는 손실수두(損失水頭) h는 다음과 같다.

$$h = d + L \tag{6.11}$$

여기서, d는 토양면 위에 고여있는 지면보유수(地面保留水, surface detention)의 깊이이다. 흐름에 대한 마찰력은 L에만 비례하므로 강우 초기의 포화층(saturation layer)의 두께 L의 증가는 흐름에 대한 마찰력을 증가시키게 된다. 따라서 침투능 f_p는 점차로 감소하게 된다. 강우가 계속됨에 따라 포화대(zone of saturation)가 완전히 포화되면 L은 d보다 훨씬 커지게 되며 거의 일정한 값을 가지게 된다. 즉,

$$h \doteqdot L \doteqdot \text{일정} \tag{6.12}$$

이는 흐름에 대한 마찰력이 일정하게 됨을 의미하므로 침투능 f_p는 거의 일정하게 된다. 따라서, 침투능은 그림 6.10(a)에 나타낸 바와 같이 강우가 계속되는 시간에 따라 점차로 감소하게 된다.

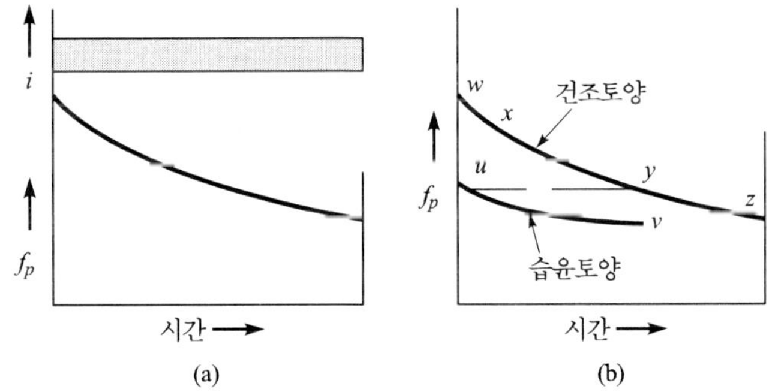

그림 6.10 시간에 따른 침투능의 변화

③ **토양의 함유수분**(含有水分) : 선행강수(先行降水, antecedent precipitation)가 없으면 강우초기에 토양이 완전 건조상태에 있게 되어 토양공극을 통한 심한 모관력(毛管力, capillary force) 때문에 대단히 큰 침투능을 가지게 된다. 물이 계속 침투능에 따라 지표토층은 어느 정도 포화상태에 가까워지므로 침투능은 그림 6.10(b)의 $wxyz$ 곡선처럼 감소하게 된다. 만약 토양이 초기에 어느 정도의 수분을 함유하고 있었다면 f_p값은 곡선 uv와 같은 초기 건조시보다 낮을 것이다. 이 uv 곡선은 $wxyz$ 곡선의 일부인 yz 곡선을 일정시간만큼 좌측으로 평행이동시킨 것에 불과하다.

토양의 침투능이 그림 6.10(a)에서와 같이 시간에 따라 감소하는 원인 중 다른 한 가지는 토양의 종류에서 언급된 바와 같이 건조토양 속의 콜로이드 물질이 습윤해지면 부풀게 되며 이로 인해 공극의 크기가 줄어든다는 것이다.

④ **토양의 다짐 정도** : 인간이나 동물에 의해 토양이 다져지면 토양공극의 크기는 작아지며 공극분포도 변하게 된다. 특히 우기에 차량바퀴에 의한 토양의 다짐 정도는 대단히 커서 토양면에 가까운 얇은 층이 거의 불투수층이 되는 경우도 가끔 있다. 따라서 침투능은 토양의 다짐 정도에 비례해서 현격하게 감소될 것임을 짐작할 수 있다.

⑤ **식생피복** : 식생피복(植生被覆, vegetal cover)은 여러 가지 면에서 침투능을 증대시킨다. 식물은 우수의 마찰력으로부터 토양을 보호할 뿐만 아니라 조밀한 뿌리조직은 주위의 토양이 다져지는 것을 방지하여 공극을 크게 하는 결과를 주며 주위에 생기는 유기물질은 흙의 상태를 스펀지(sponge)처럼 만다는 효과를 주게 된다. 또한, 식물의 증산작용에 의해 토양의 함유수분 중 일부는 대기 중으로 방출된다. 이러한 여러 가지 현상은 모두 침투능을 증대시키게 된다. 따라서, 수원지역에 식생피복을 철저히 하면 사방효과가 클 뿐 아니라 침투를 조장시켜 지표유출량(surface runoff)을 감소시키게 되므로 하류지역의 홍수량을 감소시키는 이중 효과를 얻게 된다.

침투능에 영향을 미치는 기타 인자에는 여러 가지가 있겠으나 중요한 것은 토양의 동결 및 계절에 따라 변하는 기온이라 하겠다. 토양이 물로 포화된 상태에서 동결되면 흙덩어리가 얼음 덩어리와 같이 되므로 거의 불투수성이 되나, 비교적 건조상태의 토양이 동결되면 표면이 부풀고 큰 공극이 생겨 침투능이 오히려 커진다.

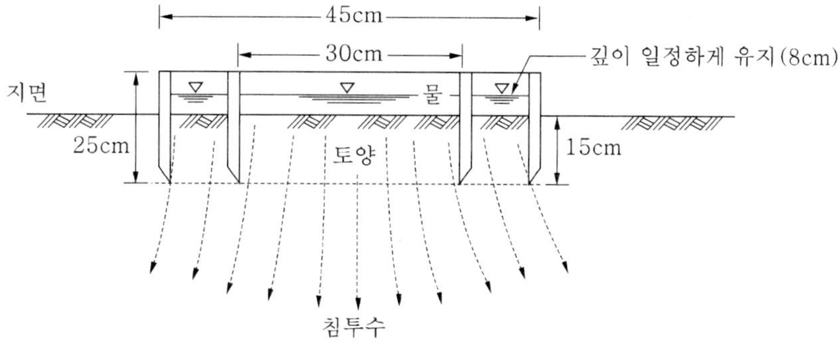

그림 6.11 원통형 침투계

2) 침투량 측정방법

침투량을 측정하는 방법으로는 다음과 같은 방법이 있다.

원통형 침투계(그림 6.11)는 2개의 원들(22.5~90cm 지름) 15cm의 깊이로 토양 표면의 지나친 혼란이나 경사없이 균일한 토양속으로 박는다.

위와 같이 박은 후에 지면 부근의 균일치 못한 토양은 금속 막대를 가지고 다지고 수면계 들은 두원들 사이의 고리모양의 공간과 원들의 중심에 고정한다. 5, 10, 15, 20, 30, 40, 60분 등의 규칙적인 시간간격(실험의 시작 후)에 원래의 일정한 깊이를 유지하는데 첨가되어지는 물과, 바람직한 깊이(최소 5mm에서는 2.5, 15cm)를 유지하도록 원속으로 물을 넣는다.

최소 6시간의 기간까지 관찰하며 결과들은 그림 6.13에서 보여주는 것과 같이 침투율(cm/hr)대 시간(min)으로 표시된다.

바깥 관의 목적은 원의 바닥 아래를 관통한 후 큰 면적을 덮음으로 안쪽 공간안의 물을 방지하는 것과 마른 토양 주위의 열미긴 늘이닌 모서리 효과를 세서하는데 있다.

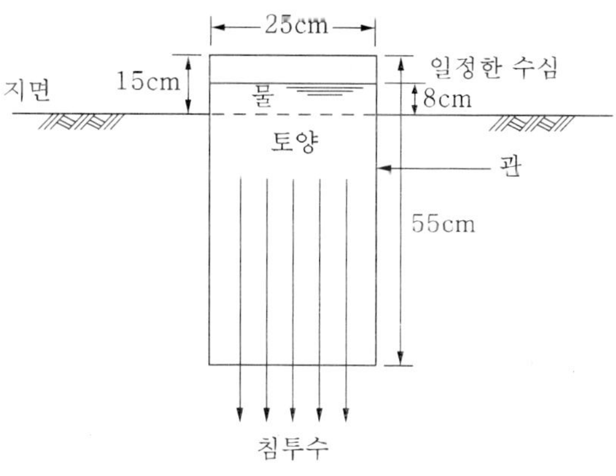

그림 6.12 관 침투계

관 침투계는 실험을 하는 동안 물이 침투하는 깊이를 최소화하기 위해 땅에 박은 길이 45~60cm, 지름 약 22.5cm의 하나의 관으로 되어 있다. 따라서 그림 6.12에서와 같이 물이 측면으로 확산되는 것이 발생되지 않는다. 일정깊이를 유지하고 규칙적인 시간간격에서 관속에 첨가되어진 물은 침투곡선을 그림으로써 알 수 있다.

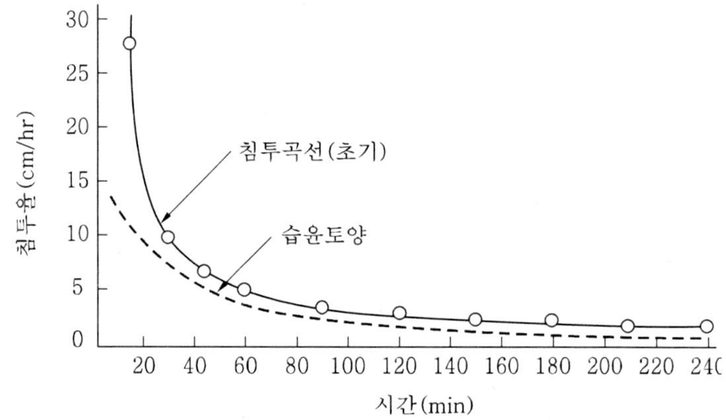

그림 6.13 대표 침투곡선

6.3 대수층에 있는 지하수의 운동

6.3.1 포화대의 종류

포화대는 지하수의 저류와 유동이라는 견지에서 대수층(aquifer), 반대수층(aquitard), 난 투수층(aquiclude) 그리고 불투수성층(aquifuge)으로 나눈다.

대수층(帶水層)은 결과로서 급수원으로 되는 과정에 충분한 수량을 만들어 낼 수 있는 포화된 토층과 암석층이다. 반대수층은 포화층에 비교하면 눈으로 볼 정도의 수량을 빨아들이고, 샘으로서 지하수를 용출시키며 지하수를 배어내 습지를 형성하거나 우물에서 퍼올리는 것은 할 수 없으나 그것을 통하여 접해 있는 대수층의 물을 밖으로 눈에 보일 정도로 침출시킬 수 있는 포화된 지층이다. 난투수층은 눈에 보일 정도의 물을 그 안으로 빨아들이고 지하수를 우물로 퍼올리거나 샘으로 용출하거나 배어나와 습지를 형성할 수 있으며 또한 그 안이 눈에 보일 정도의 물의 운동이 일어나지 않는 포화한 지층이며 일반으로 가압층(confining bed)이라 한다. 불투수성층은 화강암 덩어리 같이 물을 포함하지 않으면 스며들지 않는 지층이다.

대수층은 비 피압대수층(unconfined aquifer)과 피압대수층(confined aquifer)으로 나눈다. **비 피압대수층**(非 被壓帶水層)은 그 윗면이 지하수면을 형성하고 있는 대수층이다. 이같은 장소에서는 대개 지하수면은 1개만 존재하지 않으나 장소에 따라서는 국지적으로 지표면과 비 피압대수층의 중간에 반대수층과 난투수층이 끼어 있어 그것의 위에 대수층이 형성되어 있을 수 있으며, 이같은 대수층을 perched대수층(perched aquifer)이라 하고 그 지하수면을 perched지하수면이라 하며 그 아래에 넓게 펼쳐 있는 지하수면을 주지하수면이라 한다(그림 6.14).

피압대수층(被壓帶水層)은 굴착 우물 대수층(artesian aquifer)이라 하며 그 상하를 난투수층 혹은 반대수층 즉, 가압층으로 둘러쌓인 대수층이다. 이곳에 우물을 뚫으면 우물의 수위는 피압대수층의 윗면보다 높고 바꿔말하면 위에 있는 가압층의 아랫면보다 위에 올라가는 대수층이다(그림 6.15). 피압대수층에 뚫은 우물을 굴착 우물(artesian well)이라 하며 피압대수층에서 어느 일정 간격으로 연속적으로 굴착우물을 뚫어 그 수위를 연결한 선을 피압지하수면(isopotential level, piezometric surface or pressure surface)이라 한다.

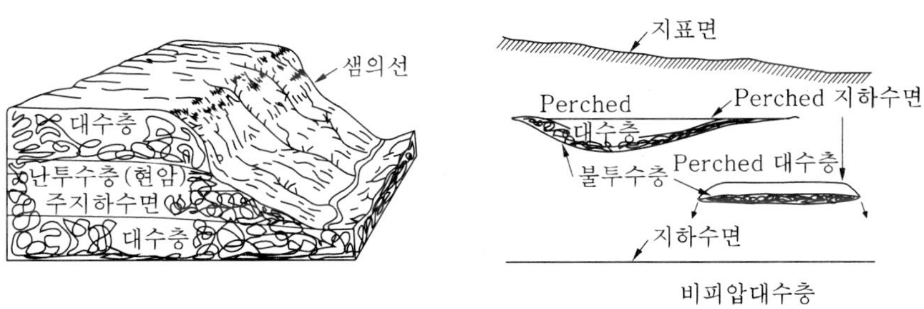

그림 6.14 perched 대수층과 perched 지하수면

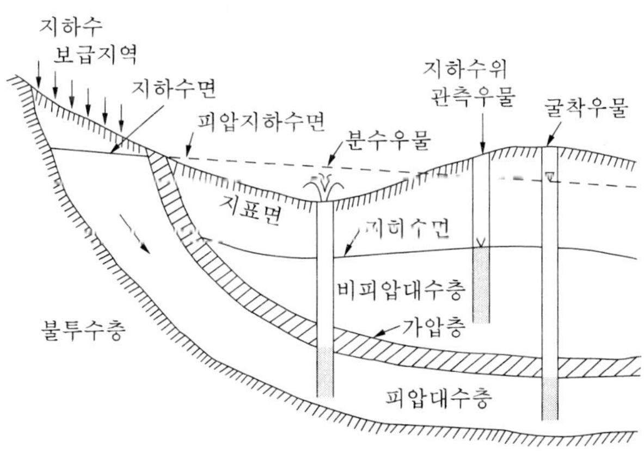

그림 6.15 피압대수층

비 피압대수층을 형성하는 지층이 토층 혹은 입상의 다공질 암석층의 경우 그 윗면은 평면에 가까운 수면 즉, 지하수면을 형성한다. 그러나 그것이 암석층의 경우는 반드시 그 같은 지하수면을 형성한다는 제한은 없다.

6.3.2 대수층에서 지하수의 운동

대수층에 도달한 강수는 지하수로 되어 대수층 중을 동수경사(hydraulic gradient)에 의해 동수경사가 높은 쪽에서 낮은 쪽으로 향해 유동한다. 동수경사란 동수경사선(hydraulic grade line) 즉, 지하수면 또는 피압지하수면 경사 정도이다. 지하수의 유동속도는 대수층이 토층 혹은 입상을 나타내는 암석층일 때는 Darcy's 법칙을 적용하여 계산할 수 있다.

비 피압대수층 지하수의 평면적 유동방향은 기준면상 지하수면의 높이를 지형도에 기입하여 지하수면이 동일한 높이의 점을 연결한 선 즉, 지하수면 등고선을 그어서 알 수 있다. 또 어느 지대를 흐르는 지하수유량은 지하수 등고선도에 유선을 그려서 유선망(flow net)을 작성하여서 다음 같이 계산할 수 있다(그림 6.16). 즉, 서로 이웃하는 지하수면 등고선과 서로 이웃하는 유선에 둘러 쌓인 4각 구역의 지하수류의 평균유속을 V, 유량을 Q, 대수층의 평균단면적을 A, 동수경사를 i, 투수계수를 K라 하면 **Darcy 법칙**에 의해

$$Q = AV = AKi \tag{6.13}$$

여기서, $i = dh/dx$이다. 피압대수층에 대해서는 피압지하수면의 등고선을 그리면 좋다.

투수계수는 특정 온도아래 동수경사가 1때에 단위시간 내에 단위의 단면을 통과하

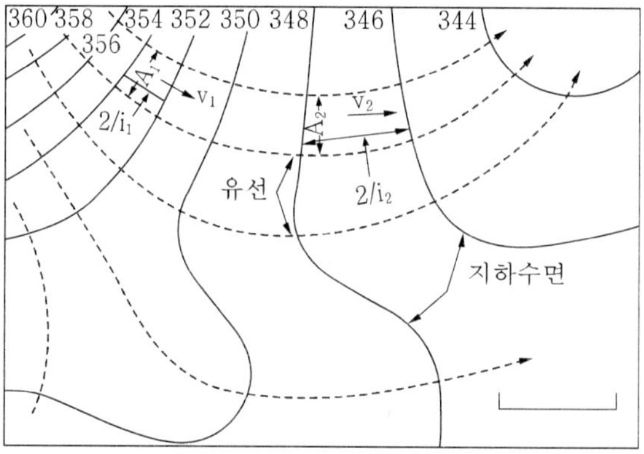

그림 6.16 지하수면 등고선과 유선망

는 지하수의 양이며, 그 차원은 L/T 즉, 속도이다. 실용단위는 cm/s 또는 m/day가 이용되고 있다. 또 표준온도로서 16°C가 이용되며 대개의 대수층 투수계수 값은 0.4~200m/day의 범위에 들어 있다.

1) 피압대수층(confined aquifer)에서 흐름

대수층(aquifer)은 대수층천장과 바닥이 연구면적 이상 불투수성이면 피압일 수 있다. 분수대수층에서 압력인 물의 힘은 피에조메터 높이로 기록된다. 피에조메터 높이가 같은 시간에 다른 위치로 측정된다면 흐름의 경사를 확정할 수 있다. 이 경사도를 이용하여 흐름의 추정은 대수층의 경계를 가로지르는 다른 입력 혹은 출력 없이 가정하여 만들 수 있다. 1차원 흐름에 대한 Darcy's 법칙은 측면과 연직 지하수 흐름의 단순계를 해결하는데 이용할 수 있다. 연직 흐름 성분은 지하수가 측면 방향으로 흐르는 곳은 우선 무시한다(Dewiest, 1965). 그림 6.17에 나타낸 것 같은 피압 대수층의 도식을 고려하면 에너지 균형의 구조 즉, Bernoulli 방정식은

$$\frac{V_1^2}{2g}+\frac{P_1}{\gamma}+h_1=\frac{V_2^2}{2g}+\frac{P_2}{\gamma}+h_2+\Delta h(\text{수두손실}) \tag{6.14}$$

여기서, V_1, V_2 : 속도

g : 중력상수

γ : 유체의 비중량

h : 피에조메터 수두

L : 피에조메터 측정 사이의 길이

D : 대수층 두께

Δh : 수두손실

P_1, P_2 : 압력

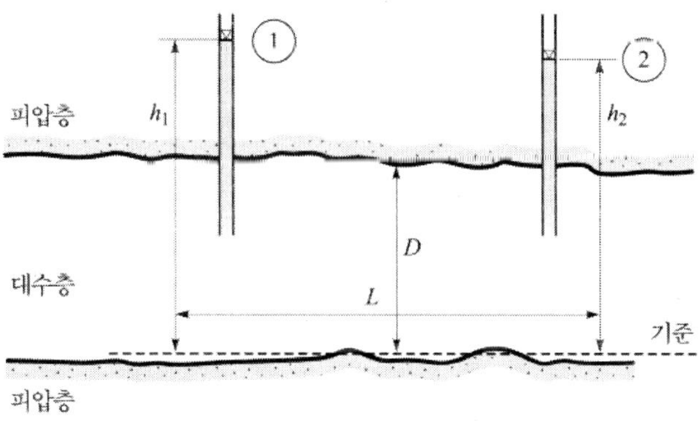

그림 6.17 피압대수층의 도식

정상적으로 V_1과 V_2는 유사하고 압력과 높이 차이는 피에조메터로 측정한다.

$$\Delta h = \frac{P_1}{\gamma} + Z_1 - \frac{P_2}{\gamma} - Z_2$$

혹은 길이 ΔL에 대하여

$$S = \frac{\Delta h}{\Delta L} \text{(에너지 경사)} \tag{6.15}$$

투수계수의 정의를 이용하면

$$V = KS \tag{6.16}$$

식 6.15를 식 6.16에 대입하면

$$V = K(\Delta h / \Delta L) \tag{6.17}$$

$\Delta h / \Delta L$을 갖는 Dary's 법칙의 표현은 감소하는 수두에 대하여 양의 값이다. 방정식의 오른쪽이 음표시이면 Δh가 음이다.

$Q = AV$라 놓으면 식 6.17은 $Q = KA(\Delta h / \Delta L)$이 되고 단위폭$(A = D)$당 $Q' = DV$ 그리고

$$Q' = KD(\Delta h / \Delta L) \tag{6.18}$$

수두가 선형으로 변한다고 가정하면

$$\Delta h / \Delta L = \frac{(h_1 - h_2)}{L}$$

2) 비 피압대수층(unconfined aquifer)에서 흐름

비 피압대수층에 대하여 유사한 방정식을 개발할 수 있다. 그림 6.18은 비 피압대수층 예의 도식을 설명한다.

$$Q = KA\ \mathrm{dh/dL} \tag{6.19}$$

면적은 흐름 경로를 따라 변화하고 단위폭 $A = y(1)$에 대하여 $Q' = Ky\ \mathrm{dy/dL}$ 깊이에 관한 변수 y에 관해 적분하면

$$Q' \int_0^L \mathrm{dL} = K \int_{h_2}^{h_1} y\ \mathrm{dy}$$

결과로

$$Q' = \frac{K(h_1^2 - h_2^2)}{2L} \tag{6.20}$$

이를 Dupuit 방정식이라 한다.

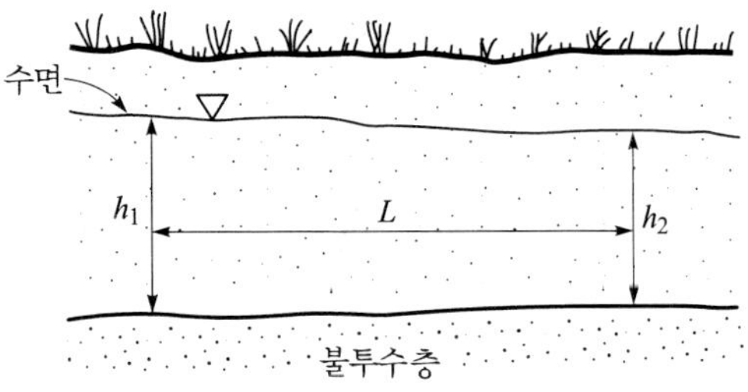

그림 6.18 비 피압대수층 도식

3) 균등한 침투와 배수

포화대 상부와 표면 수체 쪽으로 경사진 비 피압대수층은 표면 원천에서 지하수 흐름에 기여할 수 있다. 균등한 침투율을 갖는 비 피압대수층을 고려하면 면적 이상 적용한다. 침투된 물이 수면 표면에 도달하면 배수는 괴어있는 자유수체 표면쪽으로 움직인다(그림 6.19). 측면 흐름을 갖는 Darcy's 법칙과 거리 x에서 속도가 V_x와 같다고 이용하면

$$V_x = K\left(\frac{\Delta h}{\Delta x}\right) \tag{6.21}$$

여기서, $\Delta h/\Delta x$: 수면의 경사(양의 값)

대수층의 단위폭당 흐름은

$$Q = KA(\Delta h/\Delta x) \tag{6.22}$$

그리고 단위폭에 대하여 $A = h$

$$Q' = Kh(\Delta h/\Delta x) \tag{6.23}$$

역시 $Q' = fx$에 주목하여 질량균형으로부터 쓸 수 있다.

$$fx = Kh\left(\frac{\Delta h}{\Delta x}\right) \tag{6.24}$$

그리고

$$Kh\Delta h = fx\Delta x$$

침투발생의 한계 사이를 적분

$$K(h_1^2 - h_2^2) = fL^2$$

그리고

$$h_1 = (h_2^2 + fL^2/K)^{1/2} \tag{6.25}$$

여기서, h_1 : 상부 경사 경계에서 수면 높이

h_2 : 연못에서 수면 표면의 높이

L : 물표면으로부터 점 1의 거리

f : 침투율

K : 투수계수

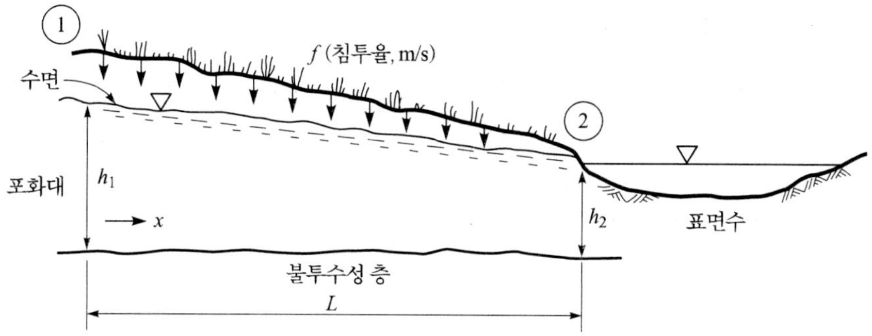

그림 6.19 수면까지의 배수를 갖는 균등한 침투

예제 6.1

살수 관개 시스템이 하류 B로부터 C까지 100m의 농장에 설치되었다. 관개 후 침투흐름은 수심 20m의 배수로에 최후로 모아진다. 만약 B에서 침투흐름 깊이가 38m이라면 관개율 I는 얼마인가?

또 배수로 C로 들어가는 총 침투율은 얼마인가?

Dracy's 법칙과 Dupuit-Forcheiner 가정이 타당하다고 가정한다. 농장의 단위폭을 고려하라.

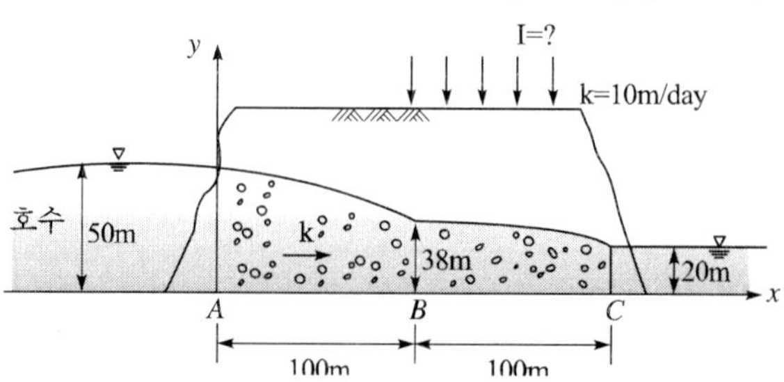

풀이

단면 AB : $0m < x < 100m$

$Q = -KiA = -K\frac{dy}{dx}y(1m)$

$\int_0^{100} Qdx = -K\int_{50}^{38} y\,dy$

$Q[x]_0^{100} = -K\left[\frac{y^2}{2}\right]_{50}^{38}$

$Q(100m) = -k(\frac{38^2}{2} - \frac{50^2}{2})$

$K = 10m/day$ 이므로

$\therefore Q_{AB} = 52.8m^3/day$

단면 BC : $100m < x < 200m$

$Q_{BC} = Q_{AB} + I(x-100) = -K\frac{dy}{dx}y$

$\int_{100}^{200}[Q_{AB} + I(x-100)]dx = -K\int_{38}^{20} y\ dy$

$Q_{AB}x + I\left(\frac{x^2}{2} - 100x\right)_{100}^{200} = -10\left(\frac{20^2}{2} - \frac{38^2}{2}\right)$

$Q_{AB}x$ 를 대신하고 I에 대해 풀면

$\therefore I = 0.012m/day$

$Q_C = Q_{AB} + I(x-100)$

$Q_C = 52.8m^3/day + 0.012m/day(200-100)$

$\therefore Q_C = 53.0m^3/day$

6.3.3 대수층의 지하수 보급과 방출의 방법

대수층의 지하수량이 감소하며 그것이 또 자연으로 회복되는 것을 **지하수보급**(replenishment)이라 한다. 대수층으로의 지하수 보급에는 2종류가 있으며 그 첫째는 이제까지 설명한 것같이 강수가 지중으로 침투, 투과하여 대수층에 도달하는 것이며, 둘째는 대수층이 그것에 접하는 지표수의 수체(water body) 즉, 하천과 저수지, 호수에서 물보급을 받는 것이다. 뒤에서 설명하는 지하수 보급하천은 그 좋은 예이고 또 자연적은 아니나 물을 대수층에 인공적으로 보급하는 것을 **함양**(涵養, recharge)이라 한다.

다음에 대수층이 지하수를 방출하는 방법에는 보급에 비하면 여러 가지이며 그것을 열거하면 다음과 같다.

① 대수층이 하천, 호수, 해안변 혹은 수체에 직접 접하고 있어 그곳에 지하수를 방출한다.

② 비 피압대수층의 지하수면이 지표면과 교차하는 지점에서 샘(spring)이 되어 지하수를 용출한다.

③ 대수층의 윗면 즉, 지하수면이 지표면과 접하고 있어 습지대를 형성한다.

④ 대수층이 지표면과 극히 접근하여 모관수연이 토양층에 닿아 모관작용으로 지하수가 토양에 공급된다. 그리고 증발작용으로 대기중으로 방출된다.

⑤ 지표면에서 피압대수층에까지 연결하는 균열에서 지하수가 분수로 되어 용출한다.

⑥ 피압대수층의 지하수가 용출하여 그 위의 반대수층의 지하수면을 지표면 또는 그 근처까지 상승시켜 ③과 ④를 일으킨다.

⑦ 양수우물에 의한 강제 방출

유역에서 대수층으로부터의 지하수방출은 상기중 몇 가지가 조합하여 행해지는 것이다.

6.3.4 하천과 대수층의 관계

하천이 대수층에 직접 접해 있는 경우 하천의 대수층에 대한 지하수 보급상태로부터 하천은 지하수 보급하천(influent stream)과 지하수 유출하천(effluent stream)으로 나눈다. 지하수보급 하천이란 하천이 대수층에 대해서 지하수를 보급하는 것이며, 지하수 유출하천이란 하천의 수위보다 대수층의 지하수면이 높아서 반대로 지하수가 하천에 유출하는 하천이다. 또 하천이 대수층에서 떨어져 있는 경우는 격리하천(insulated stream)과 perched stream으로 나눈다. 격리하천은 비교적 불투수층으로 하도가 구성되어 있는 경우이며 perched stream은 하상과 지하수면 사이에 불포화층이 끼어 있는 경우이다.

큰비가 내려 하천 수위가 현저히 상승하여 있는 즉, 홍수가 한창인 때는 평상시는 지하수 유출하천인 하천도 일시적으로 지하수 보급하천과 같은 상태로 되며, 하안 부근 일대의 지하수면은 하천에서 지하수의 보급으로 평상시 보다 현저히 상승한다. 이 지하수 상승분은 하천수위가 저하하기 시작하면 하천에 지하수를 유출시키므로 평상시 상태로 서서히 돌아온다. 이같이 하천수위가 상승한 때 대수성의 하안일대에 하천수가 침투하여서 일시적으로 대수층을 형성하며 하천수위의 저하와 함께 또 본래 하천에 유출하는 현상을 하안 저류(bank storage)라 한다.

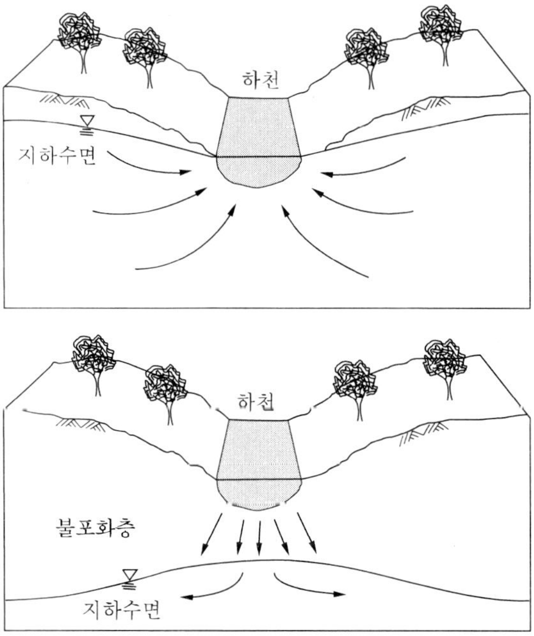

그림 6.20 하천수와 지하수의 교류

그림 6.21 하천과 수면의 수리학적 관계

연습문제

6.1 다음을 설명하시오.

① 지하수면

② 포화대

③ 침투능과 침투율

④ 유입하천과 유출하천

6.2 지하수대의 연직분포에 대해 설명하시오.

6.3 침투효과에 영향을 주는 인자에 대해 설명하시오.

6.4 다음은 어떤 유역에서 시간에 따른 침투능이다. 침투곡선을 그리고 Horton의 침투곡선 방정식을 결정하시오. 또 총강우와 초과강우를 결정하시오.

시간(min)	강우(cm/hr)	침투능(cm/hr)
1	5.0	4.3
2	5.0	3.9
3	5.0	3.5
4	5.0	3.2
5	6.5	3.0
6	7.5	2.8
8	7.5	2.4
10	7.5	2.2
12	7.5	2.1
14	7.5	2.0
16	2.5	1.9
18	2.5	1.85
20	2.5	1.8
22	2.5	1.8

제7장

강우의 손실

7.1 강우손실의 종류

7.2 웅덩이 저류에 의한 손실

7.3 증발에 의한 손실

7.4 증발산과 증발산량

제7장

강우의 손실

7.1 강우손실의 종류

유역에 내린 비는 그 전량이 아니라 일부분만이 하천에 유출하며 나머지는 말하자면 어디엔가 없어진 것이다. 유역에 내린 비가 어떻게 해서 하천에 유출하는가라는 문제를 중심으로 해서 생각하는 사람들에 의해서 그 같이 없어지는 우량은 **손실량**(losses)이라고 생각한다.

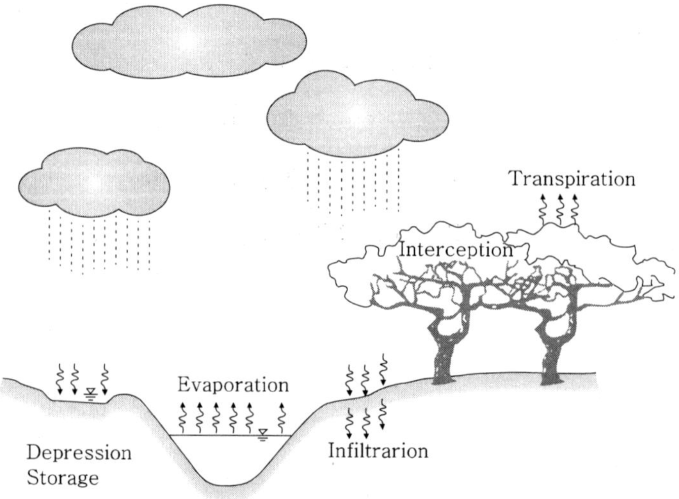

그림 7.1 강우손실

강우손실이 어떠한 상태로 발생하고 있는가를 생각하면

① 강우가 지표에 낙하하기 직전에 지표를 덮고 있는 물체 주로 초목과 낙엽층에 의해 차단(interception)하여 지표에 도달하지 않으며 그곳에서 증발하여서 일어나는 손실

② 강우가 지표에 낙하하여서 일어나는 손실은 두 개로 대별되고 이를 세분하면

㉠ 강우가 지표면의 도랑이나 웅덩이에 물이 고여 보유되며 그곳에서 대기중으로 증발하는 것 즉, 웅덩이 저류(depression storage)라 한다.

㉡ 강우가 지면 아래로 침투하여 흙의 습기 부족을 보충하는 모양으로 토층에 보유된 후에 토층에서 대기중으로 직접 증발하든지 혹은 초목의 뿌리에 의해 흡수되어 잎으로부터 대기중으로 증산하는 것

㉢ 강우가 지면아래의 심층으로 향해 투과하는 과정에서 유역으로부터 밖으로 누출되는 경우

㉣ 강우가 대수층에 도달하여 지하수로 되어 대수층의 윗면 즉, 지하수면이 지표면에 가까워 모관작용으로 지하수를 지표면 부근에 공급하여 그것이 직접 대기 중으로 증발하든지 혹은 초목의 뿌리에 의해 흡수되어 간접적으로 대기중으로 증발하는 것

㉤ 강우의 일부가 대수층의 안을 흘러서 유역밖으로 나아가는 것

등 여러 가지 종류로 나눈다. 이상에서 열거한 각종의 손실중에서 차단과 웅덩이저류를 겸해서 지표면저류(surface retention or surface storage)라 한다.

7.2 웅덩이 저류에 의한 손실

침투능값이 전반적으로 낮은 사면에 무수한 웅덩이가 존재한다. 강우가 지표 아래로 침투하게 되면 국소저인 표면류가 발생하여 사면을 흘러 도중에 있는 웅덩이에 흘러들며 그것을 채우고 넘쳐나와 또 사면을 흘러 다른 웅덩이로 흘러들며 이것을 반복하여 마침내 근처의 하천으로 유출한다. 그리고 사면에 있는 웅덩이가 전부가 거의 빗물로 채워져 끝나면 사면 전면에서 근처의 하천으로 향하여 전면적인 표면류가 발생한다. 사면에 있는 웅덩이가 전부 빗물로 채워져 있는 단계에서는 사면은 전부 유출에 참여한다고 하나 그때까지는 사면의 상당부분에서는 사면류는 발생하고 있지만 유출

에는 참여하지 않게 된다. 이 같이 웅덩이가 빗물로 채워질 때까지의 사이 웅덩이를 가득하게 지배하는 빗물을 배수하는 부분을 폐색 배수구역 혹은 종말 배수구역(blind drainage)이라 한다.

웅덩이의 저류량은 일반론으로 유역의 경사가 심하게 될 수록 줄며 완만할수록 증가할 것이다. 웅덩이 안에 고인 빗물은 최종 침투능에 상당하는 속도로 지면 아래로 침투하나 침투능값이 작은 곳에서는 전부 침투하지 않는 범위에서 날씨가 회복하여 나머지는 증발하여 손실 우량으로 된다. 그러므로 웅덩이 저류에 의한 빗물의 손실량은 개략 강우 종료 때의 웅덩이 저류량에서 그 후 침투량을 뺀 양으로 되며 만일 웅덩이의 최종 침투능 값이 현저히 작은 것이라면 웅덩이의 용량에 근사한 값으로 된다.

산지 유역은 사면의 경사가 급해서 웅덩이 저류가 발생하는 장소의 점유 비율이 극히 작으므로 웅덩이 저류를 취하는데 족하지 않는 양이라고 생각한다. 그러나 일반적으로 말해 경사가 완만한 유역에서는 상당히 큰 값으로 된다. 특히 도시의 경우 등은 유역 전체로서는 유역 출구로 향해 경사지나 각부분 부분은 거의 수평 상황이므로 웅덩이 저류량은 상당한 양이 된다. 웅덩이 저류량이 어느 정도의 양인가라는 것은 일률적으로 말하면 수문곡선의 해석 등에 의한 추정 이외에 그 양의 산정방법은 없다. 또 일반으로 웅덩이 저류를 만족할 때까지는 본격적인 표면류는 발생하지 않는다는 취급을 하는 것이 충분히 가능하다.

7.3 증발에 의한 손실

증발(蒸發, evaporation)은 지표면에 축적된 물이 수증기상태로 전환하여 대기로 되돌아가는 과정이다. 증발은 수체와 과도한 공기 사이의 접촉된 증발표면에서 일어나고, 증발면에서는 수증기로 물분자의 교환이 연속적이다. 수문학에서 증발은 물이 수증기상태로 이동(손실)하는 유효율에 관계한다.

증발은 증발율로 나타내며 mm/day 혹은 cm/day로 표시한다. 증발율은 많은 기후학적 그리고 환경적인자의 함수로써 공학적 관점에서 중요한 것은 유효태양복사, 포화증기압, 공기의 증기압, 공기와 물표면 온도, 풍속 그리고 대기압이다. 증발율은 기후에 의해 중요하게 영향을 받고, 증발율은 건조하고 반건조한 지역에서 높고 습한 지역에서 낮다고 연구되었다.

증발에 관한 기후의 영향은 수자원개발에 대하여 실질적인 충격을 준다. 건조하고 반건조한 지역에서 저류저수지의 계획과 설계는 저수지 증발에 대하여 잠재적인 상세한 평가가 필요하다. 이들 계산은 높은 증발율을 받기 쉬운 지역에 관한 표면수 저류계획을 세우는데 실현가능성의 정도가 크도록 결정한다.

유역에서의 증발현상을 생각할 때는 수면에서의 증발과 토입자 표면에서의 증발로 나눠서 생각해야 한다.

수면에서의 증발구조는 다음 같이 설명한다. 평면을 이루는 물의 포화증기압을 E_w, 수면위의 날씨의 수증기압과 포화증기압을 각각 E_a, E_{as} 라면 수온이 기온보다 낮은 때는 수면에서의 증발량은 $E_w - E_a$에 비례하며 평형상태 $E_a = E_w$로 될 때까지 증발이 계속되며, 그 후는 $E_w < E_{as}$이므로 증발은 일어나지 않는다. 그러나 수온이 기온보다 높을 때는 평형상태 $E_a = E_w$에 도달한 후에도 $E_w > E_{as}$이므로 계속하여 증발이 일어나며, 이 수증기는 응결하여 대기중에 안개로 떠있다. 이 경우 수면위의 대기는 물에 의해 따뜻해지므로 결국은 앞에서 설명한 수온과 기온이 같은 상태로 변화 증발은 그치게 되나 무풍이라는 것은 거의 일어나지 않으므로 그 같은 것은 좀처럼 되지 않는다고 말해도 좋을 것이다. 즉, 이상에서 수면으로부터 증발의 요인은 대기의 온도와 습도, 수온, 그리고 바람이다. 또 대기압이 낮으면 물의 포화증기압이 증가하며 물에 용해물 예를 들면 염분이 녹아 있으면 물의 포화증기압은 감소하므로 대기압과 수질도 그 요인에 첨가하게 된다.

토입자 표면에서의 증발은 수면에서의 증발과 원리적으로 거의 동일하다. 단, 다른 점은 토입자에 부착한 물분자가 토입자 표면에서 튀어 나오기 위해서는 평평한 수면에서 튀어나오는 것보다 많은 에너지가 필요한 것 그리고 토입자가 보유하는 수분 즉 흙의 습기 정도가 낮은 정도, 물이 토입자에 달라 붙는 힘이 큰 경우 그러므로 토층 표면 부근의 흙의 습기 정도가 어느정도 이하로 되면 증발이 거의 하지 않을 수 있다. 또 토층 전체로서 흙의 습기 정도가 높은 때는 토층내에 있는 수분의 이동이 행해져 표면 부근의 수분이 감소해지고 아래쪽에서 수분이 보급되는 것이다. 그러므로 토입자 표면에서의 증발을 생각할 때는 대기온도와 습도, 수온 즉 지온, 수중의 용해물질과 대기압에 대하여 토층의 습기정도와 통기성, 토질이 문제로 된다.

이같이 유역에서의 증발을 지배하는 요소의 수는 많으나 그것들이 복잡하게 서로 얽혀 있으므로 기상조건을 주어서 계산으로 유역에서의 증발량을 구하는 시도는 대단히 어려운 문제이다. 또 유역에서의 증발량을 직접 측정하는 것 자체가 대단히 곤란한 것이다.

유역내의 호수와 저수지 같은 넓은 수면에서의 증발량에 대해서 생각할 때 어느 기간을 받아들이면 다음의 수문 방정식이 성립한다.

$$E = I - O - \Delta S \tag{7.1}$$

여기서, 어느 기간내에 있어서 E는 증발량, I는 수면으로의 유입량, 혹은 강수량, O는 유출량, ΔS는 저류량의 변화이다. 이 방법은 이론적으로는 실행 가능하나 여러 가지 측정상의 오차로부터 실제로는 그것을 행하는 것은 대단히 어렵다. 그래서 수면에 큰 증발 접시를 띄워서 그안에 주위의 수면과 같은 높이로 물을 모아 접시에서의 증발량을 수면에서의 증발량이라고 보는 것을 생각한다. 그러나 이 방법에서는 파랑의 영향을 받아서 정확한 증발량 값을 측정할 수 없는 염려가 충분히 있으므로 육상부에서 증발 접시를 설치 그 안에 물을 모아서 그 곳에서의 증발량에 보정계수를 곱한 것을 수면에서의 증발량으로 하는 것을 생각한다. 이 같은 증발접시를 증발계(evaporation Pan)라 하며 앞에서 설명한 수면에 띄운 증발접시를 수면 증발계(floating pan)라 한다.

우리나라에서는 최근까지 직경이 20cm, 깊이가 10cm 정도의 소형 증발접시를 이용하였으나 큰 수면과 작은 수면의 증발에서는 기상조건이 같아도 증발량의 값이 다른 것이 당연하여서 최근에는 현실에 가깝게 하기 위해서 직경이 1m 전후의 대형증발

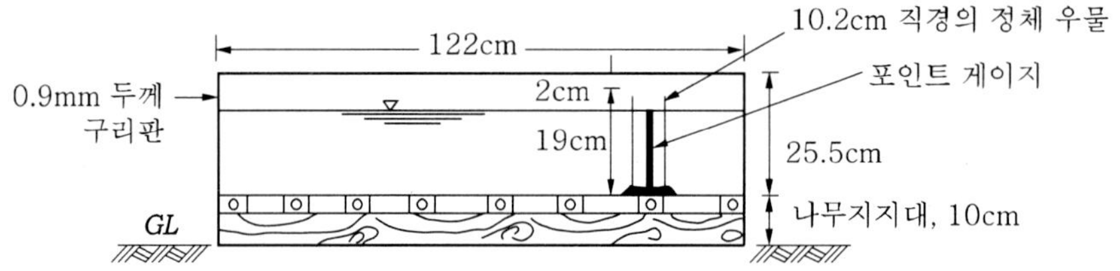

그림 7.2 IMD Land팬

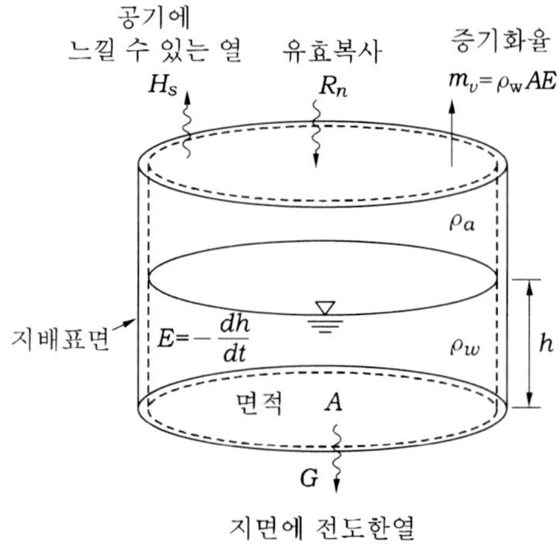

그림 7.3 증발접시에 대한 지배체적

접시를 이용하게 되었다. 미국에서는 엄밀한 비교 관측결과로부터 대형증발계에 의한 증발량의 관측값에 보정계수로서 0.7 정도의 값을 곱하면 거의 호수면 등의 큰 수면에서의 증발량에 근사한 값을 얻는다고 하며 이 보정계수를 증발접시계수(pan coefficient)라 한다.

이상과 같이 큰 수면에서의 증발량에 대해서는 증발계를 이용하여서 개략 그 값을 예측하는 것이 가능하나 지표면에서의 증발량에 대해서는 어느 정도 기상조건이 증발을 일으키기 쉬운 상태(potential evaporation)로 있어도 증발의 근원이 되는 토층중의 수분이 부족하면 증발은 왕성하게 일어나지 않으므로 증발계 같은 것을 이용하여 증발량을 간편히 추정하는 것은 곤란하다. 그러나 지면의 일부를 말하자면 잘라내어 정밀한 저울에 얹어 그 무게 변화를 측정하여서 증발량을 실험적으로 측정하는 것이 가능하며 그 같은 고인방법으로 증발량과 증산량을 측정하는 시설을 lysimeter라 한다.

수문순환의 다른 단계와 같이 호수증발은 직접 측정할 수 없다. 그러므로 증발계산을 여러 접근으로 개발했다. 이들은 자연에서 변화하는 물 수지, 에너지 수지 혹은 질량전이법에 기초를 둔다.

1) 물 수지법(water budget method)

물 수지(收支)법은 모든 관련된 물 이동단계를 시간기간 Δt에 대하여 값을 구할 수 있고 체적에 의하여 나타낼 수 있다고 가정한다. 저수지 혹은 호수 증발은 다음과 같이 계산한다.

$$E = P + Q - O - I - \Delta S \tag{7.2}$$

여기서, E는 저수지로부터 증발되는 체적, P는 저수지내로 직접 떨어진 강수, Q는 저수지 내로 표면유입량, O는 저수지로부터 유출량, I는 저수지에서 지하로 침투된 유효체적 그리고 ΔS는 저장된 체적의 변화이다.

방정식(7.2)에서 모든 항은 직접 구할 수 있다. 강수는 쉽사리 측정되고 유입량과 유출량은 유량기록을 더해서 얻을 수 있다. 저장된 체적의 변화는 수위기록의 평균으로 결정한다. 유효침투량은 토양침투성 측정 혹은 근처 우물에서 지하수위 변화의 감시에 의해 간접적으로 구할 수 있다. 유효침투량 측정의 어려움이 유효침투가 적든지 없는 면적에서 물수지법의 제한이다. 이 제한에도 불구하고 물 수지법은 확실한 이상적인 조건하에서 확실하게 작업에 근거를 두었다.

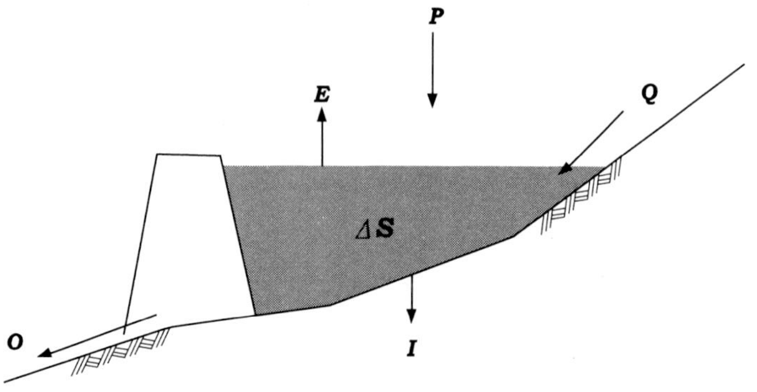

그림 7.4 저수지 물수지 모식도

2) 에너지 수지법(energy budget method)

증발하는 동안 중요한 에너지 교환은 증발표면에서 일어난다. 이들 에너지 교환의 균형은 저수지증발 계산의 에너지수지법이 된다. 1g의 물이 수증기로 전환하는데 필요한 열량 즉, 증기화열은 온도에 따라 변화한다. 예를 들면 20℃에서 증기화열은 586cal이다. 증발표면의 온도를 유지하기 위해 큰 열량은 복사, 대기로부터 이동한 열 그리고 수체에 저장된 에너지로부터 공급되어야 한다.

복사는 0K 이상 물체로부터 전자파 형태의 에너지 방사이다. 지구표면에 받는 태양복사는 에너지균형의 주요성분이다. 약 1.94~2.0cal/cm^2/min의 일정한 flux로 대기의 외부표면에 도달하는 태양복사는 투사복사와 직각을 이루어 측정한다. 모든 복사는 파 길이가 0.3~3.0μm이며, 그 절반은 눈에 보이는 범위(0.4~0.7μm)의 파길이다.

Albedo는 단파복사쪽으로 표면의 반사계수이다. 이 계수는 표면의 색깔, 조도 그리고 경사에 따라 변하고 물에 대해 0.10, 식생면적에 대해 0.10~0.30, 드러난 토양 0.15~0.40 그리고 눈 덮인 면적에 대해 0.90 이상의 도이다.

유효복사는 유효단파(태양)복사에서 장파(지구)복사손실을 뺀 것과 같다.

에너지수지법에서 유입에너지는

$$Q_i = Q_s(1-A) - Q_b + Q_a \tag{7.3}$$

여기서, Q는 유입에너지, Q_s는 지구복사(태양으로부터 단파복사), A는 Albedo, Q_b는 수체에 의한 장파복사손실 그리고 Q_e는 하천, 비, 눈같은 것에 의해 수체로 가져온 유효에너지이다.

유입에너지에 균형되어야 하는 에너지소비는

$$Q_0 = Q_h + Q_e + Q_t \tag{7.4}$$

여기서, Q_0는 에너지 소비, Q_h는 대류와 전도에 의해 수체로부터 대기로 이동하는 느낄 수 있는 열, Q_e는 증발과정에서 소비하는 에너지 그리고 Q_t는 수체에 저장된 에너지의 증가이다. Q_e값은 응축될 때는 음수이다. 식 (7.3), 식 (7.4)의 모든항은 cal/cm^2/day이다. 증발에 이용된 에너지는 다음 식에 의해 동등한 증발율료 전환한다.

$$Q_e = \rho l E \tag{7.5}$$

여기서, ρ는 물의 밀도(g/cm^3), l은 온도의 함수인 증기화열(cal/g), 그리고 E는 증발율(cm/day)이다.

식 (7.4)에서 Q_h와 Q_e 항은 직접 계산하기에 어렵다. Bowen은 다음과 같이 제시하였다.

$$B = \frac{Q_h}{Q_e} = \gamma \frac{T_s - T_a}{e_s - e_a} \frac{P}{1,000} \tag{7.6}$$

여기서, B는 Bowen's율, γ 는 건습구 습도계 상수(0.66mb/℃), T_s는 물표면온도(℃), T_a는 덮은 공기온도(℃), e_s는 수면온도에서 포화증기압(millibars), e_a는 덮은 공기의 증기압(millibars) 그리고 P는 대기압(millibars)이다.

유입에너지(식 7.3)와 에너지소비의 균형(7.4)에 식 (7.5)와 식 (7.6)을 고려하면

$$E = \frac{Q_s(1-A) - Q_b + Q_a - Q_t}{\rho l(1+B)} \tag{7.7}$$

$Q_s(1-A)$와 Q_b는 복사계로 측정할 수 있다. Q_a는 유입과 유출하는 물의 체적과 온도측정에 의해 결정할 수 있고, Q_t는 물온도의 주기적 측정에 의해 구할 수 있다.

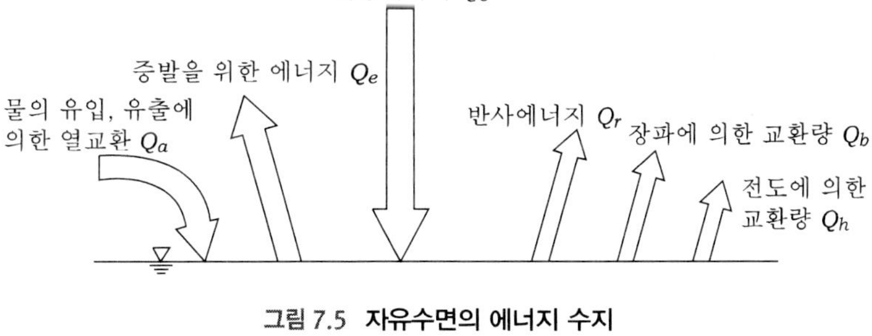

그림 7.5 자유수면의 에너지 수지

[태양복사에너지]

Pemman에 의하면 지구상의 한 지점에서 실제로 받는 태양복사에너지 Q_s는 대기권내에 도달하는 태양방사열량(Q_A)과 총 일조시간(D)에 대한 실제 일조시간(n)의 비, n/D에 의해 결정된다고 한다. 즉,

$$Q_s = Q_A\left(a + b\frac{n}{D}\right) \tag{7.8}$$

여기서, a. b는 지역상수로서 표 7.1은 몇몇 지방에 대한 예를 표시하고 있으며 이로부터 구름이 완전히 덮힌 날($n/D = 0$)에도 18%~25%의 태양방사열이 지표면에 도달하며 완전히 청명한 날($n/D = 1$)에는 73~79% 정도 도달함을 알 수 있다. 또한 식 (7.8)의 Q_A는 Angot에 의해 표 7.2와 같이 월별로 지구상의 위도에 따라 추정된 바 있다.

표 7.1 **상수 a, b의 값**

지 방 명	a	b
영국남부	0.18	0.55
미국 Virginia	0.22	0.54
호주 Canberra	0.25	0.54

표 7.2 **대기권에 도달하는 태양방사열량(cal/cm²/day), Angot의 추정값**

위도 \ 월	1	2	3	4	5	6	7	8	9	10	11	12	년총계
북위 90	0	0	55	518	903	1077	944	605	136	0	0	0	3540
80	0	3	143	518	875	1060	930	600	219	17	0	0	3540
60	86	234	424	687	930	983	892	714	494	258	113	55	4850
40	358	538	663	847	912	1001	941	843	719	528	397	318	6750
20	631	795	821	914	803	947	912	887	856	740	666	599	8070
적도	844	963	878	876	608	803	792	820	891	866	873	829	8540
남위 20	970	1020	832	737	358	580	588	6850	820	892	986	978	8070
40	998	963	6986	514	95	308	333	453	648	817	994	1033	6750
60	947	802	459	240	0	50	77	187	403	648	920	1014	4850
80	981	649	181	9	0	0	0	0	113	459	917	1094	3660
90	995	656	92	0	0	0	0	0	30	447	932	1110	3549

3) 질량전이법(mass-transfer approach)

증발율은 물표면의 온도와 대기압에 의존한다. 높은 수온은 강력한 분자운동을 하게하고 높은 증발율을 일으킨다. 한편 높은 대기압은 물분자운동을 제한하고 낮은 증발율을 일으킨다. 증발을 감소시키는데 대기압의 전체 영향은 작고 실제의 지표

에 관해서는 무시할 수 있다. 연구에서 증발율은 수면온도에서 포화증기압과 덮은 공기의 증기압(부분증기압) 사이의 차이의 함수이다. 포화증기압은 온도의 함수이고 부분증기압은 공기온도에서 포화증기압에 공기의 상대습도를 곱한 후 100으로 나누어 계산할 수 있다. 질량전이 연속의 과정으로서 대기의 가장 낮은 층은 결국 포화되고 유효증발율은 감소하고 결국 응축한다. 수표면을 떠난 물분자를 운반하는 바람같은 것이 연속적인 증발에 필요하다. 이들 과정의 인지는 Dalton법칙에 의한다.

$$E = f(u)(e_s - e_a) \tag{7.9}$$

여기서, E는 증발율, $f(u)$는 수평풍속의 함수, e_s는 수면온도에서 포화증기압 그리고 e_a는 덮은 공기의 증기압이다.

식 (7.9) 형태의 경험공식은 많이 개발되었고 질량전이방정식으로써 제공되었다. 공통적으로 전이되는 질량전이방정식은 Meyer식이다.

$$E = C(e_0 - e_a)[1 + (W/10)] \tag{7.10}$$

여기서, E는 증발율(inch/month), C는 변화계수(11~15), e_0는 월평균 공기온도에서 포화증기압($inch - Hg$), e_a는 월평균 공기온도에서 공기의 증기압 ($inch - Hg$) 그리고 W는 25ft 높이에서 월평균 풍속(miles/h)이다.

4) 조합법(combination method)

에너지수지와 질량전이법의 이용은 저수지증발 결정의 교호방법이다. Penman은 이들 두 개념을 조합하여 실제 이용하도록 식을 개발하였다. 근사한 에너지 균형(식 7.3, 식 7.4)에서 수체에 의한 에너지 변화를 무시, $(Q_a = 0, Q_t = 0)$으로 Penman은 유도했다.

$$Q_s(1 - A) - Q_b = Q_h + Q_e \tag{7.11}$$

이 방정식의 왼쪽은 유효복사 혹은 Q_r이고, 오른쪽은 $Q_e(1 + B)$로 나타낼 수 있다.

따라서,

$$Q_n = Q_e(1 + B) \tag{7.12}$$

식 (7.5), 식 (7.12)을 이용하여서 증발율단위(cm/day)로 전환한다.

$$E_n = E(1 + B) \tag{7.13}$$

여기서, E_n은 유효복사 그리고 E는 증발율이다.

P=1,000mb(해수면에서 대기압에 가깝고 1,013.2mb와 같다)에 대해 Bowen's 율(식 7.6)을 환산하면

$$B = \gamma \frac{T_s - T_a}{e_s - e_a} \tag{7.14}$$

물과 공기온도 사이의 포화증기압 경사는 다음과 같이 정의한다.

$$\Delta = \frac{e_s - e_o}{T_s - T_a} \tag{7.15}$$

여기서, e_s는 물표면 온도 T_s에서 포화증기압 그리고 e_0는 덮힌 공기온도 T_a에서 포화증기압이다.

Dalton식 (7.9)는 E_a/E의 계산에 가능성을 준다. 즉, 질량전이증발량 E_a(수표면과 덮힌 공기의 온도가 같다고 가정)와 증발율 E의 비

$$\frac{E_a}{E} = \frac{e_0 - e_a}{e_s - e_a} \tag{7.16}$$

식 (7.16)을 통하여 식 (7.13)을 조합하여 대수학의 조작을 이용하면 Penman식을 얻는다.

$$E = \frac{\Delta E_n + \gamma E_a}{\Delta + \gamma} \tag{7.17}$$

여기서, E(증발율), E_n(증발율단위에서 유효복사) 그리고 E_a(질량전이증발율)은 cm/day이고 Δ 와 γ는 mb/℃이다.

식 (7.17)로부터 Δ 와 γ는 각각 유효복사와 질량전이 증발율에 영향을 주는 가중인자이다. 가중인자 γ는 0.66mb/℃이고 Δ 는 공기온도의 함수로써 다음 식으로 구할 수 있다.

$$\Delta = (0.00815\,T_a + 0.8912)^7 \tag{7.18}$$

여기서, Δ는 mb/℃이고 T_a는 공기온도(℃)이다. 이 식은 −25℃보다 큰 공기온도에 적용할 수 있다.

식(7.17)은 또한 다음과 같이 나타낼 수 있다.

$$E = \frac{\alpha E_n + E_a}{\alpha + 1} \tag{7.19}$$

여기서, $\alpha = \Delta/\gamma$로 공기온도의 함수이고 α값은 표 7.3에 나타냈다.

질량전이 증발율 E_a는 적당한 질량전이방정식으로 구한다. 예를 들면 다음 식은 Dunne에 의해 제안되었다.

$$E_a = (0.013 + 0.00016\nu_2)e_0 \frac{100 - RH}{100} \tag{7.20}$$

여기서, E_a는 질량전이 증발율(cm/day), ν_2는 2m 높이에서 측정된 풍속(km/day), e_0는 덮힌 공기온도에서 포화증기압(mb), 그리고 RH는 상대습도(%)이다.

디른 penman형태 방정식은 개발되었고 국제 기후부에서는 Penman형태 방정식을 이용하여 일평균 공기온도와 이슬점, 일당 바람이동 그리고 태양복사를 기초로 증발량을 구하도록 상호관계를 개발하였다.

표 7.3 **공기온도의 함수로써 Penman's율 α의 값**

공기온도, T_a(℃)	$a = \Delta/r$
0	0.68
5	0.93
10	1.25
15	1.66
20	2.19
25	2.86
30	3.69
35	4.73
40	6.00

7.4 증발산괴 증발산량

저수지, 호소, 하천 그리고 지면과 식물, 그것에 지표물의 표면에서 증발과 식물에서 증산에 의해 대지로부터 물이 수증기로 되어 대기중으로 방출되는 현상을 총칭해서 **증발산**(蒸發散, evapo-transpiration)이라 한다. 요컨대 수증기로 되어 대기중으로 되돌아가는, 유역에서 사라지는 수분 전체이다. 7.1절에서 설명한 것 같이 강우가 지표아래의 심부로 투과하는 과정에서 유역에서 밖으로 누출하며 대수층 중을 흘러서 유역밖으로 유출하는 현상을 생각하면 증발산량은 즉, 유역에서 강우의 손실량이라는 것이 된다.

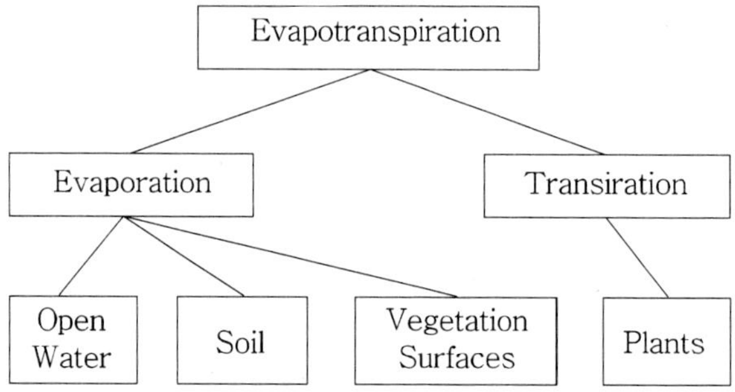

그림 7.6 증발산의 구성요소

유역 전체의 토양수대를 완전히 포화하는 정도의 큰 비가 내린 후 당분간 토양수대와 중간대에 있어서는 이미 중력수가 존대하지 않게 된 시점 즉 야외 용수량의 상태를 생각하여 판정하면 좋다. 유역에 이 상태를 출발점으로서 비가 내리지 않는 일이 계속되면 증발산에 의해 유역에서 수분을 거의 잃으며 또 지하수도 서서히 하천으로 유출하여 지하수면은 저하하며, 어느 시점에서 또 비가 내리면 내린비의 상당부분은 증발산과 지하수의 유출로 유역에서 잃은 수분의 보충으로 돌아오며 그것을 유역수분보충(basin recharge)이라 한다. 유역 전체가 야외 용수량의 상태에 도달할 때까지 비가 계속하는 것은 좀처럼 없으므로 유역은 거의 항상 내린 비의 상당부분이 유역수분 보충으로 돌아오는 상태이며 이것을 농학과 임학의 분야에서는 포장수분부족의 상태라는 표현방식을 한다. 즉, 이것을 이제까지는 유역 흙의 습기 부족이라는 말로 표현했다. 앞에서 접촉한 것 같이 강우의 일부가 지중 깊이까지 투과하여 직접 혹은 간접적으로 유역밖으로 누출하는 현상이 어느정도 일어나는가는 일반적으로 말해 불명하나 이 양이 유역전체의 물수지를 생각하는데 무시하는 것이라고 생각하면 증발산량은 손실우량 그것이다. 그러므로 매일의 유역에서 증발산량 및 그 내역을 알면 임의의 시점에서 유역의 흙의 습기부족의 정도를 추정할 수 있으며 침투능의 값과 겸해서 일련의 강우에 의한 유효우량을 계산에 의해 구하는 것이 가능하다. 그러나 수문학의 분야에서는 아직 해명되지 않은 것이 많아서 매일의 유역에서의 증발산량을 직접 구하는데는 이르지 못했다.

어느 기간에 대해서 생각하면 근사적으로 다음 수문방정식이 성립한다.

$$P = D + E + \Delta G + \Delta M \tag{7.21}$$

여기서, P는 기간중의 총강수량, D는 유역 출구에서의 총유출량, E는 총증발산량, ΔG는 지하수의 증가량, ΔM은 지하수 이외의 지중수의 증가량이다. 기간으로서 1수년(water year)이라는 주기성의 어느 기간을 취하며 더욱이 출발점을 적당한 계절, 예를 들면 최건조종기로 선택하면 ΔG와 ΔM은 거의 0이라고 생각할 수 있으므로 윗 식은

$$P = D + E$$
$$\therefore E = P - D \qquad (7.22)$$

로 된다. 즉, 1수년이라는 기간내의 총증발산량은 유역의 강수량과 유역 출구에서의 총유출량을 정밀하게 측정하여서 식 (7.22)를 이용하여 구할 수 있게 된다. 1수년의 시점은 건조기간의 최후로 취하는 것이 원칙이다. 수문학 분야에서 년이라는 말은 특히 이유가 없는 한 수년을 가리키는 것이라고 생각하면 틀림이 없다. 그러므로 이 같은 방법으로 얻어진 유역에서 증발산량은 어느 기간의 평균치이며 각 1일의 증발산량이 어떤 값이라는 것은 아까움에서 불명이라는 것이 된다. 상당히 긴 년월에 걸쳐 구한 년 증발산량과 증발계 년간 증발량 사이에 일정의 상관관계를 인정하게 되면 증발계의 일증발량값을 이용하여 매일의 증발산량 값을 추정하는 방법이 성립하는가도 알려지지 않았다.

유역에서 어느 정도 1년간에 증발산량이 있는가는 강수량과 유역 입구의 유출량을 측정하면 용이하게 구하는 것으로 보는가도 알려지지 않으나 3장에서 설명한 것 같이 사실의 유역 평균 우량을 구하는 것은 우선 불가능한 것이며 또 유역 입구에서 유출량을 정도 좋게 측정하는 것은 대단히 기술적으로 어려운 것이며, 일반으로 유역 어느 곳에서도 식 (7.22)를 적용하여 1수년간의 증발산량을 산정하는 것은 제한이 없다. 증발산량을 구하는 목적을 포함하여 여러 가지 연구와 실용 목적을 위해서 우리나라 및 세계 각국에 시험유역과 대표유역이라는 것을 설치하고 있다.

연습문제

7.1 다음을 설명하시오.

① 증발접시계수

② Lysimeters

③ 증발과 증산

7.2 증발과정에 영향을 주는 인자에 대해 설명하시오.

7.3 증발량계산방법 중 물수지방정식에 대해 설명하시오.

7.4 저수지의 증발 감소방법에 대해 설명하시오.

제8장

강우의 유출

8.1 유출 순환

8.2 강우의 유출

8.3 홍수 수문곡선

8.4 유효우량

제8장

강우의 유출

8.1 유출 순환

8.1.1 유출과 유출순환

유역(流域)은 수문학적으로는 사면군과 하천망으로 구성되어 있는 것이라고 생각한다. 사면은 강수가 낙하하는 장소이며 하천은 그 강수가 유역의 출구까지 흘러 내리기 위한 통로이다. 그리고 사면의 강수가 하천으로 흘러나가는 것을 유출이라고 한다. 또 사면에서 하천으로 유출한 강수가 유역의 출구로 향하여 하천을 흘러 내려가는 것도 유출이라 한다. 또 하천을 강수가 낙하하는 장소라 생각할 때는 사면의 일부로서 취급하고 하천을 강수의 통로로서 생각할 때는 그것은 면적이 없는 선으로서 취급한다.

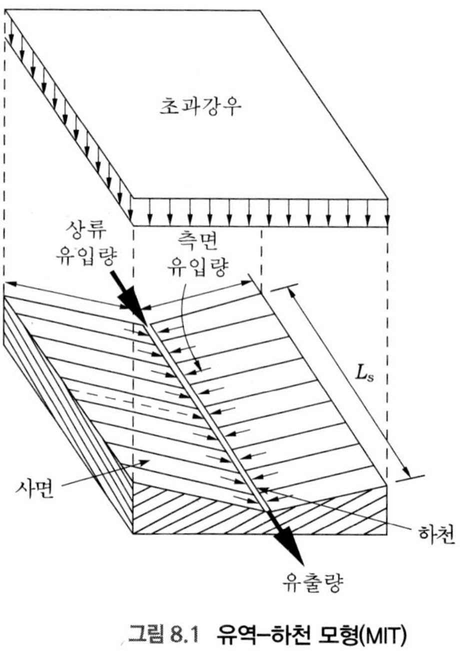

그림 8.1 유역-하천 모형(MIT)

이 사면에 낙하한 강수가 하천으로 유출하여 흐르는 유량이 되는 것 혹은 증발산에 의해 직접 대기중으로 되돌아가서 수문순환의 일부를 형성하는 것을 **유출순환**(runoff cycle)이라 한다. 어째서 순환이라는 표현의 방법을 행하느냐고 시간적으로 보면 비슷한 사항이 반복하고 있는, 즉 순환현상이기 때문이다.

유출순환은 예를 들면 시기는 홍수를 초래한 큰 비의 개시직전, 큰 비의 초기, 중기, 후기, 큰비 종료후 등으로 나누어서 각각의 시기에서 증발산과 유출의 상황, 계류의 유량 등의 상태로 설명하는 것이 보통이다.

유출순환은 유역의 전반적인 침투능값이 통상 발생되는 최대강우 강도보다 큰가 작은가에 의해서 전형적으로 다르다. 그래서 본 절에서는 침투능값이 전반적으로 낮은 유역에시 유출순환을 설명하는 것으로 한다.

8.1.2 Hoyt에 의한 유출순환

Hoyt, W.G.는 Langbein, W.B.과 함께 미국에서 하천에 의한 홍수문제를 종합적으로 설명한 저서중에서 홍수의 일생을 설명하는 것을 통하여 유출순환을 아래와 같이 기술하고 있다. Hoyt가 설명한 유출순환은 침투능 값이 통상 일어나는 최대 강우강도보다 현저히 낮은 값의 유역을 대상으로 한 것이다. Hoyt는 홍수의 일생을 즉, 그 발생에서 종료까지의 순환을 다음 5개의 각 단계로 나누어 설명하고 있다. 그림 8.2의 (a)에서 (d)는 유역의 이상화한 단면의 각 단계에서 상황을 설명하고 있다.

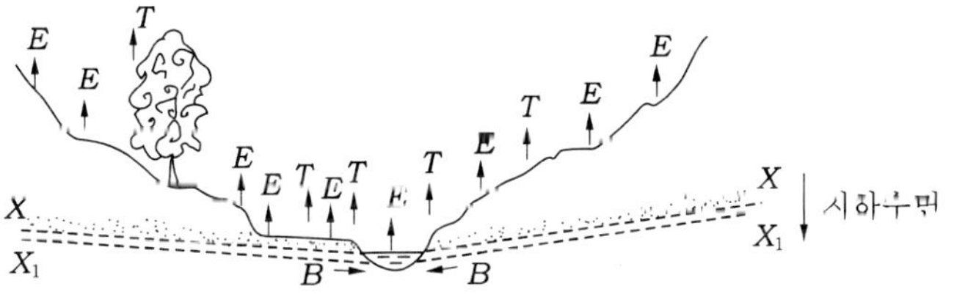

(a) 유출순환의 제1단계-무강우기간

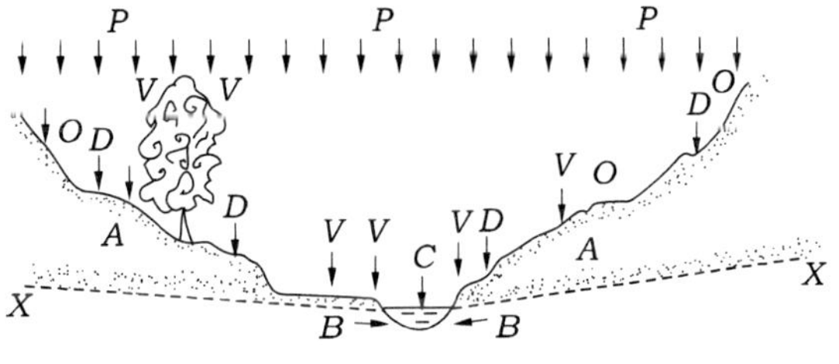

(b) 유출순환의 제2단계-강우개시초기

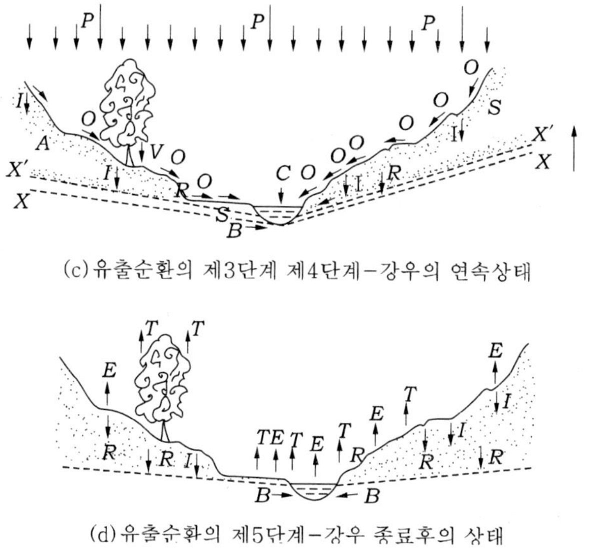

그림 8.2 Hoyt의 유출순환 설명도

1) 제1단계

이 단계는 큰 비가 내리기 전의 정숙한 상태이다. 하천의 수위는 낮고 유수는 지하수의 느린 침출(B)만에 의해 유지되며 세류는 건조되어 있다. 좋은 기후의 지속은 지표면의 수분을 고갈시킨다. 하천으로의 지하수(B) 방출은 지하수을 X에서 X_1으로 저하시키고, 하상보다 아래로 지하수면이 저하하면 하천은 건조한다. 이 상태는 약간 습윤, 약간 건조 그리고 건조지대에서는 항상 발생한다. 지하수면의 느린 저하는 지하수 저류가능용량을 증가시킨다. 식물에 의한 증산(T)과 직접 증발(E)는 흙의 수분을 감소시켜 흙의 수분 가능보유량을 증가시킨다(그림 8.2(a)).

2) 제2단계

유출순환의 제1단계는 강우의 개시에 따라 종료하며 제2단계가 시작한다. 그림 8.2(b)는 약한 강우강도의 비가 시간적으로 균일하게 내린다고 가정한 때의 개시 직후의 강우(P)에 의한 이상화한 유역면적에서 제 수문현상을 설명하고 있다. 강우의 일부분(C)은 직접 하천에 낙하하며 하천의 유량을 직접 증가시킨다. 강우의 일부분(V)은 식물에 의해 차단되며 일부분(D)은 지면을 적셔 지표면의 작은 웅덩이가 물로 고인다. 차단과 물고임에서의 저류는 도로든지 건물에서 제외하며 표면류의 발생이 조금인 유역에 제한한다. 증발과 증산은 완전하지는 않으나 멈춘다. 만약 적설이 있으면 강우의 상당부분을 흡수 보지하여 유출순환의 다음 단계로의 이행을 늦출 것이다.

3) 제3단계

제3단계는 그림 8.2(c)에 설명되어 있다. 비(P)는 계속 내리며 그 강도는 크게 되므로 식물은 완전히 젖어서 강우(V)는 전부 지면에 도달한다 지표면의 웅덩이는 우수로 가득되며 우수가 넘쳐나서 그 후 우수는 하천으로 유출하든지 혹은 전체의 침투구역에서는 토중에 침투(I)한다. 침투율은 이미 토중에 축적된 물의 양에 관계하여 건조한 흙은 우수가 척척 흡수하며 우수가 스며들어 퍼진 흙은 서서히 흡수한다. 이것은 당연한 것이나 홍수를 지배하는 중요한 인자의 하나이다. 강우의 흡수는 다른 흙의 사이에서 현저히 차이가 있는 것이 명백하여 매우 식물이 무성한 토지는 나대지보다도 아주 쉽게 우수를 흡수한다.

강우의 침투율을 초월하면 활발한 표면류(O)가 발생한다. 표면류는 그것이 흘러서 앞의 지면의 침투능에 의해 하천에 도달하게 된다. 강우가 계속중인 흙의 습기(S)는 전반적으로 증가한다. 흙이 야외 용수량의 상태에 도달하면 중간류가 토층중에서 발생하여 하천에까지 도달한다. 동시에 지하수면으로의 우수 투과(R)가 일어난다. 비가 계속하여 내려 지하수 보급이 계속되면 지하수면은 상승하며 하천 흐름의 기본부분을 구성하는 지하수의 하천으로 유출에 의한 기저유량은 증가한다. 세류와 작은하천의 수위는 표면류와 중간류 그리고 지하수대로부터 기저유량의 유출을 받아서 급격히 증대한다. 사면에서 표면류와 중간류에 의한 유출은 홍수의 주요부분을 점한다. 큰 홍수후의 단계에서는 유역의 자연 저류용량은 가득되며 하천으로의 우수유출의 정도는 강우강도에 거의 동일하게 된다.

4) 제4단계와 최종단계

그림 8.2(d)는 큰 비가 내리는 것이 끝난 직후의 상황이며, 제4단계와 그것에 이어서 최종단계가 시작되는 것을 나타낸다. 하천은 수위가 최고에 달하며 홍수의 peak가 하류로 이동함에 따라 하도에 저류된 물은 하류로 흐르기 시작한다. 날씨는 회복되며 증발(E)과 증산(T)은 비로 젖은 식물, 지면에 생긴 웅덩이, 습한 흙을 건조하기 시작한다. 웅덩이에서 흙으로의 침투(I)는 활발하며, 흙중의 잉여수(R)는 지하수면으로 향해 투과한다. 지표면보다 얕은 부분에서 발생하는 중간류는 끝나나, 깊은 부분에서 발생하는 중간류는 peak 상태에 있다. 깊은 중간류에 의한 유출은 홍수의 범람이 끝나서 하천의 수위가 하안 한계의 상태로 돌아올 때까지는 peak에 도달하지 않을 것이다. 유역의 상태는 지면이 저류 등 즉, 자연의 홍수조절 기능회복을 개시하는 유출순환의 최종단계 즉, 제1단계에 이어지는 단계의 상태로 돌아간다. 만약 최종 단계가 길지 않으므로 곧 다음의 강우가 있으면 유출순환은

곧 제3단계로 들어가 홍수의 최성기가 발생한다.

8.2 강우의 유출

8.2.1 유출의 지배요인

유역은 매우 동적이고 복잡한 체계이고, 유출을 발생하는 데 영향을 주는 요인 중 대표적인 것은 다음과 같다.

① **호우특성** : 계절과 호우의 형태나 성질, 강도, 지속기간, 면적범위(분포), 빈도, 선행강우, 호우의 이동방향 등
② **기상특성** : 온도, 습도, 풍속, 압력변화 등
③ **유역특성** : 크기, 형상, 경사, 고도, 지형학(Topograpy), 지질학(Geology), 토지이용, 식생, 방향, 배수망의 형태, 바다에 대한 근접과 산맥 등
④ **저류특성** : 침하, 웅덩이와 호수, 하천, 수로, 저지 댐, 상류저수지, 홍수터, 늪, 침투 퇴적층에서의 지하수 저류

또한 유역특성이 유출에 미치는 영향을 살펴보면 다음과 같다.

① 단위 면적당 유량 즉, 비유량(specific discharge)으로 표시하면 다른 조건이 동일할 경우 유역면적이 증가할수록 단위유역면적당 첨두유량은 감소하는 경향이 있다.
② 바람이나 호우전선의 이동방향이 계절성을 가지고 있을 경우 유역의 방향에 유출은 큰 영향을 받는다.
③ 유역의 지면경사가 급하면 도달시간이 단축되며 첨두유량도 커진다.
④ 유역의 형태에 따라 동일 유역면적일 때 도달시간이 짧은 경우 가장 빨리 첨두유량에 도달하고 강우가 끝나면 가장 빨리 감수하게 한다.
⑤ 유역의 강수량은 고도에 비례하여 증가한다.

1) 면적과 불투수성 면적

유역은 확실한 기술적인 변수로 특성화할 수 있고 이들 변수는 어떤 결과로 생기는 수문곡선의 형태와 크기에 영향을 준다. 유출의 총량은 유역위의 강수사상으로부터 결과되며 질량균형을 이용하여 결정할 수 있다.

$$R = P - F - A \tag{8.1}$$

여기서, P : 강수의 총 용적

R : 초과 강우의 총 용적

F : 침투의 총 용적

A : 손실의 총 용적

이들 모든 변수는 깊이 단위로 표시할 수 있고 이 경우에 용적은 유역면적에 종속적일 것이다. 유역면적은 문제에서 배수유역의 총 표면 면적이다. 이 면적은 투수면적(pervious area)과 불투수면적(impervious area)의 두가지 면적으로 세분할 수 있고, 투수면적은 토양 침투를 허용하며 불투수 면적은 그렇지 않다. 유역이 100% 불투성이면 질량 균형의 침두항은 항상 0이다.

강수가 불투성 위에 떨어지면 저항 혹은 유역 출구로 바로 흘러갈 것이며 투수성 유역면직으로 흘러가면 침투할 것이다. 경사진 불투성 면적의 부분은 강수가 유역 출구로 바로 흘러가며 직접도달 불투수면적(directly connected impervious area)이라 한다. 불투수 면적의 일부가 투수성 영역으로 흘러 가는 것을 허용하면 직접 도달하지 않는다고 한다. 수문곡선 발생에서 이들 영역은 따로따로 추적하든지 유역의 면적 특성의 가중평균을 가지고 결합한다.

2) 배수계와 토지피복

다른 유역특성은 유역토양과 토지피복을 상술한다. 초기 손실후에 물은 자연 혹은 인공 배수계 토지 위를 흐른다. 도관 경사, 수리학적 조도, 수로저류 혹은 길이, 불투수 면적, 침투용적 그리고 유역 형상은 유량수문곡선이라고 알려진 유역으로부터 수문곡선형상에 영향을 준다(그림 8.3).

유량수문곡선 형상과 침투유출률은 한 지점으로부터 다른 지점까지 크게 변화한다. 배수경사는 유량점까지 흐르는 물이 갖는 시간에 영향이 된다. 큰 경사는 덜 급한 경사에 상대적으로 이동시간이 적다. 초과강우가 두 경사 조건에 대해 동일하다면 첨두는 초과강우의 시작으로부터 짧은 시간에 발생할 것이고 급한 경사 조건에 대해 더 크다. 동일한 결과가 발생되면 이동계의 조도는 이동시간에 영향을 준다. 유역저류는 자연 함몰면적, 침투 그리고 인공저류로부터 결과가 된다. 동일한 토지이용의 유역에 유사한 강우에 대한 수문곡선 형상에 관한 저류의 영향은 직접 배수되는 유역에 대한 수문곡선의 상승부는 저류를 갖는 유역보다 급하다. 감소부는 지하수 조건에 의해 부분적으로 지배될 것이다. 두 유역이 유사한 하천 특성을 갖는다면 하강부는 유사할 것이다.

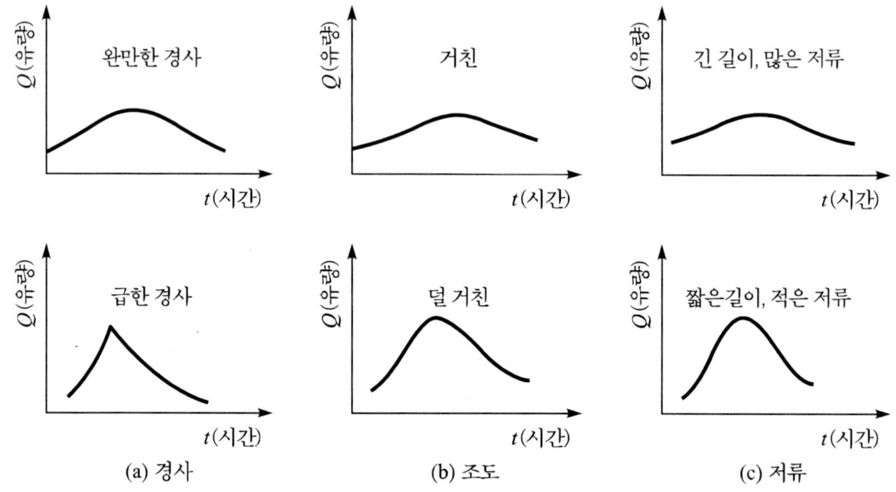

그림 8.3 유량수문곡선에 관한 배수 특성의 영향

3) 호우적용 면적 범위

유역에 관한 호우의 면적 적용 범위 역시 수문곡선 형상에 영향을 준다. 국부적 호우와 전체 유역위의 호우로부터 결과되는 직접적으로 도달하는 불투수 면적을 갖는 유역에 대하여 수문곡선 형상의 비교는 그림 8.4에 나타냈다. 국부호우의 위치는 첨두유량의 발생시간에 영향을 준다. 출구 근처의 강우는 호우 시작 가까이에서 첨두가 발생되고 하천유량이 빠르게 통과한다. 유역의 먼 부분에서 강우는 긴 시간 기간 이상 퍼지는 출구에서 유출로 될 것이다. 첨두는 더 늦은 시간에 발생하고 출구근처 국부 강우로부터 결과되는 첨두보다 작다.

유역의 호우 이동 방향에 따라 첨두 유량의 발생시간에 영향을 준다(그림 8.5). 측정지점 쪽으로 이동하는 호우는 반대 방향으로 이동하는 것보다 상대적으로 더 큰 첨두를 생산한다.

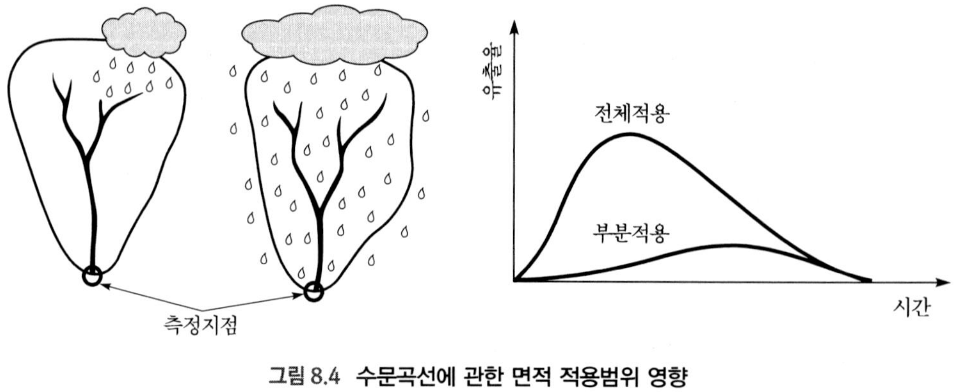

그림 8.4 수문곡선에 관한 면적 적용범위 영향

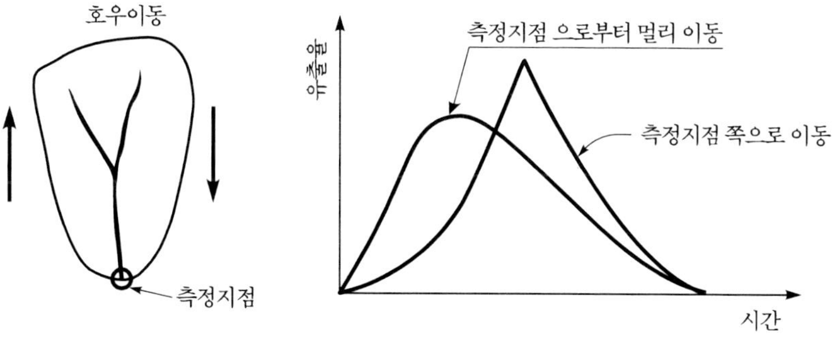

그림 8.5 수문곡선에 관한 호우 방향 영향

4) 토지이용(land use)

토지이용은 표면 유출 잠재력을 계산할 때 유역의 매우 중요한 특성이다. 토지이용은 표면 피복으로 규정하고 피복의 확실한 형태는 다른 것보다 강우사상동안 물을 획득하고 유지하는데 더 큰 용량을 갖는다. 토지 이용은 표면 유출 용적과 표면 유출률에 직접적으로 영향을 미친다.

토지 이용과 토지 피복은 수문학적 유출 모형에서 여러 방법으로 규정한다. 가장 일반적 접근은 토지이용에서 유출계수를 지정하고 특정한 모형에서 유출용적과 유출률에 관한 토지이용변화의 영향에 대한 계수라고 생각한다. 두 가지 공통적인 유출계수방법은 합리식 방법과 NRCS 유출곡선수 방법이다.

합리식법에서 유출계수 C는 0~1값의 범위이며 0은 유출조절이 없는 것을 나타내고 1은 모든 강우가 유출로 전환되는 조건을 나타낸다. C값은 첨두유량유출결정에 직접적으로 이용된다.

NRCS곡선수 방법에서 곡선수(CN)은 표면의 수문학적 조건과 유출율과 용적에 영향을 미쳐 지표하 용적에 반영하는 수문학적 토양형태에 관련되는 특정한 토양이용을 말한다. 이 방법은 토양 피복 합성법이라고 한다(soil cover complex method). CN값은 토양 저류 용적 계산에 이용되며 유역초기 손실과 유출용적 계산에 이용된다. CN값은 40~98범위이며 98은 매우 높은 유출 잠재력의 조건이고 40은 매우 낮은 유출 잠재력의 조건이다.

8.2.2 유출성분

사면에 낙하한 강우의 일부가 근처의 하천으로 유출하는 방식은 크게 나누어 하도강우, 표면유출, 중간유출, 지하수 유출의 4종류가 있다. 이것을 유출성분이라 한다.

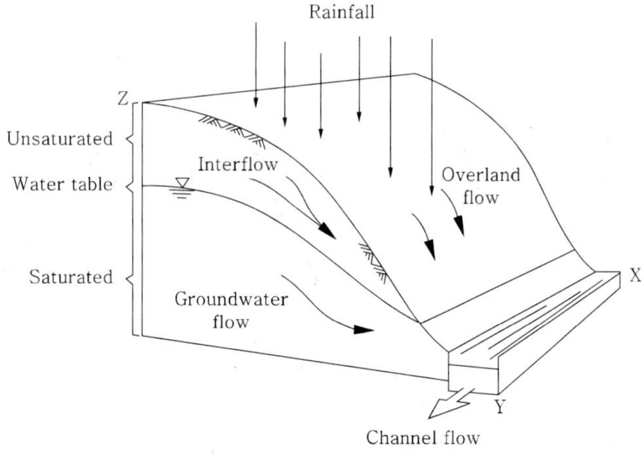

그림 8.6 수문학적 성분

1) 하도강우(channel flow)

하도강우는 강우가 하천의 유수면에 직접 낙하하여 하천을 흐르는 유량으로 되는 유출방식을 말한다. 하도강우는 앞서 설명한 표면유출 중에 포함되도록 취급하는 쪽이 종종 행해졌다. 그러나 유역에서 유수면이 접하는 부분이 큰 경우는 독립한 유출성분으로서 취급해야 한다.

2) 표면유출(overland flow)

표면유출은 강우가 지표하로 침투하지 않으며 즉, 잉여강우로 되어 지표면을 표면류로 되어 흘러서 근처의 하천으로 유출하여 하천의 유량으로 되는 유출방식을 말한다.

3) 중간유출(interflow)

중간유출은 지표하로 침투한 강우가 지표면 아래 부근을 지표와 병행하게 흘러서 즉, 중간류로 되어 흘러서 근처의 하천으로 유출하든지 혹은 근처의 하천으로 유출하기 전에 지표로 나타나 그 후는 지표를 흘러 즉, 표면류로 되어 근처의 하천으로 유출하여 하천 유량으로 되는 유출방식을 말한다. 여기서 최초는 중간류였던 것이 지표면 위로 나타나 표면류로 된 경우 이 강우는 중간유출한다고 해야 하나 또는 표면유출한다고 해야 하는가가 문제로 되나 이같은 경우는 최초 흐름의 형태로 취해서 유출방식을 결정하는 것이다.

4) 지하수 유출(groudwater flow)

지하수 유출은 강우가 지표아래로 침투하여 지하의 심부로 향해 통과하여 그곳에 대수층을 형성하면서 근처의 하천으로 유출하여 하천의 유량으로 되는 유출방식을 말한다. 지하에 형성되는 대수층에는 지극히 수명이 짧은 경우, 반대로 대단히 긴 경우 그리고 그 중간적인 경우와 전형적인 성질이 다른 몇 종류로 분류한다. 수명이 지극히 짧은 대수층을 형성하면서 강우가 지하수 유출할 때 강우의 지중에서 움직임은 빠르며, 대단히 긴 수명의 대수층을 형성하는 경우는 느리다. 그러므로 강우가 지하에서 형성하는 대수층의 종류에 따라서 지하수 유출방식은 몇 가지로 분류한다.

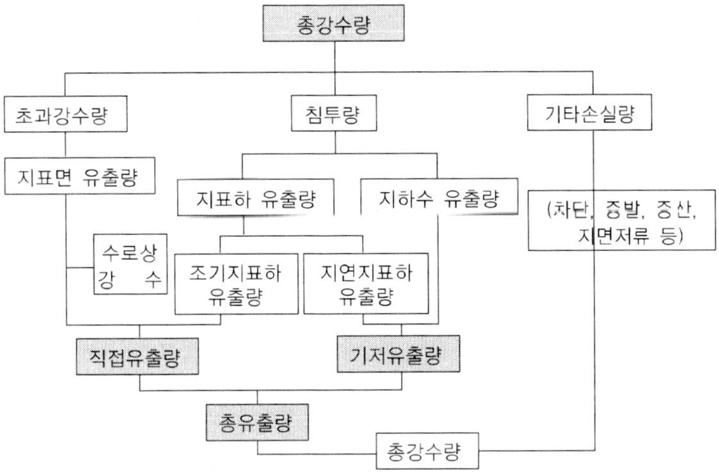

그림 8.7 유출의 구성

8.2.3 직접유출과 기저유출

유역의 사면에 낙하한 우수의 범위내에서 근처의 하천으로 유출하여 하천망을 흘러내려 유역의 출구에 도달하며 그곳에서 유역밖으로 흘러가는 유량 즉, 유출유량으로 된 부분을 **유출량**(流出量, runoff)이라 한다.

장기간에 걸쳐 유역출구의 유출유량의 시간변화 상황을 나타내면 유량에 관해서는 천천히 증감하는 파의 위에 급격하게 증감하는 파가 겹쳐 있는 것 같이 보인다. 급격하게 증감하는 파는 그것에 대응하는 일련의 강우에 의해서 발생한 것은 분명하다. 천천히 증감하는 파는 일련의 큰비 종료시점에서는 강우 개시전보다 상당히 큰 값으로 되어 있는것도 분명하다. 이 천천히 증감하는 파는 수문곡선의 기저부분을 형성하고 있다고 말하므로 이 유량을 **기저유량**(基底流量, base flow)이라 한다. 급격하게 증감하는 파는 그것에 대응하는 일련의 강우 범위내에 단기간으로 유역출구로 유출한 부분의 시간분포이며, 천천히 증감하는 파는 긴 기간내의 일련 강우 중 천천히 유출하는 부분이 서로 간섭하여 합류하든지 시간 분포한 결과라고 말한다. 이 전자같은 강우의 유출방식을 **직접유출**(直接流出, direct runoff)이라고 하고, 후자는 수문곡선의 기저 유량을 형성하는 유출방식이라는 의미에서 기저유출(base runoff)이라 한다. 그리고 수문곡선의 직접유출성분을 직접유출 유량, 기저 유출한 부분을 기저유출 유량이라 한다.

유역내에 습지대와 호소가 많이 존재하며 큰 호수와 저수지가 있는 경우에는 그곳에 하천의 유량이 모아져서 그것이 없는 경우와 비교하면 유역출구의 수문곡선은 현저히 매끈하게 될 것이다. 즉, 기저유량이 크게 되어서 직접유출 유량이 작게 될 것이다. 이 같은 현상이 그다지 일어나지 않는 유역에서는 기저유량은 느린 지하수 유출유량으로 구성되어 있다고 하여도 이상하지 않다. 그러므로 직접유출 유량은 유출속도가 지하수유출 이외의 유출성분에 의한 유출량의 시간분포인 것으로 된다.

수문곡선에서 기저유량을 표시하는 선을 그린 것을 기저유량의 분리라 하며 다음 절에서 상세히 설명한다.

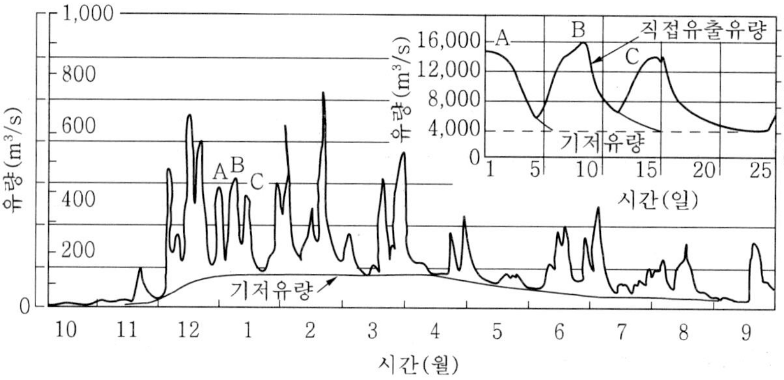

그림 8.8 직접유출유량과 기저유량

8.3 홍수 수문곡선

8.3.1 홍수 수문곡선의 형

비가 내리지 않는 날이 상당히 계속한 후의 하천유량은 1일과 같은 시간의 시작과 끝에서는 그다지 감소를 느끼지 않도록 안정한 상태로 된다. 이같은 상황하에서 큰 비가 내려 하천의 유량이 급격하게 증가 감소하여 또 새로운 안정한 상태로 돌아가기까지의 사이를 홍수기간이라 하며 이 사이의 수문곡선을 **홍수 수문곡선**(洪水 水文曲線, flood hydrograph)이라 한다. 그러나 이 홍수라는 말을 생략하여 보통 수문곡선이라는 표현방식을 하는 편이 실제로는 많다.

큰 비가 시간적으로 집중하여 내려 홍수가 발생한 때의 수문곡선은 비대칭인 왜곡 분포 곡선을 이룬다. 또 큰비가 비교적 장기간에 걸쳐 강약을 하면서 내린 경우는 복수의 봉이 있는 복잡한 수문곡선이 생긴다.

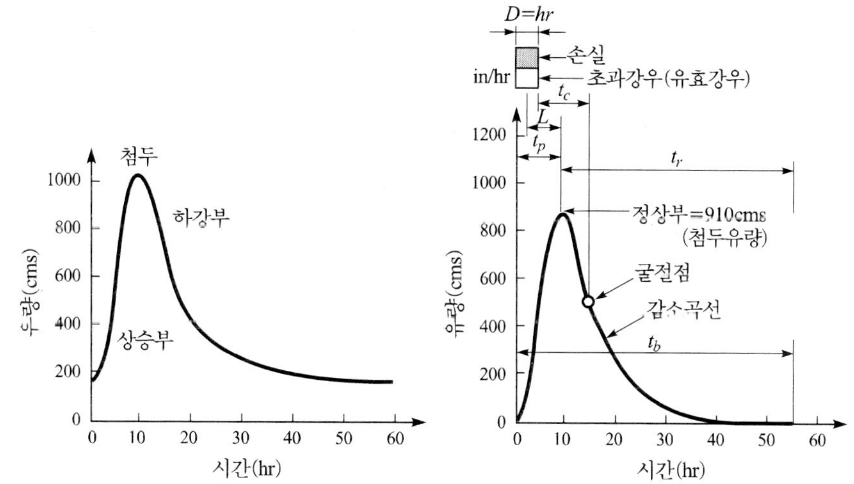

(a) 하천 유량수문곡선(표면+지하수)

(b) 표면유출

그림 8.9 수문곡선 성질

주어진 강우사상에 대한 시간과 유출 사이의 완전한 관계의 그래프를 수문곡선이라 하고 일반적으로 그림 8.9 형태를 나타낸다. 모든 수문곡선의 특성은 수문곡선의 상승부의 경사는 하강부보다 더 급하다.

지하수 흐름은 토양 내 많은 인자에 의해 원인이 되며 수문곡선 감소곡선을 해석하여 구별할 수 있다. 지표의 표면유출율은 하천 유출율로부터 결정할 수 있다.

수문곡선은 일반적으로 (1) 상승부 (2) 정상부분 혹은 첨두유량 (3) 감소곡선 혹은 강하부의 세 부분으로 되어 있다.

모든 유출 수문곡선은 동일한 일반적 형상을 갖지만 다음 인자에 따라서 세부적으로 다르다.

① 강우량
② 강우 양상
③ 도달시간
④ 침투, 증발 그리고 표면 저류로 잃어버린 강우량

표면유출 수문곡선은 그림 8.9(b)와 같고 강우-유출과정에 관계되는 여러인자를 가리킨다. 강우는 그래프의 상단에 표시하고 편의로 거꾸로 하며 유출은 같은 시간 축으로 나누어 둘을 표시한다. 강우는 각 시간에 떨어진 값이기 때문에 단계 그래프로 나타낸다.

강우그래프의 일정한 부분은 공백이며 초기손실(initial losses)을 나타내고 침투이다. 강우가 실제적으로 유출하고 해석점에 도달하며 남겨진 것을 **초과강우**(rainfall excess)라 한다. 총 유출용적은 초과강우에 배수 유역면적을 곱하고 이 총 용적은 역시 수문곡선 아래 면적을 계산하여서 찾을 수 있다. 초기손실은 첫째로 강우가 지표에 부닥치고 움푹한 땅에서 막고 식물 물질에 의해 흡수하게 된다. 초기 강우는 완전히 유출과정을 잃어버린다. 침투는 배수유역을 가로질러 흐르는 유출로써 지표 안으로 침투하는 강우부분을 타나낸다.

지체(lag)라 하는 변수는 초과강우의 중심과 수문곡선의 첨두 사이의 시간 간격이다. 지체는 경험적으로 도달시간과 다음 관계와 같다.

$$lag = 0.6tc \tag{8.2}$$

이 유효강우와 유역 특성으로부터 유출수문곡선은 다음과 같은 성질을 갖는다.

① 지체시간(遲滯時間, lag time, L)-초과강우의 질량중심으로부터 수문곡선에서 첨두까지의 시간 간격
② 첨두시간(尖頭時間, Time to Peak, t_p)-초과강우의 시작으로부터 수문곡선에서 첨두까지의 시간 간격
③ 도달시간(到達時間, Time of concentration, t_c)-초과강우의 끝으로부터 감소곡선위 굴절점까지의 시간 간격
④ 감소시간(Recession time, t_r)-첨두로부터 표면 유출의 끝까지 시간
⑤ 기저시간(基底時間, time base, t_b)-표면유출의 시작으로부터 끝까지 시간

수문곡선 해석으로부터 도달시간은 측정된 강우와 유출자료를 요구한다. 만약 유역이 수위계에 의하여 유출(수문곡선)을 감시하고 강우량이 우량계에 의해 연속적으로 기록(주상도)된다면 그 자료는 시간에 대한 강우와 유출을 비교하여 표시할 수 있다. 그림 8.10은 소유역에 대하여 기록된 강우와 유출을 나타낸다. 호우(상부그래프)는 70분동안 내린 3.4cm 강우를 내포한다. 이 사상은 두 개의 다르게 온 강우의 합성이나 바로 시간 구획으로 닫혀있다. 유량수문곡선(하부그래프)을 보면 강우의 첫구획(0~30분)은 유역의 손실로 인해 흡수되어 매우 적은 유출이 되는 것으로 나타난다. 60분에서

매우 작은 국부 첨두 유량 150m^3/s는 첫 강우구획에 의해 일어난다.

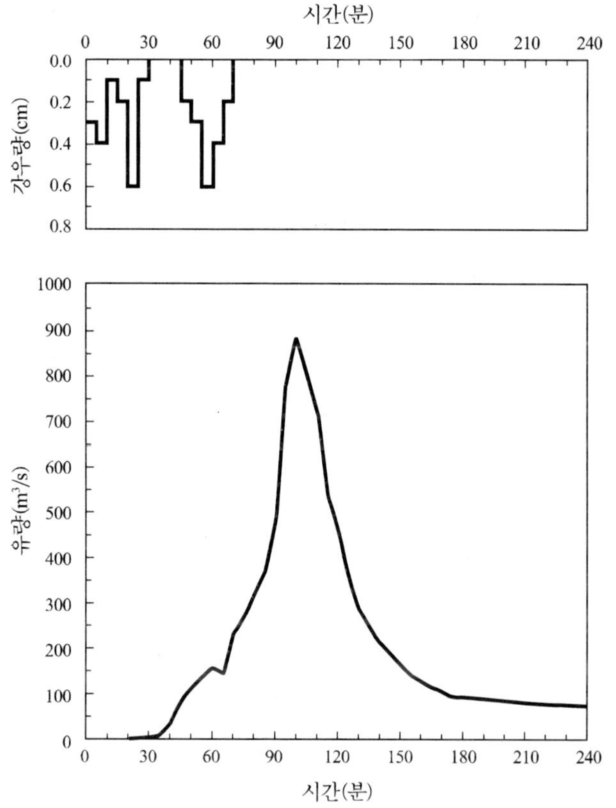

그림 8.10 **시험유역에 대한 강우량과 유출량**

유역에 내린 두 번째 강우구획(45~70분)은 지금 포화되었고 이 강우는 완전히 유출로 전환을 일으킨다. 이 두 번째 강우구획은 본래는 초과강우(rainfall excess)이며 강우는 유역에 흡수되지 않으므로 표면 유출로 전환한다.

두 번째 강우구획은 100분 시간에서 약 880m^3/s의 첨두를 생성한다. 하천에서 측정된 유출은 앞선 강우사상은 없으므로 유량수문곡선은 본래 직접유출(direct runoff)이며 하천내 이전 호우 유량으로부터 오는 유량이 없는 강우사상에 완전히 직접 응답한다. 강우와 유출시간을 비교하면 첨두유량(유역 유출량)은 초과강우 첨두(유역 유입량)에서 약 40분 지체한다. 그러므로 초기 유역 손실은 만족시키고 유역출구에서 강우가 유출로 전환하는데 약 40분 걸린다. 이 시간은 유역 지체시간(lag time)이라 한다.

이 형태의 해석으로부터 **도달시간**(到達時間, times of concentration)은 초과강우의 끝으로부터 직접 유출 수문곡선의 감소부에 대한 굴절점까지 시간으로서 규정한다.

이 규정은 강우의 끝(유역 유입량 0으로 되돌아옴)이 유출변화율이 양에서 음으로 이동하는 시간과 관계가 있을 것이라는 이론적 가정을 기초로 한다. 계산의 견지에서 시간에 관계되는 변화율은 수문곡선의 2차도함수이다. 이는 도달시간은 강우가 유출로 전환하는 유역의 응답시간과 관계된다는 것이다.

여기서 문제로 되는 것은 홍수는 대체로 언제 종료한다고 보는가 하는 것이다. 수문곡선의 첨두에서 1주간 정도의 감소부분 유량을 대수눈금으로 취하고 시간을 보통 눈금으로 취해 반대수방안지에 재표시하여 감소부분이 곡선에서 직선으로 변화되는 점을 찾아서 이것을 종료점으로 하는 방법을 자주 받아들인다. 이 점을 분기점이라 한다. 이 종료점이 발생한다고 하는 것은 이 시점 이후는 수문곡선이 지체 지하수 유출 유량만으로 구성되어 있는 것을 의미한다.

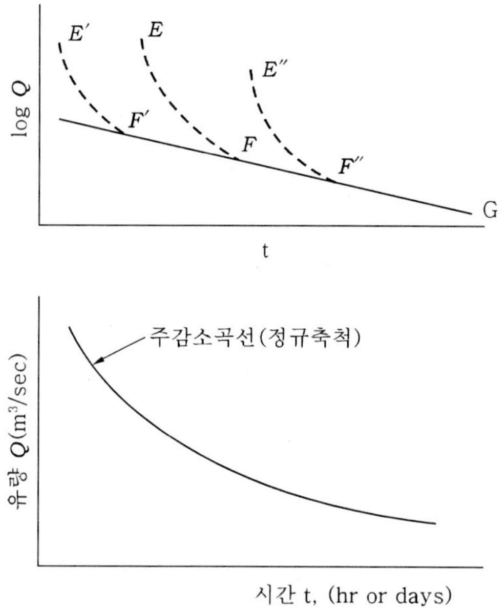

그림 8.11 주감소곡선

한개의 유역에서 발생한 많은 홍수수문곡선의 각 첨두에서 1주간 정도의 감소부분을 유량은 대수눈금, 시간은 보통 눈금으로 취해서 반대수 방안지 위에 다시 표시하여 적당하게 시간 방향으로 겹치지 않게 하면서 되풀이하여 모으면 한본의 포락직선과 그것에서 분기하는 곡선군이 얻어진다. 그래서 개개의 홍수가 이 한본의 포락직선에서 분기하는 점은 앞에서 설명한 F점 즉, 분기점에 상당한다. 반대수 방안지 위에서는 직선으로 나타나는 이 곡선을 **주감소곡선**이라 한다. 주감소곡선은 반대수 방안지 위에

서는 직선이므로 지수곡선이다. 즉,

$$Q_t = Q_0 e^{-at} \tag{8.3}$$

여기서, Q_0는 주감소곡선상의 어느 시점에서 유량, Q_t는 그 시점보다 t시간후의 유량, α는 감소계수, e는 자연대수의 밑이다.

8.3.2 기저유량의 분리와 직접유출유량의 수문곡선

홍수수문곡선의 유량에서 기저유량을 뺀 나머지 유량 즉, 직접유출유량을 그래프로 그린 것을 **직접유출유량의 수문곡선**(direct runoff hydrograph, DRH)이라 한다. 홍수수문곡선에서 직접유출유량의 수문곡선을 만드는 것을 기저유량의 분리라 하며, 이것에 대한 기본적인 사항은 앞 절에서 이미 설명하였다. 기저유량의 분리방법은 비교적 합리적인 방법과 간략적인 방법의 2개로 대별한다.

비교적 합리적인 방법은 유역안에 많은 습지와 늪, 큰 호수와 저수지가 없어서 지체 지하수 유출유량이 기저유량이라고 생각하여 유역의 홍수수문곡선에 적용된다. 그림 8.12(a)에서 수문곡선의 접근부분 AB와 감소부분의 F점 이후에 있어서는 그 유량은 전부 지체 지하수 유출유량으로 구성되어 있는 것은 틀림없다. 그러나 B와 F사이의 지체 지하수 유출유량이 어떻게 시간변화하고 있는가는 추정의 문제로 된다. 홍수가 한창인 때도 하천은 지하수유출 하천의 상태에 있어 하천수위의 상승이 강우의 지체 지하수 유출에 영향을 주지 않는 것이라면 강우 개시때의 지체 지하수 유출유량의 감소상황은 지체 지하수 유출유량의 수원인 지하의 심부에 있는 수명이 긴 대수층에까지 강우가 침투하여서 지하수의 보급을 개시하기까지는 연장할 수 있는 것이다. 강우가 종료하여 수명이 긴 대수층으로의 지하수 보급이 종료한 시점 이후의 지체 지하수 유출유량은 F점을 기준으로서 지하수 유량 감소곡선을 적용시켜 시간적으로 거꾸로 올라서 추정 할 수 있다. H점을 흙습기의 부족이 해소되어 지하수 보급이 개시된 시점, I점은 지하수보급이 종료한 시점으로 하면 한봉의 난순한 수문곡선의 경우라면 H점과 I점을 적당한 신 예를 들면 직선으로 연결하여도 사실 지체 지하수 유출유량과 차이는 그렇게 크지 않을 것이다. 즉, 수명이 긴 대수층에서 유출하는 지하수 유출유량의 감소곡선은 식(8.3)의 지수곡선의 형을 취하고 있으므로 비교적 합리적으로 지체 지하수 유출유량 즉, 기저유량을 추정하여 수문곡선에서 분리할 수 있다.

이상에서 설명한 방법은 시간이 걸리는 방법이며 또한 근사치를 구하는 방법으로서는 변하지 않는다. 또 습지와 늪이 많이 있으며 큰 호수나 저수지가 있는 유역에서는 이용할 수 없다. 그래서 자주 다음과 같은 간략적 방법으로 기저유량 분리를 행한다. 그림 8.12(b)에서 수문곡선의 감소부분을 반대수 방안지 위에 표시하여 분기점을 찾아서 이것을 F점으로 한다. 이 F점과 B점을 연결하여 직선을 긋든지 혹은 접근부분 AB를 적당히 B'점까지 연장하여 꺾은선 BB'F를 그어서 기저유량을 분리한다. 좀 더 간단한 것으로서는 B점으로부터 수평선 BB"를 그어서 기저유량을 분리하는 방법으로 **수평분리법**이라 한다.

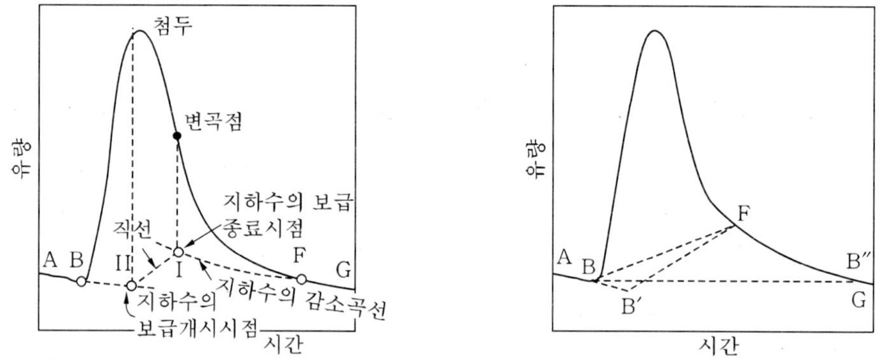

(a) 비교적 합리적인 방법 (b) 간략한 방법

그림 8.12 기저유량의 분리법

Linsley 등은 미국에서는 F점은 홍수의 첨두유량시점에서 약 $N = 0.83A^{0.2}$일 후에 나타나는 것으로 나타내고 이를 **N-day법**이라 한다. 또 A는 km^2 단위의 유역면적이며 산지 하천유역에서는 이 계산값보다 약간 작으며 넓고 긴 유역 혹은 평탄한 유역이면 할증값을 취한다.

8.3.3 조건에 따른 수문곡선의 형상

수문곡선의 모양은 여러 가지 조건에 따라 각각 변하게 된다. 이들 조건으로는 강우강도(rainfall intensity), 침투율(rate of infiltration), 침투량(volume of infiltrated water), 토양수분 미흡량(soil moisture deficiency), 강우지속기간(rainfall duration) 및 호우와 유역의 기타 특성 등을 들 수 있다. 이들 조건 중 가장 중요한 변수 및 그들 변수가 유출의 4가지 중요 구성성분인 지표면 유출, 중간유출, 지하수 유출 및 수로상강수(channel precipitation)에 미치는 영향을 살펴보면 대략 다음과 같다.

첫째 경우는 강우강도 I가 침투율 f_i보다 작고 침투수량 F_i가 토양수분 미흡량 M_d보다 작을 경우이다. 호우로 인한 중간유출이나 지하수 유출이 하천유량을 증가시키려면 침투수량이 토양수분 미흡량보다 커야 함은 물론이다. 여기서 토양수분 미흡량이란 토양이 수분으로 포화되는데 필요한 물의 양과 토양이 함유하고 있는 실제 수분량의 차를 뜻한다. 지표면 유출은 $I > f_i$일 때에만 생기게 되므로 이 경우에 하천유량을 증가시키는 유일한 인자는 수로상 강수이며 이 때의 수문곡선은 그림 8.13(a)에 표시된 것처럼 시간에 따라 유량이 조금씩 증가하게 된다.

두 번째 경우는 $I < F_i$이고 $F_i > M_d$인 경우로서 호우로 인하여 토양이 수분으로 포화상태에 이르면 중간유출과 지하수유출이 시작되며 이는 수로상 강수와 함께 그림 8.13(b)와 같은 수문곡선을 결과시킨다.

세번째 경우는 $I > f_i$이고 $F_i < M_d$인 경우로서 이 상태하에서는 지표면 유출과 수로상 강수로 인하여 하천유량이 증가하나 호우로 인한 지하수위의 상승은 없게 된다.

이때의 수문곡선은 그림 8.13(c)와 같이 변하게 된다.

마지막 경우는 $I > f_i$이고 $F_i > M_d$인 경우로서 이는 통상 대규모 호우기간 동안에 발생한다. 하천유량은 수로상 강수, 지표면 유출, 중간유출 및 지하수 유출에 의하여 증가하게 되며 수문곡선은 그림 8.13(d)와 같아진다. 이 경우엔 대체로 하천수위가 그 부근 지역의 지하수위(groudwater table)보다 높아져서 하천유량의 일부가 제방을 침투하여 지하수위를 상승시키게 된다.

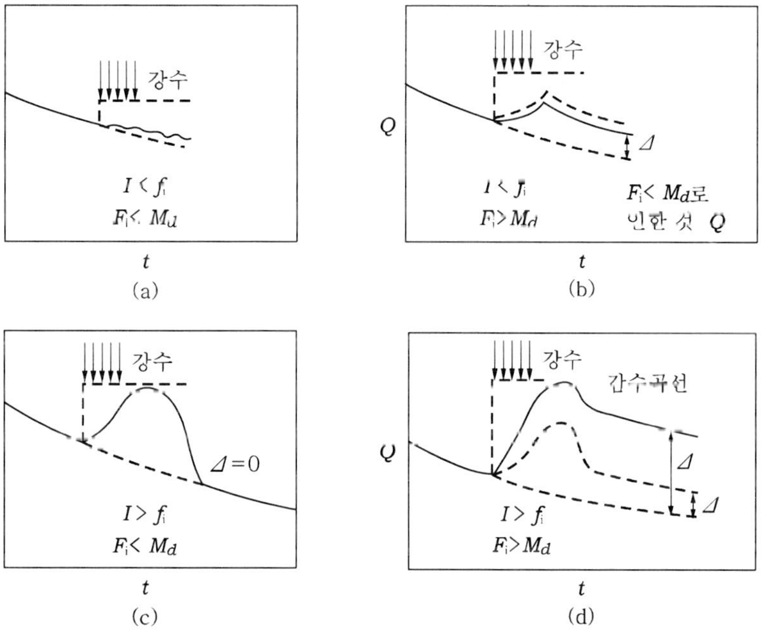

그림 8.13 각 경우의 수문곡선형

8.4 유효우량

8.4.1 유효우량의 개념

유효우량(有效雨量, effective rainfall)이란 본래 유역의 강우량중에서 유역 출구의 유량 즉, 유출유량으로 된 부분을 의미한다. 그러나 총유출을 직접유출과 기저유출로 나누어 강우의 직접유출유량으로 된 부분을 의미한다. 또 침투능이 전반적으로 낮은 값을 나타내는 유역에서는 직접유출은 실질적으로 표면유출이 점하고 있다고 생각하므로 유역의 강우량 중에서 표면유출유량으로 된 부분을 의미하는 것이 된다. 이 같이 유효우량이란 여러 가지 의미로 이용되므로 이를 이용할 때에는 어떠한 정의의 방식으로 사용하고 있는가에 대해서 확인할 필요가 있다.

유효우량이 강우가 직접유출한 부분을 의미할 때 강우중에서 직접 유출하지 않았던 부분, 즉 수목에 의해 차단되며, 웅덩이에 저류되며, 지중에 침투하여 흙습기의 부족을 채우며, 수명이 긴 지하의 대수층에 저류된 부분을 홍수손실량(flood losses)이라 한다.

침투능값이 전반적으로 낮은 유역에서 유역에 큰 비가 내려서 생기는 홍수유량을 계산하는 경우에는 직접유출유량과 기저유량을 전혀 별도로 계산하여 양자를 합쳐서 홍수유량이라고 하는 방법이 있다. 이 경우 기저유량으로는 일정값, 일반으로는 초기유량을 이용하는 경우가 많다. 이 같은 방법을 취하는 것은 침투능값이 낮기 때문에 지표아래로 침투하는 우수량이 작고 또한 그 중의 상당부분이 흙습기의 부족을 채우는 것으로 회전하여 중간유출과 지하수 유출하는 부분은 얼마 안되기 때문에 지체 유출성분에 의한 유출유량은 전체 유량에 크게 영향을 주는 정도로 증가하지 않는다. 그러므로 이 같은 경우에는 홍수손실량을 우선 산정하여 다음에 우량에서 빼서 유효우량을 산정한다.

한편 침투능값이 전반적으로 높은 유역에서는 대부분의 강우가 지표 아래로 침투하여서 큰 비가 내린 때 지체 지하수유출을 발생시켜 대수층으로의 지하수 보급량이 침투능값이 전반적으로 낮은 유역에 비해서 현저히 많게 되므로 그것에 의한 유출유량도 상당히 크게 되어서 기저유량으로서 초기유량을 일률로 직접 유출유량에 합치는 것은 행할 수 없다. 즉, 직접유출유량과 기저유량을 전혀 별개로 계산하는 방법을 채택하는 것이 현저히 불합리한 결과를 생기게 된다. 이 같은 경우에는 본래 의미로서의 유효우량을 산정하게 된다.

8.4.2 유효우량 산정방법

총우량주상도로부터 시간구간별 손실우량을 제외시켜 유효강우주상도를 작성하는 방법에는 다음과 같은 방법이 있다.

1) **일정비법**(constant fraction method)

그림 8.14(a)에서 볼 수 있는 바와 같이 시간구간별 강우량의 일정비가 손실되고 나머지가 유효우량이 된다고 가정하는 것으로 유출계수(runoff coefficient)와 같은 개념으로 유효우량을 계산하는 방법이다. 이 방법은 과다한 선행강우로 인해 유역의 지표면이 거의 포화되어 있을 경우에는 비교적 정확한 결과를 주는 것으로 알려져 있다.

2) **일정 손실률법**(constant loss rate method)

그림 8.14(b)에서와 같이 강우기간 동안의 손실률 또는 침투능이 일정하다고 가정하는 방법으로 ϕ-index방법과 동일한 개념을 가진다. 이 방법은 유역의 선행토양함수량이 많고 큰 호우를 대상으로 하는 설계입장에 적절한 방법이다.

3) **초기손실-일정 손실률법**(initial loss-constant loss rate method)

그림 8.14(c)에서와 같이 유역의 토양수분 미흡량이 초기침투량으로 충족될 때까지는 유출이 발생하지 않으며 초기손실이 발생한 이후에는 일정율로 손실된다고 가정하는 방법으로 유역이 비교적 건조한 상태에 있을 경우 적절한 방법이다.

4) **침투 곡선법**(infiltration curve method)

이 방법은 그림 8.14(d)에서와 같이 강우가 계속됨에 따라 토양의 침투율이 감소하는 특성을 표시하는 Horton, Phillips 등의 침투능 곡선으로 시간구간별 손실량을 계산하는 방법으로 이론적으로는 가장 합리적인 방법이나 유역의 상태에 맞는 침투능 곡선의 계산이 어렵다.

5) **표준형 강우-유출관계 곡선법**(standard rainfall-runoff relation curve method)

그림 8.14(e)에서와 같이 광범위한 수문관측자료의 분석으로 유역의 유출특성소선에 따른 강우량과 유출량의 관계를 설정해 둠으로써 특정 강우량이 발생했을 경우의 유출량을 산정하는 방법이다. 이 방법에 속하는 가장 대표적인 방법은 미국 토양보존국의 유효우량 산정법으로 유역의 토양형, 식생 피복형 및 처리상태 등의 유출특성과 선행토양함수 조건 등을 고려하는 객관성이 높은 것으로 알려져 있으며 미국내 유역에서는 광범위한 검정이 이루어 졌으나 다른 지역 하천유역에서의 신

되도는 추가적인 검정이 필요하다.

위에서 소개한 5가지 방법은 각각 장단점을 가지고 있으며 적용대상 유역에서의 검정절차를 거쳐 가장 적절한 방법을 선택하는 것이 원칙이나 그렇지 못할 경우에는 적용의 객관성이 높은 방법을 선택하는 것이 바람직하다.

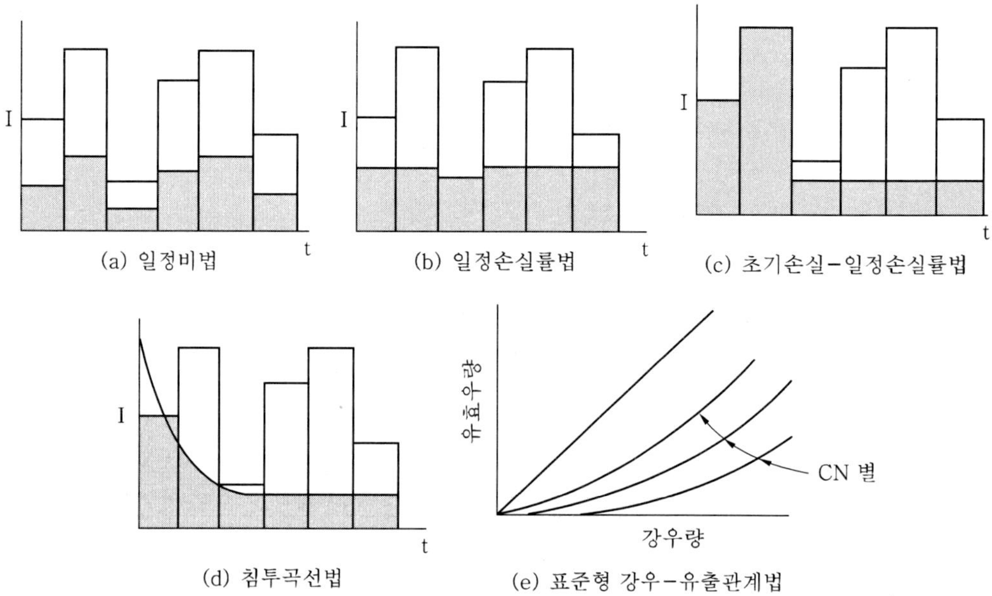

그림 8.14 유효우량 산정방법의 분류

8.4.3 침투능값이 전반적으로 낮은 유역에서 유효우량의 취급방법

침투능값이 전반적으로 낮은 유역에서는 강우강도와 침투율의 차가 잉여강우로 되어서 표면류가 생기며 강우는 지표면 아래에 조금밖에 침투하지 않으므로 직접 유출유량에서 표면유출유량 이외의 유출유량은 극히 적다. 그러므로 이 같은 유역에서는 표면유출유량이 즉 직접유출유량이라고 한다. 이 같은 것으로부터 수문곡선에 침투능곡선을 그려서 우량에서 침투량을 빼며 다시금 지표면 보유량을 빼서 표면유출하는 우량 즉, 유효우량을 산정할 수 있다(그림 8.15). 그래서 유역내에 분포하는 각종의 토질을 대표하는 장소에서 최초로부터 잉여강우가 발생하는 강우강도로 인공적으로 비를 뿌려서 침투율을 측정하면 침투능곡선이 얻어지며 이것을 근원으로 해서 큰 비가 내린 때의 유효우량을 실험적으로 구하게 된다.

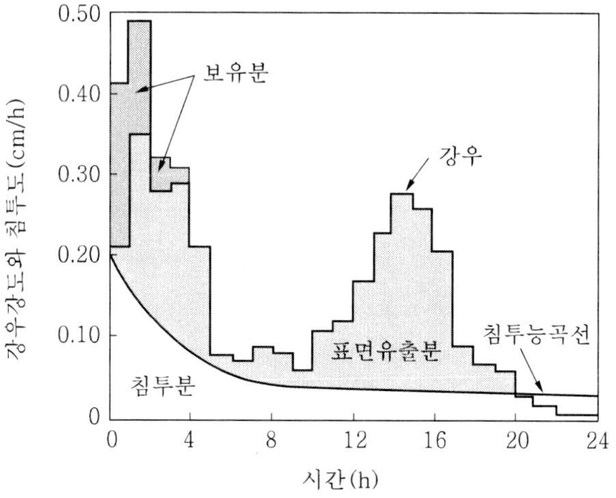

그림 8.15 침투능곡선을 이용한 유효우량의 산정법

유역의 우량과 유역출구의 유량이 정밀하게 관측·측정되어 있는 유역에서는 홍수수문곡선에서 기저유량을 분리하여 직접유출유량을 구하며 그림 8.16에 나타낸 것 같이 우량주상도의 사선을 그은 부분의 면적이 정확히 직접유출량에 상당하도록 ϕ값을 결정한다. 이같이 해서 많은 홍수로부터 ϕ값을 구하며 이것의 수치를 정리한 것을 ϕ-지수(ϕ-index)라 한다. 이 ϕ-index를 이용하여 직접유출량을 우량주상도로 산정하는 것을 9장에서 설명하는 단위도법에서 유효우량의 산정에 이용하며 이것을 **ϕ-index법**이라한다.

그림 8.16에서 알 수 있는 것 같이 ϕ-지수값은 강우강도가 연속적으로 그보다도 큰 값을 나타내는 사이의 평균 유역수분 보충속도라고도 말하는 것이다. 이 ϕ-지수를 이용하여 직접유출량의 시간분포값 즉, 직접유출유량을 계산하면 시간분포값은 강우초기에서 큰 양, 종기에서 작은 양으로 눈어림으로 눈금을 새기게 된다. 그래서 보다 정확하게 하기 위해서 지표면 보유량을 S, 강우량을 P, 직접유출량을 Q로서 평균침투율 W를 계산한다.

$$W = \frac{P - Q - S}{t_f} \tag{8.4}$$

여기서, t_f는 강우강도가 W보다 큰 값을 나타내는 시간이다. 많은 홍수에 대해서 W값을 계산하여 그 수치를 정리한 것을 **W-지수**(W-index)라 한다. 즉, W-지수는 강우개시에서 종료까지의 평균침투능이라는 것이며 W-지수와 S를 이용하여서 보다 합리적으로 직접유출량을 산정할 수 있다. 또 대단히 습한 상태에서 출발한 홍수의 W값을 계산하게 되면 이것은 최종침투율에 근사한 값이므로 이 같이 해서 얻은 W의 평균적인 값은 유역의 최종침투능이라고 볼 수 있다. 이것을 Wmin-index라 하며 이상 3개의 지수를 일괄해서 침투지수라 한다.

우량과 유량의 관측과 측정이 정밀하게 행해져 있는 유역에서는 이 절에서 설명하는 선행강우지표 등 유역의 습한 상태를 나타내는 지표와 관련해서 ϕ-index, 혹은 S와 W-index, 또는 Wmin-index 값을 구하면 유역이 임의의 습한 상태에서 큰 비가 내린 때 그것에 의한 직접유출량 즉 유효우량을 쉽게 산정할 수 있다. 또 우량과 유량의 관측과 측정이 행해져 있지 않아서 수문자료가 없는 유역에서는 수문자료가 있는 유역의 침투지표를 꾸며서 이용하여 직접유출량을 쉽게 추정할 수 있다.

그림 8.16에서 우량주상도로부터 ϕ-지수값을 빼서 남는 강우가 직접유출하는 부분이며 이것을 그래프로 고쳐 쓴 것을 유효우량의 주상도라 하고 미국에서는 ERH로 약해서 부른다.

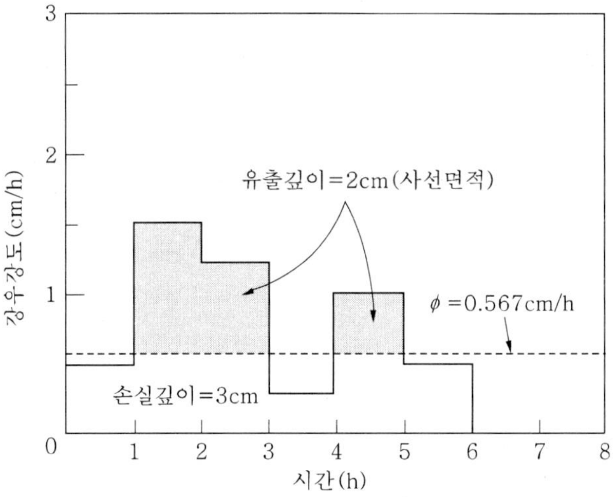

그림 8.16 ϕ-지수의 계산

예제 8.1

다음 강우분포는 6h 호우 동안 측정된 것이다.

시 간(h)	0		1		2		3		4		5		6
강우강도(cm/h)		0.5		1.5		1.2		0.3		1.0		0.5	

유출깊이는 2cm로 추정되었다. ϕ-지수를 계산하라.

풀이

강우분포로부터 총강우량은 5cm이다. 그러므로 침투에 의해 손실된 깊이는 (5−2)=3cm이다. 그림 8.16를 참고로 ϕ-지수는 시행착오에 의해 계산한다. 검사에 의해 ϕ값을 0.5와 1.0cm/h

사이라고 가정한다. 질량균형에서

$$(1.5-\phi)\times 1+(1.2-\phi)\times 1+(1.0-\phi)\times 1=2\text{cm}$$

ϕ에 대해서 풀면 $\phi=0.567$cm/h이다.
가정된 범위가 틀리면 계산된 ϕ값은 범위를 벗어난다.

8.4.4 NRCS의 유효우량 산정방법

총우량주상도로부터 해당 직접유출량에 상응하는 초과강우량을 수평선으로 분리함으로써 일정률로 유역으로부터의 총유출수문곡선으로부터 직접 유출분을 분리할 수만 있다면 총 우량주상도상에서 직접 유출분에 해당하는 유효우량의 시간적 분포를 표시하는 유효우량주상도(effective rainfall hyetograph)를 얻을 수 있게 된다.

만약 어떤 호우로 인한 유출량 자료가 없을 경우에는 직접유출량의 결정이 불가능하여 ϕ-혹은 W-지표를 구할 수 없으므로 유효우량을 결정할 수 없게 된다. 이와 같이 유출량 자료가 없는 경우에 유역의 토양 특성과 식생피복상태 등에 대한 상세한 자료만으로서도 총우량으로부터 유효우량을 산정할 수 있는 방법을 미국 자연자원보존국(U.S. Natural Resources Conservation Service, NRCS)이 개발하였으며 미계측 유역에서의 유효우량 산정에 널리 사용되고 있다.

NRCS 방법에서는 유효우량의 크기에 직접적으로 영향을 미치는 인자로서 유역을 형성하고 있는 토양의 종류(soil type), 토지이용(land use) 상태, 식생피복의 처리상태(vegetal cover treatment) 및 토양의 수문학적 조건(hydrologic condition) 등을 고려하여 이들 인자들이 직접유출에 미치는 복합적인 영향을 양적으로 표시하고자 하였으며 강우가 있기 이전의 선행토양함수조건(antecedent soil moisture condition)도 고려하였다.

1) 수문학적 토양군의 분류

한 유역의 토양 특성은 강우로 인한 유출과정에 직접적인 영향을 미친다. 즉, 토양의 성질에 따라 침투능이 상이하므로 총우량 중 직접유출로 유하하는 유효우량의 크기도 다를 수 밖에 없다. 그런데 토양의 성질을 양적으로 표시하기란 힘들므로 NRCS는 토양의 침투능을 기준으로 표 8.1과 같이 4개의 토양군으로 분류하고 있다. 표 8.1로부터 알 수 있는 바와 같이 토양 침투능의 크기는 A > B > C > D 순이나 유출률은 이의 역순이다.

우리나라 유역의 토양에 대한 성질도 농촌진흥청 식물환경연구소에서 전국적으로 조사하여 토양 명칭으로 분류하고 있으며 동연구소의 한국토양조사사업기구는

1971년에 전국에 걸쳐 개략토양도(1:50,000)를 작성한 바 있으므로 토양명칭별 특성을 고려하여 표 8.1의 4개 토양군으로의 분류도 가능하다.

표 8.1 **토양형의 분류**

토양형	토양의 성질
Type A	낮은 유출률(Low runoff potential) 침투율이 대단히 크며 자갈이 있는 부양질, 배수 매우 양호 (hight infiltration rate)
Type B	침투율이 대체로 크고(Moderate infiltration rate) 돌 및 자갈이 섞인 사질토, 배수 대체로 양호
Type C	침투율이 대체로 작고, 대체로 세사질 토양층, 배수 대체로 불량
Type D	높은 유출률(High runoff potential) 침투율이 대단히 작고, 점토질 종류의 토양으로 거의 불투수성, 배수 대단히 불량

2) 유역의 토지이용상태, 식생피복처리상태 및 토양의 수문학적 조건

총우량과 유효우량간의 관계는 유역의 토양 종류뿐만 아니라 유역의 토지이용상태(혹은 식생피복형)와 그의 처리상태에 따라서도 크게 좌우된다. NRCS는 주로 농경지역에 대해 토지이용상태, 식생피복 처리상태 및 토양의 수문학적 조건 등을 표 8.2에서와 같이 여러 가지로 분류하였고, 도시지역에 대해서는 표 8.3에서와 같이 토양형과 피복상태 및 불투수율에 따라 총우량에 대한 직접 유출량(혹은 유효우량)의 잠재력을 표시하는 유출곡선지수(runoff curve number, CN)를 부여하였다.

표 8.2 **농경지역 및 삼림지역의 토양-피복형별 유출곡선지수.** CN **(AMC-Ⅱ,** $I_a = 0.2S$**)**

식생피복 및 토지이용상태	피복처리상태	토양의 수문학적 조건	토 양 형			
			A	B	C	D
휴경지(fallow)	경사경작(straight row)	–	77	86	91	94
이랑 경작지(rowcrops)	경사경작	배수 나쁨	72	81	88	91
	경사경작	배수 좋음	67	78	85	89
	등고선 경작(contoured)	배수 나쁨	70	79	84	88
	등고선 경작	배수 좋음	65	75	82	86
	등고선, 테라스 경작	배수 나쁨	66	74	80	82
	등고선, 테라스 경작	배수 좋음	62	71	78	81
조밀경작지(small grains)	경사경작	배수 나쁨	65	76	84	88
	경사경작	배수 좋음	63	75	83	87
	등고선 경작	배수 나쁨	63	74	82	85
	등고선 경작	배수 좋음	61	73	81	84
	등고선, 테라스 경작	배수 나쁨	61	72	79	82
	등고선, 테라스 경작	배수 좋음	59	70	78	81
콩과식물(close-seeded legumes) 또는 윤번 초지 (rotation meadow)	경사경작	배수 나쁨	66	77	85	89
	경사경작	배수 좋음	58	72	81	85
	등고선 경작	배수 나쁨	64	75	83	85

	등고선 경작	배수 좋음	55	69	78	83
	등고선, 테라스 경작	배수 나쁨	63	73	80	83
	등고선, 테라스 경작	배수 좋음	51	67	76	80
목초지(pasture)		배수 나쁨	68	79	86	89
또는 목장(range)		배수 보통	49	69	79	84
		배수 좋음	39	61	74	80
	등고선 경작	배수 나쁨	47	67	81	88
	등고선 경작	배수 보통	25	59	85	83
	등고선 경작	배수 좋음	6	35	70	79
초지(meadow)		배수 좋음	30	58	71	78
삼림(woods)		배수 나쁨	45	66	77	88
		배수 보통	36	60	73	79
		배수 좋음	25	55	70	77
관목숲(forests)	매우 듬성듬성	-	56	75	89	91
농가(farmsteads)		-	59	74	82	86

표 8.3 **도시지역의 유출곡선지수(AMC-Ⅱ하)**

피 복 상 태	평균 불투수율 (%)	토양형			
		A	B	C	D
완전히 개발된 도시지역					
• 개활지(잔디,. 공원, 골프장, 묘지)					
- 나쁜 상태(초지 피복률이 50% 이하)		68	79	86	89
- 보통 상태(초지 피복률이 50~75%)		49	69	79	84
- 양호한 상태(초지 피복률이 75% 이상)		39	61	74	80
• 불투수지역					
- 포장된 주차장, 지붕, 접근로(도로 포함, 도로 경계선은 포함하지 않음)		98	98	98	98
- 포장된 곡선길과 우수거(도로 경계선은 포함하지 않음)		98	98	98	98
- 포장길(도로 경계선은 포함)		83	89	92	93
지갈길(도로 경계선은 포함)		76	85	89	91
- 흙 길(도로 경계선은 포함)		72	82	87	89
• 도시지역 : 상업 및 사무실 지역	85	89	92	94	95
• 공업지역	72	81	88	91	93
• 주거지역(구획지 크기에 따라) :					
150평 이하	65	77	85	90	92
300평	38	61	75	83	87
400평	30	57	72	81	86
600평	25	54	70	80	85
1,200평	20	51	68	79	84
1,440평	12	46	65	77	82
개발중인 도시지역		77	86	91	94

표 8.4 **선행 토양함수조건의 분류**

AMC Group	5일 선행 강수량, P_5(mm)	
	비성수기	성수기
I	$P_5 < 12.70$	$P_5 < 35.56$
II	$12.70 < P_5 < 27.94$	$35.56 < P_5 < 53.34$
III	$P_5 > 27.94$	$P_5 > 53.34$

3) 유역의 선행토양함수조건

총강수량과 유효우량간의 관계분석에 있어서 5일 혹은 30일 선행 강수량은 한 유역의 선행 토양함수조건을 대변하는 지표로 흔히 사용된다. 즉, 동일한 강수가 내린 경우 선행 강수량이 많으면 유역 토양의 습윤도가 높으므로 유출률, 즉 유효우량은 상대적으로 많아질 것이나 선행 강수량이 적을 경우에는 침투손실이 커지므로 유효우량은 적어져서 유출률은 저하하게 된다.

NRCS에서 기준으로 삼고 있는 선행토양함수조건(Antecedent Soil Moisture Condition, AMC)은 1년을 성수기(growing season)와 비성수기(dormant season)로 나누어 각 경우에 대하여 다음과 같은 3가지 조건으로 구분하고 있다.

AMC-Ⅰ : 유역의 토양은 대체로 건조상태에 있어서 유출률이 대단히 낮은 상태 (lowest runoff potential)

AMC-Ⅱ : 유출률이 보통인 상태(average runoff potential)

AMC-Ⅲ : 유역의 토양이 수분으로 거의 포화되어 있어서 유출률이 대단히 높은 상태(highest runoff potential)

상기한 3개의 선행 토양함수조건은 5일 선행 강수량의 크기에 의하여 유역의 습윤정도를 분류하는 기준이 되며 NRCS에서 사용하고 있는 5일 선행 강우량의 크기는 표 8.4와 같다.

4) 총우량-유효우량관계 모형

NRCS는 총우량과 유효우량간의 관계를 다음과 같은 식으로 표시하였다.

$$Q = \frac{(P - I_a)^2}{(P - I_a) + S} \tag{8.5}$$

여기서, P는 호우별 총우량(mm)이며, I_a는 강우 초기의 손실우량(mm), S는 유역의 최대잠재보유수량(potential maximum retention)(mm)이고 Q는 직접유출량에 해당하는 유효우량(mm)이다. 식 (8.5)의 초기손실 I_a는 유출이 시작되기 전에 생기는 차단(遮斷)이라든지, 침투, 지면저류(地面貯溜) 등을 포함하며 S와는 다음과 같은 관계를 가진다고 가정하였다.

$$I_a = 0.2S \tag{8.6}$$

식 (8.6)를 식 (8.5)에 대입하면

$$Q = \frac{(P-0.2S)^2}{P+0.8S} \tag{8.7}$$

식 (8.7)은 NRCS의 유효우량 산정법에서 사용하고 있는 총우량-유효우량 관계이다.

식 (8.7)의 S는 선행 토양함수 조건에 따라 상이한 값을 가지게 될 것이며 AMC-Ⅰ에 대한 S는 AMC-Ⅱ에 대한 S보다 클 것이나 AMC-Ⅲ에 대한 S는 AMC-Ⅱ에 대한 S값보다 작을 것이다. 유역의 잠재보유수량의 크기를 표시하는 S는 유역의 토양이나 토지이용 및 식생피복 처리상태의 등의 이른바 수문학적 토양-피복형(hydrologic sioil-cover complexes)의 성질을 대변하는 것으로서 한 유역의 유출능력을 표시하는 유출곡선지수 CN(runoff curve number)라는 변수를 다음과 같이 S의 함수로 정의함으로써 유출에 미치는 S의 효과를 간접적으로 고려하게 된다. 즉,

$$\mathrm{CN} = \frac{25,400}{S+254} \quad \text{혹은} \quad S = \frac{25,400}{\mathrm{CN}} - 254 \tag{8.8}$$

식 (8.7)과 (8.8)을 이용하여 AMC-Ⅱ 조건하에서의 유출곡선지수별 총우량-유효우량간의 관계를 표시한 곡선이 그림 8.16이며 AMC-Ⅱ에 대한 유출곡선지수를 AMC-Ⅰ 혹은 AMC-Ⅲ 조건하에서의 값으로 조정하기 위해서는 표 8.5를 사용하거나 다음 관계식을 이용한다.

$$\mathrm{CN}(\text{Ⅰ}) = \frac{4.2\mathrm{CN}(\text{Ⅱ})}{10-0.058\mathrm{CN}(\text{Ⅱ})} \tag{8.9}$$

$$\mathrm{CN}(\text{Ⅲ}) = \frac{23\mathrm{CN}(\text{Ⅱ})}{10+0.13\mathrm{CN}(\text{Ⅱ})} \tag{8.10}$$

여기서, CN(Ⅰ), CN(Ⅱ), CN(Ⅲ)는 각 AMC-Ⅰ, Ⅱ, Ⅲ 조건하의 유출곡선지수이다.

표 8.5 **선행토양함수조건(AMC)에 따른 유출곡선지수의 조정**

AMC 별 CN			S(AMC-Ⅱ) (mm)	Curve의 시점(mm)	AMC 별 CN			S(AMC-Ⅱ) (mm)	Curve의 시점(mm)
Ⅱ	Ⅰ	Ⅲ			Ⅱ	Ⅰ	Ⅲ		
100	100	100	0	0	60	40	78	169	33.8
99	97	100	2.57	0.5	59	39	77	177	35.3
98	94	99	5.18	1.0	58	38	76	184	36.8
97	91	99	7.85	1.5	57	37	75	192	38.4
96	89	99	10.6	2.0	56	36	75	200	39.9
95	87	98	13.4	2.8	55	35	74	208	41.6
94	85	98	16.2	3.3	54	34	73	216	43.2
93	83	98	19.1	3.8	53	33	72	225	45.0
92	81	97	22.1	4.3	52	32	71	234	47.0
91	80	97	25.1	5.1	51	31	70	244	48.8
90	78	96	28.2	5.6	50	31	70	254	50.8
89	76	96	31.5	6.4	49	30	69	264	52.8
88	75	95	34.5	6.9	48	29	68	274	54.9
87	73	95	37.8	7.6	47	28	67	287	57.4
86	72	94	41.4	8.4	46	27	66	297	59.4
85	70	94	44.7	8.9	45	26	65	310	62.0
84	68	93	48.3	9.6	44	25	64	323	64.5
83	67	93	52.1	10.4	43	25	63	335	67.1
82	66	92	55.9	11.2	42	25	62	351	70.1
81	64	92	59.4	11.9	41	23	61	366	73.2
80	63	91	63.5	12.7	40	22	60	381	76.2
79	62	91	67.6	13.5	39	21	59	396	79.2
78	60	90	71.6	14.2	38	21	58	414	82.8
77	59	89	76.0	15.2	37	20	57	432	86.4
76	58	89	80.3	16.0	36	19	56	452	90.4
75	57	88	84.6	17.0	35	18	55	472	94.5
74	55	88	89.2	17.8	34	18	54	493	98.6
73	54	87	94.0	18.8	33	17	53	516	103
72	53	86	98.8	19.8	32	16	52	538	108
71	52	86	104	20.8	31	16	51	564	113
70	51	85	109	21.8	30	15	50	592	118
69	50	85	114	22.9					
68	48	84	119	23.9	25	12	43	762	152
67	47	83	125	24.9	20	9	37	1016	203
66	46	82	131	26.2	15	6	30	1440	288
65	45	82	137	27.4	10	4	22	2286	457
64	44	81	143	28.4	5	2	13	4826	965
63	43	80	149	29.7	0	0	0	∞	∞
62	42	79	156	31.2					
61	41	78	162	32.5					

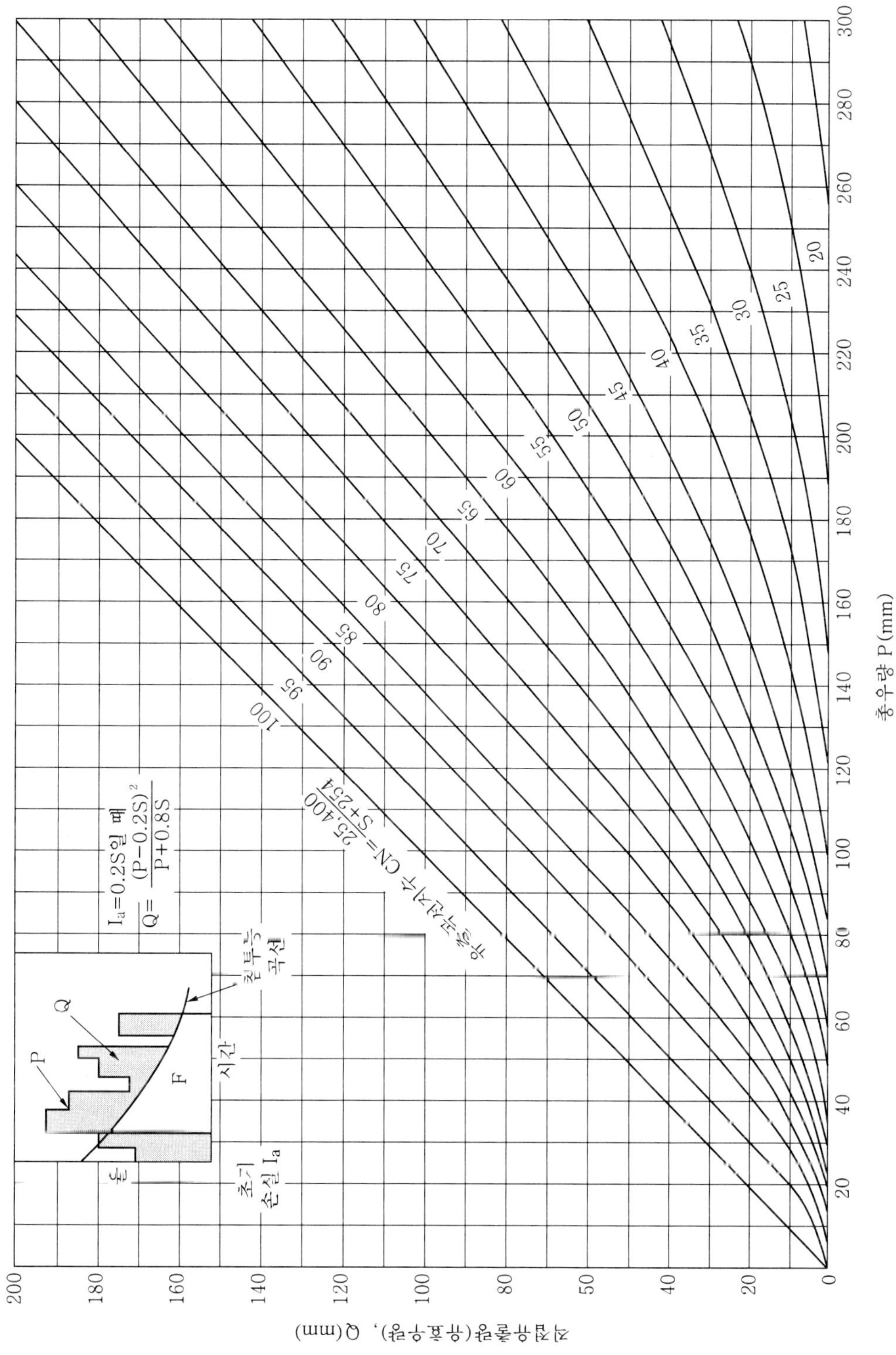

그림 8.17 총우량-유효우량관계 곡선도(SCS 방법)

5) NRCS방법의 적용절차

이상에서 살펴본 NRCS의 유효우량 산정방법을 적용하는 절차를 요약하면 다음과 같다.

① 대상유역의 토양도를 사용하여 지형도(1 : 25,000 혹은 1 : 50,000)상에 4개 토양군별 분포도를 작성한다.

② 유역의 토지이용상태를 표 8.2 및 표 8.3의 분류에 따라 지형도상에 분류 분포시킨다.

③ 유역의 토양-피복형별 분포면적을 지형도상에서 구적기로 구하고 이를 가중인자로 하여 표 8.2 혹은 표 8.3에서 결정한 유출곡선지수를 유역전체에 걸쳐 평균함으로써 유역의 평균 유출곡선지수(AMC-II 조건하)를 결정한다.

④ 대상호우 이전의 선행 5일 강우량을 계산하여 표 8.4의 기준에 의거 AMC를 결정하고 이에 따라 해당 AMC에 대한 평균 유출곡선지수, CN을 표 8.5로부터 구한다.

⑤ 식 8.8에 의거 잠재보유수량 S를 구한 후 이를 총우량 P와 함께 식 (8.7)에 대입하여 직접유출량(유효우량) Q를 계산하거나 혹은 P와 CN값을 사용하여 그림 8.17으로부터 보간법에 의해 Q를 직접 읽는다.

연습문제

8.1 다음을 설명하시오.

① 직접유출
② 지체시간
③ ϕ-지수
④ 유효우량

8.2 홍수수문곡선의 형상에 영향을 주는 인자에 대해 설명하시오.

8.3 수문곡선을 정의하고 단일첨두수문곡선을 그려서 여러 성분을 표시하라.

8.4 유역의 물수지가 의미하는 것은 무엇인가?

8.5 유역으로부터 유출에 영향을 주는 인자들을 설명하시오.

8.6 기저유량의 분리방법에 대해 설명하시오.

8.7 3시간 호우의 30분간격 강우율은 1.6, 3.6, 5.0, 2.8, 2.2, 1.0cm/hr이었다. 표면유출이 3.6cm가 되도록 ϕ-지수를 결정하라.

8.8 210분 호우의 30분간격 강우율은 3.5, 4.0, 12.0, 8.5, 4.5 및 3.0cm/hr이다. ϕ-지수가 3.5cm/hr라면 유효강우, 총강우는 얼마인가?

8.9 유역면적 20km^{3}일 때, 1hr 지속기간의 호우에 의한 1시간 지속기간으로부터 표면유출 수문곡선 좌표를 구하라. 일정기저유량은 15m^3/sec로 가정한다.

시 간(hr)	0	1	2	3	4	5	6	7	8	9	10
하천유량(m^3/sec)	15	25	50	55	48	35	30	27	24	20	15

제9장

유출량의 시간분포

9.1 유출계산

9.2 합리식법

9.3 단위도법

9.4 단위도 합성

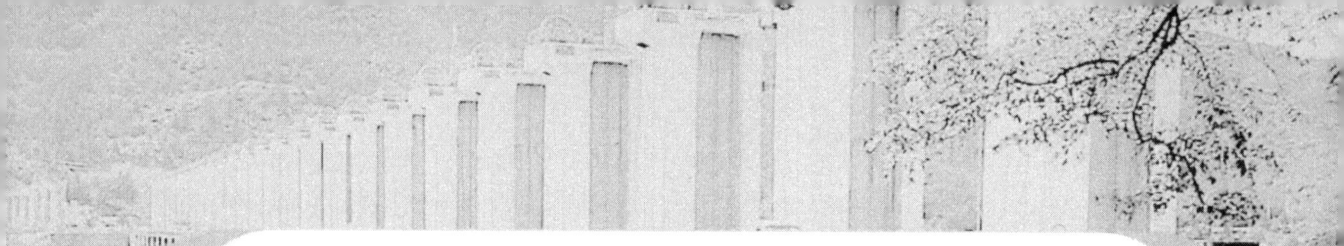

제9장

유출량의 시간분포

9.1 유출계산

9.1.1 유출계산

유역출구의 유량 즉, 유출유량은 그 유역의 유출량을 시간 분포한 결과이다. 유출량이 유역출구에서 어떻게 시간 분포하는가를 계산하는 것을 유출계산을 행한다고 한다.

유출계산을 행하기 위해서는 우선 대상으로 하는 유역에서 유출현상의 개념화(conceptualization)을 행하며 다음에 그것에 기초하여 유출과정을 나타내는 수치모형(mathmatical model)을 구성해야 한다. 어떤 유역에서도 공통적으로 적용할 수 있는 즉, 범용화된 유출의 수치모형을 구성하여 그것이 갖는 계수 혹은 매개 변수값을 관측과 측정에 의해 혹은 유역특성을 아는 한 즉시 결정할 수 있게 된 때 즉, 종합화(regionalization)된 때 이 유출의 수치모형을 이용해서 유출을 계산하는 방법을 유출계산법이라 한다. 이제까지 수많은 유출의 수치모형이 제안되어 있으나 유출계산법이라고까지 발전한 것은 셀 수 있을 정도 밖에 없다.

유출계산은 크게 홍수유출계산과 저수유출계산 혹은 단기유출계산과 장기유출계산으로 나눈다. **홍수유출계산**(단기유출계산)이란 유역에 큰비가 내린 때 그것에 어떤 홍수수문곡선이 유역출구에 나타나는가를 계산하는 것이다. 홍수는 일반으로 그 지속기간이 짧으며 즉, 단기간의 현상이므로 그것을 계산하는 것은 단기유출계산이라 한다.

저수유출계산(장기유출계산)이란 적어도 계간단위, 보통은 년간 단위로 그 기간 유역에 내린 비에 의한 유역출구의 수문곡선을 계산하는 것이다. 저수(low flow)란 홍수가 없는때 하천의 흐름상태를 말하며 년간이라는 장기간을 보면 하천이 홍수 상태인 것은 드물며 일반으로 저수상태인 쪽이 보통이다. 이 때문에 장기긴에 걸처 유역출구의 수문곡선을 구하는 것을 저수유출계산이라 한다. 그러나 최근에는 장기유출계산이라 부르는 쪽이 많다.

홍수유출계산은 홍수수문곡선의 첨두유량값만을 구하는 방법과 첨두유량값 뿐만 아니라 수문곡선 전체를 구하는 방법의 2종류로 대별된다. 또 후자의 경우에는 총유출유량을 직접유출유량과 기저유량으로 나누어 직접유출유량의 수문곡선을 구하며 이것에 별노의 방법으로 구한 기저유량의 수문곡선(많은 경우 홍수기간중을 통해서 일정값)을 더해서 홍수수문곡선으로 하는 방법과 기저유량의 분리를 행하지 않는 방법으로 나눈다.

9.1.2 유출의 수치 모형

유출계산을 행할 때 기초로 되는 유출의 수치모형은 확정론적 모형(deterministic model), 매개변수모형(parametric model) 그리고 확률론적 모형(stochastic model)의 3종류로 나눈다.

확정론적 모형은 물리법칙에 기초로 한 이론구조를 갖고 있는 수치모형이며 초기조건, 경계조건, 입력이 물리적으로 엄밀히 정의되어 있다. 매개변수 모형은 확정론적 모형과 비교해서 엄밀성을 줄인 것으로 입력과 출력을 결부하는 매개변수이며 그것의 물리적 의의는 일단되어 있으나 반드시 관측·측성 가능한 물리적 실체로서 정의가 내려있을 필요가 없는 것이다. 매개변수 모형의 매개변수의 물리적 의의가 아주 없을 때 즉, 입력과 출력이 완전히 제멋대로 관계하여 이어져 있을 때 그 매개변수모형은 black box model이라고 한다.

확률론적 모형은 현상이 확률현상이라고 생각하여 구성된 모형이다. 확정론적 모형과 매개변수 모형과의 차이는 실제적으로는 그렇게 큰 것은 아니다. 양자의 실질적인 차이는 계수 또는 매개변수의 수와 그 결정법에 있다. 전형적인 확정론적 모형에는 그 안에 많은 과정을 포함하며 이 때문에 계모의(system simulation)라고도 하고 많은 결정해야 하는 계수를 갖고 있다. 한편 매개변수 모형안의 매개변수는 그렇게 많지는 않다. 더구나 그것은 시행착오법(trial and error procedure)에 의한 객관적 최적합 방법에 의해서 결정한다.

확정론적 모형을 임의의 유역에 적용할 때 반드시 그 유역에 관해서 계산에 필요한 계수를 관측·측정해야 한다. 한편 매개 변수모형에서는 수문자료가 있는 다수의 유역에서 시행착오법에 의한 객관적 최적합 방법에 의해 매개변수값을 구해 놓으며 또한 그것이 유역의 특성치와 상관되어 있으면 즉, 매개변수의 종합화가 행해져 있으면 임의의 유역에 대해서는 그 유역의 특성치만을 자료로서 준비하는 한 매개변수값을 구하여 입력 즉, 우량을 주어서 출력 즉, 홍수유량을 얻을 수 있다.

이상과 같이 유출계산을 행하기 위해서 수치모형은 3종류로 분류되나 수치모형이 하나의 미분방정식으로 표현되어 있는 때 그것은 집중매개변수계(lumped parameter system)라 하며 수치모형이 복수의 미분방정식으로 구성된 때 분포매개변수계 혹은 분산매개변수계(distributed parameter system)라 한다.

9.2 합리식법

9.2.1 합리식의 개념

침투능값이 객관적으로 낮으며 대단히 작은 미계측 유역에서 어떤 큰 비가 있을 때 그것에 의해 생기는 홍수수문곡선의 첨두유량값을 계산하는 방법으로 **합리식**(合理式, rational formula)이라는 기본식을 이용하는 합리식법(rational method)이 있다.

합리식에서 가정은 다음과 같다.

① 강우강도는 유역위에서 균등하다.–작은 집수면적에 대하여 정당한 가정이다.

② 설계강우강도의 지속기간은 배수면적의 도달시간과 같다.–첨두유량은 전체 유역이 배수면적 출구로 유출이 기여할 때 발생한다.

③ 첨두유량의 재현기간은 강우강도의 재현기간과 같다.–n년 강우강도 i는 n년 홍수를 생산한다는 가정이다. 이 가정은 특히 미개발되고 높은 투수성인 집수구역에서는 꼭 필요하지 않다. 유출은 토양함수와 저류의 선행호우조건에 영향된다. 투수성면적의 양이 감소하므로써 강우손실과 초과강우에 관한 선행호우조건의 영향은 현저하게 적게 된다. 그러므로 합리식은 큰 불투수성면적을 갖는 집수구역에 대하여 더 좋은 결과를 줄 것이다.

합리식법을 대상으로 할 수 있는 유역의 넓이는 보통 0.4km^2 이하 가능한 한 0.8km^2 이하로 제한해야 한다고 되어 있다.

합리식 같은 공식을 홍수유량 산정공식(flood formula)이라 하며, 지금까지 대단히 많은 공식이 발표되어 왔으나 현재도 왕성하게 이용되고 있는 것은 합리식만이라고 해도 좋다.

합리식은 다음의 형으로 나타낸다.

$$Q = CIA \tag{9.1}$$

여기서, Q는 홍수의 첨두유량(cfs), C는 유역의 특성에 의해서 결정되는 유출계수, I는 홍수를 초래하는 큰 비의 홍수도달시간내 최대평균강우강도(in/h), A는 유역면적(acre)이다. 홍수의 도달시간(time of concentration)이란 가장 먼점에서 발생한 잉여강우가 유역의 출구에 도달하는데 걸리는 시간이다.

유량을 m^3/s, 강우강도를 mm/h, 유역면적을 km^2 단위로 나타내면 합리식은 다음 형으로 된다.

$$Q = \frac{1}{3.6} CIA = 0.2778 CIA \tag{9.1.1}$$

9.2.2 합리식법

일반적으로 합리식을 이용하여 홍수의 첨두유량을 구하는 작업은 다음 순서로 행한다.

① 유역면적 A를 측정한다.

② 유역출구에서 가장 먼 점을 결정하여 유역길이 L 및 출구와 가장 먼점의 표고차 H를 측정하여 유역의 평균경사 S를 계산한다. (S=H/L)

③ L과 S로부터 홍수도달시간 t_c를 계산한다.

④ 강우강도식 또는 확률강우강도식을 이용하여 홍수도달시간내 최대 평균강우강도 I를 계산한다.

⑤ 유출계수 C값을 결정한다.

⑥ 홍수의 첨두유량 Q를 합리식으로 이용하여 계산한다.

강우강도는 배수면적의 도달시간과 같은 호우지속기간에 의해 규정한다. 이 표준은 유역출구에 유출을 기여하는 유역의 모든점은 평형상태조건을 확립하고 출구에서 유량은 주어진 강우강도에 대해 최대값을 확립한다. 강우강도는 일반적으로 지역에 대한 IDF곡선 혹은 강우강도식으로부터 얻는다.

유출계수(流出係數) C는 강우가 유출로 바뀌는데 배수면적 능력을 반영하는 것으로 0~1이다. 이 계수는 강우강도와 다른 유역변수에 관계없는 오직 지표피복의 함수로 고려한다. 토지이용을 기초로 한 대표적 C값은 표 9.1과 같고 ASCE(1992)에 의해 제공되었다.

표 9.1에서 제공된 C값은 각 토지이용에 대하여 상대적으로 넓은 범위를 주므로 일관성 있게 적용하기 어렵다. 표로부터 C값의 선택에 대한 일반적 추천은 범위의 중간값을 이용한다. 실제로 C는 지표피복, 강우강도, 호우재현기간 그리고 다른 수문학적 변수의 조합된 영향을 기술하는 복합유출계수이다. Rawls et al.(1981)는 NRCS 수문학적 토양군, 평균표면경사 그리고 호우재현기간을 기초로 한 값을 준비하여 C값 선택에서 불확실성을 제거하기 위해 시도하였다(표 9.2).

표 9.1 **합리식 유출계수(ASCE, 1992)**

종류	계수
토지의 이용에 의한 혼합면적	
이용되지 않은	0.10-0.30
공원, 묘지	0.10-0.25
운동장	0.20-0.35
철도부지	0.20-0.35
주택지	
도시근교	0.25-0.40
단일가족	0.30-0.50
복합단위 분리	0.40-0.60
아파트	0.50-0.75
복합단위 연결	0.60-0.75
산업	
밀도가 적은	0.50-0.80
밀도가 큰	0.60-0.90
상업	
근접	0.50-0.70
도심지	0.70-0.95
동질성 면적	
잔디, 모래 토양	
평평한(2%)	0.05-0.10
평균(2~7%)	0.10-0.15
가파른(>7%)	0.15-0.20
잔디, 무거운 토양	
평평한(2%)	0.13-0.17
평균(2~7%)	0.18-0.22
가파른(>7%)	0.25-0.35
포장도로	
다공성	0.05-0.10
벽돌	0.70-0.85
아스팔트와 콘크리트	0.70-0.95

* C값의 범위는 재현기간 2~10년에 대한 대표값이다.

표 9.2 **토양형, 표면경사 그리고 재현기간을 기초로 한 합리식 유출계수(Rawls et al. 1981)**

토지이용	수문학적 토양 그룹과 평균표면경사											
	A			B			C			D		
	0-2%	2-6%	6%+	0-2%	2-6%	6%+	0-2%	2-6%	6%+	0-2%	2-6%	6%+
삼림	0.05[a]	0.08	0.11	0.08	0.11	0.14	0.10	0.13	0.16	0.12	0.16	0.20
	0.08[a]	0.11	0.14	0.10	0.14	0.18	0.12	0.16	0.20	0.15	0.20	0.25
개방공간	0.05	0.10	0.14	0.08	0.13	0.19	0.12	0.17	0.24	0.16	0.21	0.28
	0.11	0.16	0.20	0.14	0.19	0.26	0.18	0.23	0.32	0.22	0.27	0.39
경작지	0.08	0.13	0.16	0.11	0.15	0.21	0.14	0.19	0.26	0.18	0.23	0.31
	0.14	0.18	0.22	0.16	0.21	0.28	0.20	0.25	0.34	0.24	0.29	0.41
목초지	0.10	0.16	0.25	0.14	0.22	0.30	0.20	0.28	0.36	0.24	0.30	0.40
	0.14	0.22	0.30	0.20	0.28	0.37	0.26	0.35	0.44	0.30	0.40	0.50
목장	0.12	0.20	0.30	0.18	0.28	0.37	0.24	0.34	0.44	0.30	0.40	0.50
	0.15	0.25	0.37	0.23	0.34	0.45	0.30	0.42	0.52	0.37	0.50	0.62
주택지	0.14	0.19	0.22	0.17	0.21	0.26	0.20	0.25	0.31	0.24	0.29	0.35
	0.22	0.26	0.29	0.24	0.28	0.34	0.28	0.32	0.40	0.31	0.35	0.46
산업	0.67	0.68	0.68	0.68	0.68	0.69	0.68	0.69	0.69	0.69	0.69	0.70
	0.85	0.85	0.86	0.85	0.86	0.86	0.86	0.86	0.87	0.86	0.86	0.88
거리	0.70	0.71	0.72	0.71	0.72	0.74	0.72	0.73	0.76	0.73	0.75	0.78
	0.76	0.77	0.79	0.80	0.82	0.84	0.84	0.85	0.89	0.89	0.91	0.95
상업	0.71	0.71	0.72	0.71	0.72	0.72	0.72	0.72	0.72	0.72	0.72	0.72
	0.88	0.88	0.79	0.89	0.89	0.89	0.89	0.89	0.90	0.89	0.89	0.90
주차장	0.85	0.86	0.87	0.85	0.86	0.87	0.85	0.86	0.87	0.85	0.86	0.87
	0.95	0.96	0.97	0.95	0.96	0.97	0.95	0.96	0.97	0.95	0.96	0.97

1) 비동질성 면적

배수면적이 가지각색의 다른 토지이용을 포함하고 있으면 유출계수는 각 토지이용 면적에 대해 결정할 수 있고 전체 유역에 대한 가중된 유출계수는 다음과 같이 계산할 수 있다.

$$C_w = \frac{\sum C_i A_i}{\sum A_i} \tag{9.2}$$

여기서, C_w : 가중 유출계수

C_i : 각 개개 토지이용의 유출계수

A_i : 각 개개 토지이용의 배수면적

2) 부면적에 대한 첨두유량

빗물 해석에서 시간에 관련하여 작은 유역의 배수망내 많은 지점에서 첨두 유량을 계산하는 것이 바람직하며 수문곡선해석은 대표적으로 그런 계산실행에 이용된다. 그러나 합리식은 작은 배수망에 대한 수문곡선 대신에 이용할 수 있다. 유역의 각 관심점에 대하여 배수면적과 관심점에서 조합된 도달시간은 첨두유량계산에 이용된다. 두 개 혹은 그 이상 부면적으로부터 배수되는 관심점에 대하여 이들 복합 부면적의 가장 큰 도달시간을 강우강도 확립하는데 이용한다. 가중유출계수를 계산하고 결합한 부면적의 총배수면적을 첨두유량계산에 이용한다.

표 9.3 **합리식에서의 유출계수**

구 분	C	구 분	C
포장면	0.9	도시지역	0.7
가파른산지 및 비탈면	0.8	잡지	0.6
가파른계곡 경작지	0.8	경작하는 평작지	0.5
논	0.8	경작하는 평계곡	0.6
완만한 산지	0.7	수림	0.3
완만한 경작지	0.7	밀림수림과 덤불숲	0.2

지표상황에 따른 유출계수의 보정은 다음 표 9.4와 같이 가감하도록 한다.

표 9.4 **합리식 유출계수의 지형과 지질에 따른 보정**

지 표 상 황	보정치 : 가감량
나지	경사 < 5% : -0.05
초지	경사 > 10% : +0.05
경작지	재현기간 < 20년 : -0.05
삼림	재현기간 > 50년 : +0.05 연평균강수량 < 600mm : -0.03 연평균강수량 > 900mm : +0.03

주) 하천설계기준(한국수자원학회, 2009)

또한, 국내의 지역별 토지이용도에 따른 유출계수의 범위는 다음 표 9.5를 참고하여 사용할 수 있다.

표 9.5 **토지이용도에 따른 유출계수 범위**

토지이용		C	토지이용		C
상업지역	도심지역	0.70~0.95	도로	아스팔트	0.70~0.95
	근린지역	0.50~0.70		콘크리트	0.80~0.95
				벽 돌	0.70~0.85
주거지역	단독주택	0.30~0.50	공원, 묘역		0.10~0.25
	독립주택단지	0.40~0.60	운동장		0.20~0.35
	연립주택단지	0.60~0.75	철로		0.20~0.45
	교외 지역	0.25~0.40	미개발 지역		0.10~0.30
	아파트	0.50~0.70			
산업지역	산재 지역	0.50~0.80	차도 및 보도		0.10~0.30
	밀집 지역	0.60~0.90			

주) 하천설계기준(한국수자원학회, 2009)

3) 도달시간(time of concentration)

도달시간은 아마도 호우설계에서 가장 중요한 시간변수이고 강우로부터 유출로 바꾸는 유역의 응답시간의 특성을 나타낸다. 그 점에서 도달시간의 두가지 기본적인 정의가 있는데 하나는 수문곡선해석을 기초로 하고 다른 하나는 흐름경로해석이다.

흐름경로해석에서 도달시간은 배수면적내 수리학적으로 가장 먼 점으로부터 관심의 설계점까지 유출 유하를 위해 요구된 시간으로써 규정한다. 이 경로는 반드시 거리를 기초로 한 가장 먼 점이 아니라는 것을 인지하는 것이 중요하다. 수리학적으로 가장 멀다는 것은 경로거리, 경사 그리고 표면조도를 고려한다. 경사증가는 유속이 증가하고 유하시간은 감소한다. 조도증가는 유속이 감소하고 유하시간은 증가한다. 이 경로 규정은 배수면적내 수리학적으로 가장 먼 지점은 유출이 관심점까지 배달되는 것을 함축하며 유출이 배달되는 모든 점에서 배수면적은 유출을 생산할 수 있도록 집중되고 최대로 증가한다.

도달시간 해석에서 도전은 흐름경로가 전체 최대길이, 최소경사 그리고 최대조도가 되도록 찾는 것이다. 시행착오의 과정으로 여러 가능한 경로를 유하시간에 대해 확인하고 시험해야 한다. 가장 큰 유하시간을 갖는 경로를 배수면적에 대한 도달시간으로 확립한다. 이 과정은 흐름경로가 다른 흐름체계로 나타나는 여러 구간으로 되어 실제보다 더욱 복잡하다. 일반적으로 유하시간 해석에서 얇은 판(sheet), 집중(concontrated) 그리고 수로(channel)의 세가지 흐름이 있다(그림 9.1). 판과 집중흐름은 우수관, 암거, 인공수로 혹은 자연수로 같은 수로로 들어가기 전 배수면적 표면에서 발생된다. 판흐름과 집중흐름은 때때로 수로와 하천에 반대되는 토지 표면에서 생기기 때문에 지표류(overland flow)라 부른다.

유하시간 계산 방법들은 일반적으로 특정한 흐름형태에 대해 개발되었다.

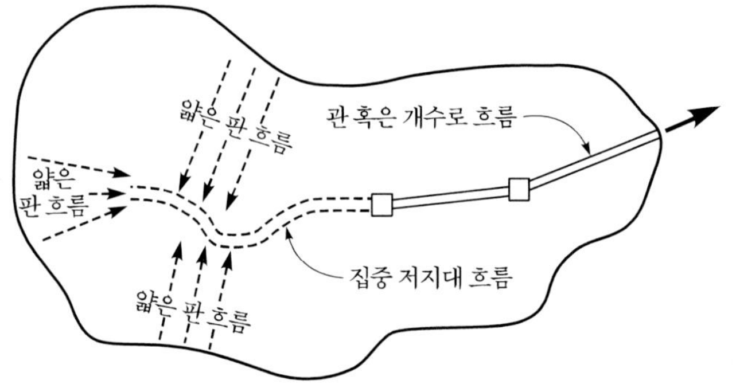

그림 9.1 유역을 가로지르는 흐름조직의 변화

① 판흐름(sheet flow)

지표 판흐름은 흐름깊이가 표면저항 크기가 같은 등급인 곳의 매우 얇은 것으로 가장 잘 묘사한다. 이 흐름은 일반적으로 균등경사 혹은 편평한 표면 위에 얇은 균등 깊이로 특성 지워진다.

Welle와 Woodward(1986)은 강우강도와 강우기간 사이 power-model 관계 풀이에서 IDF 곡선의 필요를 고려하지 않는다고 가정하여 NRCS 판흐름 방정식을 개발했다. 강우강도는 P_2로 바꾸고 2년 24hr 강우 깊이는 Monning's 방정식에 운동학적 해를 대안으로 주었다.

$$t_t = \frac{0.007L^{0.8}n^{0.8}}{P_2^{0.5}S^{0.4}} \tag{9.3}$$

여기서, t_t : hours

컴퓨터 프로그램(USDA NRCS, 2002)에서는 이 방정식을 더 편리한 형태로 다시 썼다.

$$t_t = \frac{0.42}{P_2^{0.5}}\left(\frac{nL}{S^{0.5}}\right)^{0.5}$$

여기서, t_t : min

② 집중흐름(concentrated flow)

유역 상부구간의 어느 점에서 판흐름은 집중흐름으로 전환된다. 이곳은 판흐름이 얇은 깊이 지표수를 일으키는 잘 규정된 도랑 혹은 저지대(swales)로 모아지는 곳이다. 증가된 흐름깊이에 의해 유출을 나타나게 하는 힘은 표면 저항 높이 이상 상당히 증가한다. 현장이 건조조건이면 판흐름과 집중흐름사이 전환점은 연속적으로 표면 함몰이 시작하는 위치 규정에 의해 결정할 수 있으므로 함몰위 방사상 방향으로부터 판흐름이 모일 것이다. 표면 함몰을 집중하는 형태로 직접 하류로 유출될 것이다.

평균유속방법(average velocity method)은 집중흐름계산에 이용되는 공통적인 방법이고 일정한 속도는 Newton 역학과 관계를 기초로 하며 유하시간은 이동거리를 속도로 나눈 것과 같다는 것이다.

$$t_t = \frac{L}{60V} \tag{9.4}$$

여기서, t_t : 흐름경로에서 유하시간(min)

L : 지표흐름의 길이(m)

V : 평균유속(m/s)

이 방정식은 비교적 일정한 표면조도와 경사의 기하학을 갖는 경로에 적용하고 이 조건들은 합리적으로 일정한 유속을 제공할 것이다. 흐름경로가 상당히 다른 기하학, 표면조도, 혹은 경사를 갖는다면 그 경로는 각 구간을 개별적으로 해석하는데 구간을 파괴할 것이다.

가장 잘 알려진 평균유속방법은 SCS(1986)에 의해 채택된 것이다. 지표수에 대한 평균유속은 개수로 흐름에 대한 Manning's 방정식의 단순화를 기초로 하였다. 흐름깊이가 흐름폭과 비교하여 작다는 기본가정은 동수반경이 흐름깊이와 같다라고 만든다. 동수반경과 표면조도에 대해 가정한 값은 속도와 표면경사 사이에 단순한 관계를 생성한다.

$$V = KS^{0.5} \tag{9.5}$$

여기서, K는

$$K - \frac{1}{n}R_h^{0.67}$$

SCS는 포장과 비포장의 두 개 표면 종류에 대한 평균유속 방정식을 생성하였다. 비포장 표면에 대하여 $n = 0.05$, $R_h = 0.4$ 포장표면에 대해 $n = 0.025$, $R_h = 0.2$를 선택하였고 선택된 값으로 평균유속 방정식을 축소하였다.

비포장 $V = 16.1\,S^{0.5}$

포장 $V = 20.3\,S^{0.5}$

③ 판과 집중 혼합흐름

많은 유하시간 방법은 판흐름으로 시작하여 집중흐름으로 전환하는 흐름경로를 나타내는 자료로부터 개발된 단일 방정식을 포함한다. Federal Aviation Administration (1970)은 U. S. Army Corps 기술자들에 의해 정리된 비행장 배수자료로부터 개발된 유하시간에 대한 지표흐름 방정식을 제안했다.

$$t_t = \frac{1.8(1.1 - C)L^{0.5}}{S^{0.333}} \tag{9.7}$$

여기서, t_t : 흐름경로에서 유하시간(min)

C : 합리식 유출계수

L : 흐름경로의 길이(m)

S : 평균지표경사(%)

이 방법은 방정식내에 합리식 유출계수 C가 포함되기 때문에 도시유출계산에 대중적이다.

④ 수로 혹은 관흐름

어떤 점에서 지표흐름은 잘 규정된 수로 혹은 관으로 들어갈 것이다. 개수로와 관의 흐름에 대한 유하시간은 대체로 만제(bank full) 혹은 만관조건에서 평균유속계산에 Manning's 방정식을 이용하여 결정할 수 있다. Manning's 일반 방정식은

$$V = \frac{1}{n} R_h^{2/3} S^{1/2} \tag{9.8}$$

여기서, n : 수로 흐름에 대한 Manning's 조도

R_h : 수로의 동수 반경

S : 수로경사

흐름은 등류로 가정하고 계산된 속도를 갖고 도관 혹은 수로의 길이는 흐름유하시간 결정에 이용한다($t = \frac{L}{60V}$).

예제 9.1

평균적으로 폭 7m, 깊이 1.5m인 직사각형 자연하천수로가 있다. 하천은 경사가 0.0085 조도계수 0.035이다. 등류로 가정하여 5280m 경로에 대한 유하시간을 구하라.

풀이

동수반경은 단면적을 윤변으로 나눈 것이다.

$$A = W \times d = 7 \times 1.5 = 10.5\text{m}^2$$

$$P = W + 2d = 7 + 2 \times 1.5 = 10\text{m}$$

$$R_h = \frac{10.5}{10} = 1.05\text{m}$$

Manning's 방정식을 이용하여 평균유속을 계산

$$V = \frac{1}{n} R_h^{067} S^{0.5} = \frac{1}{0.035} 1.05^{0.67} 0.0085^{0.5} = 4.05\text{m/s}$$

유하시간은

$$t_t = \frac{L}{60V} = \frac{5280}{60 \times 4.05} = 21.7\text{min}$$

⑤ **구간흐름해석**(segment flow analysis)

유역은 대체로 표면피복과 표면경사에 관해서는 정상부터 바닥까지 상당히 변화한다. 이들 상태에서 표면 유출의 흐름체계는 상당히 변화하므로 전체 경로에 대한 단일 유하시간 계산은 믿을 수 있는 결과보다 작게 주어질 것이다. 어떤 유하시간 방법의 신뢰도는 표면조도, 경사, 길이 그리고 흐름형태를 잘 결정하는데 의존한다. 이 이유로 모든 유하시간계산은 구간해석에 따라야 한다.

구간흐름해석은 각 구간이 뚜렷하게 다른 물리적 특성과 흐름체계를 가지므로 구간으로 들어오는 흐름경로를 단절한다. 개별적인 유하시간 계산은 각 구간마다 실행하여 유하시간의 합을 도달시간 규정에 이용한다.

$$t_c = \sum_{i=1}^{n} t_i \tag{9.9}$$

여기서, t_c : 도달시간

t_i : 구간 i의 유하시간

n : 경로에서 구간수

구간 접근에서 여러 가지 구간을 포함하는 도달시간을 결정하는데 이용하는 흐름경로는 개별적으로 판흐름, 집중흐름, 판과 집중혼합흐름, 혹은 수로와 관흐름으로 묘사한다. 유하시간 계산에서 도시 수문학자의 일관된 생각은 방법선택으로 이는 방법개발에 이용된 가정과 원천 자료를 보고 그 경로의 조건에 최적인 모형을 이용한다.

유하시간(流下時間, travel time) 혹은 집중시간(time of concentration)은 유역의 최원점에서 하도의 시점까지 표면류 흐름(overland flow)의 유하시간과 하도시점에서 하도종점까지의 하도흐름의 유하시간의 합으로 정의되며, 표면류 흐름의 유하시간과 하도흐름의 유하시간은 산정 방법을 달리 적용하는 것이 원칙이다.

그러나 실무에서는 유역의 최원점에서 하도시점까지 표면류 흐름의 유하시간을 무시할 수는 없지만 중규모 이상 하천유역의 경우 전체 도달시간에서 차지하는 비중이 작은 점, 하도시점이 지도축척에 따라 달라지는 문제점 등을 감안하여 유역의 최원점에서 하도종점까지의 유하시간을 동일한 방법을 적용하여 산정하고 있는 경우가 많다.

이에 따라 도달시간은 유역의 최원점에서 하도종점까지의 유하시간을 동일한 방법으로 산정하는 방식을 채택하는 것이 바람직하며, 이와 같은 방식을 적용할 경우 구간을 적절히 구분하여 처리할 필요가 있다.

경사 산정 방법은 단순경사와 등가경사(equivalent slope) 중 등가경사 방법을 채택하는 것을 원칙으로 한다.

도달시간 산정을 위한 구간 분할시에는 유역최원점에서 유역출구점까지 종단도를 그린 후 유역의 경사 변화를 반영할 수 있도록 고려하면서 경사가 유사한 구간을 하나의 구간으로 구분하는 것으로 적절한 개소수로 분할하되, 추가적으로 홍수량 산정에서 고려하는 지류 합류점 및 주요 구조물 지점 등을 고려하여야 한다.

이와 같이 구간을 분할한 후 구간별 도달시간의 합으로 전체 도달시간을 산정하는 방법과 전체 등가경사를 계산한 후 전체 구간에 대한 도달시간을 한꺼번에 산정하는 방법이 있다.

두 가지 방법 중에서 구간별 도달시간을 합하여 산정하는 방법이 물리적으로 보다 타당성을 가지는 방법이며, 이 방법의 경우 구간을 적절하게 분할하는 것이 중요하다.

자연하천유역의 도달시간 산정에는 다음과 같이 외국에서 개발된 Kirpich 공식, Rziha 공식, Kraven 공식(I), Kraven 공식(II) 등의 경험공식들을 주로 사용하고 있다.

- Kirpich 공식 : 농경지 소유역을 대상으로 유도된 공식

$$T_c = 3.976\frac{L^{0.77}}{S^{0.385}} \tag{9.10}$$

- Rziha 공식 : 자연하천의 상류부($S \geq 1/200$)에 적용되는 공식

$$T_c = 0.833\frac{L}{S^{0.6}} \tag{9.11}$$

- Kraven 공식(I) : 자연하천의 하류부($S < 1/200$)에 적용되는 공식

$$T_c = 0.444 \frac{L}{S^{0.515}} \tag{9.12}$$

- Kraven 공식(II) : 자연하천의 경사별 유속을 적용하는 공식

$$T_c = 16.667 \frac{L}{V} \tag{9.13}$$

$(S < 1/200 : V = 2.1\,\mathrm{m/s},\ 1/200 \leq S \leq 1/100 : V = 3.0\,\mathrm{m/s},\ S > 1/100 : V = 3.5\,\mathrm{m/s})$

여기서, T_c는 도달시간(min), L은 유로연장(km), S는 평균경사(무차원), V는 평균유속(m/s)이다.

기존 도달시간 경험공식을 대상유역에 적용하여 보면 대부분 산정 결과의 차이가 매우 크게 나타나지만 적절한 채택 기준은 아직까지 제시되지 않고 있으므로, 유속을 토대로 도달시간을 산정하는 Kraven(II) 공식이 가장 많이 사용되고 있다.

Kraven(II) 공식의 경우 경사구간별 유속을 제시하고 있으므로 유속의 불연속이 발생하게 되며, 경사가 매우 완만한 구간 및 경사가 매우 급한 구간에는 적용하기 곤란한 문제점 등을 가지고 있다.

이를 보완하기 위하여 급경사부의 유속은 기존 소하천정비종합계획 내용을 참조하고 완경사부의 유속은 「금강유역종합치수계획 보고서(국토해양부, 2008)」에서 제시되고 있는 수정 Kraven(II) 공식의 결과 등을 참조하여 급경사부와 완경사부 유속을 보완하여 연속형 Kraven 공식으로 제안하였다.

연속형 Kraven 공식 형태는 Kraven(II) 공식과 동일하며 단지 경사구간별 유속을 급경사부와 완경사부로 나누어서 나타내고, 평균유속 V를 하도경사 S의 항으로 표시한 회귀식은 다음과 같다.

$$\text{급경사부}(S > 3/400) : V = 4.592 - \frac{0.01194}{S},\ V_{max} = 4.5\,\mathrm{m/s} \tag{9.14}$$

$$\text{완경사부}(S \leq 3/400) : V = 35{,}151.515S^2 - 79.394S + 1.018,\ V_{min} = 1.6\,\mathrm{m/s}$$

⑥ NRCS 지체방정식

NRCS(SCS)는 짧은 시간의 강한 비와 첨두유량 사이 시간으로써 유역지체(watershed lag)를 정의한다. 주어진 유역에 대하여 지체는 기록된 강우와 수문곡선의 해석을 기초로 결정할 수 있다. 지체는 길이, 경사 그리고 표면조도와 같은 유역특성에 의해 영향을 받는다. 도달시간의 수문곡선 정의를 고려하면 지

체에 관계되는 변수는 명확하다. SCS는 유역조건의 범위로부터 많은 호우사상을 해석하고 유역지체는 유역 도달시간의 60%가 된다고 결정한다. 이 관계를 이용하고 지체가 유역변수에 관계된다면 도달시간 결정에 대한 NRCS 지체 방정식은

$$t_c = \frac{L^{0.8}[\frac{1000}{CN} - 9]^{0.7}}{190\,S^{0.5}} \tag{9.15}$$

여기서, t_c : 도달시간(hr)

L : 유역의 수리학적 길이(가장 긴 흐름경로)

CN : 유출 곡선수

S : 평균 유역 경사

이 방법은 지표흐름이 흐름경로를 따라 흐름체계를 지배하는 전원, 농업유역에 대하여 개발하였다.

예제 9.2

다음 특성을 갖는 1km^{2}의 혼합유역에 대해 합리식방법으로 첨두유량을 계산하라.

구 분	부변적 A	부면적 B
면적(km^2)	0.4	0.6
유출계수	0.6	0.3
도달시간(min)	20	60

재현기간 10년으로 가정하고 IDF식은 다음과 같다.

$$I = \frac{1{,}000\,T^{0.2}}{(t_r + 20)^{0.7}}$$

여기서, T : 재현기간(yr), t_r : 강우지속기간(min)

부면적 B의 기여계산에 출구에서 유량집중이 선형적이라고 가정한다. 즉, 출구에서 유량에 기여하는 면적증가가 같아서 시간증가도 같다.

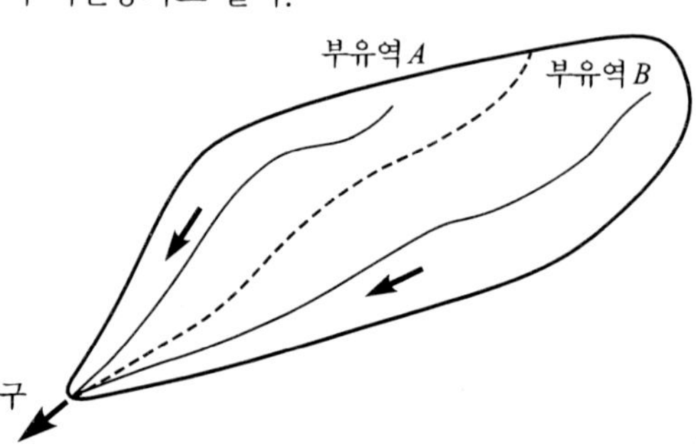

그림 9.2 합리식법(혼합유역)

풀이

우선 20~60분 사이의 강우지속기간을 10분 간격으로 선택한다.
각 강우지속시간에 대한 강우강도를 윗식으로 계산한다. 부면적 B에 대한 선형집중의 가정은 다음과 같다.

강우지속시간(min)	강우강도(mm/h)	B의 기여면적(km^2)
20	119.83	0.2
30	102.50	0.3
40	90.22	0.4
50	80.99	0.5
60	73.76	0.6

t_r=20min에 대한 첨두유량은

$Q_p=0.278\times 119.83[(0.6\times 0.4)+(0.3\times 0.2)]=10.0\text{m}^3/\text{s}$

30, 40, 50 그리고 60분의 강우지속시간에 대한 계속적인 시도는 더 낮은 첨두유량이 된다. 그러므로 첨두유량은 10.0m^3/s이고, 설계 강우지속시간은 20min이다.

9.2.3 우수관로 설계

우수관로는 우수를 개발된 면적으로부터 하천과 호수 같은 물의 자연체 안으로 안전하고 편리하게 운반하는데 이용하는 지하관이며 일반적으로 도로, 주차장 면적 그리고 때때로 잔디밭에 이용된다.

우수관로 개발 이전에 도시계획자는 가로와 소로를 따라 저습지로 연속된 수로를 통하여 우수를 관리하였고 최후에는 하천으로 들어간다.

과거에 우수관로는 동일 관으로 우수뿐만 아니라 하수를 운반하도록 부설하여 이용되었고 그러한 계통을 복합하수관로(combined sewers)라 하였으며, 최근에는 우수관로와 하수관로를 분리하여 제거한다.

본장에서는 우수관로의 기본원리와 수리학적 설계에 대하여 배운다. 물론 우수관로의 설계는 구조안정, 건설방법 그리고 비용 같은 수리학적 보다 많은 인자들이 포함된다.

1) 우수관로의 기본개념

우수관로 시스템의 세가지 주요 구성요소는 유입구, 관 그리고 유출날개벽이다.

유입구(inlet)는 시스템내로 우수를 받아들이도록 설계된 구조이고 관(pipe)은 하천이 받아들이는 쪽으로 우수를 운반 그리고 날개벽(headwall)은 우수가 시스템을 나가도록 허용한다. 그림 9.3은 우수관로 시스템의 기본 요소를 묘사한다. 유입구는 보통 땅속에 배치한 프리케스트 콘크리트 사각구조물이고 땅 높이에서 주철 쇠살대로 정상을 덮는다. 그림 9.4는 대표적인 유입구를 묘사한다. 집수역(catch basins)은 들어오는 관보다 더 낮게 위치하는 바닥을 갖도록 설계하고 나가는 관은 유사포착을 하도록 오수받이 통(sump)을 준비한다.

관은 콘크리트, 강화콘크리트, 주름있는 금속 그리고 플라스틱을 포함한 여러 가지 재료로 제작하고, 일반적으로 관의 횡단면은 원형이 대부분이다. 관은 일반적으로 직선으로 정열하고 정확한 경사로 도랑내에 놓인다. 관단면은 관이 하류 끝으로부터 상류 끝까지 부설하여 서로 꼭 맞도록 설계한다. 우수관 설계의 기초 요소는 충분한 크기를 갖는 관과 한 유입구로부터 다음 유입구까지 설계유량을 운반하도록 경사를 선택하는 것이다. 이는 설계유량과 관의 용량을 비교하여 완성하고, 만일 용량이 유량보다 크면 관은 우수관로 시스템에 이용하는데 적합하다. 그러나 여러 가지 다른 인자들을 관 구간 설계에 고려해야한다. 첫째로 유속은 적당하게 조절되어야 한다. 한편으로 속도는 너무 낮아 실트와 부스러기가 관을 따라 침전을 허용하지 않아야 하고, 다른 한편 과도한 유속을 피해야 한다. 침전을 피하는데 필요한 최소유속을 세정 유속(cleansing velocity)이라하고 일반적으로 0.6m/s를 취한다.

과도한 유속은 관에 손상 혹은 시스템내 굴곡지점에서 유입구의 과중이 될 수 있는 결과 때문에 피해야 한다. 최대 유속의 선택은 위치의 특수한 조건에 의존되기 때문에 어느 정도인지 알 수 없지만 3m/s를 설계표준으로 정하였다. 충분한 유속유지와 우수

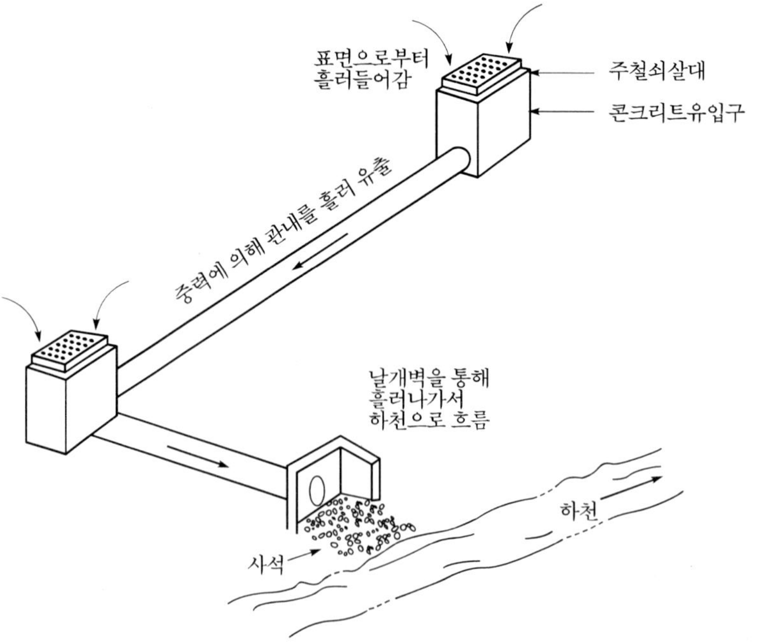

그림 9.3 우수관로 시스템의 기본 요소

관 흐름을 원활하게 유지하기 위하여 시스템 내에서 수두 손실이 최소화하도록 해야 한다. 이는 한 관 구간으로부터 다음 관까지 대개 변이를 유선형이 되도록 완성한다.

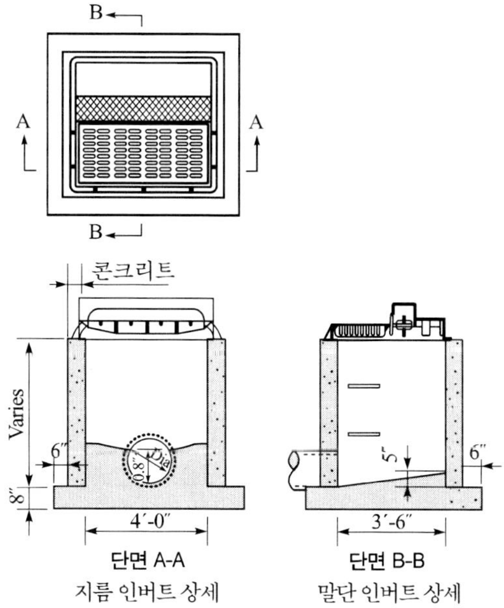

그림 9.4 대표적인 유입구의 상세구조

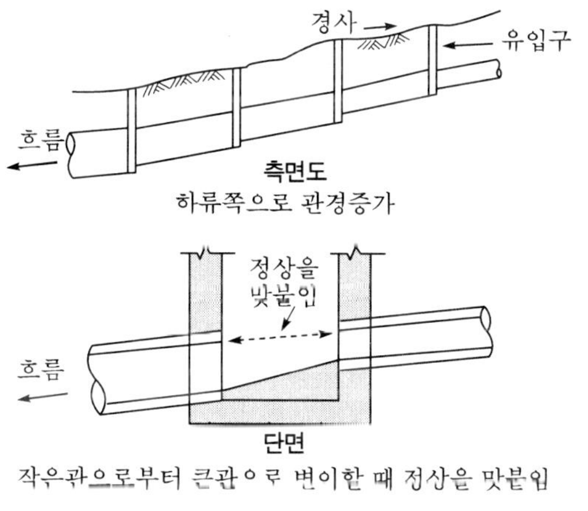

그림 9.5 우수관로 설계에서 기본규칙

2) 설계조사

우수관로 설계를 시작하기 전에 현장조사와 다른 출처를 통하여 확실한 필요 자료를 획득해야 한다.(과제회의, 지형도, 부지답사, 지역토지개발법령, 관계된 기술설계 혹은 보고서 등)

과제회의에서 가능한 명료하게 과제의 범위를 결정해야하고 과제범위는 물리적 경계, 개발의 성질 그리고 요구되는 잔여부지 향상을 포함한다.

지형측정은 유출계산을 위한 배수면적 윤곽을 그리기 위하여 항상 필요하다. 설계를 위한 유역은 상대적으로 작으며 적절하게 배수면적을 결정하기 위한 세밀한 지형학이 필요하다.

우수관로 계통이 전부 도로와 주차장 면적인 새로운 개발의 일부분이라면 항공지형을 적절하게 긁어서 설계할 것이다. 그러나 현존하는 도로가 포함되었다면 제안된 우수관로는 현존하는 관로에 연결해야하며 더 정밀한 지형학은 현존하는 시설을 일일이 명기하는 것이 필요하고 이런 경우에 항공과 지표지형을 조합하여 이용해야한다.

지형도로부터 얻은 후에 부지방문은 지도의 정보를 입증하는 것을 수행해야하고 보여지지 않는 확실한 중요 정보를 결정한다. 이를테면 지표피복의 형태는 유출계수 선택에 도움이 되는 것에 주목해야한다. 현존하는 도로에 기능하는 도랑(gutter)이 있다면 수리학적 경로 결정에 도움을 주기위하여 주목해야한다. 더욱 지형도에 분명하지 않은 복합 배수 양상을 갖는 현존하는 빌딩이 있다면 이 조건을 주목해야한다. 부지방문의 다른 목적은 우수관로를 포함한 지하설비를 입증하고 지형도가 갖는 불규칙한 것을 조사하여 누락된 설비는 지도에 추가해야한다.

적용할 수 있는 법령을 설계조사의 부분으로서 얻어야한다. 법령은 때때로 설계호우, 유출계수 또는 입구형태와 장소 같은 설계인자를 명기한다. 또한 과제 지역에 대한 강우강도식 혹은 호우강도-지속시간-빈도(IDF)곡선을 얻어야 한다.

마지막으로 과제 근처의 이전 개발에서 산출한 설계 평면도 혹은 보고서가 있다면 이를 얻는다.

3) 계통배치(system layout)

우수관로의 첫 단계는 계통배치이다. 지형도 위치상에서 하천 혹은 다른 수체로 유출하는 계통에 대한 최적위치를 찾는다.

다음 가장 효율적으로 유출을 모을 수 있는 낮은 점에 위치하는 입구위치를 정한다.

마지막으로 관을 입구와 연결하고 다른 설비 혹은 구성하고 있는 위치를 방해하지 않는 수평과 수직 정렬을 확인한다.

유출점의 선택은 매우 중요하고 항상 쉽지 않다. 이 결정을 안내하는 가장 중요한 원리는 우수가 관으로부터 물을 안전하게 받도록 이동할 수 있어야 하고 침식피해 혹은 홍수를 일으키지 않아야한다. 이를테면 유량은 관을 이동하여 집중하여 흐르기 때문에 구획의 중앙에 위치하지 않아야 한다. 적합한 하천이 과제 위치에서 이용할 수 없다면 계통을 확장하여 이전 유량점의 위치에서 멀리 떨어진 위치를 고려하는데 직면한다.

많은 과제에서 현존하는 우수관로 인접 혹은 가까운 수체에 받는 것을 이용하며 하천으로 유출하는 필요를 제거한다. 이런 경우 제안된 우수관로는 현존하는 입구의 하나에 연결하고 사실상 현존하는 계통의 부분이 된다. 제안된 계통으로부터 추가적인 유량을 받아들일 수 있는지 현존하는 관의 용량을 검토하여 입증할 필요가 있다.

입구위치의 적절한 선택은 좋은 우수관로 설계에 중대하다. 낮은 점 선택에 추가하여 많은 다른 인자들을 고려해야 한다. 이들의 중요한 것을 정리하면 다음과 같다.

(1) 경사(grading)

분명히 입구는 빗물이 들어갈 수 있는 곳에 위치해야 한다. 이는 입구위치와 경사가 대등한 위치, 입구 안으로 중턱에 의해 흐르게 수로와 지표가 형태를 이루도록 완성한다. 완성하는 대부분 공통의 방법은 도로 혹은 주차장 면적의 가장자리를 따라 연석(curb) 혹은 도랑(gutter)을 이용한다. 연석과 도랑이 없는 곳은 잔디밭의 중앙을 이용할 수 있으며 지표는 습지대(swale) 안으로 경사지게 한다.

(2) 간격(spacing)

입구는 많은 유출량을 받는 것으로부터 방해하는 단일입구까지 충분히 서로 밀접하게 위치해야 한다. 대표적인 입구는 약 $0.1m^3/s$를 받을 수 있다. 입구가 연석 선을 따라 위치했을 때 도랑을 따라 과도한 흐름을 방해하게 75m보다 작게 간격을 유지한다. 이 간격은 점검과 관리를 위해 관의 접근을 허락한다. 반대로 입구는 이러한 간격이 불필요하게 비용이 들기 때문에 서로 밀접하게 위치하지 않아야 한다.

(3) 방향변환

우수관로는 직선으로 해야하기 때문에 가능한 방향변환에서 날카로운 각을 유지해야 한다. 굴곡점으로 방해하는 것을 방지하고 관에 접근을 준비하기 위하여 가능한 방향전환에서 특별한 구조물을 준비하는데 이들 구조물들은 대표적으로 입구(inlet) 혹은 맨홀(manholes)이다.

(4) 관 경사 혹은 크기의 변환

입구 혹은 맨홀은 관 크기 또는 경사변환이 있는 각 점에 위치해야 한다.

그림 9.6, 9.7은 우수관로계통 배치의 두 가지 예를 보여준다. 그림 9.6에서 가로배치의 여러 가지 원리를 설명한다. 첫째 유출은 도랑을 따라 흘러서 입구까지 수로로 나르며 입구에 의해 차단한다. 입구2는 도로A의 포장도로 서쪽 반으로부터 유출뿐만 아

니라 도로A의 서쪽 토지로부터 유출을 가로 막는다. 입구1은 도로A의 동쪽 반으로부터 유출을 차단하고 그 외는 없다. 입구1은 입구2에 비하여 매우 작은 유출을 차단하고 도로A의 동쪽 측면을 따라 흐르는 도랑의 양을 감소시키는 계통을 포함한다.

입구3과 4는 교차점 연속적인 맞은편으로부터 도랑흐름을 방해하기 위해 교차점의 오르막 측면에 위치하고 교통 이동을 방해하는 곳이다. 맨홀 5는 두 개 지선을 합치기 위해 접합정을 준비해야 한다. 입구1과 2 그리고 입구6과 7 사이 도로를 가로지르는 관 부분을 횡단배수(corss drain)라 하고 도로의 한 측면으로부터 주된 관로의 측면까지 도랑 유량을 운반하는 목적을 채운다.

그림 9.7에서 입구는 다시 연석을 따라 흐르는 유출을 차단하기 위해 배열하였으며 이 경우 이긴 하지만 연석은 건축물에 대한 주차장 면적의 부분이다. 입구는 고임을 방지하기 위해 가능한 낮은 점에 위치해야하고 주차장 면적 내 유출 흐름의 증강을 방지하기 위해 충분히 다수이어야 한다. 관은 지붕으로부터 유출하여 운반하도록 건축물의 두 모퉁이로부터 유도를 주의한다.

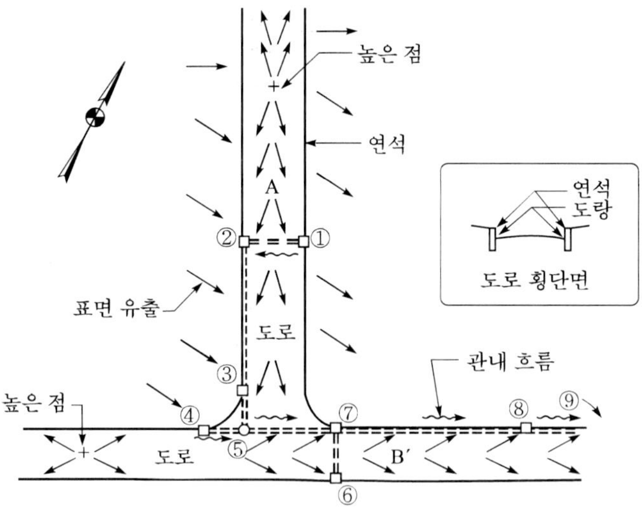

그림 9.6 가로계통에 대한 대표적 우수관로 배치

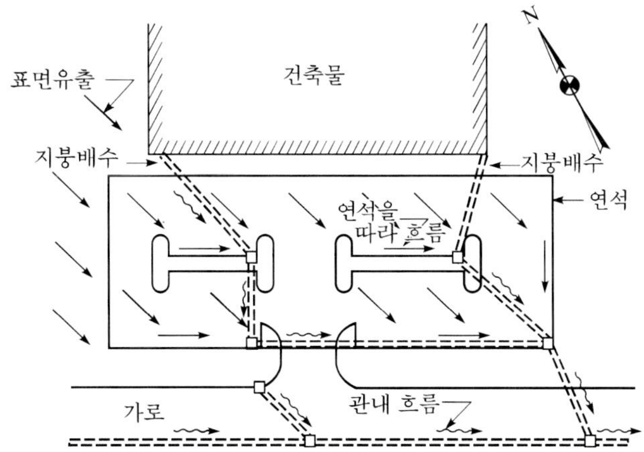

그림 9.7 주차장 면적 위치에 대한 대표적 우수관로 배치

4) 수리학적 설계

평면조망에서 계통을 배치한 후 수리학적 설계를 시작할 수 있다. 수리학적 설계의 중요한 목표는 계통을 통하여 한 구획씩 관 크기를 결정하는 것이다. 이를 달성하기 위해 합리식(rational method)을 이용하여 각 관 부분에 대해 첨두유량(Qp)을 계산해야 한다.

그림 9.8은 그림 9.6에서 묘사한 동일 우수관로 계통을 보여주나 개개 입구에서 지선 배수면적의 윤곽을 그렸다. 이들 면적은 지형과 위치 답사정보를 이용하여 윤곽을 그려야 한다. 역시 수리학적 경로는 도달시간 계산을 위하여 각 면적에 대해 추적해야 한다.

첫째로 입구1부터 입구2까지의 관 부분을 생각하면 계통의 가장 먼 상류 부분이고 관부분1-2라 부른다. 유출하여 이 부분으로 물이 흐르는 전부는 배수면적이며 면적1로 부른다. Qp의 계산은 도달시간과 복합C값을 포함하여 합리식 계산 절차를 이용한다. Qp를 알면 결정된 용량에 부합하는 크기와 경사를 관 부분에 대해 선택한다. 용량이 Qp보다 크면 관 부분은 적당하다고 생각하여 설계를 받아들이고, 용량이 Qp보다 작으면 관 부분은 적당하지 않고 더 큰 관 크기 혹은 급한 경사를 선택해야 한다.

관 용량 검토에 추가하여 입구 쇄살대(grate) 용량을 검토해야 한다. Qp가 $0.1m^3/s$를 초과하면 위치에서 다른 입구를 추가하든지 입구 사이의 거리를 짧게 하여 배수면적을 축소한다. 입구1의 경우에 Qp는 지선 배수유역이 오직 도로표면 일부로 이루어져 있으므로 $0.1m^3/s$보다 매우 적을 것이다.

배수면적1은 작기 때문에 도달시간도 역시 작음을 알 것이다. 유역에서 먼 지점은 높은 지점이 도로의 중앙에 위치하고 수리학적 경로의 대부분은 도랑을 따라 이어진다. 이같이 매우 작은 유역에 대하여 설계자는 일반적으로 tc의 엄밀한 계산이 작아도 합리적 계산에 도달시간 최소값 5분을 이용한다.

다음으로 입구2로부터 입구3까지 관로 부분을 생각하면 이 관내에 흐르는 물은 관 1-2부분으로부터 오는 것, 나머지 입구2로 직접 들어오는 2개의 분리 수원으로부터 생긴다. 이 관에 대한 Qp 계산을 위해 입구1과 입구2에 대한 면적의 합과 동일한 지선 배수면적을 이용해야 한다. 그림 9.9는 관 2-3 부분에 대한 배수면적을 나타내며 이 면적에 대한 도달시간을 계산하기 위한 두 개의 가능한 수리경로를 보여주고 양쪽점은 관2-3 부분에 대한 분석점인 점2에서 끝나는 것에 주의한다. 경로B는 도랑흐름에 추가하여 지표면흐름을 포함하므로 확실히 경로A보다 긴 시간일 것이므로 경로B를 선택한다.

다음 관3-5부분에 주의를 돌리면 이 면적에 대한 도달시간을 계산하기 위해 그림 9.10에 나타낸 것 같이 3가지 가능 경로의 가장 긴 수리경로를 선택한다. 모든 3가지 경로는 관3-5부분에 대한 분석점인 입구3에서 끝난다는 것을 주의한다. 경로B 혹은 경로C는 가장 긴 유하시간(travel time)을 갖는다. 이는 경로와 비교값을 위한 tc계산에 의해 결정할 수 있다. tc의 가장 큰값을 산출하는 경로를 선택하고 tc는 관3-5부분에 대한 Qp계산에 이용한다.

다음 관부분은 4-5이나 이 경우에 부분3-5 위쪽인 이전의 배수면적은 합하지 않는다. 관부분 4-5는 전체 우수관로 계통의 가지이므로 상류면적으로부터 유량을 운반하지 않는다. 이 부분에 대한 배수면적은 면적4에서 제공되는 입구4에 관한 지류증가면적으로 정의하고 이 부분의 도달시간은 단순히 면적4에 대한 도달시간이다.

다음 관부분은 5-7이다. 맨홀5는 물이 들어올 수 있는 쇄살대가 없으므로 관부분 5-7에 직접적인 지류 유출이 없다. 관부분 5-7로 흐르는 모든 유량은 계통의 2개 상류가지로부터 온다. 맨홀 5는 관부분 5-7에 대한 Qp계산을 위한 분석점 일뿐만아니라 2개 가지의 합류점을 나타낸다. 이 계산에 대한 도달시간은 4개 상류 증가 배수면적에서 일으키는 4개 가능경로의 가장 긴 수리학적 경로에 기초한다.

설계에 고려하는 다음 관부분은 6-7이다. 이 관은 다른 가지 부분이고 지류 배수면적을 갖는다. 이 부분에 대한 Qp계산은 부분1-2와 유사하며 비교되는 배수면적과 도달시간을 갖는다.

다음 관부분은 7-8이며 부분6-7, 부분5-7에서 축적한 유량 그리고 입구7로 들어오는 유출의 3개 다른 원천으로부터 물이 운반된다. 도달시간은 6개 증가 배수면적 내

일으키는 6개 가능경로의 입구7에서 끝나는 가장 긴 수리학적 경로에 기초한다.

이 계통에서 마지막 관부분인 부분8-9를 분석한다. 그림 9.8은 입구8을 보여 주고 관은 동쪽 방향 입구9로 확장한다. 이 부분에 대한 지류 배수면적은 모든 상류 증가면적의 합으로 이루어지고 도달시간은 가장 긴 유하시간을 일으키는 수리학적 경로 선택에 의해 이전의 부분과 같은 방법으로 계산한다.

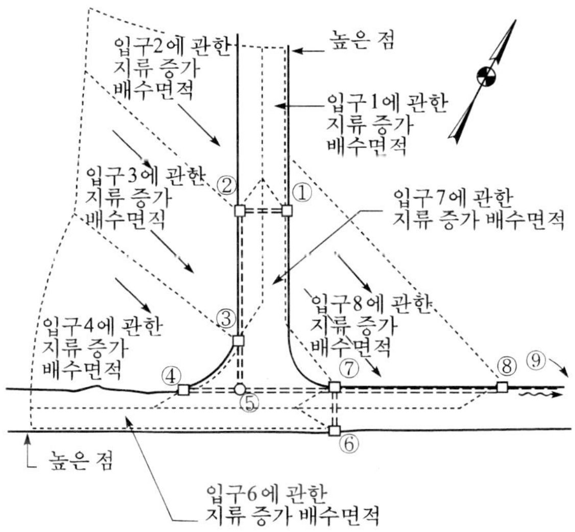

그림 9.8 **대표적인 우수관로 계통의 개개입구에 관한 지류배수면적을 묘사**

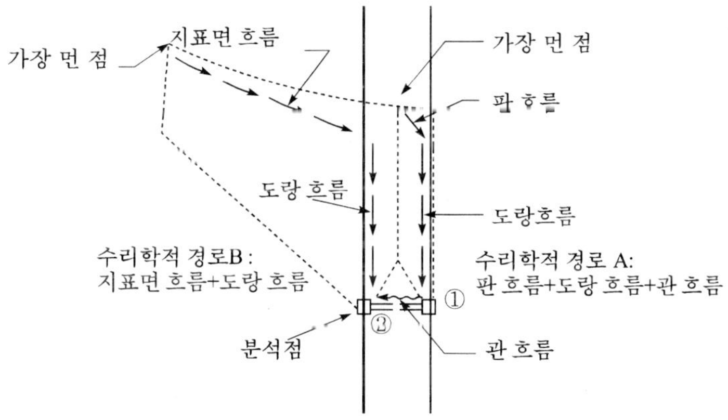

그림 9.9 **관 부분 2-3에 대한 Qp 계산을 위한 2개 가능한 수리학적 경로**

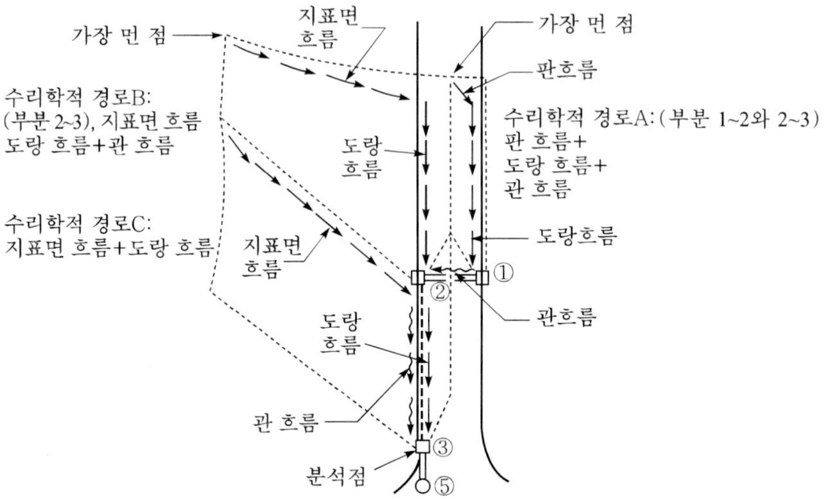

그림 9.10 관 부분 3-5에 대한 Qp 계산을 위한 2개 가능한 수리학적 경로

관 크기 계산

각 관부분에 흐르는 첨두유량을 계산한 후에 우수관로 설계에서 다음 단계는 관에 대한 대략 크기를 선택하는 것이다. 크기와 경사 뿐만아니라 이 시간에서 선택한 관의 경사는 용량 결정에 필요하다. 용량에서 중요한 것은 콘크리트, 주름진 금속 혹은 플라스틱 같은 관의 형태이다. 보통 관재료는 이 결정이 비용과 다른 인자들에 대해 첫째이므로 우선 선택한다.

관경사는 어떤 변화를 설계자가 이용할 수 있도록 표면경사에 의한 큰 범위로 지시한다. 설계의 관점에서 재안된 관로의 종단면도는 매우 유용하고 종단면도를 나타내는 표시는 단지 경사만이 아니고 관깊이와 다른 설비와 잠재적인 충돌이 된다.

5) 우수관로 방류지점

주의할 것은 그 계통으로부터 유출점 혹은 우수관로 방류지점의 설계를 주어져야한다. 이는 선택된 우수를 수체가 받도록 계통으로부터 유출되는 점이고 여기는 대부분 토양침식 피해가 일어날 수 있는 곳이다.

방류지점 설계에서 첫째로 고려할 하나는 방류구조물이다. 우수관로 관은 단순히 지표로부터 빠져나올 수 있고 구조물 없이 끝날 수 있으며 혹은 날개벽(headwall)을 유출점에 건설할 수 있다. 그림 9.11은 일반적으로 이용하는 크기가 같은 여러 가지 방류구조물을 묘사하고 그림 9.12에서는 구조물 평면도를 나타낸다.

날개벽 혹은 다른 방류구조물의 목적은 침식으로부터 유출점 주위 토양을 보호하고 장소의 경사를 유지하는 것이다. 어떤 경우에는 날개벽 건설에 그림 9.11에서 보여준 것과 다른 재료들, 즉 돌망태(gabions), 돌마무리 같은 재료를 이용할 수 있다.

일반적으로 우수관로 방류지점은 3가지 방법의 하나로 구성한다.(그림 9.13)

(1) 하천 제방에서 방류지점

우수관로 관은 모든 하천이 받도록 확장하고 날개벽은 제방에 건설한다.

(2) 수로로 하천에 연결하는 방류지점

날개벽 혹은 벌어진 끝 단면은 하천으로부터 수십cm에 위치하고 수로는 이들을 연결하여 건설한다.

(3) 하천 홍수터 위로 유출하는 방류지점

이 배치는 방류지점과 하천 사이를 절개한 수로가 없는 것을 제외하면 (2)와 유사하다. 유량은 홍수터를 횡단하여 지표류로 허용하고 최후에는 하천 내로 허용한다. 이 배치는 제방면적이 습지의 경우처럼 환경적으로 민감하고 수로굴착이 바람직하지 않을 때 선택한다.

(a) 날개있는 콘크리트 날개벽 (b) 콘크리트 직선 날개벽 (c) 벌어진 끝 단면

그림 9.11 대표적인 방류지점 구조물의 예

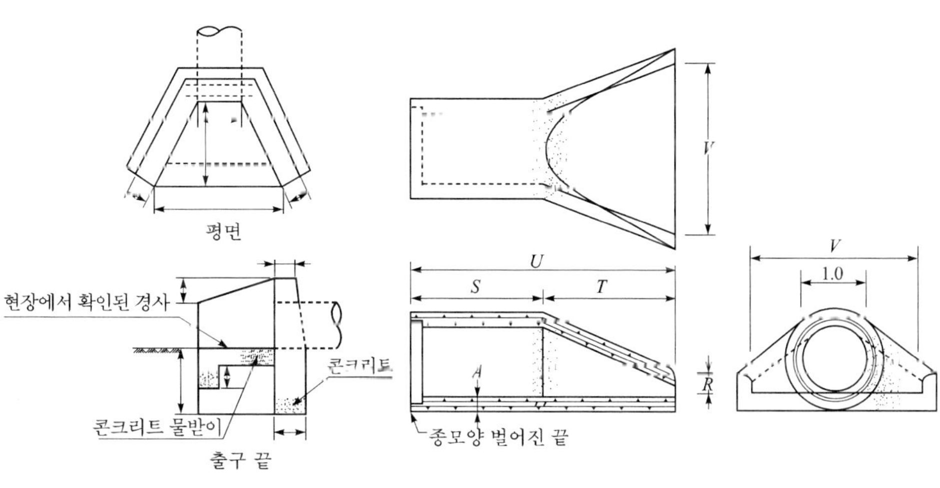

(a) 콘크리트 날개벽과 물받이 (b) 콘크리트 벌어진 끝 단면

그림 9.12 방류 구조물의 세부구조

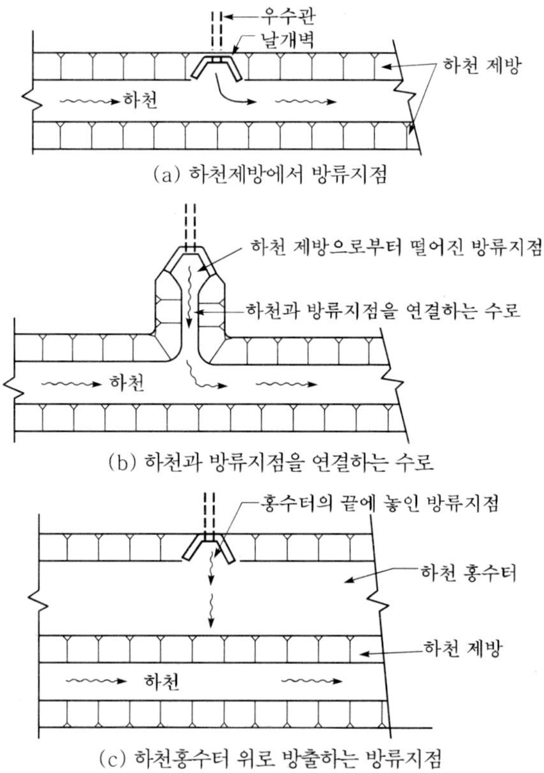

그림 9.13 우수관로 방류지점의 3가지 형태

방류지점으로부터 존재하는 유량은 집중하는 형상이고 보호가 없는 지표에 잠재적으로 피해를 주며 과도한 속도는 토양입자를 이동시키고 침전물에 의해 지표에 피해를 줄 수 있다.

설계과정의 중요한 부분은 방류지점에서와 같이 속도를 파괴하여서 지표면을 보호하는 방법의 선택이다. 다음 표 9.6에 지표피복의 여러 가지 형태에 대한 최대허용유속을 나타냈으며 이 속도들은 방류지점 설계할 때 이용하는 지표가 된다.

표 9.6 **허용유속**

토양구성	허용유속(m/s)
모래와 모래양토(loam)	0.76
실트양토	0.91
모래 점토양토	1.07
점토양토	1.22
점토, 가는자갈	1.52
조약돌(cobbles)	1.68
혈암(shale)	1.83

(courtesy of New Jersey state Soil conservation committee)

우수관로 방류지점에서 침식조절을 위해 여러 가지 방법들을 이용할 수 있다.

가. 유속을 감소시킨다. : 방류지점 전 마지막 관부분의 경사를 감소시켜서 성취한다.

나. 에너지 소산 : 매우 높은 속도인 경우에 특별히 설계된 방해물을 수두손실을 야기하는 배출구에 위치시켜서 속도를 감소시킨다.

다. 정지한 웅덩이 : 지표면의 움푹한 땅을 유량의 과도한 에너지를 흡수하도록 배출구에 준비할 수 있다.

라. 사석(riprap) : 지표면을 보호하기 위해 취약한 지표를 무거운 돌로 덮는 피복공(linning)이고 동일한 시간에 방출하는 속도를 떨어뜨린다.

마. 침식조절 매트 : 상업적으로 이용할 수 있는 종류는 그물망으로 구성하여 생산하며 표면을 보호하기 위해 지표에 설치하고 성장하도록 식생피복을 부착시킨다.

바. 떼(sod) : 종자로부터 잔디의 성장이 분리되지 않도록 잔디 덮개를 보호하기 위해 취약한 지표에 잔디 조각을 적용하는 것이다. 보호하는 덮개는 일반적으로 효과적이나 값이 비싸고 노동적이다.

사. 돌망태(gabions) : 돌망태는 직사각형 철사 그물 바구니 모양에 돌을 가득 채우고 사석과 유사하게 보호 덮개로서 지표에 설치한다.

사석(riprap)

사석은 암거 배출구 뿐만아니라 우수관로 방류지점에 이용하는 침식 조절 덮개이며 특히 적합한 돌 재료를 쉽게 이용할 수 있는 면적에서 이용한다.
관 출구에서 지표의 덮개는 일반적으로 물받이(apron)로 제공하고 배출지점 보호 사석의 설계는 많은 인자들을 포함한다. 이들 인자들을 결정하기 위한 절차는 많은 설계 안내서가 있으며 사석을 설계할 때 어떤 설계표준을 알고 있어야 하나 일반적으로 이용하는 단순한 사석설계 절차를 나타낸다.

가. 돌의 형태

사석에 이용되는 돌은 단단한 내구성 그리고 모서리가 있어야 한다. 모난 것은 채석장으로부터 부순돌의 특징이며, 물의 힘에 지배를 받을 때 움직이는 돌이 서로 맞물려서 움직이지 않고 유지하는데 도움이 된다.

나. 돌의 크기

등급으로 제공된 돌은 크기 범위에서 잘 분류해야 한다. 크기는 중간크기 d_{50}으로 정의하며 무게에 의해 50%가 큼직한 돌의 직경이다.

$$d_{50} = \frac{0.044}{TW}\left(\frac{Q}{D_0}\right)^{4/3} \tag{9.16}$$

여기서 d_{50} : 중간 돌크기(m)
Q : 설계 유량(m^3/s)
Do : 최대 관 혹은 암거 폭(m)
TW : 방류된 물깊이(m) – 배출구에서 관내 흐름 깊이

다. 돌 덮개의 두께

돌의 덮개는 돌 사이에 선형필터 구조가 없다면 중간 돌크기의 3배여야 하고 지표를 이용한다. 선형필터 구조를 이용한다면 두께는 중간 돌크기의 2배로 한다.

라. 물받이 길이

물받이 길이 La는 다음식을 이용하여 계산한다.

설계 방류물깊이 TW가 1/2Do와 같거나 크면

$$La = \frac{5.4Q}{D_o^{3/2}} \tag{9.17}$$

설계 방류물깊이 TW가 1/2Do보다 작으면

$$La = \frac{3.26Q}{D_o^{3/2}} + 7D_o \tag{9.18}$$

여기서 La : 물받이 길이(m)
Q : 설계 유량(m^3/s)
Do : 최대 관 혹은 암거 폭(m)

그림 9.14는 물받이 크기를 포함하는 넓이를 설명한다.

마. 물받이 폭

배출구의 하류에 수로가 존재하면 사석은 수로의 폭에 의해 규정한다. 사석은 수로의 바닥과 측면경사 부분을 덮어야 한다. 덮기는 설계 방류수심 위로 0.3m 연장하고, 여분의 0.3m 높이는 여유고(freeboard)라 하며 안전조치로 사용한다.

배출구 하류에 수로가 존재하지 않으면 물받이 폭은 2개 공식 중 하나를 이용하여 계산한다.

설계 방류깊이 TW가 1/2Do와 같거나 크면

$$W = 3D_o + 0.4La \tag{9.19}$$

설계 방류물깊이 TW가 1/2Do보다 작으면

$$W = 3D_o + La \tag{9.20}$$

여기서 W : 물받이 폭(m)

Do : 최대 관 혹은 암거 폭(m)

La : 물받이 길이(m)

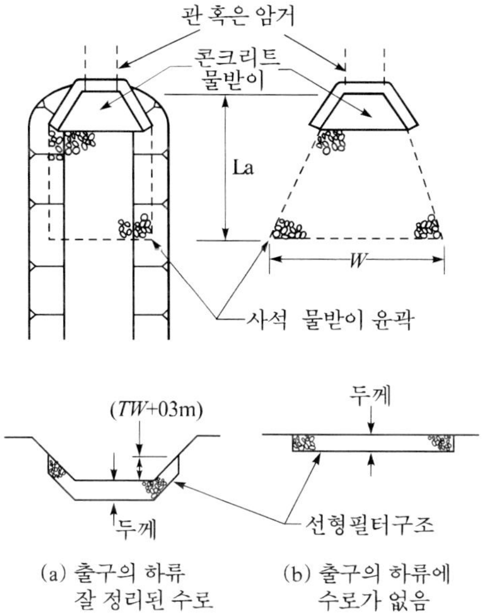

그림 9.14 관 혹은 암거출구의 사석 물받이 크기

9.3 단위도법

9.3.1 단위도

Sherman은 1932년에 단위도법(unit hydrograph method)을 발표했고, 단위도법은 침투능값이 전반적으로 낮은 유역을 대상으로 한 홍수유출계산법이다.

단위도(單位圖, unit hydrograph)는 일반적으로 합성수문곡선을 만드는데 이용하고, 단위도는 유출용적이 1cm와 같다는 것을 내포하는 자연 혹은 합성수문곡선이다. 이것은 특정한 유역 그리고 단위 기간에 대한 것이다. 단위도는 대표적으로 계측유역에 대해 이용하며 크고 혹은 작은 유출용적 그리고 짧은 혹은 긴 유출기간의 합성 유출 사상을 만드는데 바람직하다.

단위기간은 초과강우 발생을 위한 최적 기간으로써 규정한다. NRCS에서 제시한 단위기간은 짧은 기간, 높은 강도 호우로부터 유출을 구해서 결정할 수 있다. 이 자료로부터 단위기간은 유출의 시작과 첨두유출 사이 시간 간격의 약 20%로 결정한다. 단위기간을 결정하는 것은 더욱 복잡한 방법으로 단위기간은 호우기간과는 다르다. 호우기간은 호우에서 호우까지 변화하는 초과강우의 실제기간이다.

단위도란 어느 유역에서 어떤 특정기간내 시간적으로도 지역적으로도 똑같이 내린 1cm의 잉여강우(유효우량)에 의해서 생긴 직접 유출유량의 수문곡선을 의미한다. 여기서 말하는 단위(unit)라는 의미는 특정의 강우기간(h)× 유효우량의 강도(cm/h)= 1(cm)이라는 것을 가리킨다. 이 단위도가 어느 유역에서 얻어지면 그것으로부터 임의의 유효우량이 그 유역에 내린 때 생기는 직접유출량의 수문곡선을 쉽게 산정할 수 있게 된다.

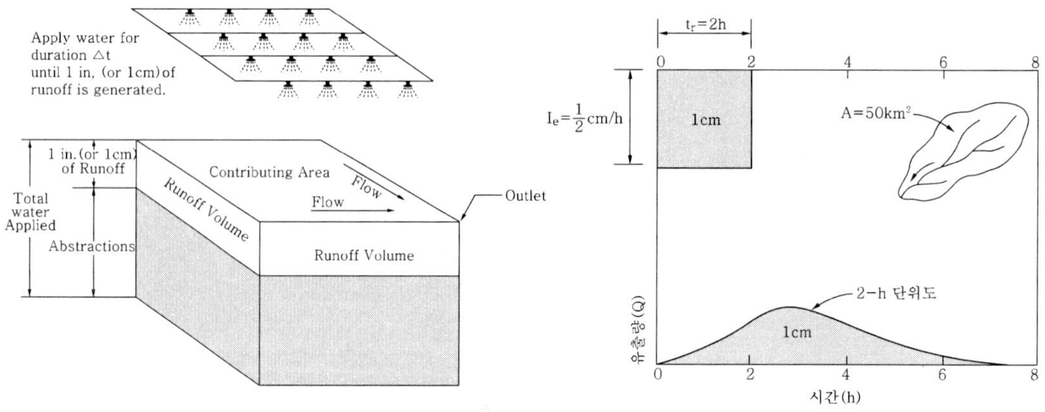

그림 9.15 단위도의 개념

9.3.2 단위도법의 이론과 그 적용범위

단위도는 미계측 유역에 대한 수문곡선을 만들기 위해 유역 해석에 이용하는 도구이다. 이 방법의 두가지 기본 개념은 어떤 주어진 시간에서 표면 유출은 초과강우에 비례한다. 그리고 시간 변수에 영향을 받는 수문곡선 형상은 일정하게 유지된다.

단위도의 이론이란 다음에 설명한 5개의 가정이다.

① 유효우량은 어떤 특정기간내는 같은 강도로 내린다.

② 유효우량은 유역전체 위에 균등하게 내린다.

③ 어느 특정기간 내린 유효우량에 의한 직접유출유량의 수문곡선의 기저장은 항상 일정하다.

④ 보통의 기저장을 갖는 직접유출유량의 수문곡선 종거는 직접유출량의 크기에 직선적으로 비례한다.

⑤ 어느 유역에서 발생한 수문곡선은 그 유역의 유출특성을 전부 표현하고 있다.

여기서, 제4의 가정은 선형법칙이라든지 중첩법칙 혹은 비례법칙이라고 하고, 제5의 가정은 유출시간 불변의 법칙이라고 한다. 이상과 같은 가정은 실제로는 완전히 성립하지 않는다. 그러나 단위도를 만드는데 이용되는 수문자료를 상기의 가정에 합치하도록 주의깊게 모집한다면 단위도법의 이론을 적용하여 얻은 결과는 충분히 실용적인 목적을 만족하는 것이라고 말한다.

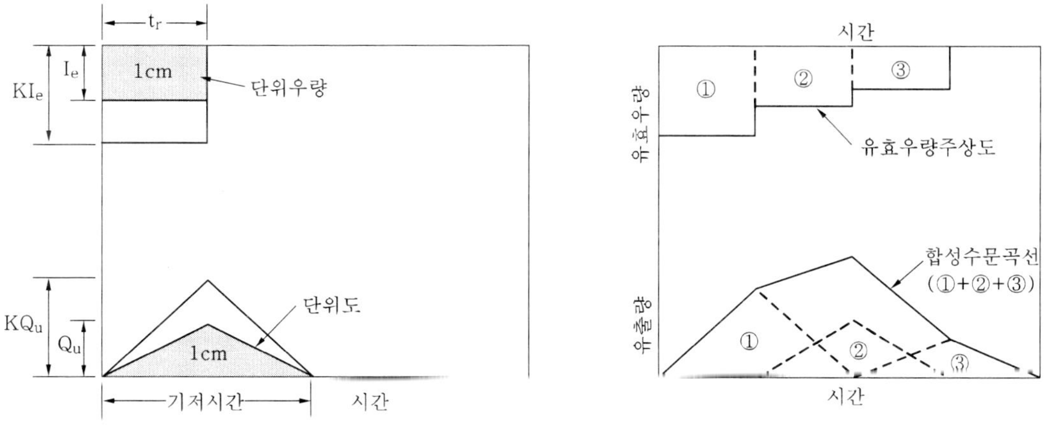

(a) 선형성 (b) 시제성, 중첩성

그림 9.16 단위도 성질

단위도법은 원래는 큰 유역을 대상으로서 고안된 것이나 그 후 Brater의 연구에 의해서 대단히 작은 유역에까지 적용할 수 있는 것이 판명되었다. 그러므로 단위도만 구하려면 단위도법의 적용상의 한계는 없다고 말하나 수문자료에서 단위도를 구하는 경우는 다음 같은 제약이 있다. 즉, 유역출구에서 가장 먼 점에 내린 유효우량이 표면유출하여 유역출구까지 도달하는데 요하는 시간을 홍수도달 시간이라 하나 Sherman은 단위도를 작성하기 위해서 이용하는 홍수 즉, 단위홍수(unit storm)는 그 유효우량의 지속시간이 홍수도달 시간보다 짧아야 한다고 규정하고 있으며 Wisler와 Brater도 이것을 제안하고 있다. 이것은 유역이 작게되면 홍수 도달시간이 짧게 되므로 단위도를 구하는데 단위도법을 적용할 수 없다는 것이 된다. 그러나 단위홍수를 이용하지 않고 단위도를 작성하면 이 문제는 해결된다.

9.3.3 단위도의 작성

단위유량도 유도 대상 호우사상 선정시 고려 사항은 다음과 같다.

① 가급적 단순호우사상(isolated rainfall event)을 선택
② 강우계속기간동안 강우강도가 가급적 균일하게 분포
③ 유역전체에 걸친 강우 공간분포가 가급적 균일
④ 강우의 지속기간이 유역 지체시간(lag time)의 약 10%~30% 정도
⑤ 유효우량이 약 13~44(mm) 정도

단위 유량도의 유도과정은 다음과 같다.

① 관측된 수문곡선으로부터 기저유량과 직접유출을 분리하여 직접유출수문곡선(DRH)를 구한다.
② 앞의 ①과정에서 구한 직접 유출량과 같도록 강우주상도로부터 손실을 제거하여 유효강우량을 구한다.

$$R_e = (R - f) = (\Sigma q_t) \times 3,600 \times \Delta t / (A \times 10^4)$$

여기서, R_e : 유효강우량(cm)
q_t : 시간간격 Δt(hr)에 대한 유량(m^3/sec)
A : 유역 면적(km^2)
R, f : 강우량 및 손실(cm)

③ 절차 ①에서 구한 직접유출 수문곡선의 세로좌표를 절차 ④에서 구한 유효강우량(cm)으로 나누면 단위 유량도 좌표를 구할 수 있다.
④ 절차 ②에서 구한 유효 강우의 지속기간이 절차 ③에서 구한 단위 유량도의 지속기간이다.

상기 계산결과에 대한 단계를 그림 9.17에서 설명하였다.

유역 대표 단위도 작성은 비교적 일정한 강도로 내린 지속기간이 서로 다른 수 개의 단순 호우사상으로부터 단위도를 유도한 후, 각각의 단위도의 지속기간의 위치를 얻어 유역 대표 단위도를 얻는다. 이 경우 첨두유량의 평균값과 첨두유량의 발생시간의

평균값을 구하여 대표단위도의 첨두유량점의 좌표를 결정한 후 다른 단위도들의 모양과 비슷하게 스케치하여 얻게 된다(그림 9.18).

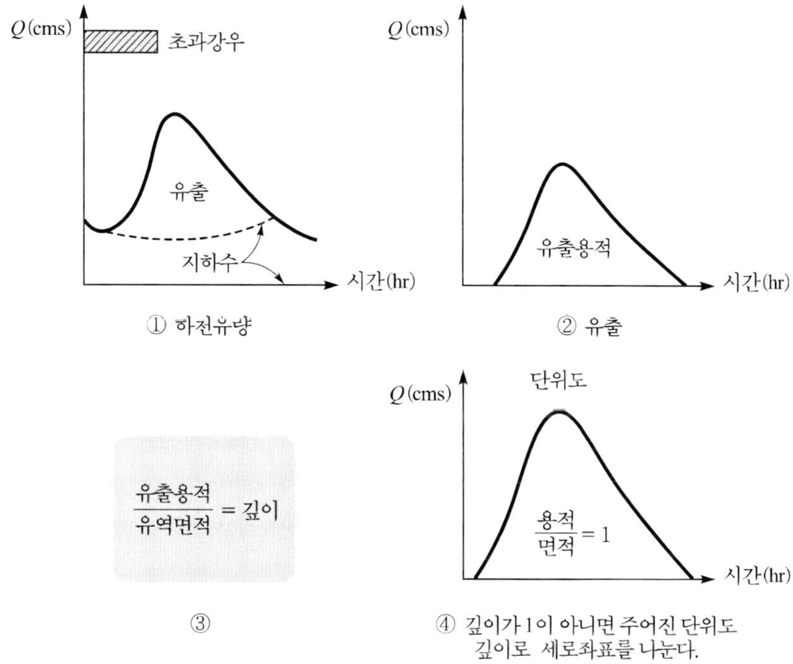

그림 9.17 단위도 계산에 대한 단계

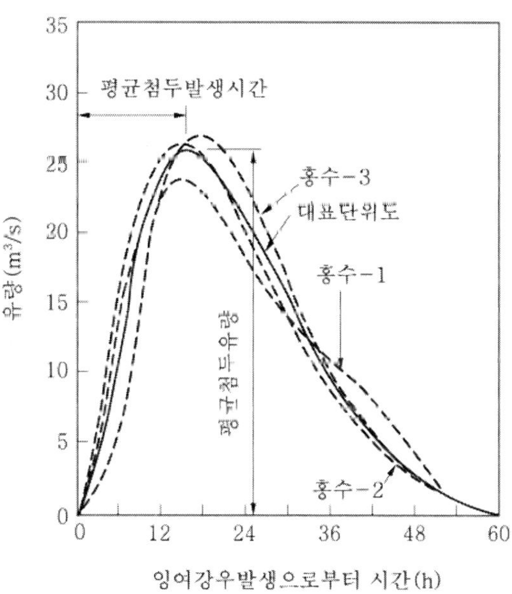

홍수	q_p	t_p
1	24.1	12.5
2	26.5	12.0
3	27.0	14.5
평균	25.9	13.5

그림 9.18 대표단위도의 결정

예제 9.3

어떤 하천 측정지점에서의 홍수유출자료는 다음과 같다. 유역면적은 $40km^2$이고, 강우의 지속기간은 3시간이다. 유역에 대한 3시간 단위유량도를 유도하고 작성하라.

날 짜	시간(hr)	유량(m^3/sec)	비 고
1990.3.1	2	50	
	5	47	
	8	75	
	11	120	
	14	225	
	17	290	←Peak
	20	270	
	23	145	
1990.3.2	2	110	
	5	90	
	8	80	
	11	70	
	14	60	
	17	55	
	20	51	
	23	50	

풀이

표 9.7 참조

1. TRO : 총유출좌표=하천에서 측정된 유량
2. BFO : 수문곡선 분리선으로부터 읽은 기저유출 좌표
3. DRO : 직접유출좌표=TRO−BFO
4. UGO : 단위유량도의 좌표$=\dfrac{DRO}{P_{net}}$

$$P_{net}=\frac{\Sigma DRO \cdot t}{A}=\frac{986(3\times 60\times 60)\text{m}^3}{40\times 10^6\text{m}^2}=0.266\text{m}=26.6\text{cm}$$

5. 직접표면유출 시작시간은 1990.3.1일 5시이고 단위도에는 0시로 계산된다. 단위도에 대한 기저시간은 33hr이고 첨두유량은 $9.23m^3/sec$이다.

표 9.7 **3-hr 단위도의 유도**

날짜	시간 (hr)	TRO 총유출량 (m^3/sec)	BFO 기저유량 (m^3/sec)	DRO, (3)-(4) 직접유출량 (m^3/sec)	UGO, (5)÷Pnet 단위도종거 (m^3/sec)	표면유출시작부터 시간 (hr)
1	2	3	4	5	6	7
1990.3.1	2	50	50	-	-	-
	5	47	47	0	0	0
	8	75	46	29	1.09	3
	11	120	45	75	2.82	6
	14	225	45	180	6.77	9

	17	290	45	245	9.23←peak	12
	20	270	46	224	8.44	15
	23	145	48	97	3.65	18
1990.3.2	2	110	50	60	2.26	21
	5	90	53	37	1.39	24
	8	80	54	26	0.98	27
	11	70	57	13	0.49	30
	14	60	60	0	0	33
	17	55	55	-		
	20	51	51	-		
	23	50	50	-		

ΣDRO=986m^3/sec

예제 9.4

그림 9.19의 수문곡선은 면적 1778m^2인 시험유역의 출구에 위치한 유량계에서 측정되었다. 관련된 강우는 90분동안 총 2cm이고 강우의 70%가 30분 기간 동안 내렸다. 이 호우는 짧은 기간 높은 강도 호우로 분류된다. 유역은 농업과 산림토지이용이 혼합되어 있다. 이 강우-유출 자료를 이용하여 유역에 대한 단위도를 만들고 단위기간을 결정한다.

풀이

그림 9.19의 자료를 표로 만들었다. 풀이의 첫 단계인 하천유량수문곡선으로부터 기저유량을 제거하여 오직 강우에 기인하는 유출을 내포하는 수문곡선을 얻는다. 첫째로 기저유량은 수문곡선의 첨두가 발생될 때까지 영향을 주지 않으며 수문곡선의 감소부의 어떤 점까지 선형적으로 증가한다고 가정하였다. 또한 하천유량은 전체가 지하수에 의해 공급되는 조건으로 돌아온다고 가정하여 이 경우 이점에서 10m^3로 확립하여 이용하였다.

기저유량 제거로부터 수문곡선은 모든 강우가 유출로 전환된다는 총 초과강우를 반영한다. 표면유출수문곡선으로부터 총 유출용적은 표에서 0.2593cm으로 계산되어 표시하였다. 이 값은 3단계로 결정한다. ① 표면유출자료를 합한다(2780m^3/s). ② 표면유출자료의 합에 시간단계(600초)를 곱하여 총 유출용적을 얻는다. ③ 총 유출용적을 유역면적(1778)으로 나누어 유출깊이로 나타낸다.

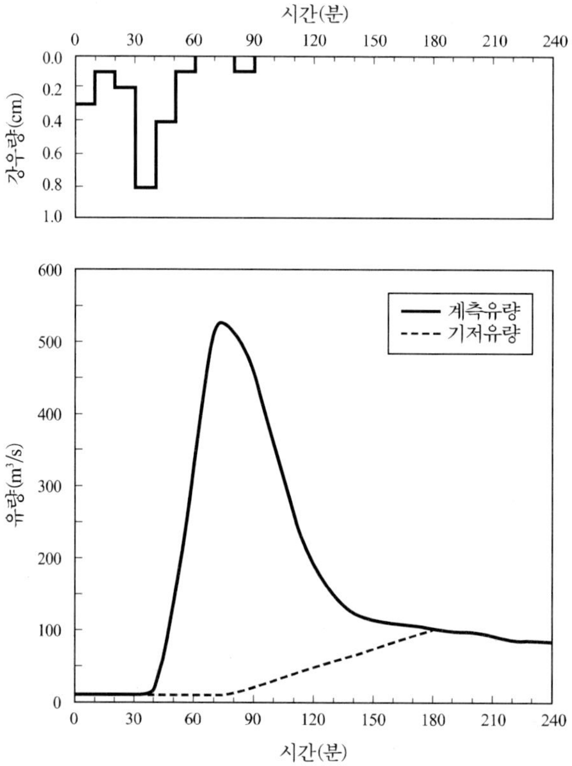

그림 9.19 시험유역에서 계측유량과 강우량

$$Q_{total} = \frac{2789 \times 600}{1778} = 0.2593\,\text{cm}$$

그러므로 표 9.8에서 표면유출 수문곡선은 0.2593cm의 직접유출을 내포한다. 표면유출 수문곡선의 좌표를 0.2593cm으로 나누어 1cm의 직접 유출을 내포하는 유사한 수문곡선을 만들며 이것이 단위도이다.

호우가 짧고 (60분) 높은 강도(40과 50분 시간단계에 4.8cm/hr와 2.4cm/hr)이므로 단위기간은 NRCS 20% 규칙을 이용하여 결정한다. 단위도 첨두시간은 50분이므로 이 단일 단위도의 관측을 기초로 한 단위기간은 0.2×50=10분이다.

표 9.8 유출사상을 이용한 단위도 계산

시간 (min)	강우 (cm)	하천유량 (m^3/s)	기저유량 (m^3/s)	표면유량 (m^3/s)	단위도시간 (min)	단위도 유량 (m^3/s)
0	0.0	7	7	0		
10	0.3	7	7	0		
20	0.1	7	7	0	0	0
30	0.2	8	7	1	10	4
40	0.8	15	7	8	20	32
50	0.4	131	7	124	30	478
60	0.1	331	7	324	40	1250
70	0.0	520	7	513	50	1979
80	0.0	510	11	499	60	1923
90	0.1	448	20	428	70	1648
100		350	29	321	80	1235
110		252	38	214	90	826
120		181	47	134	100	516
130		144	56	88	110	340
140		121	65	56	120	215
150		114	74	40	130	154
160		109	83	26	140	100
170		106	92	14	150	54
180		102	101	1	160	5
190		97	97	0	170	0
200		96	96	0		
합계	2.0			0.2593*		1.000*

9.3.4 단위도에 의한 직접유량의 수문곡선 계산

어느 특정 강우기간의 단위도가 구해지면 유출량의 시간 분포를 계산하는 큰 비의 우량주상도를 그 특정의 강우기간으로 분할하여 분할된 각각의 기간내 우량을 유효우량 즉, 잉여강우로 변한 부분을 산정한다. 이 방법으로서 ϕ-지수법을 일반적으로 이용한다. 각 분할된 강우기간내의 유효우량을 구하게 되면 예를 들면 그림 9.20에서 유효우량의 제1분할 부분이 0.5cm이면 0.5를 단위도 종거에 곱하면 제1부분에 대응하는 수문곡선을 얻는다. 마찬가지로 제2와 제3의 분할 부분에 대응하는 각 수문곡선을 얻으므로 그것의 종거를 전부 더해 합하면 전체의 수문곡선을 얻는다. 이것에 기저유량 수문곡선을 별도 추정하여 더하면 이것이 이 큰 비에 의한 홍수수문곡선이 된다. 즉, 단위도만 구하게 되면 그 후의 계산은 대단히 간단하여 아주 용이하다.

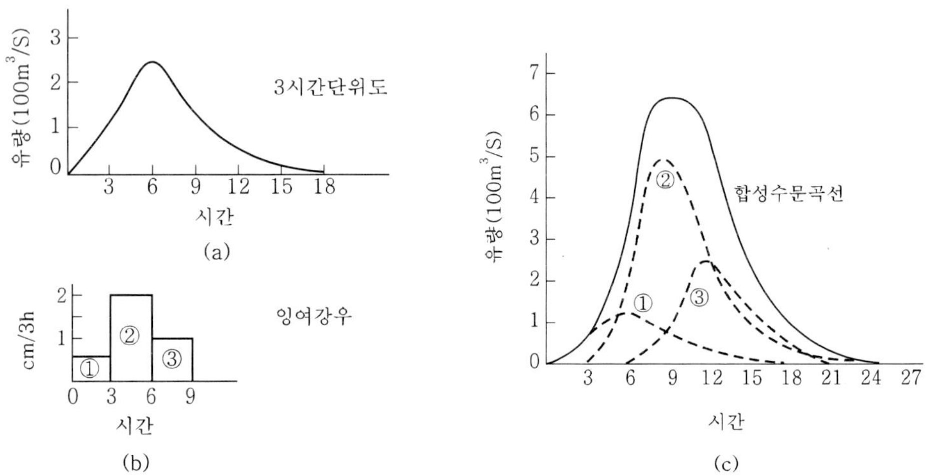

그림 9.20 단위도에 의한 합성수문곡선

9.4 단위도 합성

앞 절에서 설명한 방법으로 단위도를 작성하는데는 단위도를 구하는 유역에서 홍수시의 우량과 유량의 관측·측정이 행해지는 것을 전제로 한다. 이 같은 단위도를 작성하도록 즉, 단위도 해석이 행해지도록 우량과 유량의 관측·측정이 행해지며 또는 과거에 행해진 유역을 계측유역이라 하고 그렇지 않은 유역을 미계측 유역이라 한다. 우리들이 문제로 하는 대부분의 유역은 미계측 유역, 있어도 그 양이 불충분한 유역이라고 해도 과언이 아니다. 그러므로 계측유역에서 구한 단위도를 근원으로서 미계측유역의 단위도를 합성하는 방법을 채택하는 것이 당연하다. 또 수문자료에 의지하여 단위도를 합성하는 것을 생각한다. Snyder는 단위도법이 발표된 6년후인 1938년에는 잘 알려진 합성단위도법을 발표하였고, 많은 사람에 의해서 계승되어 발전되었다. 또 1945년에는 Clark가 Snyder 방법과는 전혀 별개의 홍수추적 방법을 응용하여 단위도를 합성하는 방법을 제안했다.

9.4.1 Snyder 등의 합성단위도법

Snyder는 단위도가 일반으로 어느 유역도 비교적 비슷한 형의 단순한 비대칭의 분포곡선을 나타내므로 단위도의 첨두유량, 기저장, 지체시간의 3점을 주어 그것과 단위도의 면적은 정확히 1cm로 되어야 한다는 4개의 조건으로부터 단위도를 합성하는 방법을 개발했다(그림 9.21).

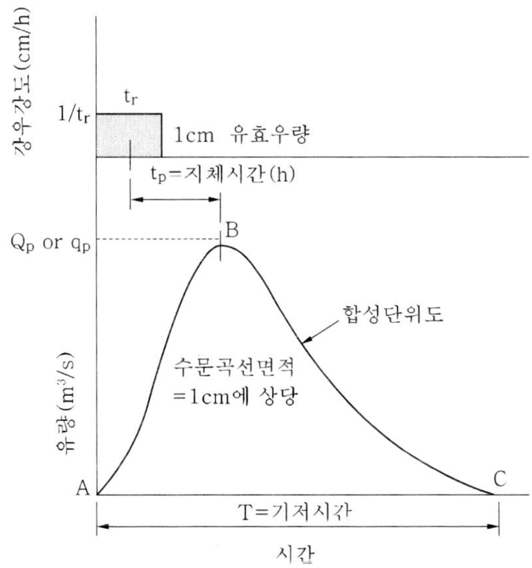

그림 9.21 Snyder의 합성단위도법 개념도

Snyder는 우선 다음 관계로 나타내는 강우 기간 즉, 기준강우기간 t_r을 정한다.

$$t_r = \frac{t_p}{5.5} \tag{9.31}$$

여기서, t_p란 t_r이라는 강우기간의 중심시각에서 단위도의 첨두유량 발생 시각까지의 시간 즉, 지체시간(basin lag)이다. 그리고 지체시간 t_p와 첨두유량 q_p(cfs/mi^2)는 미국에서 다음 두 식으로 주어졌다.

$$t_p = C_t(LL_c)^{0.3} \tag{9.22}$$

$$q_p = \frac{640C_p}{t_p} \tag{9.23}$$

여기서, L은 유역출구에서 유역계까지의 본류길이(mi), L_c는 유역출구에서 유역도심에 가장 가까운 본류지점까지의 거리(mi), C_t와 C_p는 계수이다. 또 단위도의 기저시간 t_b(day)를 구하는 식은 다음과 같다.

$$t_b = 3 + \frac{t_p}{8} \tag{9.24}$$

즉, 그림 9.21에서 A를 출발점 C를 종점으로서 도중 B점을 통해 동시에 면적이 정확히 1cm로 되는 곡선을 그어서 단위도를 얻는다.

또 t_r 이외의 임의의 강우기간 t_R에 대해서는 지체시간 t_{PR}, 첨두 비유량 q_{PR}, 기저장 t_{bR}은 각각 다음 식과 같다.

$$t_{PR} = t_p + 0.25(t_R - t_r) \tag{9.25}$$

$$q_{PR} = \frac{640 C_p}{t_{PR}} \tag{9.26}$$

$$t_{bR} = 3 + \frac{t_{PR}}{8} \tag{9.27}$$

여기서, 문제로 되는 것은 C_p와 C_t계수값이다. Snyder는 C_t값은 유역의 경사에 크게 좌우된다고 하며, Taylor 등은 미국의 대서양 해안의 20개주 유역의 단위도 해석결과로부터 다음 식을 유도하였다.

$$C_t = \frac{0.6}{\sqrt{S}} \tag{9.28}$$

또, Linsley 등은 유역 경사를 포함한 t_p값을 구하는 식을 다음 형태로 나타냈다.

$$t_p = C_t \left(\frac{LL_c}{\sqrt{S}}\right)^n \tag{9.29}$$

여기서, n은 0.38, C_t값은 산지유역의 경우 1.2, 구릉지대의 유역에서 0.72, 주위가 높은 산으로 둘러쌓인 평탄한 넓은 구역 즉, 계곡(valley)안의 유역에서는 0.35 값을 취한다.

Snyder가 개발한 합성단위도법에서는 그림 9.21에서 A, B, C의 3점과 면적이 1cm라는 4개의 조건만으로 단위도를 합성하도록 되어 있다. 그러나 이만큼의 조건만으로는 상당히 작업이 어려우므로 예를 들면 미국의 공병대는 많은 유역에서 구한 단위도를 해석하여 비유량이 첨두비유량의 75% 및 50%를 나타내는 시간폭 W_{75}와 W_{50}을 구한다. 즉, 다음과 같다.

$$W_{75} = \frac{440}{q_{PR}^{1.08}}$$

$$W_{50} = \frac{770}{q_{PR}^{1.08}} \tag{9.30}$$

이 W_{75}와 W_{50}을 이용하여서 단위도의 합성 작업을 대단히 쉽게 한다. 또 작업을 보다 쉽게 하기 위해서 무차원 수문곡선(dimensionless hydrograph)이라는 것을 Williams와 Commons 그리고 미국의 토양 보호국 등에 의해 개발되었다(그림 9.22). 이것은 비유량 q가 첨두비유량 q_p와의 비 q/q_p로 시각 t 가 지체시간 t_p로 표현된 무차원 단위도이다. 이것에 의해 단위도를 구하기 위해서는 식 (9.22)와 식 (9.23)을 이용하여 t_p와 q_p를 우선 계산하며 다음에 그림 9.22의 q/q_p와 t/t_p값으로부터 시간 t 에서 비유량을 구하게 된다.

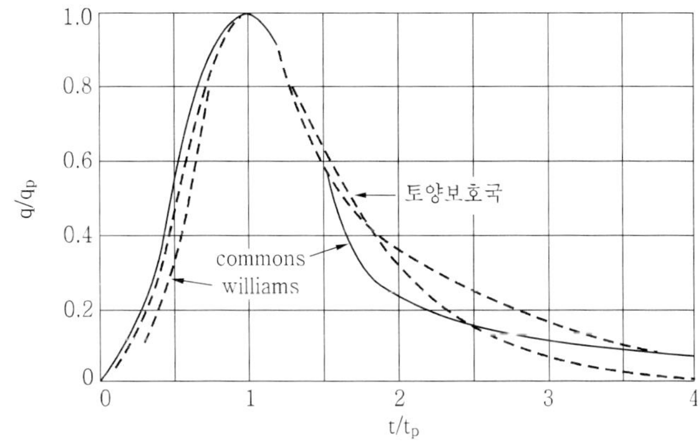

그림 9.22 무차원 수문곡선의 예

9.4.2 홍수추적 방법에 의한 단위도 합성법

단위도를 합성하려는 유역에 대해서 등고선이 기입된 지형도가 작성되어 있는 경우 아래의 방법으로 순간 단위도를 합성할 수 있다. 이 방법은 Clark에 의해 개발된 것이며 다음과 같은 생각을 기초로 한다. 즉, 침투능값이 전반적으로 낮은 유역에서는 잉여강우는 표면류로 되어 신속하게 하도로 유출하며, 하도망은 집중작용과 저류작용을 받아서 유역출구로 향해 흘러간다고 생각한다. 그래서 유효우량이 하도에서 받는 작용을 저류작용과 집중작용으로 나누며 그런 작용은 선형이라고 가정하여 유효우량은 전부 선형하도망에 유출하여 그곳을 흘러서 즉, 선형의 집중작용을 받아 유역출구에 있는 가상의 선형저수지로 유입하며 그래서 선형 저류작용을 받는다. 이 저수지에서의 유출량이 유역입구에서 유량이라고 생각하는 방법이다. 또 선형하도(linear channel)란 홍수유량이 어느 구간을 통과하는데 걸리는 시간이 유량의 크기에 의해서 변화하지 않는 즉, 일정값을 나타내는 가상의 하도이다. 또 선형저수지(linear reservoir)란 저수지의 저류량 S와 저수지에서의 유출량 O가 직접 비례하는 즉, 다음 관계식이 성립하는 가상의 저수지를 말한다.

$$S = KO \tag{9.31}$$

여기서, K는 저류계수이다. 이 가상의 저수지에 있는 부분의 계산이 다음 장에서 설명하는 홍수추적방법의 응용이므로 이 방법을 홍수추적 방법에 의한 합성단위도의 합성법이라 한다. 구체적으로는 다음 순서로 단위도가 합성된다.

① 유역의 임의의 지점에서 발생한 유효우량이 유역출구의 장소에 있는 가상의 저수지까지 집중하는데 걸리는 시간 관계를 가정한다.

② ①의 시간 관계를 이용하여 유역도에 예를 들면 1시간마다의 등시선(isochrone)을 그어서 유역을 세밀하게 분할한다(그림 9.23a).

③ 각 등시선내의 면적을 측정하여 막대 그래프로 표시한 집중면적도(time area diagram)를 작성한다(그림 9.23b).

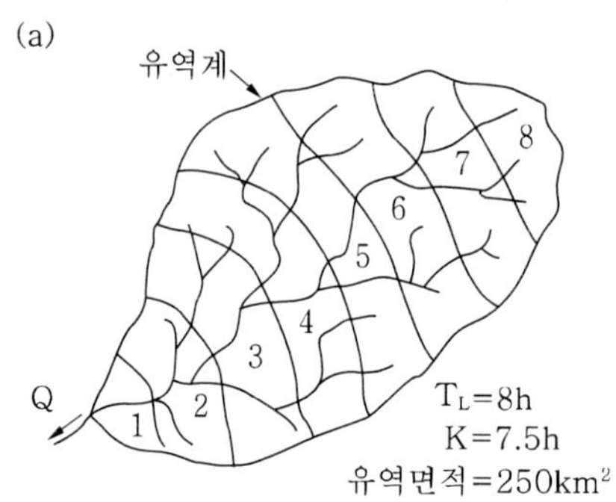

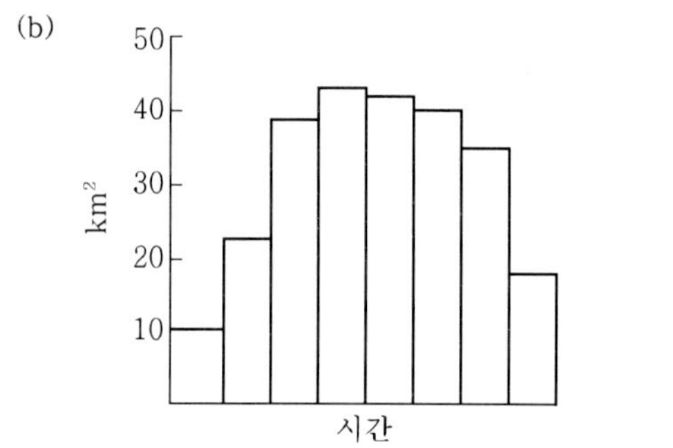

시간(h)	1	2	3	4	5	6	7	8
면적(km²)	10	23	39	43	42	40	35	18

그림 9.23 등시선과 집중면적도

④ 이 유역에 1mm의 유효우량이 대단히 짧은 강우기간에 즉, 순간적으로 내린다고 하면 내리기 시작부터 1시간 사이에는 0시간과 1시간의 등시선으로 둘러쌓인 구역에 내린 비가 유역출구의 저수지로 유입하여 끝난다. 즉, 집중면적도에 0.2778을 곱한 값은 각 내리기 시작부터 1시간마다의 유역출구 장소에 있는 가상의 저수지로의 시간 평균 유입량이 된다.

⑤ 가상의 저수지의 저류계수 K 값을 가정한다.

⑥ 시간 간격을 Δt 시간으로서 Δt 시간의 시작 시점에서 가상의 저수지로 유입량을 I_1, 저수지에서의 유출량을 O_1, 저수지의 저류량을 S_1, 마찬가지로 끝나는 시점에서 각 양을 $I_2,$ $O_2,$ S_2로 하면 연속 법칙으로부터 다음 식이 성립한다.

$$\frac{I_1 + I_2}{2} \times \Delta t - \frac{O_1 + O_2}{2} \times \Delta t = S_2 - S_1 \tag{9.32}$$

여기서, 이 가상의 저수지는 선형저수지이므로 저수지의 저류량 S와 저수지로부터의 유출량 O와의 사이에는 식 (9.31)의 관계가 있다. 즉, 다음 식이 성립한다.

$$S_1 = KO_1,\ S_2 = KO_2 \tag{9.33}$$

이것을 식 (9.32)에 대입하여 정리하면

$$O_2 = \frac{0.5(I_1 + I_2)\Delta t + O_1(K - 0.5\Delta t)}{K + 0.5\Delta t} \tag{9.34}$$

이제 Δt를 1시간이라면 우변분자의 제1항은 저수지로의 시간 평균 유입량으로 되며, 이것을 I로 놓으면

$$O_2 = I \times \frac{1}{K + 0.5} + O_1 \times \frac{K - 0.5}{K + 0.5} \tag{9.34.1}$$

로 된다. 여기서,

$$m_1 = \frac{1}{K + 0.5},\ m_2 = \frac{K - 0.5}{K + 0.5} \tag{9.35}$$

으로 놓으면,

$$O_2 = I \times m_1 + O_1 \times m_2 \tag{9.34.2}$$

로 된다. 윗식이 계산시간 간격을 1시간으로 한 때의 유역출구에 있는 가상이 저수지에서의 유출량을 계산하기 위한 계산식이다. 그림 9.23(b)의 집중면적도의 각막대에 0.2778을 곱한 값은 유역출구에 있는 가상의 저수지로의 시간 평균 유입량이 되므로 이 값은 식 (9.34.2)의 I로 된다.

⑦ 우선 비가 내리기 시작부터 최초의 1시간을 생각하면 비가 내리기 시작에서는 저수지에서의 유출량 O_1은 0, 저수지로의 1시간 평균 유입량은 집중면적도의 1본 눈금의 막대에 0.2778을 곱한 값이므로 이것을 식(9.34.2)에 대입하면 최초의 1시간이 끝나는 시점에서 저수지에서의 유출량 O_2를 구한다. 이 O_2를 다음 1시간 시작 시점에서 저수지에서 유출량 O_1 으로 대체하며 그것과 2본 눈금의 막대에 0.2778을 곱한 값을 앞과 마찬가지로 식 (9.29.2)에 대입하면 2시간 눈금의 끝나는 시점에서 저수지에서의 유출량을 구한다. 즉, 1시간 마다에 이 계산을 반복하여 행하면 각 1

시간이 끝나는 시점에서 저수지에서의 유출량을 구하며 그것을 그래프로 그리면 순간 단위도를 얻는다(표 9.9). 이상과 같은 반복 계산을 추적(routing)이라 한다. 또 계산시간 간격 Δt 를 추적기간(routing period)이라 한다.

표 9.9 **추적계산에 의한 순간단위도와 2시간 단위도의 계산예(K=7.5h, m_1=0.125, m_2=0.875, 단위우량은 10mm)**

(1) 시간 (h)	(2) 집중면적도 (km^2)	(3) 2.778×0.125×열(2) (m^3/s)	(4) 0.875×열(5) (m^3/s)	(5) O2=열(3)+열(4) (m^3/s)	(6) 2시간단위도 (m^3/s)
0	0	0	0	0	0
1	10	3.5	0	3.5	
2	23	8.0	3.1	11.1	5.5
3	39	13.5	9.7	23.2	
4	43	14.9	20.3	35.2	23.1
5	42	14.6	30.8	45.4	
6	40	13.9	39.6	53.5	44.3
7	35	12.1	46.8	58.9	
8	18	6.2	51.4	57.6	55.5
9	0	0	50.58	50.5	
10	0	0	44.1	44.1	50.8
11	0	0	39.6	39.6	
12	0	0	34.6	34.6	39.3
13	0	0	30.2	30.2	
14	0	0	26.4	26.4	30.5
15	0	0	etc.	etc.	etc.

⑧ 순간단위도를 구하게 되면 그림 9.18에서 설명한 도식법으로 임의의 강우 기간의 단위도를 구한다.

⑨ 이상과 같이 구한 단위도를 이용하여 이 유역에서 발생한 적어도 1개의 홍수수문곡선을 우량으로부터 계산한다. 이같이 과거에 있던 홍수 수문곡선을 계산으로 구하는 것을 홍수의 재현계산이라 한다. 홍수의 재현도가 만족하는 것이 있으면 ①에서 가정 한 시간관계와 ⑤에서 가정한 저류계수값은 타당한 것이라고 생각한다. 또한 재현결과가 바람직하지 않으면 가정을 고쳐서 두 번째 단위도를 작성하여 만족할 때까지 계산을 반복한다.

이 단위도를 합성하는 방법의 장점은 자료로서 상당히 입수하기 어려운 단위홍수를 필요로 하지 않는 것이다. 또 유역의 임의의 지점에서 발생한 유효우량이 유역 출구에 도달하는데 걸리는 시간관계와 저류계수값은 수문곡선 해석에서 추정할 수 있는 정도 가능한 것이다. 우선 시간관계에 대해서는 강우지속 시간이 짧은 큰 비에 의해서 발생한 홍수수문곡선이 얻어진 경우 유효우량의 중심에서 수문곡선 감수부분의 변곡점 발생까지의 시간을 구하며, 이것을 유역출구에서 유역계까지의 본류길이로 나누면 그로부터 유효우량의 유역출구로의 집중속도의 추정이 끝난다(그림 9.24(a)). 다음에 저류계수값은 홍수수문곡선으로부터 기저유량을 분리하여 DRH를 구해 이것의 감수부분의 변곡점 이후 부분의 감수계수를 구하여 그 역수값에서 추정할 수 있다. 즉, 감수부 변곡점에서 그렇게 떨어지지 않은 부분에서 거의 직선이라고 보는 구간을 꺼내어 감수계수 α값을 구하여 그 역수를 취하는 것이다(그림 9.24(b)).

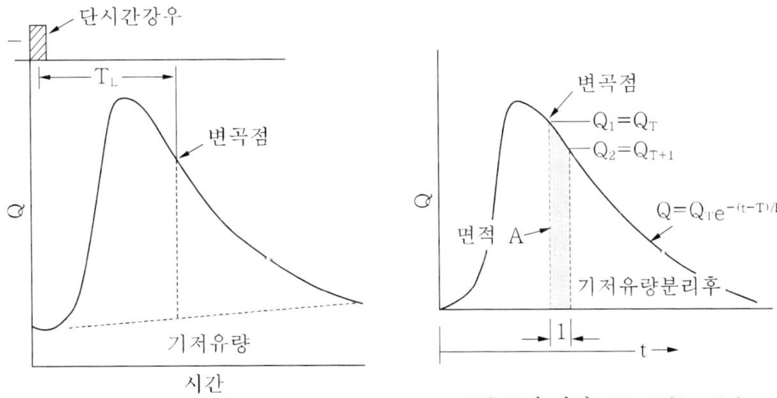

(a) 집중시간의 결정 (b) K값 결정 : K=A(Q₁−Q₂)

그림 9.24 집중속도와 저류계수의 추정법

수문자료가 전혀 없는 유역에 대해서는 수문자료가 있는 유역에서 얻은 시간관계와 저류계수값을 수식해서 이용하면 좋다. Clark는 K값을 얻기 위해 다음 식을 제창했다.

$$K = \frac{CL}{\sqrt{S}} \tag{9.36}$$

여기서, L은 본류의 유로길이(mi), S는 그 평균경사(ft/mi), C는 계수이며 약 0.8~2.2값이다. Linsley는 Clark논문을 토의한 중에서 다음 식을 제창했다.

$$K = \frac{bL\sqrt{A}}{\sqrt{S}} \tag{9.37}$$

여기서, A는 유역면적(mi^2), S와 L은 식(9.36)과 같다.

b는 계수로 0.04~0.08값이다. 집중시간 관계를 추정할 때에는 식 (9.22)에서 산정한 지체시간(t_p)값을 참고로 한다.

연습문제

9.1 다음을 설명하시오.

① 유출계수
② 도달시간
③ 단위도
④ 순간단위도

9.2 단위도이론의 기본가정에 대해 설명하시오.

9.3 유역면적 780km^{2}로부터 6hr 강우에 의한 유출수문곡선의 좌표는 다음과 같다. 유역에 대한 6hr 단위도의 좌표를 결정하고 첨두유량을 구하라.

일 자	강우시작부터 시간(hr)	유량(m^3/sec)	비 고
1980.3.1	6	40	
	12	64	
	18	215	
3.2	0	360	
	6	405←	첨두
	12	350	
	18	270	
3.3	0	205	
	6	145	
	12	100	
	18	70	
3.4	0	50	
	6	42	

9.4 4hr단위도 좌표는 다음과 같다. S-curve법 혹은 다른 방법에 의해 8hr단위도의 좌표를 구하라.

시간(hr)	4-hr UGO(m^3/sec)	시간(hr)	4-hr UGO(m^3/sec)
0	0	24	103
4	24	28	64
8	82	32	36
12	159	36	17
16	184	40	6
20	151	44	0

9.5 4cm/hr의 강도를 갖는 일정한 6hr강우는 560m^3/sec의 첨두유량을 유출한다. 평균호우 손실은 1cm/hr로 가정하고 기저유량은 20m^3/sec이다. 단위도의 첨두유량과 지속기간은 얼마인가?

9.6 강우강도-지속기간 관계곡선과 그림 9.25에 표시된 자료로서 유출하수관의 직경을 계산하라. 유로길이, 배수면적 및 유입시간 그림 9.25(a)에 주어져 있다.

〈가정〉

(1) 유입면적으로부터의 유출계수=0.30

(2) 꽉차서 흐를 때의 하수관 내의 유속=0.75m/sec

(3) 5년 평균 생기빈도곡선은 그림 9.13(b)와 같이 이용된다.

〈원형관에 꽉차서 흐를 때 수리학적 인자〉

유량(lps)	직경(mm)	Pipe의 경사(m/m)	유속(m/sec)
400	450	0.025	2.7
600	525	0.020	2.8
690	1050	0.00055	2.75
1500	1350	0.001	1.55
2000	1450	0.001	1.20

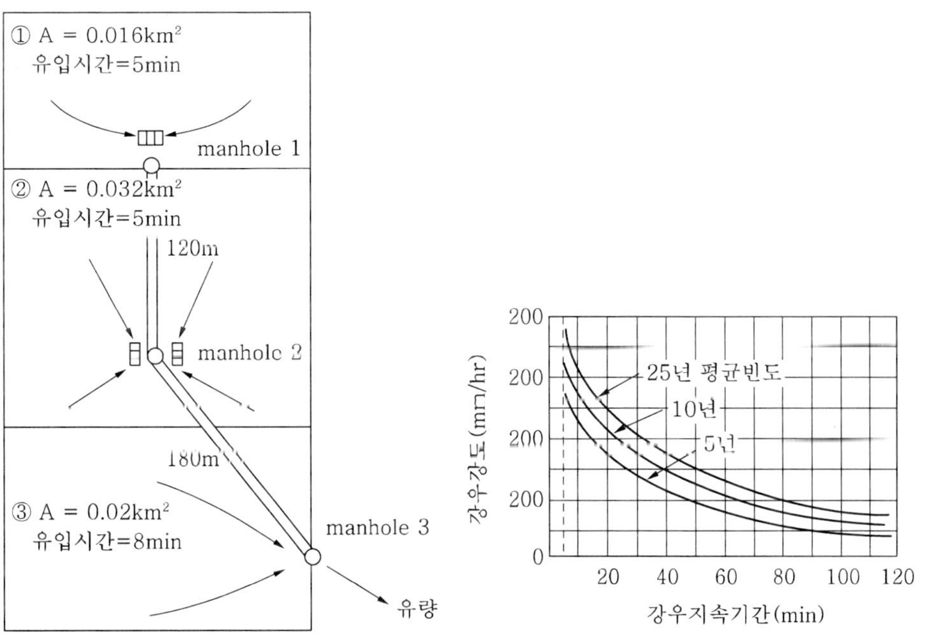

(a) 유역계

(b) 호우유출계산에 대한 강우강도-지속기간곡선

그림 9.25 호우배수설계

제10장

홍수파의 전파

10.1 홍수파의 전파와 홍수추적

10.2 수문학의 분야에서 행하는 홍수추적계산의 흐름

10.3 수문학적 홍수추적 계산법

10.4 수로 추적(channel routing)

10.5 Muskingum법

10.6 홍수조절법

제**10**장

홍수파의 전파

10.1 홍수파의 전파와 홍수추적

하천의 어느 한 지점에 대해서 생각해 본다. 큰 비가 내리면 그 지점의 유량은 급격히 증가하여 곧 첨두에 도달한다. 유량 감소기에 있으면 유량은 최초는 급격히 감소하나 차츰 그 감소도가 완만하게 되어서 곧 원래의 유량으로 되돌아간다. 그 지점으로부터 하류 지점에서도 그것과 아주 비슷한 경과가 어느 지체를 갖고 일어난다. 즉, 한개의 강줄기의 상류에서 하류로 향해서 각 지점의 홍수수문곡선을 동일시간 축상에 재차 그려보는 것이다(그림 10.1(a)). 여기서, 유량을 유역면적으로 나누어 비유량으로 환산한 수문곡선을 그려보면 그림 10.1(b)에 표시한 것 같이 마치 파가 상류에서 하류로 향해 전파하는 것 같은 상태를 한다. 이런 것으로부터 일반의 파동현상에 비유해서 홍수시의 수문곡선을 **홍수파**(flood wave)라 하는 것이다. 또 홍수파가 하류로 감에 따라 변형하는 것을 홍수파의 전파라 하고, 이 홍수파의 전파하는 상황을 계산으로 구하는 것을 **홍수추적**(flood routing)이라 한다.

여기서, 대단히 단순한 물질의 생각을 하면 결국 홍수추적이란 어느 유역에 큰 비가 내린 때 1본의 강줄기 상류에서 하류로 향하여 하천이 최종지점의 호수나 바다로 합치는 지점까지 사이의 임의의 지점의 홍수수문곡선을 순차 구하는 것이 된다. 홍수유출계산법에는 유역면적의 적용한계라는 것이 있으며 유역면적이 그 이상 큰 경우는 유역을 적용한계 이하의 작은 부유역 혹은 소유역(sub basin)과 국부유역(local area)으로 나누어야 한다. 국부유역이란 그림 10.2에 나타낸 것 같이 유역 전체를 본천의 A점 유역, 지천의 B점과 C점 유역의 각 부유역으로 분할한 때의 본천 혹은 지천에 연한 나머지 부분을 말한다. 그리고 이 부분에서 지천 혹은 지천에 합류하는 유량을 중간유입량(local inflow)이라 한다. 즉, 이 그림에 표시한 것 같은 유역의 경우 유역을 분할한 결과 각 부유역과 국부유역은 홍수유출계산법의 적용한계 이하로 된다. 그러한 각 부유역과 국부유역에서 홍수수문곡선을 계산하며 그것을 합성하여 유역출구에서 홍수수문곡선을 구하는 순서를 거칠 필요가 생긴다.

또 유역의 크기가 적용한계 이하이어도 유역안에 큰 호수와 인공저수지가 존재하는 경우에는 홍수유출계산법에서는 유역안에 있는 큰 호수와 인공저수지의 홍수유출 과정에 대한 영향을 고려할 수 없으므로 유역을 호수보다 상류유역과 하류유역으로 나누어 우선 호수로 유입하는 유역의 홍수수문곡선 즉, 호수로의 유입 수문곡선을 구하며, 이것이 호수에서 저류작용을 받아서 그 출구에서 유출하는 유출수문곡선을 계산하고 다음에 호수에서 유출하여 하천으로 합류하는 유역수문곡선을 구하며 양자를 합성하여 유역출구에서 홍수수문곡선을 구하는 순서를 거칠 필요가 생긴다.

혹은 유역안에 본류와는 뚜렷이 성질이 다른 지류가 합류하여 있는 경우 비록 유역의 크기가 홍수유출계산법의 적용한계 이하이어도 그 유역을 일괄해서 유역 출구의 홍수수문곡선을 계산하는 것은 대단히 불합리한 것이므로 이같은 경우는 유역을 홍수유출 특성에 따라 분할하여 각 부유역마다에 홍수수문곡선을 계산하여 그것을 합성하여 전체 유역의 출구에서 홍수수문곡선이라고 해야 한다. 이같이 유역을 분할하면 다음항에서 설명한 "하천구간"이라는 개념을 생각한다. 그리고 이 하천구간의 상류단으로 흘러드는 홍수수문곡선이 하류단에서 유출할 때는 그 형이 어떻게 변화하는가를 계산(홍수추적)할 필요가 생기는 것이다.

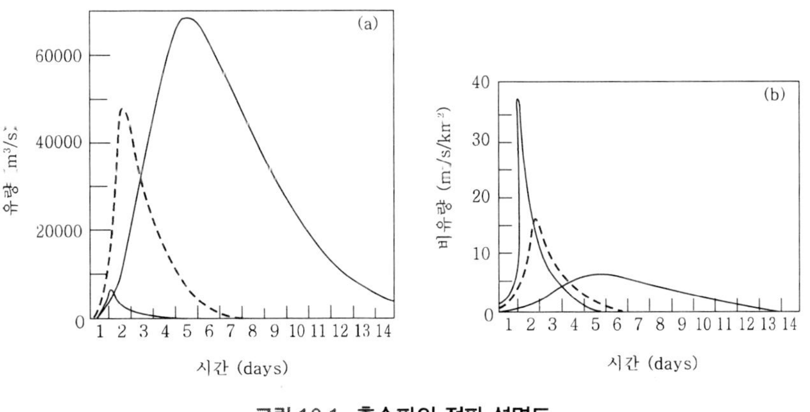

그림 10.1 홍수파의 전파 설명도

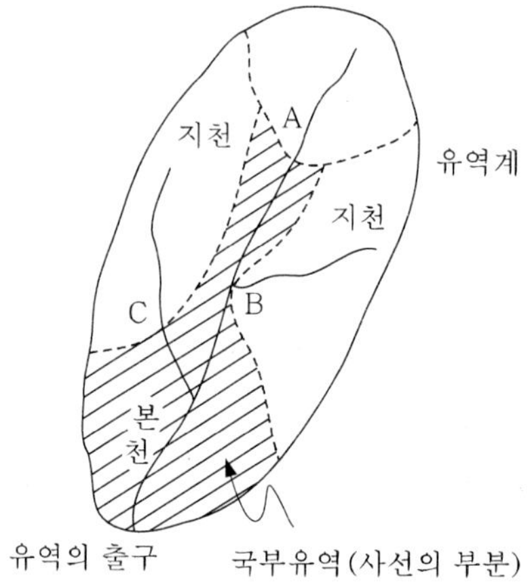

그림 10.2 국부유역 설명도

10.2 수문학의 분야에서 행하는 홍수추적계산의 흐름

여기서, 그림 10.3(a)같은 유역을 생각한다. 이 유역의 한가운데에는 큰 호수가 있으며 그 호수에는 2본의 큰 지천이 유입하며 호수에서 유출하는 본류에는 2개의 큰 지천이 합류한다. 이 유역은 호수에 유입하는 지천 A와 B유역의 부유역, 호수에서 유출하는 본류에 합류하는 지천 C와 D유역의 부유역 그리고 호수로 직접 유입하는 사면과 작은 하천유역 L'와 본류로 직접 유입하는 사면과 같은 하천유역 즉, 국부유역으로 분할할 수 있다. 또 본류자체는 유역출구에서 D지천이 합류할 때까지의 구간 I와 D지천의 합류점에서 C지천이 합류하는 지점까지의 구간 II, 그리고 C지천이 합류하는 지점에서 호수에 도달할 때까지의 구간 III, 즉, 3개 하천의 구간으로 분할할 수 있다. 그러므로 본류를 따른 국부유역은 본류의 각 구간에 대응하여 I', II', III'으로 분할되는 것으로 한다.

이 유역을 각 부유역과 국부유역과 하천구간에 의해서 구성되어 있는 상황을 기호로 표현하면 그림 10.3(b)와 같이 된다. 여기서 정삼각형으로 표시한 것이 부유역, 직사각형으로 표시한 것이 하천구간, 원이 호수(저수지)이고, 흑점은 합류점을 표시한다. 국부유역은 그림 10.3(b)에서는 부유역을 표시한 것과 같은 기호를 이용한다. 여기서, 문제로 되는 것은 하천구간이 갖고 있는 국부유역의 취급방법이다. 다음 10.3에서 설명하는 수문학적 홍수추적의 방법에서는 1개의 하천구간은 그 상류단과 하류단을 제외하면 그 중간에서는 합류량과 유출량이 있어서는 안되는 것으로 되어 있다. 그래서 국부유역에서 그 구간으로의 합류량은 국부유역이 구간을 따라 거의 균등하게 분포하여 있으면 상반분은 상류단으로의 합류량, 하반분은 하류단으로의 합류량으로서 다룬다. 만일 그 분포가 뚜렷이 어느 쪽으로 기울어져 있으면 예를 들면 상류단으로 기울어져 있으면 그 전부를 상류단으로의 합류량으로서 다루고 반대이면 하류단으로의 합류량으로 한다. 이 설명도에서는 국부유역의 분포는 거의 각 구간에 따라 균등하다고 보아서 그림 10.3(b)는 (c)같이 고쳐쓴다. 여기서 꼬리가 하천구간으로의 입구와 출구를 표시하는 각 흑점에 대하여 합쳐진 이등변삼각형은 국부유역을 표시하며 그 1개는 상류분 기타는 하류분이다.

그러므로 그림 10.3(a)에서 표시한 유역출구에서 홍수수문곡선은 우선 제1단계로서 각 부유역 및 국부유역 마다에 홍수수문곡선을 계산하는 것으로부터 시작한다. 단, 이 경우 국부유역은 하천구간을 따라 혹은 호안을 따라 수없는 유역의 집합체이나 이것을 1개의 유역으로 다룬다. 다음에 부유역 A와 B, 국부유역 L'의 홍수수문곡선을 더하여 합쳐서 호수로의 유입량 수문곡선 즉, 유입수문곡선으로서 호수에서의 유출량 수문곡선 즉, 유출수문곡선을 후술의 저류방정식과 호수의 저류량 곡선을 이용하여 계산한다. 즉, 홍수추적계산한다. 이 유출수문곡선으로 하천구간 Ⅲ의 국부유역 Ⅲ'의 상반분에서의 홍수수문곡선을 더한 것이 하천구간 Ⅲ으로의 유입 수문곡선이 되며 하천구간 Ⅲ에서의 유출수문곡선을 마찬가지로 홍수추적 계산한다. 하천구간 Ⅲ에서의 유출수문곡선에 부유역 C와 하천구간 Ⅲ의 국부유역 Ⅲ'의 하반분과 하천구간 Ⅱ의 국

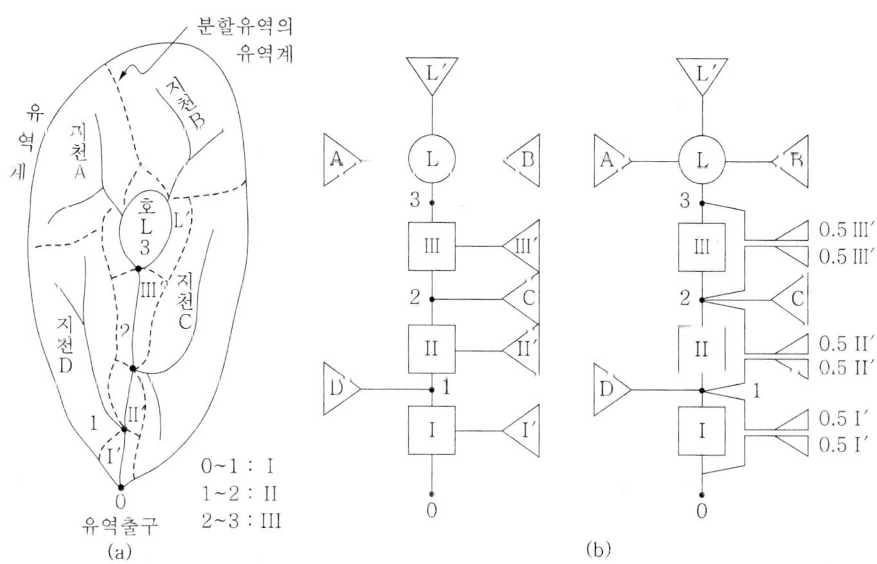

그림 10.3 홍수추적계산의 흐름 설명도

부유역 Ⅱ'의 상반분의 각 홍수수문곡선을 더하여 합쳐진 것이 하천구간 Ⅱ로의 유입수문곡선으로 되며 하천구간 Ⅱ의 유출수문곡선을 계산한다. 하천구간 Ⅱ의 유출수문곡선에 부유역 D와 하천구간 Ⅱ의 국부유역 Ⅱ'의 하반분과 하천구간 Ⅰ의 국부유역 Ⅰ의 상반분에서의 각 홍수수문곡선을 더하여 합쳐진 것이 하천구간 Ⅰ의 유입수문곡선으로 되며 하천구간 Ⅰ의 유출수문곡선을 구하여 이것에 하천구간 Ⅰ의 국부유역 Ⅰ'의 하반분에서의 홍수수문곡선을 더하면 그 유역 출구에서의 홍수수문곡선을 최종적으로 구한다.

여기서, 유의해야 할 것은 이상에서 설명한 홍수추적 계산의 흐름은 부유역과 국부유역은 하천구간에 대해서 독립하며 또 서로 이웃한 하천구간은 서로 독립한다고 생각하는 것이다. 그러므로 홍수 추적계산은 상류에서 하류로 향해 밀고 나가는 것이 된다. 이것은 즉, 하천의 경사가 어느정도 급한 것을 전제로 하며 대단히 경사가 완만한 하천 예를 들면 감조 하천 등에 대해서는 이상 설명한 계산의 흐름 즉, 수문학적 홍수추적 계산방법(hydrological routing method)으로 홍수추적을 행하는 것은 부적당하며 그 경우는 개수로의 부정류 운동방정식을 푸는 수리학적 홍수추적 계산방법(hydraulic routing method)을 이용해야 한다.

10.3 수문학적 홍수추적 계산법

10.3.1 홍수추적 계산의 기본식

홍수추적 계산의 방법은 수문학적 방법과 수리학적 방법의 2가지가 있다. 수문학적 홍수추적 계산의 방법은 저류방정식(storage equation) 혹은 연속방정식(continuty equation)이라는 홍수추적의 기본식에 기초하고 있다. 하천의 어느 구간의 상류단으로의 유입량을 I, 하류단에서의 유출량을 O, 구간내에 저류되어 있는 수량 즉, 하도저류량(channel storage)을 S라 한다. 시각을 t라 하면 임의의 시각 t에 대해서 다음 미분방정식이 성립해야 한다.

$$I - O = \frac{dS}{dt} \tag{10.1}$$

어느 시간간격 즉, 이것을 홍수추적 계산에서는 추적 시간간격이라 하며 그 사이 상류단으로의 평균유입량을 $\overline{I}$, 하류단에서의 평균유출량을 $\overline{O}$, 추적시간 간격 Δt의 끝과 시작 시점에서 하도저류량의 차이 즉, 하도저류량의 증・감량을 ΔS라 하면 식 (10.1)은 다음과 같이 표현할 수 있다.

$$\overline{I}-\overline{O}=\frac{\Delta S}{\Delta t} \qquad (10.1.1)$$

지금 Δt시간의 시작 시점에 대해서 1, 끝시점에 대해서 2라는 아래첨자를 붙이면 식 (10.1)은 다음과 같이 표현할 수 있다.

$$\frac{I_1+I_2}{2}-\frac{O_1+O_2}{2}=\frac{S_2-S_1}{\Delta t} \qquad (10.1.2)$$

이 식은 홍수유출계산법에서 이미 여러 번 사용된 것이며, 이것이 수문학적 홍수추적 방법의 계산 기본식이다.

임의의 시각 t에서 하도저류량 S_t 는 그 시점에서 상류단으로의 유입량 I_t와 하류단에서의 유출량 O_t에 의해서 결정된다고 생각하므로 즉, S_t는 I_t와 O_t의 함수라 생각하므로 다음의 일반식이 성립한다.

$$S_t=f(I_t,O_t) \qquad (10.2)$$

그러므로 식 (10.1.2)는 다음과 같이 고쳐쓴다.

$$\frac{I_1+I_2}{2}-\frac{O_1+O_2}{2}=\frac{f(I_2,O_2)-f(I_1,O_1)}{\Delta t} \qquad (10.1.3)$$

이 식에서 I_1과 I_2 는 하천구간의 상류단으로의 유입수문곡선이므로 당연히 기지량이다. 홍수추적을 개시한 시점에서 하천구간의 하류단에서의 유출량도 초기치로서 주어지므로 식 (10.1.3)에서 O_1도 기지량으로 되어 이 식을 풀어서 미지량의 O_2를 구하여 단계별로 하천구간의 하류단 유출수문곡선을 계산한다. 이 홍수추적계산을 푸는데 필요한 식 (10.2)를 저류함수의 일반식, 이것을 그래프로 그린 것을 저류량 곡선이라 한다. 각종의 수문학적 홍수추적계산법의 차이는 이 저류함수를 주는 방법의 차이에 있다.

10.3.2 홍수추적계산법의 종류

홍수추적의 기본식을 풀 때 어떻게든 주어져야 하는 저류관계는 일반식의 형에서는 I_t와 O_t 라는 2개의 변수를 갖고 있다. 그러나 변수를 1개로 좁혀서 S_t는 O_t 만의 함수로 하는 것이다. 지금 어느 하천구간으로의 1봉의 홍수에 의한 유입수문곡선과 유출수문곡선에서 유출량과 하도저류량의 관계 곡선을 작성하면 그림 10.4(b)에 나타난 것 같이 loop를 그리는 것이 일반이다. 이 loop에서 유출량과 평균 하도저류량과의 관계를 구한 것을 평균저류량 곡선이라 한다. 홍수가 1본이 아니고 2본 이상이어도 마찬가지의 평균 저류량 곡선을 그릴 수 있다. 이 평균저류량 곡선에서 구한 하도저류량은 실제보다 증수시에는 작고 감소시에는 많으며 그리고 유입량과 유출량이 정확히 일치한 때만 옳은 값을 나타내서 전반적으로 상당량의 오차가 생긴다. 그러나 이같이 해서 구한 평균저류량 곡선은 하천구간에서 수리학적 방법인 등류계산 혹은 부등류 계산에 의해 여러 가지 하도구간 하류단에서의 유출량에 대응하는 종단 수위를 계산하며 그것을 기초로 해서 구한 유출량과 하도저류량의 관계 곡선과 거의 일치한다고 말한다. 즉, I_t 와 O_t 라는 2개의 변수를 O_t 한개로 좁혀서 수리학의 방법을 유출량과 저류량의 관계를 구하는데 도입할 수 있게 된다. 또 상당량의 유입량이 있어도 수면이 평탄하다고 보는 호수와 저수지에서 유입량은 저수량 곡선에 영향을 주지 않으므로 이 경우 이의 없는 하도(저수지)의 저수량은 유출량만의 함수로 된다. 이상 설명한 것 같이 하도저류량은 유출량으로 보아서 결정한다고 가정하는 것은 유출량과 하도저류량의 관계가 일정하며 또 유출량만이 아니며 유입량도 관계한다고 생각해야 할 때는 유출량과 하도저류량의 관계는 일정하지 않든지 혹은 변화한다고 표현한다.

이상의 사항에서 유출량과 하도저류량과의 관계가 일정하다고 가정하는가 아닌가에 의해서 홍수추적법을 2개로 대별하며 유출량과 하도저류량의 관계를 일정한다고

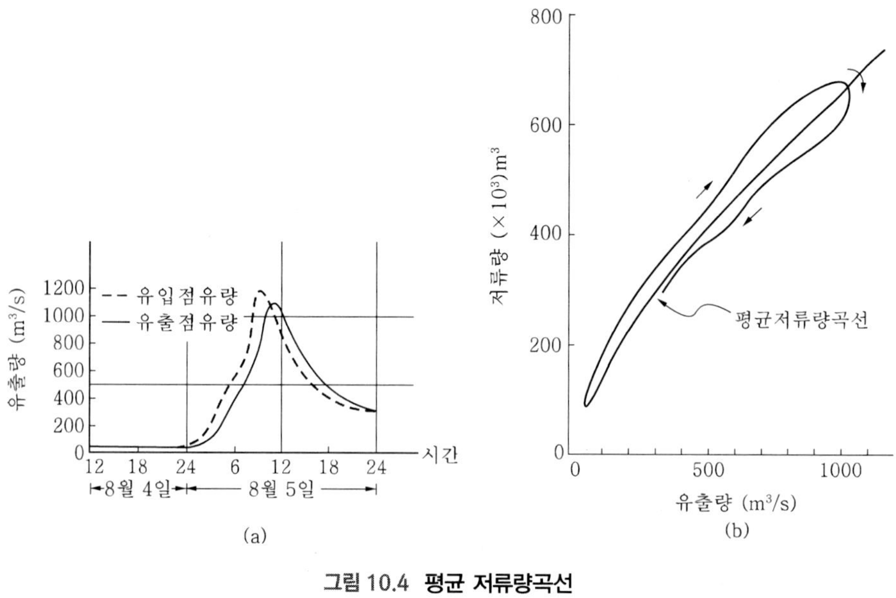

그림 10.4 평균 저류량곡선

하는 경우는 저수지 홍수추적법(reservoir routing), 이 관계가 변화한다고 하는 경우는 하천 홍수추적법(open channel routing)이라 한다. 각 대표적인 방법으로서 전자에 대해서는 puls법이 있으며 후자는 Muskingum법이 있다.

홍수추적(flood routing)은 하천의 구간 혹은 저류 보유시설을 통하여 유하하는 수문곡선의 특성변화를 결정하는데 이용하는 수학적 기법이다. 유역모형, 수로추적 그리고 저수지추적에서 종종 다른 방법으로 실행하며 아직 기초적 개념이 홍수추적 문제와 같이 뒤떨어져 있다.

수로 아래로 지나가는 홍수파로써 흐름깊이와 수로 저류증가는 첨두감소의 원인이 되고 수문곡선을 평평하게 한다. 추가하여 수로를 통하여 지나가는 홍수파에 대한 시간에 따라 수문곡선을 바꾸는 원인이 된다. 유사한 개요는 수문곡선이 저류보유시설을 통하여 지나가는 것이다. 처음에 보유시설은 많은 양의 저류용량을 내포하고 보유시설로 유입하므로써 수심은 증가한다. 증가된 수심은 출구 구조물에 대한 에너지 수두로 두며 그 구조물은 유입에 비하여 시간을 감소시키고 지체되어 배출하는 원인이 된다. 일반적으로 보유저류는 수로저류보다 매우 크므로 수문곡선에 대한 영향은 수로에 비해서 보유시설에서 더욱 극적이다. 어느 경우에나 추적에서 관심이 되는 수문곡선 주요 특성은 첨두유량, 첨두시간 그리고 형상(유출 용적의 시간 분포)이다.

10.4 수로 추적(channel routing)

그림 10.5은 유역에서 수로망을 노식석으로 나타낸다. 특정한 사상에 대한 수문곡선을 B점에서 안다면 수로추적은 수로 B에서 A까지 아래로 유하하는 수문곡선형상의 변화를 결정한다. 그림 10.6은 구간을 통하여 유하하는 수문곡선을 갖는 수로저류와

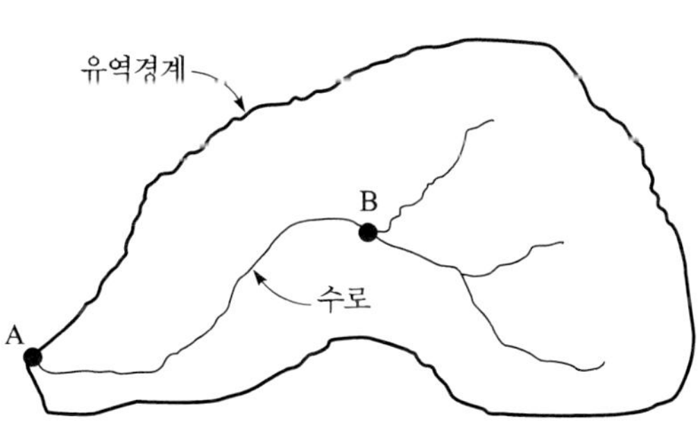

그림 10.5 관심점 A, B를 갖는 유역과 수로망

유하시간의 일반적 영향을 보여준다. 수문곡선 형상은 첨두유량의 크기가 감소하고 시간이 지체되는 원인으로 납작하게 되고 늘어난다. 추적방법은 수리학적 혹은 수문학적 범주이고 둘다 적절한 적용에 장단점이 있다.

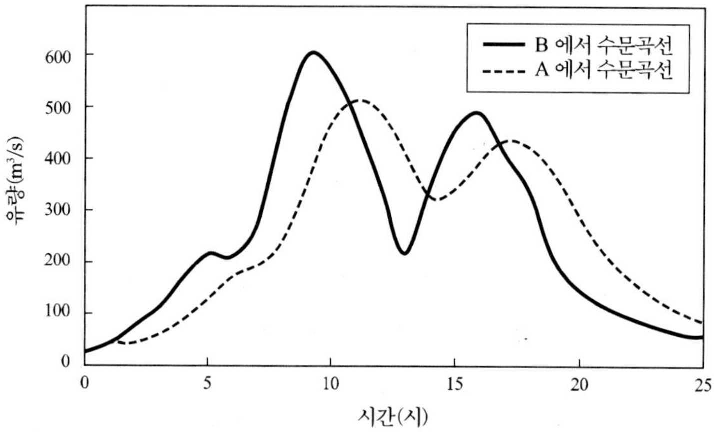

그림 10.6 수로 B-A를 통하여 추적한 수문곡선에 관한 저류와 유하시간 영향

1) 수리학적 추적(hydraulic routing)

홍수파의 수리학적 추적은 비정상류, 점변류에 대한 연속방정식과 운동량 방정식의 동시 해결에 관하여 의지한다. 수로 측면유입이 중요하다면 연속방정식(질량보존)은 미분형태에 관계된다.

$$A\frac{\partial v}{\partial x}+vB\frac{\partial y}{\partial x}+B\frac{\partial y}{\partial t}=q \tag{10.3}$$

여기서, A : 수로흐름면적, v : 속도, x : 수로부분길이, B : 수로꼭대기 폭, y : 흐름깊이, t : 시간 그리고 q : 측면 유입

이 방정식은 하천수로내 비정상류에 대하여 Henderson(1966)에 의해 제시된 운동량 보존 방정식을 확대한 것이다.

$$S_f=S_0-\frac{\partial y}{\partial x}-\frac{v}{g}\frac{\partial v}{\partial x}-\frac{1}{g}\frac{\partial v}{\partial t} \tag{10.4}$$

여기서, S_f : 마찰경사, S_0 : 하상 경사 그리고 g : 중력상수이다.

이들 방정식은 비선형 편미분 방정식이며 해결을 위해 매우 복잡한 수학적 기법을 요구한다. 기초방정식은 H. S. Army Corp of Engineers에 의해 개발된 HEC-RAS 컴퓨터 모형 하천해석에 이용된다.

2) 수문학적 추적(hydrologic touting)

수로추적의 수문학적 방법은 방정식 10.1과 10.2의 직접해를 시도하지 않는다. 대신에 이 방법들은 단순화한 저류-유출관계 보조로써 질량보존 방정식을 푼다. 대중적인 수문학적 수로 추적법은 Muskingum방법이다. NRCS 보형은 Muskingum Cunge법을 이용하며 Musiingum 방법과 비교하면 더 많은 수로의 물리적 기술이 요구된다. 대중적 유역 추적절차는 Modified-Puls 추적 방법이다.

10.5 Muskingum법

Muskingum법은 미국공병대의 McCarthy 등에 의해서 Muskingum 하천의 홍수방이 계획중에서 개발된 방법이다. 이 방법의 특징은 유출량과 하도저류량의 관계는 변화하는 것을 전제로서 하도저류량은 프리즘형 저류(prism storage)와 쐐기형저류(wedge storage)라는 2개의 저류형태로 구성되어 있다고 생각하는 것이다.

국부유역을 갖지 않는 가상의 하천구간을 생각한다. 이 하천구간에서는 평상시는 즉, 평수시 혹은 저수시는 유입량과 유출량은 서로 같아서 즉, 정상상태이다. 이같은 때의 하도저류형태를 프리즘형 저류라 한다. 홍수가 발생하여 수위가 상승하기 시작하면 항상 유입량은 유출량을 상회하며 이때의 하도저류량은 정상 상태에서 유출량이 흐른 때의 하도저류량 즉, 프리즘형 저류량을 상회한다. 즉, 이 상회한 부분의 저류형태는 모식적으로 그리면 쐐기상을 나타내므로 쐐기형저류라 한다. 수위가 저하하기 시작하면 이제까지와는 반대로 유출량은 유입량보다 크게 되며 이때의 하도저류량은 프리즘형 저류량보다 작게 되어 그 차이를 부(-)의 쐐기형 저류량이라 한다. 그리고

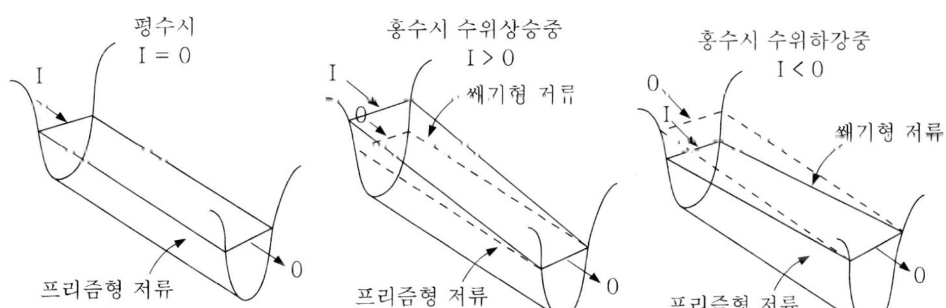

그림 10.7 하천구간의 저류상태

홍수가 끝나서 평수상태로 돌아오면 유입량과 유출량은 서로 같게 되어 하도저류량은 또 프리즘형 저류량만으로 구성되도록 된다(그림 10.7).

1) Muskingum 방법에 대한 방정식

Muskingum 방법은 두 개의 기본 방정식을 이용한다. 첫째는 그림 10.7의 기하학을 기초로 한 저류 관계이고 유입 유출 그리고 저류의 수로 특성에 대한 가정이다.

$$S = K[XI + (1 - X)O] \qquad (10.5)$$

여기서, S : 수로 저류량(m^3)

I : 수로 유입량(m^3/S)

O : 수로 유출량(m^3/S)

K : 저류 시간 변수(S)

X : 가중인자로 알고 있는 저류 프리즘 변수

이 방정식은 수로저류가 수로 유입량(I)와 수로 유출량(O)의 함수라는 것을 말한다. 각 유량의 영향은 프리즘 변수 X에 의해 가중된다.

둘째 방정식은 질량 보존이다.

$$I - O = \frac{\Delta S}{\Delta t} \qquad (10.6)$$

여기서, Δt : 추적시간 간격(S)

이 방정식은 수로로 들어오는 모든 물은 수로로 나가든지 수로저류 변화를 일으킨다는 것을 말한다. 작업 방정식을 정리하면 다음과 같다.

$$O_{n+1} = C_o I_{n+1} + C_1 I_n + C_2 O_n \qquad (10.7)$$

여기서, 추적계수 C_0, C_1 그리고 C_2는 다음과 같이 규정한다.

$$C_0 = \left(\frac{-KX + 0.5\Delta t}{K - KX + 0.5\Delta t}\right) \qquad (10.8)$$

$$C_1 = \left(\frac{KX + 0.5\Delta t}{K - KX + 0.5\Delta t}\right)$$

$$C_2 = \left(\frac{K - KX - 0.5\Delta t}{K - KX + 0.5\Delta t}\right)$$

이들 세 개 추적계수 C_0, C_1 그리고 C_2는 무차원이다. 그러므로 K와 Δt의 시간 단위는 같아야 한다. 수학적 통합은 세 개 계수의 합이 단일과 같아야 한다는 것을 요구한다. 이 방법은 매우 짧은 시간 단계 이상 수로의 유입과 유출량 시험을 요구한다. 방정식 10.5는 점차 $n+1$과 n을 갖는다. 해결은 시간 간격 n에서 시작하고 시간 간격$(n+1)$에서 끝나는 흐름을 보는 것을 요구한다. K, X 그리고 Δt를 선행결정하므로써 추적계수를 계산하고 식 10.7의 형태로 일반적 추적방정식을 만든다. 해결은 수로에서 초기유입과 유출조건을 동일시 하여 시작한다. 보통은 홍수파 지나기 전 수로에서 등류로 가정한다. 그러므로 이들 두 초기 흐름값은 일반적으로 같고 시간 단계의 시작 유입량과 유출량은 알고 있다. 추가적으로 시간 단계의 끝에서 유입량은 안다. 그러므로 시간단계 끝에서 유출량은 식 10.7을 이용하여 직접 해결할 수 있다. 이 과정은 전체 수문곡선이 수로를 통하여 추적될 때까지 각 후속의 수문곡선좌표의 중복되는 한쌍에 대하여 반복된다.

2) 추적변수

이 방법의 적용에서 도전은 변수 K와 X의 온당한 산정을 결정하는 것이다. 신뢰있게 이 방법을 이용하기 위해서 K와 X는 상류와 하류 수문곡선을 알고 있는 곳의 하천계측 정보의 해석을 통하여 결정해야 한다. 이 정보를 가지고 K와 X는 McCuen(2005)에 의해 설명된 통계적 과정 혹은 Bedient와 Huber(2002)에 의해 설명된 도식적 과정을 통하여 결정할 수 있다. 그러나 실제로 이런 자료는 거의 이용할 수 없다. 그러므로 이 방법의 실제적 적용은 규칙에 논리적 의미를 부여하여 안내하는 규칙을 채택하도록 요구한다.

① 저류시간변수 K

K는 수로구간에 대한 저류시간변수(storage time parameter)이고 구간내 유하시간과 대략 같도록 가정할 수 있다 종종 Manning's 방정식은 만제조건에 대한 수로내 평균유속을 산정하는데 이용하고 이 속도는 구간길이를 기초로 유하시간 계산에 이용한다. 관심은 만제조건의 추적된 홍수파에 대한 수로단면기하학 표시가 온당하다는 것을 입증해야 한다. 홍수파 속도에 저항하는 제방외 흐름의 영향은 고려하는 것이 필요하고 수로와 홍수 계획 단면의 기하학에 의존한다.

② 프리즘변수 X

X는 물을 저장하는 수로의 능력에 관한 상류와 하류단면의 상대적인 영향 비율인 가중 계수이다. X는 종종 프리즘 변수(prism parameter)로써 제공되고 관계에서 수로저류용량에 영향주는 능력을 반영한다. 이 방법은 상하류 단면이 기하학적으로 유사하다고 가정하므로 수리학적 특성은 X의 0.0~0.5 범위가 온당하다.

X에 대하여 0.0을 선택하면 하류 수로단면이 댐 혹은 흐름방해물과 유사한 흐름조절장치와 같이 작용하는 원인이고 상류 단면이 수로 저류를 갖는 영향을 부정한다. 이 경우에 수로 단면이 매우 큰 저류 용량을 갖고 저류 보유 시설같이 작용한다. 이것은 매우 넓은 홍수계획 면적을 갖으며 제방의 저류에 대하여 매우 큰 용적을 제공하는 수로단면에 대한 극치경우이다.

이에 대해 0.5를 선택하면 상하류 수로 단면이 저류관계에서 동일한 가중을 갖는 원인이 된다. 수로는 매우 작은 저류용량을 갖고 주로 운송장치로서 작용한다. 이는 사다리꼴 수로 혹은 밀폐된 우수관으로 설계된 높은 각주 수로에 대한 경우이다.

③ 추적에 대한 K와 X의 영향

그림 10.8은 추적과정에서 K와 X의 영향을 나타낸다. X를 0.5로 선택하면 수로는 저류가 작든지 없다. 그러므로 수문곡선은 K값을 기초로 시간을 단순히 해석하여 이동한다. 수문곡선 첨두는 작든지 감소가 없는 경험을 한다. X값을 0.1을 선택하면 수로는 이용할 수 있는 저류량이 크므로 수문곡선 첨두는 뚜렷하게 감소하고 K에 기초하여 시간은 변화한다.

실제항에서 X는 거의 0.1보다 작게 선택한다. 자연 하천에 대하여 일반적으로 X의 범위는 0.2~0.3을 채택하며 대표적 값은 0.2 혹은 0.25이다. 거대한 홍수 평원을 가진 편평한 경사하천은 0.1보다 작은 X값을 가진다. 산악지역으로 홍수평원이 없는 급경사 좁은 하천은 0.4보다 큰 X값을 갖는 것이 가능하다. 각주에 대하여 규칙적인 수로단면 혹은 밀폐된 암거는 X를 0.5로 선택해도 타당하다.

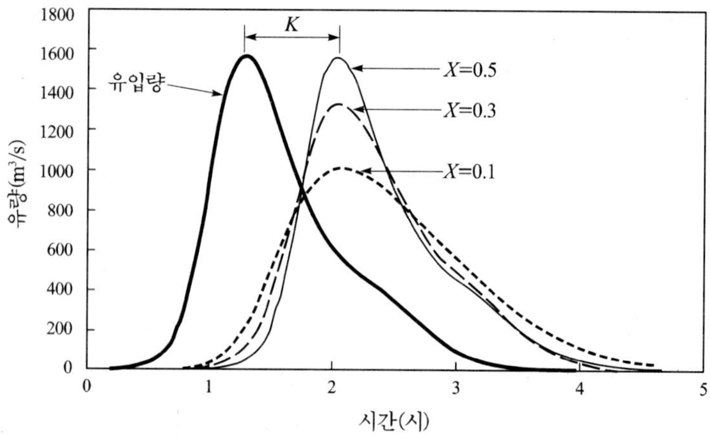

그림 10.8 Muskingum 추적 절차에서 X변화의 영향

X 선택에 대한 추가적인 기준은 수로를 통하여 추적한 유량의 크기이다. 높은 확률사상(저 재현기간) 유량에 대하여 아마도 제방내에 남아있으므로 수로의 저류특성은 선택한 X를 고려해야 한다. 그러나 낮은 확률사상(높은 재현기간) 유량은 틀림없이 수로 홍수평원내로 제방을 넘을 것이다. 이 사상들에 대한 X값은 제방내 X값보다 뚜렷하게 다를 것이며 홍수터의 저류용량에 의존한다.

3) 추적 간격(Routing interval)

추적 간격은 추적한 수문곡선의 형상이 단계별 풀이에서 적당하게 획득할 수 있도록 선택해야 한다. 추적 간격 선택에 대한 일반적 경험으로 첨두유량이 도달하기 전에 추적으로 얻은 유입 수문곡선에 관해 5 혹은 6 세로좌료가 되도록 Δt를 선택한다. 컴퓨터 혹은 계산표 풀이를 이용하면 유입수문곡선의 시간단계와 같도록 추적간격을 선택하기에 가장 쉬우며 거의 모든 첨두유량 전에 존재하는 5 혹은 6 세로좌표를 확보한다. 유입 수문곡선의 시간단계 선택은 역시 유입수문곡선의 첨두가 컴퓨터 풀이에서 추적 출력을 나타낼 것이라는 것을 보증한다.

추적계수를 결정하므로서 이 방법은 표로 만든 양식에서 식 10.7을 해결하는 것을 축소한다. 유입량은 모든 시간 단계에 대해 유입 수문곡선으로부터 알게 된다. 추적에서 초기 유출량은 초기 유입량과 같도록 가정하고 정상등류는 홍수파가 지나기 전에 수로내에 존재한다고 암시한다.

예제 10.1

작은 유역에서 하천수로의 유입수문곡선을 표 10.1에 나타냈다. 수로를 통한 유하시간은 약 20분이고 프리즘 저류 변수 X는 0.25로 가정한다. Muskingum 방법을 이용하여 구간을 통해 지나간 후 유출 수문곡선의 형상을 계산하라.

표 10.1 **유입수문곡선에 대해 표로 만든 유량값**

시간 (hrs)	유입량 (m^3/s)	시간 (hrs)	유입량 (m^3/s)	시간 (hrs)	유입량 (m^3/s)	시간 (hrs)	유입량 (m^3/s)
0.0	0.0	1.6	70.5	3.2	18.4	4.8	9.1
0.2	1.2	1.8	55.3	3.4	16.6	5.0	8.6
0.4	2.1	2.0	43.2	3.6	15.0	5.2	8.1
0.6	3.2	2.2	37.0	3.8	13.6	5.4	7.7
0.8	5.0	2.4	31.6	4.0	12.4	5.6	7.4
1.0	9.3	2.6	27.1	4.2	11.4	5.8	7.1
1.2	20.8	2.8	23.5	4.4	10.6	6.0	6.8
1.4	60.7	3.0	20.7	4.6	9.9		

풀이

유입수문곡선을 관찰하면 첨두 유입량 전에 7수문곡선 세로좌표가 발생되는 것을 보인다. 추적시간 간격은 유입수문곡선 시간단계와 같게 받아들일 수 있다. $K=0.333\text{hrs}$, $X=0.25$ 그리고 $\Delta t=0.2\text{hr}$이고 추적계수는 다음과 같이 계산한다.

$$C_0=\left(\frac{-0.333(0.25)+0.5(0.2)}{0.333-0.333(0.25)+0.5(0.2)}\right)=0.0479$$

$$C_1=\left(\frac{0.333(0.25)+0.5(0.2)}{0.333-0.333(0.25)+0.5(0.2)}\right)=0.5239$$

$$C_2=\left(\frac{0.333-0.333(0.25)-0.5(0.2)}{0.333-0.333(0.25)+0.5(0.2)}\right)=0.4282$$

추적은 표 10.2에 나타낸 것 같이 표 혹은 작업양식으로 행할 수 있다. 표는 시간열; 유입량 I, C_0I_{n+1}, C_1I_n, C_2O_n 그리고 유출량 O_2를 확립하여서 시작한다. 관련된 시간에 따라 유입수문곡선은 열 2로 들어간다. 추적의 초기조건을 초기 유출량 O_1이 O의 초기유입량 I_1과 같은 쌍이 되는 것을 요구한다.

$\Delta t=0.0$과 $\Delta t=0.2$시간의 첫째 추적간격은 식 10.7을 이용하여 풀이한다.

$$O_{n+1}=C_0I_{n+1}+C_1I_n+C_2O_n$$

$$O_2=0.0479\times 1.2+0.5239\times 0+0.4282\times 0=0.1\text{m}^3/\text{s}$$

풀이는 유사하게 나머지 열을 계속적으로 풀이한다.

$$O_3=(0.0479)(2.1)+(0.5239)(1.2)+(0.4282)(0.1)=0.8\text{m}^3/\text{s}$$

$$O_4=(0.0479)(3.2)+(0.5239)(2.1)+(0.4282)(0.8)=1.6\text{m}^3/\text{s}$$

$$O_5=(0.0479)(5.0)+(0.5239)(3.2)+(0.4282)(1.6)=2.6\text{m}^3/\text{s}$$

완전한 추적은 표 10.2에 나타냈고 수문곡선은 그림 10.9에 표시했다. 풀이를 관찰하면 추적의 영향을 본다. 1.6hr에서 $70.5\text{m}^3/\text{s}$ 첨두유입량은 $57.8\text{m}^3/\text{s}$로 줄고 t=1.8hr로 변화한다. 전환은 수로 저류 시간 변수의 크기와 유사하기 때문에 온당하다. 그림 10.9에서 첨두의 감소와 전환 그리고 수문곡선이 매끄러운 것에 주목한다. 이것은 홍수파에 관한 수로 저류의 영향을 기대한다.

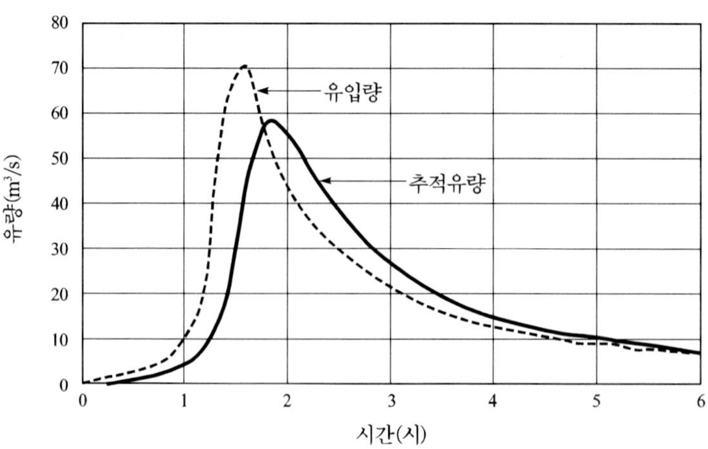

그림 10.9 유입량과 추적수문곡선

표 10.2 **표로 만든 풀이**

추적간격=0.2hours　　$C_0=0.0479$
K=0.333hours　　$C_1=0.5239$
X=0.25　　$C_2=0.4282$

n	시간 (hrs) (1)	유입량 (m³/s) (2)	$C_0 \times I_{n+1}$ (m³/s) (3)	$C_1 \times I_n$ (m³/s) (4)	$C_2 \times O_n$ (m³/s) (5)	유출량 (m³/s) (6)
1	0.0	0.0	-	-	-	0.0
2	0.2	1.2	0.1	0.0	0.0	0.1
3	0.4	2.1	0.1	0.6	0.0	0.8
4	0.6	3.2	0.2	1.1	0.3	1.6
5	0.8	5.0	0.2	1.7	0.7	2.6
6	1.0	9.3	0.4	2.6	1.1	4.1
7	1.2	20.8	1.0	4.9	1.8	7.7
8	1.4	60.7	2.9	10.9	3.3	17.1
9	1.6	70.5	3.4	31.8	7.3	42.5
10	1.8	55.3	2.6	36.9	18.2	57.7
11	2.0	43.2	2.1	29.0	24.7	55.8
12	2.2	37.0	1.8	22.6	23.9	48.3
13	2.4	31.6	1.5	19.4	20.7	41.6
14	2.6	27.1	1.3	16.6	17.8	35.7
15	2.8	23.5	1.1	14.2	15.3	30.6
16	3.0	20.7	1.0	12.3	13.1	26.4
17	3.2	18.4	0.9	10.8	11.3	23.0
18	3.4	16.6	0.8	9.6	9.9	20.3
19	3.6	15.0	0.7	8.7	8.7	18.1
20	3.8	13.6	0.7	7.9	7.8	16.4
21	4.0	12.4	0.6	7.1	7.0	14.7
22	4.2	11.4	0.5	6.5	6.3	13.3
23	4.4	10.6	0.5	6.0	5.7	12.2
24	4.6	9.9	0.5	5.6	5.2	11.3
25	4.8	9.1	0.4	5.2	4.8	10.4
26	5.0	8.6	0.4	4.8	4.5	9.7
27	5.2	8.1	0.4	4.5	4.1	9.0
28	5.4	7.7	0.4	4.2	3.9	8.5
29	5.6	7.4	0.4	4.1	3.6	8.1
30	5.8	7.1	0.3	3.9	3.4	7.6
31	6.0	6.8	0.3	3.7	3.3	7.3

4) Muskingum-Cunge 수로 주적

Muskingum-Cunge 수로 추적방법은 Muskingum 방법 대신에 이용한다. Cunge (1969)는 수리학적 추적기법을 이용하여 수로추적방법을 개발하였다. Muskingum-Cunge의 큰 잇점은 수로의 물리적 특성을 잘 규정하도록 허락하는 것이 Muskingum 이상이다. 길이, 조도, 경사 그리고 기하학 같은 변수는 입력으로서 요구한다. 각

추적간격에 대한 K와 X 계산을 허락한다. 특별히 Cunge는 K와 X 계산에 이용을 제안했다.

$$K = \frac{L}{C} \tag{10.9}$$

$$X = 0.5(12 - \frac{q_u}{CSL}) \tag{10.10}$$

여기서, L : 구간길이(m)
C : 운동파 전파속도(m/s)
q_u : 특성 단위 유량($m^3/s/m$)
S : 마찰 경사

운동파 전파속도 C는 운동파 이론을 기초로 한 속도이다. 수로에 대한 유량 검정 곡선은 C 계산에 필요하고 일반적으로 그 곡선은 Manning's 방정식을 이용하여 근사하게 접근한다. 이 가정으로서 C는 계산할 수 있다.

$$C = \frac{5}{3}v \tag{10.11}$$

여기서, v라는 수로내 평균유속이다. 검정표를 만드는데 가능한 하나는 삼각형과 사각형의 특수한 경우를 포함하는 수로 단면에 사다리형상이라는 가정이다. 이 가정을 이용하여 수로의 가하학적 특성은 다음 방정식으로 규정한다.

$$T = B + 2zy \tag{10.12}$$

$$A = \frac{(B+T)y}{2} \tag{10.13}$$

$$P = B + 2\sqrt{(\frac{T-B}{2})^2 + y^2} \tag{10.14}$$

$$q = \frac{1}{n}\frac{A^{5/3}}{P^{2/3}}S^{1/2} \tag{10.15}$$

여기서, A : 횡단면적, q : 유량
T : 상부폭, B : 바닥폭
y : 흐름 깊이, P : 윤변
Z : 측면경사, S : 마찰(바닥) 경사

이 방정식들로서 검정표는 추적동안 기대되는 값 O~최대범위 흐름깊이를 선택하여 만든다. 각 흐름 깊이에 대하여 변수 T, A 그리고 P는 계산하고 검정표내 결과 q 결정에 이용된다.

추적에 필요한 물리적 자료는 구간깊이, 조도, 경사, 바닥폭 그리고 평균 측면경사이다. 방정식 10.11과 10.12는 수로 추적 절차에서 모든 흐름에 대해 K와 X 계산에 이용한다. 이 방법은 Muskingum 방법에서 K와 X 결정을 억측으로 한 일을 제거한다. 논리적으로 Muskingum-Cunge 방법이 더 정확한 결과를 제공한다.

수로 단면을 사다리꼴 기하학을 이용하면 추적을 예감하는 동안 단면형상을 반영하는 수로 변수 선택이 중요하다. Muskingum 방법에서 X의 선택을 제시함으로써 깊이에서 높은 확률사상 흐름은 낮은 확률사상보다 더 낮다.

10.6 홍수조절법

홍수(flood)는 하천의 제방을 범람할 정도의 높은 수위이며 주위의 땅을 침수시키고 비정상 기후학적 조합으로 인한 많은 폭우로 인해 생긴다. 또한 하천줄기의 변환, 지진에 의한 제방침식, 하천차단, 또는 홍수제방의 파괴 등에 의해서도 생긴다.

홍수는 인명, 재산의 손실, 교통 통신의 두절, 농작물의 피해, 기근, 전염병 등 광활한 지역에 많은 피해를 준다.

홍수량의 설계상 크기는 여수로, 저수, 개폐교, 도시와 공항의 배수, 그리고 둑 건설등의 설계에 필요하다. 어떤 구조물을 안전하게 통과할수 있는 최대홍수량을 설계홍수량(design flood)이라 한다. 홍수범람에 의한 피해는 다음과 같은 홍수조절법을 단독 혹은 복합적으로 이용할 때 최소화할 수 있다.

① 제방, 방벽, 홍수벽의 건설로 고수제 사이의 유량을 조절하는 것
② 절단, 직선화 또는 굴차 그리고 잇따른 하천개수작업에 의한 수로 개선
③ 홍수의 일부를 측면이나 홍수로로 전환시킨다.
④ 상류 서수시와 지제유역을 만들어 첨두홍수의 임시적인 저류에 이용하기도 한다.
⑤ 유역내에 토양 함수수문을 측정함으로 인해서(토양 관리)
⑥ 활용 금지법에 의한 홍수터 관리에 의해 홍수터를 일시적 또는 영구적으로 비워둠.
⑦ 시설물 주위에 원형제방 또는 홍수벽을 설치함으로 인해 홍수방재를 행하는 법
⑧ 홍수예보기를 설치-단기, 장기, 주기적인 신호와 레이다 이용, 취약한 유역에는 경고센타를 설치함.

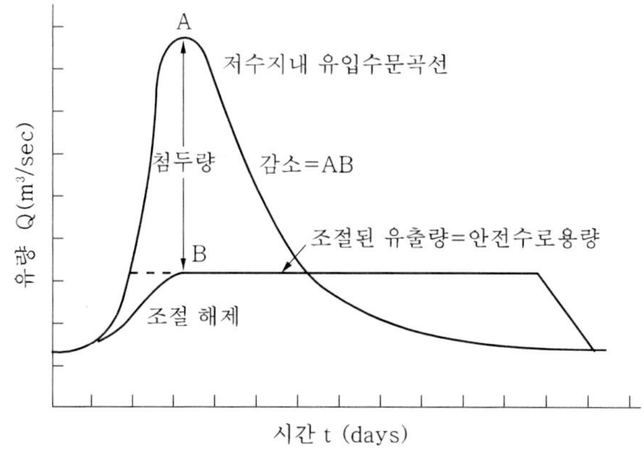

그림 10.10 저수지에 의한 홍수조절

10.6.1 저수지에 의한 홍수조절

홍수조절용 저수지의 목적은 홍수의 일부를 일시적으로 저장해서 첨두홍수량을 줄이는데 있다. 저수지는 이상적으로 방재해야 할 지역의 바로 상류에 위치하여야 하고 수위-유량곡선으로부터 구한 안전한 용량을 하류수로를 통해 방류시킨다. 즉, 그림 10.7에서와 같이 AB만큼 첨두를 감소시키는 것이다.

안전수로 용량을 초과해서 저수지로 들어오는 모든 유량은 유입량이 하천용량 이하로 떨어질 때까지 저장하고 저장된 물은 다음 홍수에 대비해 저류량을 회복하기 위해 방류된다. 만약 저수지와 방재유역이 좀 떨어져 있고 이들 지점사이에 지천유입이 없다면 저수지 운영은 위와 같이 하면 되지만 첨두량은 저수지로부터 하류방향으로 저류에 의해 더욱 감소할 것이다. 만약 댐과 조절지점 사이에 지천유입이 있다면 저수지는 댐위치보다는 방재유역에서 최소첨두가 되도록 조절하여야 한다. 한편 저수지로부터 방류는 지류로부터 홍수량을 갖는 하류의 어느 한점에서 동시에 일어나 위험지경에 이르게 된다. 저수지의 상하류의 강수에 관한 신속한 정보와 시간적으로 유용한 기상예 보만 있으면 이 정보를 필요한 홍수수문곡선으로 변환하므로서 저수지 조절에 효과를 주게 될 것이다.

홍수조절만을 위한 저수지 건설은 경제적이지 못하고 관개, 수력 등과 같은 이득을 고려하는 것이 좋다. 공간은 일반적으로 여수로 꼭대기 수위 이상의 홍수조절에 대해 오로지 할당하고 여수로 정상수문을 닫는 것이 필요할 때 이용할 수 있는 곳에 다목적 저수지(multipurpose reservoir) 건설이 현대의 실정이다.

첨두유량을 줄이는데 있어 저수지의 효과는 저수용량이 증가하면 증가하고 필요한 최대용량은 저수지로부터의 안전방출량과 최대유입량과의 부피차이이다. 수문곡선이 저수시에서 더욱 넓기 때문에 주어진 양에서 첨두량을 줄이면 더욱 많은 물이 저류된다. 첨두량의 감소가 클수록 더욱 많은 지역이 홍수로부터 방재가 되나 단위 첨두량 감소로 인한 이득은 일반적으로 적다.

저수지의 크기는 이득이 생기는 첨두량을 감소시키는 것을 포함한 비용의 가중에 의해 결정된다. 주하천을 가로지르는 단일저수지는 넓게 퍼져있는 도시와 마을을 방재할 수 없을지 모르나 지천을 가로질러 건설된 저수지는 홍수방재에 효과가 있다. 일반적으로 효과적인 홍수조절을 위해 최소한 총유역의 1/3은 저수지 아래에 있어야 한다.

10.6.2 수로개수

수로개수는 하천의 유출용량을 늘리고 홍수의 높이와 기간을 감소시킨다. 홍수통수능은 횡단면적을 증가시키거나 하천의 유속을 증가시킴으로서 증가시킬 수 있다. 단면증가는 작은 유역에서 좁고 얕은 수로에만 적용되고 폭 확장의 한계는 30~40m이다. 깊이를 증가시키면(단면전체에 대해 똑같이) 유속이 증가하여 동수반경이 증가하므로 수심을 크게 하는 것보다 수로폭을 넓게 하는 것이 우선이다.

수로유속(Manning 또는 Chezy 공식)은 동수반경, 하상경사, 하상과 측면의 조도 등에 따라 영향을 받는다. 조도는 모래톱의 제거, 제방 근처의 하상에서의 경작 방지, 쓰러진 나무 등의 장애물 제거, 개착을 함으로 해서 사행을 곧게 하는 것에 의해 감소된다(그림 10.11).

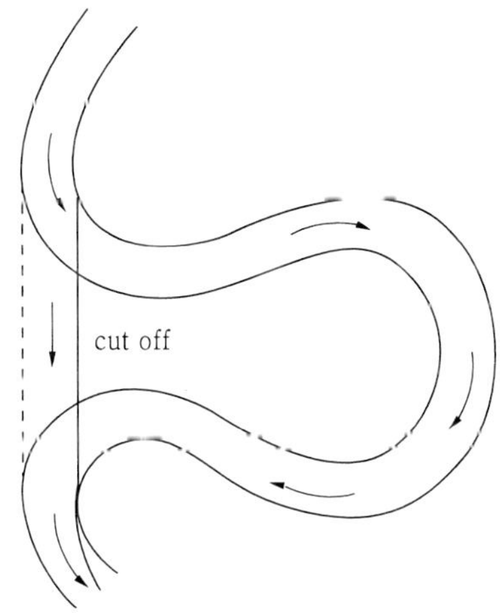

그림 10.11 사행하천의 개착

하천의 수심을 크게 하면 경사의 감소는 가져오지만 출구는 낮아지지 않는다. 수심을 크게 하는 것은 cutoff가 가능할 때 그리고 하천경사가 흐름 길이의 감소에 의해 증가할 때 다시 행한다. 따라서 개착(cutoff)은 경사의 증가로 인한 유속 증가, 사행과 사행의 결과로 인한 여러 가지를 제거함으로써 경로단축, 홍수를 제한하는데 필요한 제방의 단축과 같은 이익을 준다.

예제 10.2

바닥폭이 200m, 깊이 6m, 측면경사가 1:1인 수로가 있다. 준설에 의해 깊이가 9m로 증가한다면 수로의 유속증가 비율을 결정하라. 횡단면에서 동일한 증가로 깊이 대신에 수로 폭이 넓어지면 유속증가 비율은 얼마인가?

풀이

chezy's 공식 $V = C\sqrt{RS}$

여기서, V : 수로의 유속

R : 동수반경

S : 수로하상경사

C : 하상과 측면의 조도에 따른 상수

수심을 크게 하는 것과 수로폭을 넓히는 것 둘다 하상경사의 조도가 같다고 가정하면

$V \propto \sqrt{R}$

① 준설에 의해 깊이 9m 증가

수심을 크게 하기전 횡단면적(A_0), 윤변(P_0), 동수반경(R_0)로 놓으면

$$A_0 = (200 + 1 \times 6)6 = 1{,}236\text{m}^2$$

$$P_0 = 200 + 2 \times 6\sqrt{1^2 + 1^2} = 217\text{m}$$

$$R_0 = \frac{A_0}{P_0} = \frac{1{,}236}{217} = 5.7\text{m}$$

9m로 깊게 한 후(그림 10.12)

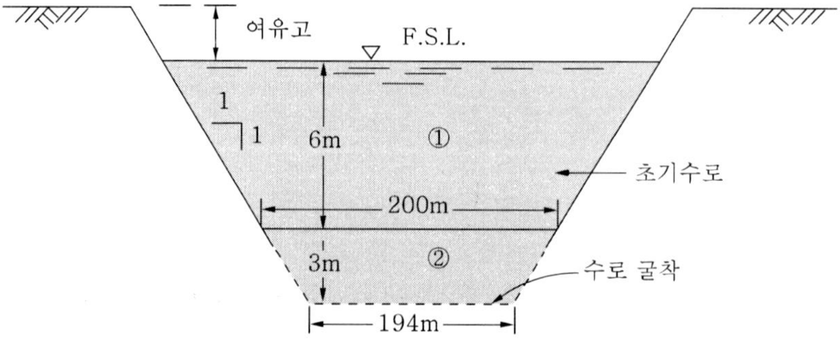

그림 10.12 굴착에 의한 수로개선

$$A=(194+1\times 9)9=1{,}827\text{m}^2$$

$$P=194+2\times 9\sqrt{1^2+1^2}=219.4\text{m}$$

$$R=\frac{A}{P}=\frac{1{,}827}{219.3}=8.33\text{m}$$

수심을 크게 한 후의 속도 증가 $=\dfrac{\sqrt{8.33}-\sqrt{5.70}}{\sqrt{5.70}}\times 100=21\%$

② 횡단면적에서 동일한 증가로 수로를 넓게 했을 때, 수로폭을 넓힌 후의 하상을 b'라 하면

$$1{,}827=(b'+1\times 6)6$$

$$\therefore\ b'=298.5\text{m}$$

수로폭을 넓힌 후

$$P=298.5+2\times\sqrt{1^2+1^2}$$
$$=315.42\text{m}$$

$$R=\frac{A}{P}=\frac{1{,}827}{315.42}=5.8\text{m}$$

수로폭을 넓힌후의 속도증가 $=\dfrac{\sqrt{5.8}-\sqrt{5.7}}{\sqrt{5.7}}\times 100=0.84\%$

따라서 속도증가는 수심을 크게 한 후는 21% 증가한 반면에 수로폭을 넓힌 후는 0.84%의 증가에 그쳤다. 그러므로 출발 입구에서 하천수로를 파헤치면 홍수파는 필연의 문제일 것이다. 수로입구의 퇴적에 의해 *H. F. Q*의 증가율보다 *H. F. L*의 증가율이 빠르다는 것이 알려져 있다.

퇴적물의 자연응고는 홍수시에 부유사로의 변환에 방해가 된다. 하지만 하상이 홍수후퇴시에 파여지면 퇴적물은 바다로 이동하게 된다.

10.6.3 경제적인 홍수조절

홍수조절 계획에서 요구된 수위에 대한 홍수방재의 정도는 필요한 높이(여수로 높이)로 구조물을 올리는 것을 포함한 비용의 경제적 분석에 의해 판단되고 직간접적인 이득은 수위상승에 대한 홍수방재에 의해 얻어진다.

일반적으로 비용에 대한 년이득율이 최대가 되는 홍수위가 홍수방재의 설계에 채택된다(그림 10.13). 드문 발생의 홍수에 대한 방재는 많은 투자(이득이 적게 증가한다) 때문에 비경제적이 된다. 따라서 언제나 어떤 홍수량은 위험을 포함한다.

홍수조절비용은 다음과 같은 것을 포함한다.

- 주요한 비용은 홍수크기에 대해 필요한 구조물의 건설비용을 포함한다(즉 댐, 여수로, 제방 그리고 수로 개발의 조합에 의한 홍수방재의 필요한 정보를 제공).
- 주요지출에 의한 이자
- 감채기금, 감가상각, 세금

- 운영비와 유지비

홍수조절의 이점에는 다음과 같은 것이 있다.

① 구조물 하류에서의 통신의 두절, 인명과 재산의 손실, 작물 피해 등을 감소시키는 홍수방재로 생기는 직접적, 간접적 이득

② 보험, 노동자보상법, 방재지역에서 집약적인 경작으로 높은 수확, 홍수후의 전염병의 감소 등에 의한 비용 절약으로 인한 간접적 이득

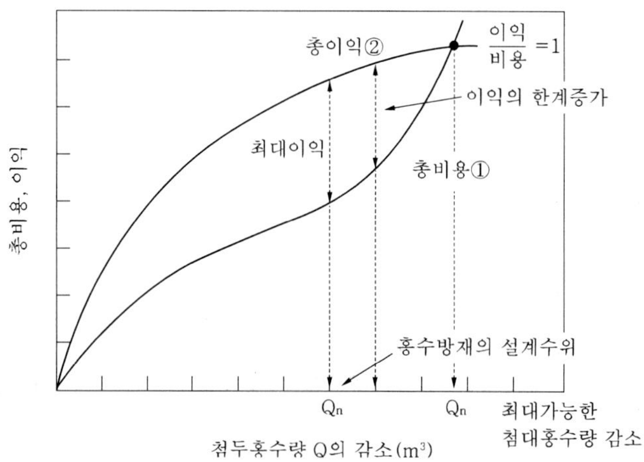

그림 10.13 홍수방재의 설계수위에 대한 비용–이익분석

잠재적 홍수피해를 추정하는 것은 어떤 유기적인 홍수조절계획에서 중요하고 필요하다. 일반적으로 수위–피해곡선(stage–damage curve)은 그 범위에서 홍수위가 증가하는데 따른 특정한 지역의 피해를 나타내기 위해 그려진다.

홍수에 의한 간접적인 피해는 공공에 대한 업무의 손실이라 생각한다. 이것은 사회경제학적 손실이고 돈의 가치로 산정할 수 있는 직접손실을 포함한 여러 가지 경제적 물리적 인자들 때문에 산정하기 어렵다. 홍수에 의해 일어나는 손해의 산정은 자료가 수집되고 아래와 같은 형식으로 만들어졌을 때 할 수 있다.

영향을 준 지역(km^2), 영향을 준 인구, 영향을 준 곡물, 재산피해–피해본 가옥수, 이동 또는 수선비, 가축손실–종류수 및 값, 인명손실, 공공기관 손실 등이며, 홍수지수는 여러 가지 홍수피해를 비교하기 위해 매년 개선되어진다.

10.6.4 홍수조절법의 조합

홍수조절 연구의 목적은 어떤 홍수조절법을 단독 혹은 조합적으로 가장 적절하게 이

용하며, 크기, 설계와 비용 등을 결정하기 위함이다. 홍수조절계획의 설계는 수문학적 특성과 계획의 경제적 여건 등과 밀접한 관계가 있다. 저수지, 제방 그리고 수로개선 등의 건설을 포함하는 홍수조절계획을 하며 그 인자를 지배하는 여러 조합의 최종 선택은 그림 10.14에 설명하고 있다. 여러 작은 첨두값에서 홍수감소설계에 대한 저수지의 건설비용은 곡선 ①로 나타냈고, 여러 홍수첨두치에 대한 방재의 목적으로 제방과 다른 수로 개선책에 드는 비용은 곡선 ②로 나타냈다. 두 곡선의 좌표점의 합은 저수지 제방 그리고 수로개선책 등에 의한 홍수방재의 조합된 비용을 나타내며 곡선 ③으로 나타냈다. 조합된 비용곡선의 최소점 P는 가장 경제적 조합을 나타내며 홍수첨두치의 감소와 총비용을 이점에서 읽을 수 있다.

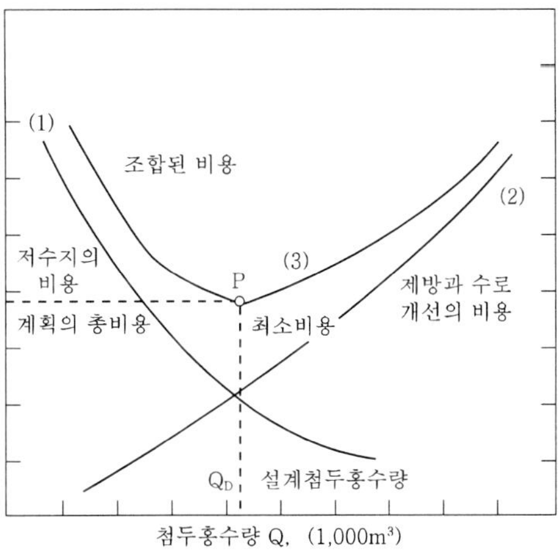

그림 10.14 홍수조절방식의 조합에 대한 비용분석

예제 10.3

여러 가지 홍수첨두치에 대한 홍수방지 제방의 건설비용은 다음과 같다. 이것과 주어진 다른 자료로부터 홍수조절계획의 경제적 분석을 행하고 설계된 제방에 대한 홍수첨두치를 결정하라.

첨두홍수량 (1,000m³)	첨두홍수 하의 총피해	첨두홍수의 재현기간 (yr)	첨두홍수에서의 년계획비용 (Rs.)
10	0	2	0.2
15	2	10	0.4
20	5	20	0.6
25	8	30	0.8
30	12	42	1.0
35	20	60	1.3
40	32	80	1.6
50	46	150	1.8
60	70	300	2.0
70	98	600	2.4

풀이

경제적 분석은 이익-비용비율에 근거하여 표 10.3에 나타냈다. 비용에 대한 이익비율은 제방이 40,000m^3를 통과할 수 있게 건설될 때 1.39로 최대이다(그림 10.15). 따라서 이 첨두홍수량에 대해 설계된 제방이 가장 경제적이다.

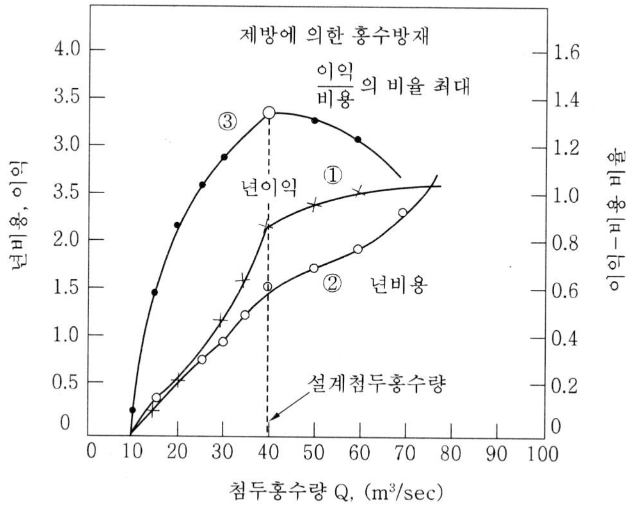

그림 10.15 이익-비용해석

표 10.3 제방축조에 의한 홍수조절의 경제적 분석

첨두 홍수량 1,000 (m^3/sec)	첨두에서의 총피해	피해의 증가 Rs	첨두홍수의 재현기간 (Yr)	재현기간의 증가 (Yr)	피해증가의 방재로부터 년이익 Rs. (3)÷(5)	첨두홍수에 대한 방재로 부터의 총 년이익	첨두홍수에 대한 년 방재비용	비용·이익비율 (7)÷(8)
1	2	3	4	5	6	7	8	9
10	0	2	2	8	0.25	0	0.2	0
15	2	3	10	10	0.30	0.25	0.4	0.62
20	5	3	20	10	0.30	0.55	0.6	0.92
25	8	4	30	12	0.33	0.85	0.8	1.06
30	12	8	42	18	0.44	1.18	1.0	1.19
35	20	12	60	20	0.60	1.62	1.3	1.25
40	32	14	80	70	0.20	2.22	1.6	1.39
50	46	24	150	150	0.16	2.42	1.8	1.34
60	70	28	300	300	0.09	2.58	2.0	1.29
70	98		600			2.67	2.4	1.10

연습문제

10.1 다음을 설명하시오.

① 홍수추적
② 설계홍수량
③ 비용-이익곡선

10.2 홍수조절에 따른 유형, 무형이득에 대해 설녕하시오.

10.3 하도저류량의 종류와 변화에 대해 설명하시오.

10.4 홍수조절을 위한 수로개수방법과 그 영향에 대해 설명하시오.

10.5 경제적인 홍수조절방법에 대해 설명하시오.

10.6 저수지를 이용한 홍수조절방법과 수위와의 관계를 설명하시오.

제11장

홍수의 발생 확률

11.1 확률년의 개념

11.2 초과확률과 비초과확률의 개념

11.3 확률년 계산에 필요한 수문자료

11.4 홍수의 확률년 계산에 이용하는 이론확률 밀도함수

11.5 홍수의 발생확률을 간접적으로 구하는 방법

11.6 선형 회귀(linear regression)

제11장

홍수의 발생 확률

11.1 확률년의 개념

하천 옆에 살고 있는 사람들은 각각 수년이라는 지극히 짧은 기간을 돌이켜 볼 경우 그 사이에는 그렇게 큰 홍수는 일어나지 않는다. 그러나 그것이 자신이 태어나서부터 비교적 긴 시간이 되면 그 사이에는 상당히 큰 홍수가 일어난다. 그리고 부모대와 그 이상의 대까지 거슬러 올라가 보면 이제까지 없었던 큰 홍수가 일어난 것을 깨달을 것이다. 또 보통 큰 홍수가 일어난 후는 당분간은 그 같은 홍수는 일어나지 않는 것이 많다고 하는 것을 알았다. 그리고 평균화하여 보면 짧은 기간에서는 그렇게 큰 홍수는 없고 점점 그 사이를 길게 하면 하는 만큼 그 기간에서 큰 홍수가 일어난다. 굉장히 큰 홍수는 그렇게 언제나 일어나는 것은 아니라고 하는 것을 감각적으로 이해하고 있다.

홍수의 크기를 표현할 때에 매년 반드시 일어나는 홍수, 2, 3년에 1번은 일어나는 홍수, 잃어버릴 정도로 일어나는 홍수, 자기 당대 사이에 체험한 최대 홍수, 부모와 조부모에서 전해들은 큰 홍수라는 말을 한다. 그래서 홍수에 의한 범람의 피해를 없애기 위해서 치수사업을 계획, 실행하는 경우 100년에 1번밖에 일어나지 않는 큰 홍수가 있어도 피해가 나타나지 않게 하기 위해 사업을 행하는 것이라면 피차 대단히 설득력, 이해력이 생긴다.

이 같이 평균적으로 보면 몇 년에 1번 밖에 일어나지 않는다는 큰 홍수라는 확률적인 말을 할 때 이 몇 년이라는 개념을 전문적으로는 **재현기간**(return period, recurrence interval)이라 하고, 또 재현기간을 **확률년**이라고 일반적으로 부르고 있다. 그리고 N년에 1번 밖에 일어나지 않는 홍수를 N년 확률 홍수라 한다. 역시 재현기간이든지 확률년이라는 개념을 홍수라는 현상에 한정한 것이며 전체의 수문현상으로 적용한다.

홍수의 발생확률을 논할 경우 홍수규모를 얼마로 표현하는가 하는 문제가 반드시 생긴다. 홍수 크기를 측정하는 척도로는 크게 2가지가 있으며 그 하나는 홍수를 그 물리적 크기로 측정하는 것이며, 그 외는 사회적 크기 즉, 홍수가 어느 정도의 범람피해를 연안의 주민에 주는가 또는 줄 것인가라는 것으로 측정하는 것이다. 예를 들면 홍수의 최대유량을 갖는 홍수의 크기를 측정하는 것이면 반드시 최대 홍수가 최대 피해를 초래한다고는 한정하지 않는다. 반대로 사회적으로 최대 즉, 피해가 최대인 홍수가 물리적 최대 홍수에 일치한다고는 한정하지 않는다. 또 연안의 사회상태는 항상 진보하여 발전하는 것이므로 가령 같은 홍수가 발생한다고 해도 그것에 의해서 일어나는 피해는 아주 이질적으로 될 가능성도 충분히 있다.

이같은 것을 생각하면 홍수의 크기를 측정하는 척도로는 본래 무엇인가가 없으나 홍수의 최대 유량이 크면 홍수의 지속시간도 길고 나타나는 물의 총량도 많다. 그러므로 그것에 의한 피해도 클 것이라는 것에서 홍수의 최대유량을 갖는 홍수의 크기를 측정하는 것으로 결정해 버린다면 모양이 석연하다고 생각하는 것이 일반적이다. 이것은 홍수라는 수문현상으로 한정한 것이며 예를 들면 갈수의 발생확률을 생각하는데 있어서도 생기는 사항이다.

최대유량을 홍수를 측정하는 척도로 하면 홍수의 최대유량은 강줄기의 장소에 따라서 뚜렷이 다르므로 홍수로 척도를 하는 장소가 문제로 된다. 이 홍수로 척도를 하여서 그 크기를 측정하기 위해 특정의 장소를 하천공학 분야에서는 기준지점이라 한다. 기준지점으로서는 하천이 산지부에서 흘러나와 평지부에 들어서 제방을 만들어 놓지 않으면 대규모로 범람이 발생하는 지점을 선택해야 한다. 또 자주 평야로 흘러나온 후의 하구든지 혹은 평야에서 본류로 큰 지천이 합류하는 지점을 기준점으로 선택하며 이 같은 경우 홍수는 그곳까지 범람하지 않으며 흐른다는 전제를 붙이고 있는 것이다. 그러므로 홍수 크기를 확률적으로 표현하면 어느 규모의 확률현상 즉, 이 경우 홍수가 매년 일어날 때 년확률은 1/1이며, 10년에 한번 일어나게 되면 1/10, 100년에 한번 일어나면 1/100로 표현한다. 또 이 값에 100을 곱하여 퍼센트 단위로 부르는 것이다. 즉, 100년 한번 일어나는 홍수의 년확률은 1%가 되며 50년 한번이면 2%가 된다.

11.2 초과확률과 비초과확률의 개념

여기서, 주사위를 던지는 실험을 생각해 본다. 이때 실험결과 즉, 사상(event)으로서는 나타나는 눈의 수 X를 생각한다. 그리고 X의 어느 값으로서는 1~6의 수를 생각하며 그런 하나하나의 수가 나타날 확률은 같아서 1/6이 된다. 일반으로 이 대문자로 쓴 X는 여러 가지 값을 하고 있는 가능성을 갖고 있다는 의미로 변수(variable)라 하며 변수 X 전체의 취한 값에 대해서 확률(probability)을 나타날 때 이 변수를 확률 변수(random variable)이라 한다. 11.1절에서 홍수의 크기를 확률적으로 표현하여 홍수의 크기를 측정하는 척도로서 홍수의 최대유량을 이용하는 경우의 최대 유량은 즉, 확률변수라는 것이다. 확률변수에 대해서 정해진 확률을 확률분포(probability distribution)라 한다. 주사위 같이 확률변수 X를 취해 얻은 값이 유한개의 건너뛴 값을 갖는 경우 그 확률을

$$P(X = x_i) = P_i\,,\ \sum_{i=1}^{\infty} P_i = 1,\ P_i > 0 \tag{11.1}$$

로 표시하는 것으로 하면 X의 확률분포는 P_i에 의해 정해진다.

여기서, X의 개개값 x를 변량(variate)이라 한다. 예를 들면 주사위를 던지는 실험에서는 다음 같이 표현한다.

$$P(X = x) = \frac{1}{6},\ x = 1,\ 2,\ 3,\ 4,\ 5,\ 6 \tag{11.2}$$

이같이 확률변수를 취해 얻은 값이 유한개 또는 무한개의 건너뛴 값을 취해 각각의 확률이 P_i에 의해 정해져 있을 때 확률변수 X의 확률분포는 이산형이라고 하며, 또 이같은 확률변수를 이산형 확률변수(discreate random variable)라 한다. 홍수의 최대유량은 0에서 이론 가능 최대 홍수유량 사이의 연속한 값이 되므로 연속형 확률변수로 된다.

이같이 확률변수가 연속적인 경우는 이산형의 경우와 같은 형식으로 그 확률을 논하는 뜻으로는 행하지 않게 된다. 그래서 연속형의 경우는 X가 구간 $[x,\ x+\Delta x]$에 들어가는 확률을 $P(x \leq X \leq x+\Delta x)$로 표시하는 것으로 한다. x와 Δx에 실제값을 주면 이 값을 계산할 수 있다. 여기서 $P(x \leq X \leq x+\Delta x)/\Delta x$ 되는 값을 생각하면 이것은 x근처의 단위길이에 대해서 X라는 확률의 평균치로 생각할 수 있다. 예를 들면 x=0.1, Δx=0.02로 하면 $P(0.1 < X < 0.1+0.02)/0.02 = 1$로 된다. 윗식에서 Δx

$\rightarrow 0$로 한다. 즉, Δx를 한정하지 않게 작게 하면

$$p(x) = \lim_{\Delta x \to 0} \frac{P(x \leqq X \leqq x + \Delta x)}{\Delta x} = \frac{P(x \leqq X \leqq x + dx)}{dx} \qquad (11.3)$$

또는

$$p(x)dx = P(x \leqq X \leqq x + dx) \qquad (11.4)$$

로 되는 $p(x)$를 생각한다. 이 $p(x)$를 점 x에서 확률밀도함수(probability density function)라 한다. 즉, 연속형 확률변수의 확률밀도 분포는 이 확률밀도 함수 $p(x)$를 이용하여 표현하게 된다. 그러므로 확률변수 X가 a와 b 사이의 값을 갖는 확률은 다음식으로 표시할 수 있다.

$$P(a \leqq X \leqq b) = \int_a^b p(x)dx \qquad (11.5)$$

또 다음 관계가 성립해야 한다.

$$P(-\infty \leqq X \leqq \infty) = \int_{-\infty}^{\infty} p(x)dx = 1;\ p(x) > 0 \qquad (11.6)$$

이상에서 설명한 것 같이 연속형 확률변수의 경우 어느 특정값을 갖는 확률은 0이 되어야 한다. 지금 연속형의 경우는 이산형의 때와 같은 형으로 확률을 표시할 수 없으므로 이것에 대응하는 것으로 X가 어느 구간에 들어있는 확률을 가려 그것에 대신 해야 하는 것을 설명한다. 그래서 X구간인 쪽을 예를 들면 하한치를 유한값, 상한치를 무한대 값으로 취하면 하한치 이하의 값이 발생하는 확률을 계산할 수 있게 된다. 혹은 반대의 것을 계산할 수 있게 된다.

기술 수문학에서 일반으로 확률이라는 개념은 어느 확률변수에서 어느 수준량의 특정값 이상의 값이 일어날 확률은 어느 정도인가 혹은 특정값 이하의 값이 일어날 확률은 얼마인가라는 것이다. 이같은 확률 개념을 초과확률, 비초과확률이라고 부른다.

이상에서 연속형 확률변수인 수문량의 확률밀도함수 $p(x)$가 주어지면 x이상의 값이 일어날 확률, 즉 초과확률 $P(X \geqq x)$는 다음 적분식으로 구한다.

$$P(X \geqq x) = \int_x^{\infty} p(x)dx = 1 - \int_{-\infty}^{x} p(x)dx \qquad (11.7)$$

또 x이상의 값이 일어나지 않을 확률, 즉 비초과확률 $P(X \leqq x)$는 다음 적분식으로

구한다.

$$P(X \leqq x) = \int_{-\infty}^{x} p(x)dx = 1 - P(X \geqq x) \tag{11.8}$$

지금 x와 같든지 그것보다 큰 X가 T년에 1회 비율로 일어난다고 하면 년초과확률 $P(X \geqq x)$는 $1/T$과 같게 된다. 즉, 확률년 T와 년초과확률의 관계는 다음 식으로 표시한다.

$$P(X \geqq x) = \frac{1}{T} \tag{11.9}$$

혹은 $P(X \geqq x) + P(X \leqq x) = 1$이므로

$$T = \frac{1}{P(X \geqq x)} = \frac{1}{1 - P(X \leqq x)} \tag{11.10}$$

11.3 확률년 계산에 필요한 수문자료

그림 11.1(a)는 어느 수문량을 20년간에 걸쳐 빠짐없이 관측 혹은 측정하여 그것을 발생순으로 나열한 수문자료계열의 예이다. 이것은 기간중 발생한 어느 수문량이 전부 나열되어 있어서 기간내 완전자료계열이라 한다. 이 기간내 완전자료계열에서 어느 기준을 정해서 이것보다 큰값 즉, 초과치를 추출할 때 이것을 기간내 부분 자료계열이라 한다. 여기서, 특히 값을 크기순으로 기간년수분(이예에서는 20개)의 변량을 추출할 때 이것을 년초과치 자료계열(annual exceedence series)이라 한다. 또 기간의 년수에 구애없이 어느 개수만큼 추출하는 경우 이것을 비 년초과치계열(nonannual exceedence series)이라 한다. 기간을 자세하게 분할한 분할기간을 생각하여 분할기간내의 최대치 혹은 최소치 즉, 극치(extream value)를 추출하여 나열한 경우 이것을 극치계열(extream value series)이라 한다. 일반으로 이 기간의 자세한 분할 방법으로서는 1년을 이용하는 것이 많고 1년중의 최대치 즉, 년최대치를 추출하여 나열할 때 이것을 매년 최대치 계열이라 하며 그림 11.1(b)에 나타나 있다. 또 년최소치를 추출하여 나열할 때 매년 최소치계열이라 한다. 전기간의 자세한 분할 방법으로서 1년을 이용하지 않는 경우에는 이것을 비 년최대치 계열, 비 년최소치 계열이라 한다. 이상을 계통도로 나타내면 그림 11.2와 같다.

즉, 수문자료계열중에서 이상에서 설명한 것 같은 종류의 자료계열이 작성되어서 확률년을 계산하는 경우 도대체 어느 자료 계열을 이용하면 좋은가라는 것을 결론적으로 말하면 기간내 완전자료 계열이든지 극치자료 계열중 최대치 자료 계열중의 매년 최대치계열을 이용하면 좋다. 기간내 완전자료 계열이 주어지는 것은 거의 없으므로 이 문제에 관해서는 우선 매년 최대치 자료계열에 한정하는 것으로 된다. 즉, 홍수의 확률년을 계산하는 경우 년간 최대 홍수수문곡선의 최대유량을 자료가 존재하는 년수분(또는 년최대 홍수를 초래하는 큰비의 총우량을 자료가 존재하는 년수분)을 년대순 혹은 크기순으로 나열한 것이 계산의 자료로서 준비해야 하는 것이다.

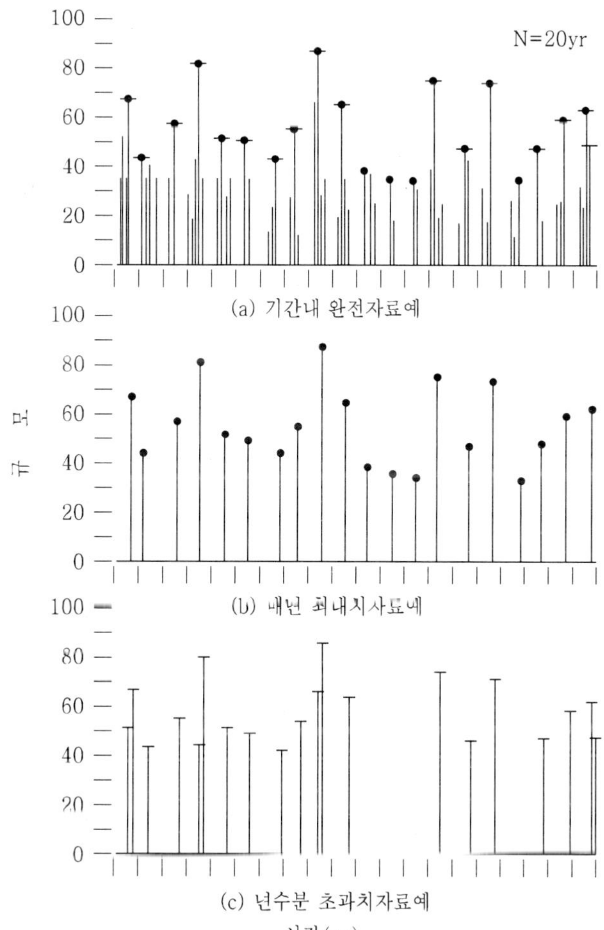

그림 11.1 발생순으로 나열한 수문자료예

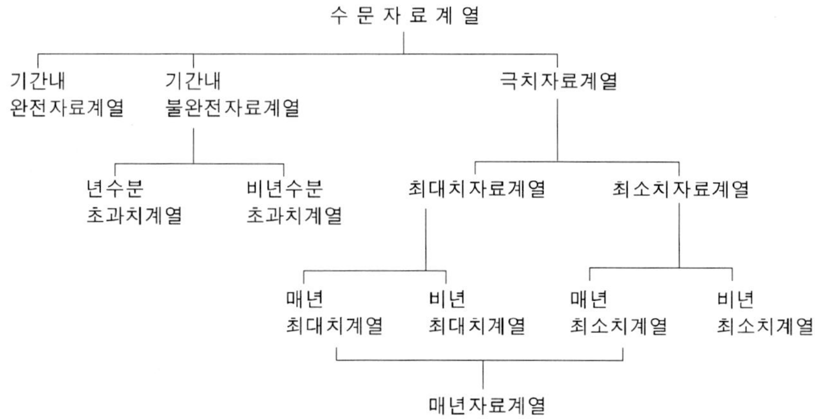

그림 11.2 수문자료의 분류계통도

11.4 홍수의 확률년 계산에 이용하는 이론확률 밀도함수

11.4.1 이론확률 밀도함수의 종류와 형

홍수의 확률년을 계산하기 위해서는 대상으로 하는 유역에서 발생하는 홍수 수문곡선의 최대유량의 년최대치가 어떠한 확률밀도 분포를 하고 있는가를 알아야 한다. 홍수유량의 년최대치 자료가 상당히 장기간에 걸쳐 존재하고 있는 경우에는 그 자료로부터 별도의 확률밀도 곡선을 구할 수 있다. 이것을 경험적 확률밀도곡선이라 한다. 그리고 얻은 경험적 확률밀도 곡선에서 홍수의 확률년을 계산한다. 그러나 실제로는 경험적 확률밀도곡선을 구하는 것은 없어서 예를 들면 정규분포라는 이론해석에서 유도된 이론확률밀도 곡선중의 어느 것에 그것의 확률밀도분포가 가장 가까운가를 검토한다.

즉, 여러 가지 중에서 1개의 이론확률 밀도분포에 꼭 들어맞는 방법을 채택하는 것이 일반적이다. 어떻게 이같은 방법을 채택하는가 하면 우선 첫째로는 경험적 확률밀도 분포곡선을 구하는 것이 귀찮으며, 둘째로는 그것을 위해서는 상당히 장기간에 걸쳐 홍수유량자료가 보존되어 있어야 하며 그 같은 유역은 그다지 없다.

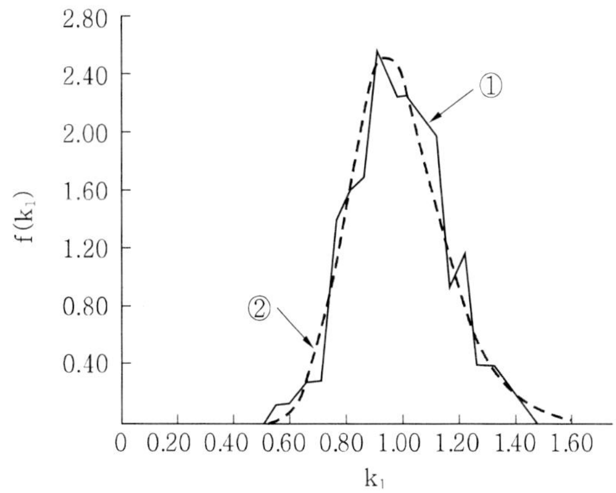

그림 11.3 경험적확률 밀도분포 ①와 이론확률 밀도분포 ②의 비교

지금 예를 들면 홍수유량의 년최대치 확률밀도분포가 정규분포(normal distribution)하고 있다고 볼 수 있으면 확률밀도함수는 다음 식으로 주어진다.

$$p(x) = \frac{1}{\sigma\sqrt{2\pi}} e^{-(x-\mu)^2/2\sigma^2} \tag{11.11}$$

$$-\infty < x < \infty$$

여기서, x는 변량 즉, 홍수유량의 년최대치, μ는 변량 x의 평균값, σ는 표준편차이다. 즉, 어느 연속한 기간 년수분의 홍수유량의 년최대치 즉, 매년최대치 자료계열의 평균값 μ와 표준편차 σ를 구하는 것에 의해 구체적인 확률밀도 분포함수형이 주어지는 것이다. 이것은 다른 확률밀도분포에 대해서도 거의 동일하다. 그러므로 홍수유량의 년최대치 확률밀도 분포가 어느 이론 확률밀도 분포에 가장 가까운가를 검토하는 것 즉, 확률밀도 함수를 구하는 것이 일반적이다. 홍수의 확률년 계산을 위해서 자주 이용되는 연속형의 이론 확률밀도 분포에는 정규분포외에 대수정규분포(lognormal distribution), Pearson분포 Ⅲ형, 극치 분포 Ⅰ형(extreme value type Ⅰ distribution)이 있다. 또 변량 자체는 정규분포가 아니라도 변량을 적당한 함수를 이용하여서 변환한다. 즉, 함수변환한 후에는 정규분포 하는 것이 있으며 앞에서 설명한 대수정규분포는 그것에 해당한다. 최근에는 Pearson분포 Ⅲ형을 이용하는 것이 많게 된다. 이 경우 오로지 변량으로서 홍수유량의 년최대치를 이용하는 것은 아니고 그것의 대수치를 취해 새로운 변량으로 취하며 이것을 일반으로 대수 Pearson분포 Ⅲ형이라 한다.

1) 정규분포

정규분포의 확률밀도 함수형은 앞에서 설명한 식 (11.11)과 같으며 비초과 확률은 다음 식을 주어진다.

$$P(X \leqq x_1) = \frac{1}{\sigma\sqrt{2\pi}} \int_{-\infty}^{x_1} e^{-(x-\mu)^2/2\sigma^2} dx \tag{11.12}$$

이것은 분포곡선의 변량 x가 $-\infty$에서 x_1까지 사이의 면적이다. 여기서, $u = t = (x-\mu)/\sigma$ 라는 변수 변환을 하면 식 (11.1)은 다음 형으로 된다.

$$p(t) = \frac{1}{\sqrt{2\pi}} e^{-t^2/2} \tag{11.11.1}$$

또 식 (11.12)는 $u_1 = (x_1 - \mu)/\sigma$로 하면 다음 형으로 된다.

$$P(X \leqq x_1) = \frac{1}{\sqrt{2\pi}} \int_{-\infty}^{U_1} e^{-t^2/2} dt \tag{11.12.1}$$

즉, 변량 x에서 평균값 μ를 빼서 표준편차 σ로 나누어 얻은 새로운 변량 t를 이용하면 정규분포는 표준정규분포(standard normal distribution)로 변환되어 비초과 확률의 계산에 정규분포표를 이용할 수 있게 된다. 정규분포는 변량의 상한측은 (+)무한대, 하한측은 (-)무한대값을 갖는 좌우대칭, 종의 모양을 한 분포이다.

2) 대수정규분포

변량 x의 자연대수치 $y = \ln x$가 정규분포할 때 이 분포를 대수정규분포라 한다. 밀도함수는 다음과 같다.

$$p(x) = \frac{1}{x\sigma_n\sqrt{2\pi}} e^{-(\ln x - \mu_n)^2/2\sigma n^2}$$

$$x \geqq 0 \tag{11.13}$$

여기서, μ_n은 $\ln x$의 평균값, σ_n은 $\ln x$의 표준편차이다.

3) Pearson분포 III형

Pearson분포 III형은 매개변수를 3개 갖는 Gamma 분포의 원점을 변량 x의 원점으로 옮긴 것에 상당하며, 변량 x의 하한치는 유한, 상한치는 (+)무한대의 값을 갖는 비대칭 분포이다. 확률밀도함수는 다음 식과 같다.

$$p(x) = p_0\left(1 + \frac{x}{a}\right)^c e^{-cx/a} \tag{11.14}$$

여기서, 매개변수 p_0는 변량 x의 원점 즉, 원점에서 확률밀도로 식중의 매개변수와 통계 매개변수의 관계는 다음과 같다.

$$c=\frac{4}{\beta_1}-1 \tag{11.14.1}$$

$$a=\frac{c}{2}\frac{\mu_3}{\mu_2} \tag{11.14.2}$$

$$p_0=\frac{N}{a}\frac{c^{c+1}}{e^c\Gamma(x+1)} \tag{11.14.3}$$

여기서, $\beta_1=\mu_3^2/\mu_2^3$, μ_3와 μ_2는 평균값에서의 2차와 3차 모멘트, N는 총도수이다.

4) 극치분포 Ⅰ형

극치분포는 Ⅰ형과 Ⅱ형, Ⅲ형의 3종류가 있으며 각각 최대치 분포와 최소치 분포를 갖고 있으므로 극치 분포에는 합계 6종류의 분포형이 있게 되고 홍수의 확률년 계산에 이용하는 것은 그 중 Ⅰ형의 최대치 분포이다. 이것의 확률밀도분포는 다음과 같다.

$$p(x)=\frac{1}{c}e^{-(a+x)/c-e^{(a+x)/c}} \tag{11.15}$$

$$-\infty < x < \infty$$

여기서, x는 변량, a와 c는 매개변수이다. 비초과 확률은 다음과 같다.

$$P(X\leqq x)=e^{-e^{-(a+x)/c}} \tag{11.16}$$

매개변수와 통계 매개변수의 관계는 다음과 같다.

$$a=\gamma c-\mu \tag{11.16.1}$$

$$c=\frac{\sqrt{6}}{\pi}\sigma \tag{11.16.2}$$

여기서, $\gamma=0.57721\cdots$로 Euler's 상수, μ는 평균값, σ는 표준편차이다.

11.4.2 확률지의 이용

대상으로 하는 수문량의 확률분포가 어떤 형의 이론 확률밀도 분포에 가장 가까운가를 간단히 검토하는 방법으로서 확률지(probability paper)를 이용한다. 또 확률지는 홍수의 확률년을 간편히 계산하기 위해서도 종종 이용하고, 확률지란 다음에 설명한 것과 같은 것이다. 이산형 확률변수에 있어서 변량이 발생하는 회수를 빈도(frequency)라 한다. 변량을 횡축에 빈도를 종축에 취해서 각 변량과 빈도의 관계를 그래프에 표시한 것을 빈도 분포곡선이라 한다. 이산형 변량의 빈도를 빈도의 총화로 나눈값을 확률이라 하며 각 변량확률의 총화는 1로 된다. 이같이 빈도에서 확률을 계산하여 횡축에 변량 종축에 확률을 취해서 변량과 확률의 관계를 그래프에 표시한 것이 확률분포곡선이다. 지금 이 빈도분포와 확률분포의 2개를 합쳐서 통계적 분포라 한다. 연속형 확률 변수에 대해서는 변량의 등간격폭 즉, 계급(class)을 정하여 그 계급중에 들어있는 변량의 수를 그 계급의 빈도로 하여서 이산형 확률변수와 같이 취급하여 통계적 분포를 구할 수 있게 된다.

빈도분포에서 누가 빈도분포 곡선을 만들며 각 누가 빈도를 빈도의 총화로 나눈값을 누가확률(cumulative probability)이라 하고 이 관계곡선을 누가확률곡선이라 한다. 또 변량 x에서 누가확률은 x 및 x보다 작은 변량이 발생할 확률이므로 즉, 비초과확률이 된다.

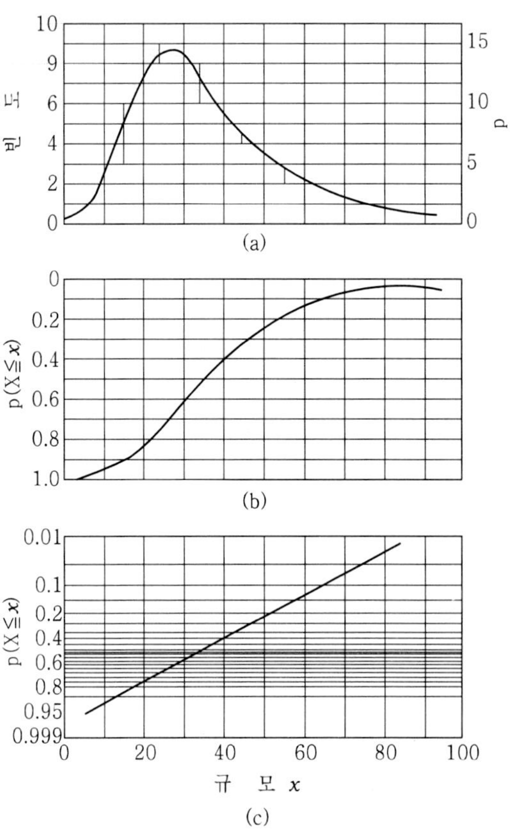

그림 11.4 통계적분포의 직선화

이 누가확률곡선은 일반으로 그림 11.4(b)에 나타난 것 같이 S자형을 하든지 (c)같이 횡축의 눈금을 적당히 변형하면 누가확률곡선은 S자상에서 직선상으로 변화했다. 이 같이 누가확률곡선이 직선상이 되도록 횡축의 눈금이 고안되어 있는 용지를 확률지라 한다. 그리고 S자상의 변량과 누가확률의 관계를 직선상으로 하는 것을 통계적분포의 직선화라 한다. 이제 변량이 정규분포하고 있으면 변량과 누가 확률의 관계가 직선으로 표시되도록 눈금이 새겨져 있는 확률지를 정규확률지라 하며 Hazen에 의해 최초로 행하였다. 정규 확률지의 변량 눈금을 대수치로 눈금을 고친 것을 대수정규확률지라 한다. 마찬가지로 극치 I 형 분포의 최대치 분포에 대해서 극치확률지 혹은 Gumeble 지라는 확률지를 이용한다.

지금 홍수유량의 년최대치 확률밀도분포가 어떤 이론확률밀도분포에 가장 가까운가를 알고 싶을 때는 우선 그것의 빈도분포 그리고 그것에서 누가빈도분포를 구하며 다음에 누가확률, 즉, 비초과 확률을 계산하여 변량과 비초과확률의 관계를 앞에 설명한 각종의 확률지에 표시한다. 그리고 표시한 점을 매끈한 선으로 이은 경우 그 곡선이 가장 직선에 가깝다고 보는 확률지의 종류 예를 들면 대수정규확률지에서 있었으면 홍수유량의 년최대치 확률밀도분포는 대수정규분포라고 보는 것이다 . 대표적인 확률지는 그림 11.5와 같다.

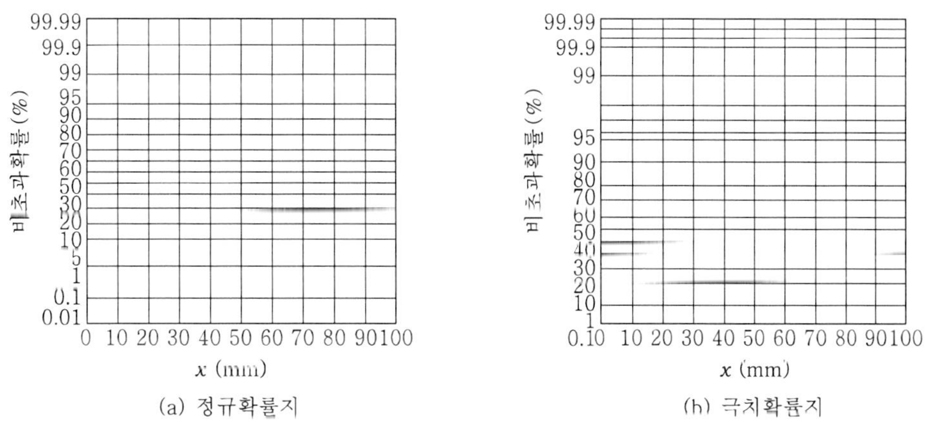

그림 11.5 정규확률지와 극치확률지

11.4.3 Plotting position

확률지에 점을 표시하기 위해서는 누가확률을 계산해야 하나 이것은 비교적 귀찮은 작업이다. 그래서 이것을 간편하게 행하는 방법으로서 Plotting position이라는 방법을 이용한다.

Plotting position이란 확률년을 계산하기 위해 준비된 수문량의 매년 최대치자료 계열의 각변량의 년초과확률 $P(X \geq x) = 1 - P(X \leq x)$ 혹은 확률년 T를 Plotting position 공식이라는 간단한 공식을 이용하여 계산하는 것이며 그 때문에 이제까지 많은 공식이 발표되어 있으나 가장 오래된 것이 California법이다. 즉, 다음과 같으나 현재로는 사용하지 않는다.

$$P(X \geq x) = \frac{m}{N}$$

$$T = \frac{N}{m} \tag{11.17}$$

그 후 Hazen식이 발표되어 이것이 현재에 이르기까지 대단히 많이 이용되고 있다.

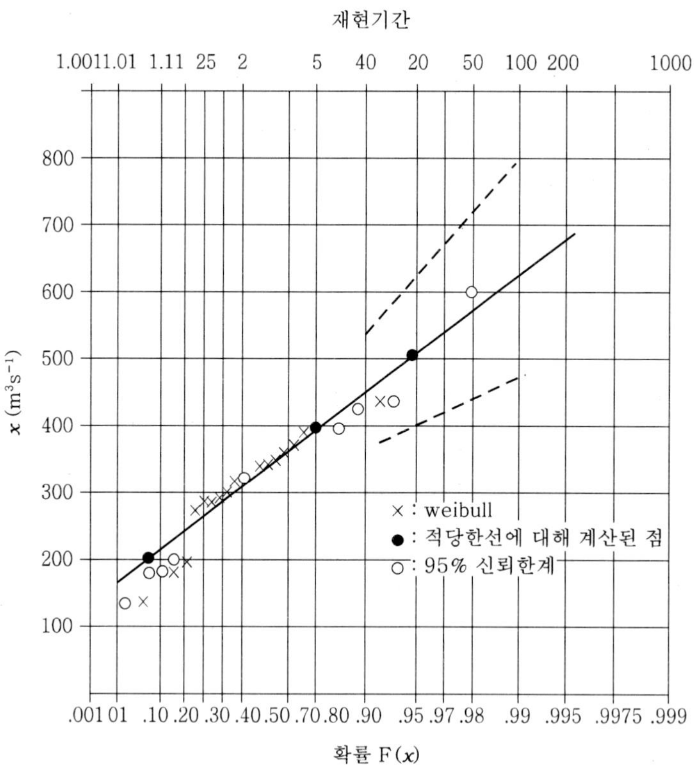

그림 11.6 홍수빈도(Gumbel plot)

$$P(X \geq x) = \frac{2m-1}{2N}$$

$$T = \frac{2N}{2m-1} \tag{11.18}$$

그러나 현재 세계적으로 가장 일반적으로 이용되고 있는 것은 스웨덴의 재료역학자인 Welibull에 의해 만들어진 Weibull식이다.

$$P(X \geq x) = \frac{m}{N+1}$$

$$T = \frac{N+1}{m} \qquad (11.19)$$

이상의 3가지 공식에서 N은 자료의 총수, m은 N개의 자료를 크기순으로 나열한 때 각 자료의 순번이다.

표 11.1 **홍수빈도해석(년계열)**

$X(m^3s^{-1})$	등급(r)	(Weibull)	
		P(X)	F(X)
594.7	1	.040	.960
434.7	2	.080	.920
430.4	3	.120	.880
402.1	4	160	.840
395.9	5	.200	.800
390.8	6	.240	.760
369.5	7	.280	.720
356.8	8	.320	.680
346.9	9	.360	.640
342.9	10	.400	.600
342.6	11	.440	.560
321.4	12	.480	.520
318.0	13	.520	.480
317.2	14	.560	.440
300.2	15	.600	.360
290.0	16	.640	.360
284.6	17	.680	.320
283.2	18	.720	.280
273.3	19	.800	.200
256.3	20	.800	.200
196.8	21	.840	160
190.3	22	.800	.120
185.5	23	.920	.080
138.8	24	.960	.040

$\overline{X}$ =323.5
s_x =97.1

$P(x) = \frac{1}{T(x)} = 1 - F(x)$ $\quad F(x) = \frac{T(x)-1}{T(x)}$

11.4.4 통계매개변수

앞에서 설명한 이론확률 밀도함수의 각 매개변수는 통계매개변수의 함수로서 주어진다. 그러므로 이론확률 밀도함수를 풀기 위해서는 자료로부터 통계매개변수의 각 값을 계산할 필요가 있다. 또, 통계매개변수란 평균치(mean), 중위수 혹은 중간치(median),

최빈치(mode), 평균편차(mean deviation), 표준편차(standard deviation), 분산(variance), 범위(range), 변동계수(coefficient of variation), 왜곡도(skewness), 통계모멘트 등 자료의 통계적 분포 특성을 나타내는 수치를 말한다.

이상의 통계매개변수내에서 포준편차 및 왜곡도는 홍수의 확률년계산의 대상으로 되는 년최대 홍수유량의 자료가 모집단(population)이 아니고 표본(sample)인 것으로부터 다음같이 해서 구해야 한다. 또 모집단의 평균치 μ, 표준편차 σ, 왜곡도 γ_1은 각각에서 표본으로는 $\overline{x}$, s와 $\hat{s}$, C_s와 $\widehat{C_s}$ $(\widehat{g_1})$로 표시한다.

표준편차는 모집단에 대해서는 다음과 같다.

$$\sigma = \sqrt{\frac{1}{N}\sum_{i=1}^{N}(x_i - \overline{\mu})^2} \tag{11.20}$$

표본의 표준편차는 표본수가 많은 경우에는 다음 식으로 표시한다.

$$s = \sqrt{\frac{1}{N}\sum_{i=1}^{N}(x_i - \overline{x})^2} \tag{11.20.1}$$

표본수가 적은 경우에는 $\sqrt{N/(N-1)}$은 나눠서 보정해야 한다. 즉, 이 경우의 표준편차는 기호로 표시하며 다음과 같다.

$$\hat{s} = \sqrt{\frac{1}{N-1}\sum_{i=1}^{N}(x_i - \overline{x})^2} \tag{11.20.2}$$

여기서, x_i는 변량, i는 각변량에 부여된 번호, N은 변량의 수 즉, 표본수이다. 또 모집단에서 추출한 표본수 N가 30 이하의 경우는 치우친 표본이라고 생각해야 하는 것이 일반적이다. 왜곡도는 모집단에 대해서는 다음과 같다.

$$\gamma_1 = \frac{\mu_3}{\mu_2^{3/2}} = \frac{\mu_3}{\sigma^3} \tag{11.21}$$

여기서, μ_2와 μ_3는 모집단의 평균치에서의 2차와 3차 모멘트이다. 수가 많은 표본에 대해서는 다음과 같다.

$$C_s = \frac{m_3}{m_2^{3/2}} \tag{11.21.1}$$

적은 표본에 대해서는 다음과 같다.

$$\hat{g_1} = \frac{N^2}{(N-1)(N-2)} \frac{m_3}{m_2^{3/2}} \tag{11.21.2}$$

여기서, m_2와 m_3는 표본의 평균치에서의 2차와 3차 모멘트이다. 또 Foster는 다음의 근사식을 식 (11.21.2)의 대신으로 이용하는 것을 추천하였으며 종종 이용한다.

$$\widehat{C_s} = \frac{N}{N-1} \frac{m_3}{m_2^{3/2}}$$

11.4.5 확률년과 확률수문량을 구하는 방법

Chow는 빈도계수(frequency factor) K_T 라는 계수를 이용하여 재현기간이 T년의 확률수문량 X_T를 평균치 μ와 표준편차 σ 혹은 변동계수 C_v를 갖고 나타내는 것을 제안했다. 즉,

$$\begin{aligned} X_T &= \mu + \sigma K_T \\ &= \mu(1 + C_v K_T) \end{aligned} \tag{11.22}$$

이 식을 수문빈도 해석을 위한 일반 방정식이라 한다. 현재 중요한 이론 확률밀도 분포에 대해서는 전부 빈도계수 K_T를 구하는 식 또는 이식으로부터 값을 계산하여 나타낸다고 되어 있으므로 자료의 통계 매개변수를 계산하면 K_T표를 인용하여 대단히 간단하게 확률년 또는 확률수문량을 식 (11.22)에서 계산할 수 있게 된다. 이하 확률년 및 확률수문량을 구하는 방법으로서 앞에서 설명한 확률밀도분포에 대해서 이 빈도계수에 의한 방법의 적용방법을 설명하는 것으로 한다.

1) 정규분포

정규분포의 빈도계수값은 정규분포표에서 구한다. 그러나 정규분포표를 인용하는 수고를 줄이기 위해 표 11.2와 같은 정규분포의 빈도계수표가 만들어 있다. 예로서 20년 확률 T_{20} 홍수의 최대유량 X_{20}을 구하는 경우 년초과확률 $P(X \geq X_{20})$은 다음 계산에서 0.05로 된다.

$$P(X \geq X_{20}) = \frac{1}{T_{20}} = \frac{1}{20} = 0.05$$

표 11.2 **정규분포의 빈도 계수표**

초과확률	K	초과확률	K
0.0001	3.719	0.500	0.000
0.0005	3.291	0.550	-0.126
0.001	3.090	0.600	-0.253
0.005	2.576	0.650	-0.385
0.010	2.326	0.700	-0.524
0.025	1.960	0.750	-0.674
0.050	1.645	0.800	-0.842
0.100	1.282	0.850	-1.036
0.150	1.036	0.900	-1.282
0.200	0.842	0.950	-1.645
0.250	0.674	0.975	-1.960
0.300	0.524	0.990	-2.326
0.350	0.385	0.995	-2.576
0.400	0.253	0.999	-3.090
0.450	0.126	0.9995	-3.291
0.500	0.000	0.9999	-3.719

표 11.2에 의해 빈도계수값 1.645를 얻는다. 즉, 20년 확률홍수의 최대유량은

$$X_{20} = \mu + 1.645\sigma = \mu(1 + 1.645\,C_v)$$

로 된다. 정규분포로의 적합도를 눈으로 보기 위해서는 Weibull식을 이용하여 자료의 초과확률을 계산하여 정규확률지에 표시하여 이론 계산치와 비교하면 좋다.

2) 대수정규분포

변량 x의 자연대수값 $\ln x = y$를 새로운 변량으로 해서 정규분포에 의한 방법을 이용하여 T년 확률수문량 Y_T를 구하면 T년 확률홍수의 최대유량 $Y_T = e\,Y^T$를 구한다. 대수정규분포도의 적합도를 눈으로 보기 위해서는 Weibull식을 이용하여 자료의 년초과 확률을 계산하여 대수정규확률지에 표시하여 동일하게 표시된 이론계산치와 비교하면 좋다.

3) Pearson분포 Ⅲ형과 log-Pearson분포 Ⅲ형

이것에 의한 계산법의 순서는 다음과 같다.

① 홍수유량의 년최대치 X_i의 상용대수값 Y_i를 계산한다. 즉,

$$Y_i = \log X_i,\ i = 1, 2, \cdots\cdots,\ N$$

② Y_i의 평균값 μ_Y를 계산한다.

③ Y_i의 표준편차 σ_Y를 계산한다.

④ Y_i의 왜곡도 γ_1을 계산한다. 이때 계산된 왜곡도에 $(1+6/N)$을 나눠서 왜곡도를 자료년수에 따라서 수정하는 필요성이 Foster에 의해 제창되었다.

⑤ 왜곡도 γ_1과 확률년 T로부터 표 11.3에 의해 빈도계수 K_T를 구하며 T년 확률 수문량 Y_T를 다음 식으로 구한다.

$$Y_T = \mu_Y + \sigma_Y K_T$$

⑥ T년 확률홍수의 최대유량 $X_T = \log^{-1} Y_T$를 계산한다.

Pearson분포 Ⅲ형과 log-Pearson분포 Ⅲ형에 의한 계산법의 차이는 변량의 상용대수 변환을 행하는가 행하지 않는가 정도이다. Pearson분포 Ⅲ형과 log-Pearson 분포 Ⅲ형으로의 적합도를 눈으로 보기 위해서는 대수정규확률지를 이용하면 좋다(그림 11.7).

표 11.3 **Pearson분포 Ⅲ형의 빈도계수표**

왜곡계수 c_s	확률년, T (년)										
	1.0101	1.0526	1.1111	1.2500	2	5	10	25	50	100	200
	초과확률, P=1/T(%)										
	99	95	90	80	50	20	10	4	2	1	0.5
3.0	-0.667	-0.665	-0.660	-0.636	-0.396	0.420	1.180	2.278	3.152	4.051	4.970
2.9	-0.690	-0.688	-0.681	-0.651	-0.390	0.440	1.195	2.277	3.134	4.013	4.909
2.8	-0.714	-0.711	-0.702	-0.666	-0.384	0.460	1.210	2.275	3.114	3.973	4.847
2.7	-0.740	-0.736	-0.724	-0.681	-0.376	0.479	1.224	2.727	3.093	3.932	4.783
2.6	-0.769	-0.762	-0.747	-0.696	-0.368	0.499	1.238	2.267	3.071	3.889	4.718
2.5	-0.799	-0.790	-0.771	-0.771	-0.360	0.518	1.250	2.262	3.048	3.845	4.652
2.4	0.832	0.819	0.795	0.725	-0.351	0.537	1.262	2.256	3.023	3.800	4.584
2.3	-0.867	-0.850	-0.819	-0.739	0.341	0.555	1.274	2.248	2.997	3.753	4.515
2.2	-0.905	-0.882	-0.844	-0.752	-0.330	0.574	1.284	2.240	2.970	3.705	4.444
2.1	-0.946	-0.917	-0.869	-0.765	-0.319	0.592	1.294	2.230	2.942	3.656	4.372
2.0	-0.990	-0.949	-0.895	-0.777	-0.307	0.609	1.302	2.219	2.912	3.605	4.298
1.9	-1.037	-0.984	-0.920	-0.788	-0.294	.627	1.310	2.207	2.881	3.553	4.223
1.8	1.087	-1.020	-0.945	-0.799	-0.282	0.643	1.318	2.193	2.848	3.499	4.147
1.7	-1.140	-1.056	-0.970	-0.808	-0.268	0.660	1.324	2.179	2.815	3.444	4.069
1.6	-1.197	-1.093	-0.994	-0.817	-0.254	0.675	1.329	2.163	2.780	3.388	3.990
1.5	-1.256	-1.131	-1.018	-0.825	-0.240	0.690	1.333	2.146	2.743	3.330	3.910
1.4	-1.318	-1.168	-1.041	-0.832	-0.225	0.705	1.337	2.128	2.706	3.271	3.828
1.3	-1.383	-1.206	-1.064	-0.838	-0.210	0.719	1.339	2.108	2.666	3.211	3.745
1.2	-1.449	-1.243	-1.086	-0.844	-0.195	0.732	1.340	2.087	2.626	3.149	3.661
1.1	-1.518	-1.280	-1.107	-0.848	-0.180	0.745	1.341	2.066	2.585	3.087	3.575

1.0	-1.588	-1.317	-1.128	-0.852	-0.164	0.758	1.340	2.043	2.542	3.022	3.489
.9	-1.660	-1.353	-1.147	-0.854	-0.148	0.769	1.339	2.018	2.498	2.957	3.401
.8	-1.733	-1.388	-1.166	-0.856	-0.132	0.780	1.336	1.993	2.453	2.891	3.312
.7	-1.806	-1.423	-1.183	-0.857	-0.116	0.790	1.333	1.967	2.407	2.824	3.223
.6	-1.880	-1.458	-1.200	-0.857	-0.099	0.800	1.328	1.939	2.359	2.755	3.132
.5	-1.955	-1.491	-1.216	-0.856	-0.083	0.808	1.323	1.910	2.311	2.686	3.041
.4	-2.029	-1.524	-1.231	-0.855	-0.066	0.816	1.317	1.880	2.261	2.615	2.949
.3	-2.104	-1.555	-1.245	-0.853	-0.050	0.824	1.309	1.849	2.211	2.544	2.856
.2	-2.178	-1.586	-1.258	-0.850	-0.033	0.830	1.301	1.818	2.159	2.472	2.763
.1	-2.252	-1.616	-1.270	-0.846	-0.017	0.836	1.292	1.785	2.107	2.400	2.670
0.	-2.326	-1.645	-1.282	-0.842	0	0.842	1.282	1.751	2.054	2.326	2.576
-.1	-2.400	-1.673	-1.292	-0.836	0.017	0.846	1.270	1.716	2.000	2.252	2.482
-.2	-2.472	-1.700	-1.301	-0.830	0.033	0.850	1.258	1.680	1.945	2.178	2.388
-.3-.	-2.544	-1.726	-1.309	-0.824	0.050	0.853	1.245	1.643	1.890	2.104	2.294
4	-2.615	-1.750	-1.317	-0.816	0.066	0.855	1.231	1.606	0.834	2.029	2.201
-.5	-2.686	-1.774	-1.323	-0.808	0.083	0.856	1.216	0.567	1.777	1.955	2.108
-.6	-2.755	-1.797	-1.328	-0.800	0.099	0.857	1.200	0.528	1.720	1.880	2.016
-.7	-2.824	-1.819	-1.333	-0.790	0.116	0.857	1.183	1.488	1.663	1.806	1.926
-.8	-2.891	-1.839	-1.336	-0.780	0.132	0.856	1.166	1.448	1.606	1.733	1.837
-.9	-2.957	-1.858	-1.339	-0.669	0.148	0.854	1.147	1.407	1.549	1.660	1.749
-.10	-3.022	-1.877	-1.340	-0.758	0.164	0.852	1.128	1.366	1.492	1.588	1.664
-1.1	-3.087	-1.894	-1.341	-0.745	0.180	0.848	1.107	1.435	1.435	1.518	1.581
-1.2	-3.149	-1.910	-1.340	-0.732	0.195	0.844	1.086	1.379	1.379	1.449	1.501
-1.3	-3.211	-1.925	-1.339	-0.719	1.210	0.838	1.064	1.324	1.324	1.383	1.424
-1.4	-3.271	-1.938	-1.337	-0.705	0.225	0.832	1.041	1.270	1.270	1.318	1.351
-1.5	-3.330	-1.951	-1.333	-0.690	0.240	0.825	1.018	1.217	1.217	1.256	1.282
-1.6	-3.388	-1.962	-1.329	-0.675	0.254	0.187	0.994	1.166	1.166	1.197	1.216
-1.7	-3.444	-1.972	-1.324	-0.660	0.268	0.808	0.970	1.116	1.116	1.140	1.155
-1.8	-3.499	-1.981	-1.318	-0.643	0.282	0.799	0.945	1.069	1.069	1.087	1.097
-1.9	-3.553	-1.989	-1.310	-0.627	0.294	0.788	0.920	1.023	1.023	1.037	1.044
-2.0	-3.605	-1.996	-1.302	-0.609	0.307	0.777	0.895	0.980	0.980	0.990	0.995
-2.1	-3.656	-2.001	-1.294	-0.592	0.139	0.765	0.869	0.939	0.939	0.946	0.949
-2.2	-3.705	-2.006	-1.284	-0.574	0.330	0.752	0.844	0.900	0.900	0.905	0.907
-2.3	-3.753	-2.009	-1.274	-0.555	0.341	0.739	0.819	0.864	0.864	0.867	0.869
-2.4	-3.800	-2.011	-1.262	-0.537	0.351	0.725	0.795	0.830	0.830	0.832	0.833
-2.5	-3.845	-2.012	-1.250	-0.518	0.360	0.711	0.771	0.798	0.798	0.799	0.800
-2.6	-3.889	-2.013	-1.238	-0.499	0.368	0.696	0.747	0.768	0.768	0.769	0.769
-2.7	-3.932	-2.012	-1.224	-0.479	0.376	0.681	0.724	0.740	0.740	0.740	0.741
-2.8	-3.973	-2.010	-1.210	-0.460	0.384	0.666	0.702	0.714	0.714	0.714	0.714
-2.9	-4.013	-2.007	-1.195	-0.440	0.390	0.651	0.681	0.689	0.689	0.690	0.690
-3.0	-4.051	-2.003	-1.180	-0.420	0.396	0.636	0.660	0.666	0.666	0.667	0.667

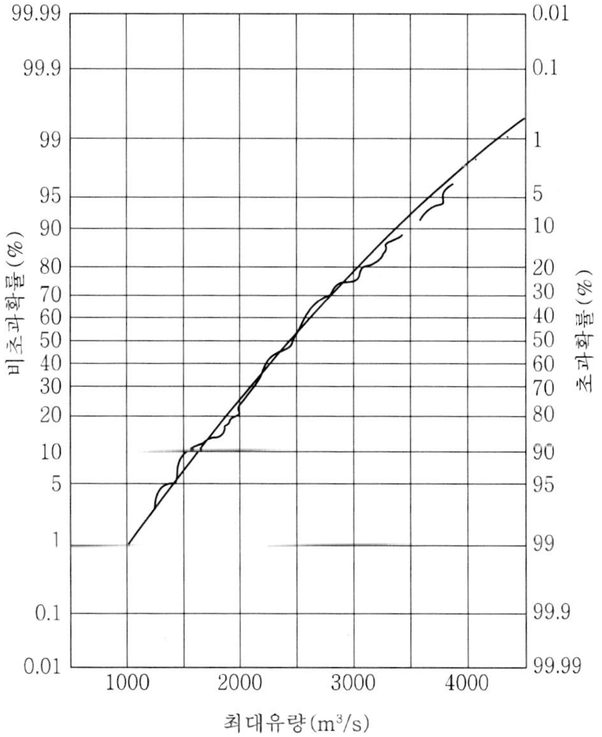

그림 11.7 Pearson분포 Ⅲ형의 적용(곡선은 이론계산값, 점은 plotting position 공식에 의한 값)

4) 극치분포 Ⅰ형

극치분포 Ⅰ형의 빈도계수 K_T는 다음 식으로 주어진다.

$$K_T = -0.7797 [0.5772 + \ln\left\{\ln\left(\frac{T}{T-1}\right)\right\}] \quad (11.23)$$

여기서, T는 확률년이다. 이 식에서 K_T와 평균값 μ, 표준편차 σ를 대입하여 T년 확률홍수의 최대유량을 계산하게 되며 Potter는 이때 자료년수를 고려할 필요성을 지적한다. 즉, 그림 11.8의 값을 이용하여 빈도계수를 결정하는 것이 바람직하다. 극치분포 Ⅰ형으로의 적합도를 눈으로 보기 위해서는 극치 확률지 즉, Gumbell지를 이용하면 좋다.

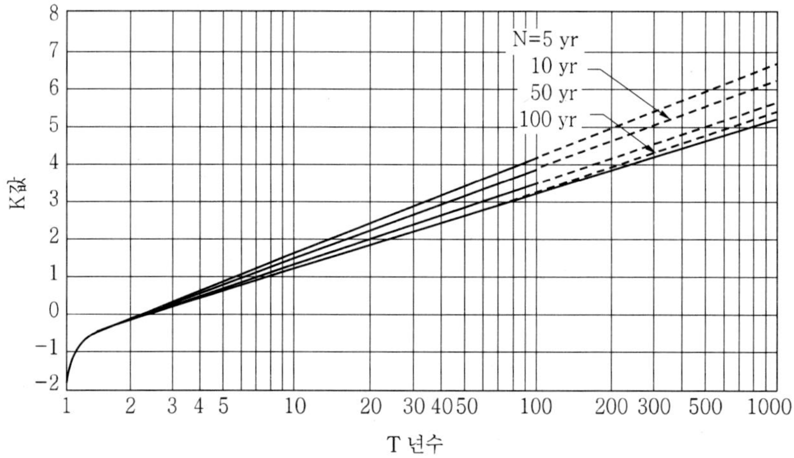

그림 11.8 극치분포 I 형의 빈도 계수값

11.5 홍수의 발생확률을 간접적으로 구하는 방법

홍수의 발생확률을 계산하는데는 직접적으로 구하는 방법과 간접적으로 구하는 방법의 2가지가 있다. 직접적으로 구하는 방법이란 기준지점에서 상당히 장기간에 걸쳐 홍수가 부족하지 않게 측정되어 있어서 측정된 홍수의 최대유량을 이용하여 홍수의 확률년계산을 실시할 수 있는 경우이다.

이 경우 상당히 장기간이라는 것은 최저 어느 정도의 기간이어야 하는가가 문제로 되며 적어도 20~30년간의 자료가 필요하다. 그러나 기준지점이 설치되어 있어서 20년간에 걸쳐 홍수가 부족없이 측정되어 있는 하천은 우리나라에서는 많지 않으므로 측정된 홍수유량의 기록을 이용하여 홍수의 발생확률을 계산하는 것은 자료의 면에서 대단히 어려운 것이다. 이같은 때는 간접적으로 구하는 방법으로서 유역내 혹은 그 근방에 설치된 우량계의 관측기록으로부터 예를 들면 홍수를 초래한 비의 유역평균 100년 확률 총우량 즉, 100년에 1번 밖에 내리지 않는 큰 비의 총우량을 확률계산에 의해 구하여 이 큰 비에 의해서 생기는 홍수를 100년 확률 홍수로 보는 것을 생각한다. 단, 이 간접적인 방법의 경우 유역평균 총우량은 동일하여도 그 시간분포・지역분포의 방식이 다르면 큰 홍수로부터 작은 홍수까지 각종의 홍수가 발생하게 되므로 강우량의 지역분포와 시간분포 및 강우개시 때 유역습기의 부족상태를 그 유역에서 충분히 원인을 얻어도 유역에 있어서 충분히 불리한 상태로 가정해야 한다. 이 방법이 갖는 이점은 우량관측은 대단히 옛부터 행해져 있어서 수십년 이상의 상당히 긴기간 사이의 우량기록을 비교적 용이하게 입수할 수 있다. 그러므로 홍수의 확률년 계산을 행하기 위해 필요한 수문자료는 기준지점에서 홍수의 최대유량 기록이 충분한 년수분을 갖추지 않은 경우에는 유역내 혹은 그 근방의 우량관측소의 우량기록이다.

11.6 선형 회귀(linear regression)

직선의 fitting은 다음 통계적 방법의 하나로서 객관적 방법으로 표시할 수 있다.

(a) 최소사승법(method of least squares)

(b) 모멘트법(method of moment)

(c) 최대우도법(method of maximum likelihood)

이 단원에서는 최소자승법을 이용한다. 두 변수 x(독립변수)와 y(종속변수)는 x와 y 축에 도시(fitting)에 의해 상관시킬 수 있고, 만일 그 점이 직선상에 있으면 밀접한 선형관계이다. 한편 그 점들이 다소 떨어져 있으면 그 그래프는 산포도(scatter diagram), 혹은 점(plot)이다.

그 경향이 직선이면 관계는 선형이고 다음 방정식을 갖는다.

$$y = a + bx \tag{11.24}$$

선의 수는 a와 b의 값에 관계하여 얻을 수 있다. 최소자승법은 자료에 가장 맞는 선을 찾는 데에 이용하는 것이다.

최소자승 상태의 원리는 일련의 관측점들의 도시에 대한 최적직선에서 이탈(departures) 거리의 자승의 합이 최소인 것이다. 이탈은 관측값과 직선사이의 차이이며, 독립변수인 x로부터 y의 이탈을 이용한다.

최소자승 직선인 방정식(11.24)은 두 정규 방정식에서 a와 b에 대해 풀어서 얻을 수 있다.

$$\begin{aligned} \Sigma y &= na + b\Sigma x \\ \Sigma xy &= a\Sigma x + b\Sigma x^2 \end{aligned} \tag{11.25}$$

여기서, n은 x와 y의 관측된 값들의 쌍의 수

일반적으로 두 선형적인 독립변수 x와 y의 관계정도는 측정에 대한 통계적 모수를 이용하며 상관계수(correlation coefficient)라 한다.

$$r = \frac{\sum(\Delta x, \Delta y)}{\sqrt{\sum(\Delta x)^2 \sum(\Delta y)^2}} \tag{11.26}$$

$$= \frac{\sum xy - n\bar{x}\bar{y}}{(n-1)\sigma_x \sigma_y} \tag{11.26.1}$$

여기서, $\Delta x = x - \bar{x}$, $\Delta y = y - \bar{y}$

σ_x σ_y : 각각 x와 y의 표준편차

x, y : 각각 각 등급간격의 중앙값

만일, r=1, 주어진 직선점에 완전상관(회귀선)

r=0, x와 y 사이에 무상관(분산점)

r→1, 밀접한 선형관계를 나타냄.

만약 선형회귀로 도시할 수 없다면 2차 포물선은 곡선도시로써 이용할 수 있다.

$$y = a + bx + cx^2 \tag{11.27}$$

최소자승의 원리로부터 a,b와 c는 세 개의 정규방정식을 풀어서 얻을 수 있다.

$$\sum y = na + b\sum x + c\sum x^2$$

$$\sum xy = a\sum x + b\sum x^2 + e\sum x^3$$

$$\sum x^2 y = a\sum x^2 + b\sum x^3 + c\sum x^4 \tag{11.28}$$

곡선도시의 형태에도 불구하고 상관계수 r은 방정식(11.26)으로 주어진다.

변수 x와 y는 예를 들면 강우와 대응하는 유출 혹은 수위와 대응하는 하천유량일 수 있다. 지수함수로써

$$y = cx^m \tag{11.29}$$

변수의 대수를 이용하여 직선으로 변형할 수 있다.

$$\log y = \log c + m \log x \tag{11.30}$$

$\log x = X$, $\log y = Y$, $\log c = a$와 $m = b$로 놓으면 함수는 방정식(11.24)과 같게 되고 방정식(11.25)로부터 a와 b에 대해 풀 수 있으며 지수함수를 결정할 수 있다.

방정식(11.26)에 의해 r→1이 주어지든지 곡선도시를 받아들인다.

통계적 방법은 강우, 온도, 홍수, 한발 그리고 수질과 같은 많은 종류의 기상자료에 응용할 수 있다.

표준계산오차(standard error of estimate) : 방정식(11.24)에서 x에 대한 y의 회귀선에 관한 분산의 측정은 다음으로 주어진다.

$$S_{yx} = \sqrt{\frac{\Sigma(y - y_{est})^2}{n-2}} \tag{11.31}$$

S_{yx}는 x에 관하여 y의 표준계산 오차라 한다.

y_{est}는 방정식(11.24)에서 x의 주어진 값에 대한 y의 값이고 $S_{y,\,x}$는 다음 식으로 결정할 수 있다.

$$S_{y,x} = \sigma_y\sqrt{1-r^2} \tag{11.32}$$

$$S_{y,}\ x = \sqrt{\frac{\Sigma y^2 - a\Sigma y - b\Sigma xy}{n-2}} \tag{11.33}$$

$$S_{y,}\ x = \sqrt{\frac{n-1}{n-2}\left(\sigma_y^2 - b^2\sigma_x^2\right)} \tag{11.34}$$

방정식(11.33)은 비선형 회귀 방정식에도 확장할 수 있다.

예제 11.1

17년간의(1934~1950) 년강우와 유출 자료를 아래에 주어졌다. 강우와 유출간의 선형회귀선, 상관계수와 표준계산 오차를 결정하라.

년	강우량(mm)	유출량(mm)	년	강우량(mm)	유출량(mm)
s394	1,088	274	1944	1,178	492
1935	1,113	320	1945	1,223	478
1936	1,512	543	1946	1,440	783
1937	1,343	437	1947	1,165	551
1938	1,103	352	1948	1,271	565
1939	1,490	617	1949	1,443	720
1940	1,100	3289	1950	1,340	730
1941	1,433	582			
1942	1,475	763			
1943	1,380	558			

풀이

회귀선 계산은 표 11.4에 주어졌다.

표 11.4 강우-유출자료에 대한 회귀선

강우량 (mm)x	유출량 (mm)y	$x^2\times10^4$	$xy\times10^4$	$\Delta x = x-\bar{x}$	$\Delta y = y-\bar{y}$	$(\Delta x)^2\times10^4$	$(\Delta y)^2\times10^4$	$\Delta x, \Delta y\times10^4$	계산과정
1088	274	118.4	29.8	212	261	4.50	6381	5.54	
1113	320	124.0	35.6	187	215	3.50	4.63	4.02	$\bar{x} = \frac{\Sigma x}{n} = \frac{22,097}{17}$
1512	543	229.0	82.2	212	8	4.50	0.01	0.17	$= 1,300\text{mm}$
1342	437	180.2	58.8	43	98	0.18	0.96	0.42	

1103	352	121.0	38.9	197	183	3.88	3.35	3.61	
1490	617	222.0	92.0	190	82	3.62	0.67	1.56	$\bar{y}=\frac{\Sigma y}{n}=\frac{9,093}{17}$
1100	328	121.0	36.0	200	207	4.00	4.28	4.14	$=535\text{mm}$
1433	582	205.0	83.5	133	47	1.77	0.22	0.65	Normal equations :
1475	763	217.0	112.6	175	228	3.06	5.10	3.99	9,093
1380	558	190.5	77.0	80	23	0.64	0.05	0.18	=17a+22,097b
1178	492	138.6	57.8	122	43	1.49	0.19	0.52	$1,213.3\times10^4$
1223	478	149.8	58.5	77	57	0.59	0.33	0.44	=22,097a
1440	783	207.0	112.8	140	248	1.96	6.15	3.48	$+2,910\times10^4$b
1165	551	136.0	64.2	135	16	1.82	0.03	0.22	a=-507, b=0.8
1271	565	162.0	71.8	29	30	0.08	0.09	0.09	∴ 회귀선
1443	720	208.0	104.0	143	185	2.05	3.43	2.65	y=0.8x-507 or
1340	730	179.5	95.8	40	195	1.16	3.80	0.78	R=0.8p-507(mm)
Σ22,097	9,093	$2,910\times10^4$	$1,213.3\times10^4$			37.81×10^4	40.09×10^4	32.46×10^4	

$$상관계수=\frac{32.46\times10^4}{\sqrt{37.81\times40.09\times10^8}}=0.835$$

$$R=0.8P-507$$

여기서, P : 강우량(mm), R : 유출량(mm)

상관계수 $r=0.835$로 밀접한 선형관계를 나타내고 직선으로 편리한 것은 그림 11.9에 보여준다. 표준계산오차

$$S_{y,x}=\sigma_y\sqrt{1-r^2}$$

$$\sigma_y=\sqrt{\frac{\Sigma(y-\bar{y})^2}{n-1}}=\sqrt{\frac{\Sigma(\Delta y)^2}{n-1}}=\sqrt{\frac{40.10\times10^4}{17-1}}=160\text{mm}$$

$$\therefore\ S_{y,x}=160\sqrt{1-(0.835)^2}=90.24\text{mm}$$

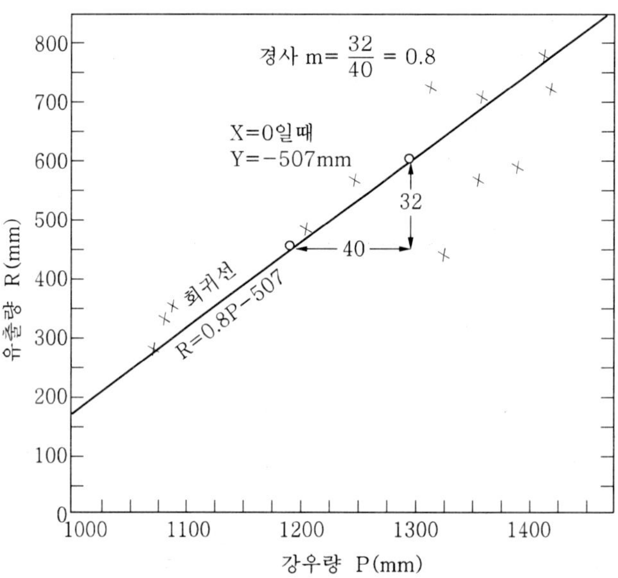

그림 11.9 강우–유출의 선형회귀

연습문제

11.1 다음을 설명하시오.

① 초과확률
② 년계열
③ 부분계열

11.2 년최대호우나 홍수량을 구할 때 확정론적, 확률론적 및 추계학적 과정의 차이점은 무엇인가?

11.3 26년 동안의 년최대 홍수량이 다음과 같다.

(1) 빈도곡선을 그려라.
(2) 100년, 50년, 20년이 홍수량을 결정하라.
(3) $300m^3$의 홍수량에 대한 재현기간은?

년	홍수량(m^3/sec)	년	홍수량(m^3/sec)
1955	375	1968	219
1956	199	1969	490
1957	232	1970	233
1958	419	1971	141
1959	245	1972	256
1960	411	1973	308
1961	166	1974	575
1962	232	1975	229
1963	206	1976	260
1964	232	1977	387
1965	238	1978	283
1966	440	1979	221
1967	180	1980	250

11.4 어떤 지점에서 기록한 75년간 년강우분포는 아래와 같다.

강 우 범 위	년 수
< 15cm	5
15 ~ 24cm	12
25 ~ 34cm	18
35 ~ 44cm	30
≥ 45cm	10

(1) 어떤 한해에 강우가 45cm를 초과할 확률은?

(2) 연속 3년 안에 45cm를 초과할 확률은?

(3) 2년간에 20cm 이하의 강우가 발생할 확률은?

제12장

수문설계

12.1 수문설계 측척

12.2 설계수준의 선택

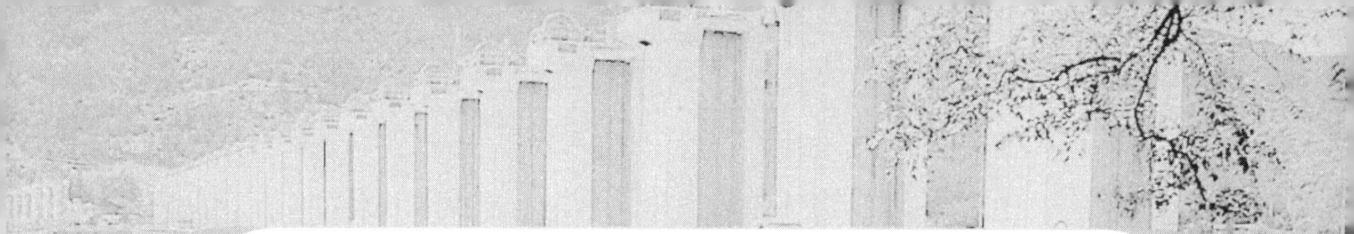

제**12**장

수문설계

수문설계(hydrologic design)는 수자원계에 관한 수문사상의 충격을 평가하고 적당하게 실행할 수 있도록 그 계의 주요변수에 대하여 값을 선택하는 과정이다. 수문설계는 홍수조절 제방같은 새로운 구조물에 대한 설계도 개발 혹은 현재 계의 더나은 조절을 위한 운영프로그램 개발 예를 들어 하천근처 구조물을 제한하기 위한 홍수평면도 작성에 이용하기 위한 것이다. 수문학에 더하여 수자원계의 설계에 관계하는 많은 인자들은 공공복지와 안전, 경제, 미학, 법률 논쟁 그리고 토질기술과 구조적 설계 같은 공학인자들을 포함한다.

수문학자의 주요한 관심은 계를 통한 유량에 관한 반면 이들 다른 인자와 그들에 영향을 미치는 계의 수문학적 운영을 어떻게 하는가를 알아야 한다.

12.1 수문설계 축척

수자원계획과 관리의 목적은 대체로 두 부류로 분류한다. 하나는 배수, 홍수조절, 오염감소, 곤충조절, 유사조절 그리고 염분조절 같은 물조절(water control)이다. 다른 것은 가정과 산업용수 공급, 관개, 수력발전, 레크레이션, 어류와 야생생물 개량, 수질관리에 대한 저유량 증대 그리고 유역관리 같은 물이용(water use)이다. 양쪽의 경우에서 수문학자의 임무 즉, 설계유입량 결정, 계를 통한 유량추적 그리고 출력값이 만족한가를 검토하는데 동일하다. 두 경우 사이의 차이는 물조절에 대한 설계는 홍수 동안 순간적인 첨두유량 혹은 건조기간 동안 몇 날의 최소유량 같은 짧은 지속기간의 극치 사건에 관계하는 반면 물이용에 대한 설계는 년기간에 관한 완전한 수문곡선에 관계한다.

수문설계 축척은 계의 유입량 결정에서 선택해야 하는 값 범위 안에서 설계변수 양의 범위이다(그림 12.1). 설계값 선택에서 가장 중요한 인자는 비용과 안전이다. 매우 큰 첨두유량에 대한 암거같은 작은 구조물 설계에선 역시 비용이지만 큰 댐에 대한 여수로 같은 주요 수리구조물은 작은 홍수에 대해 설계하면 그 결과 댐 파괴 같은 큰 재해가 일어난다. 설계에 대한 최적 크기는 비용과 안전의 고려가 일치하지 않는 대조적인 것이다.

확률홍수량중에서 특정 설계빈도에 해당하는 홍수량을 최적치 개념의 설계홍수량으로 결정함에 있어서 설계빈도는 해당 수공구조물의 건설에 소요되는 비용과 구조물의 안전이 균형을 이루도록 하고 수공구조물의 파괴로 인한 피해를 함께 고려하며, 일반적으로 구조물의 중요도, 수명년한, 경제성 등에 따라 결정함이 원칙이다.

최근 강우량 및 홍수량의 발생 경향을 살펴보면 기후특성 변화에 따른 극치사상의 발생이 증가되어 어떤 해에 T년빈도 홍수량이 발생할 확률은 1/T이라는 설계빈도가 가지는 기본 개념이 무의미하게 되고 있는 실정이며 또한, 설계빈도를 초과하는 경우도 종종 발생하고 있다.

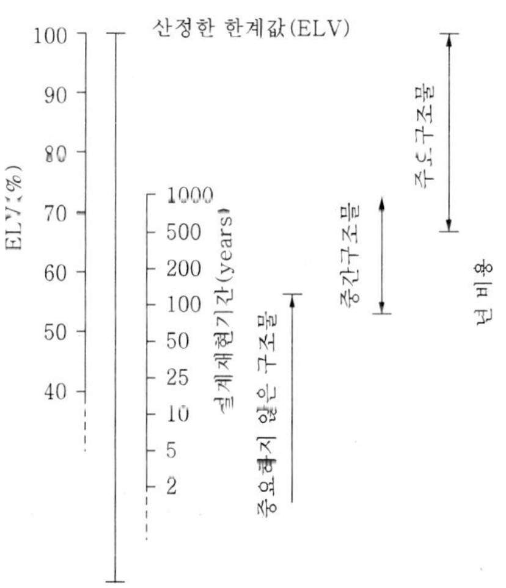

그림 12.1 수문설계 축척

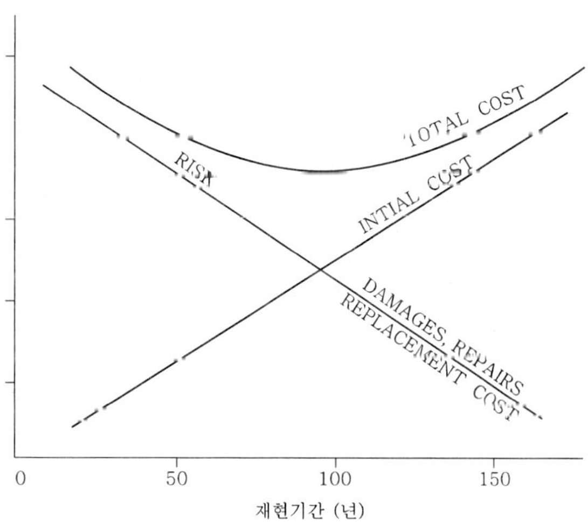

그림 12.2 비용과 재현기간의 관계

하천설계기준・해설(2019, 한국수자원학회)에서는 수문 설계빈도 결정과 관련하여 추정한계치(Estimated Limiting Value : ELV)방법과 표 12.1과 같은 주요 수공구조물의 설계빈도를 이용하도록 하고 있으며, 수문설계자의 공학적 판단과 경험을 바탕으로 하여 결정하는 것이 바람직하다. 이 때 추정한계치 방법이 한 과거에 발생한 수문사상을 이용하여 수문 기상학적으로 가능한 최대치를 추정하여 이용하는 것을 말하며 홍수조절지나 다목적댐과 같이 파괴될 경우 막대한 인명손실과 광범위한 피해가 초래되는 구조물에 주로 적용되고, 수문설계빈도 채택시 구조물의 중요도, 도시화 등 수문학적 요소가 가장 중요하며 사회적·경제적 요소에 따라 설계기준이 달라져야 하고 일률적으로 특정빈도를 적용하는 것은 바람직하지 못하다.

표 12.1 **주요 수공구조물의 설계빈도(한국수자원학회, 2019)**

구조물의 종류	재현기간, T(년)	초과확률($1/T$)
배수시설 배수로 방수로 배수제 배수펌프장 유수지 및 홍수저류지	30년 이상	0.03 이하
하천제방 국가하천 지방하천	 100~200 50~200	 0.01~0.005 0.02~0.005

12.1.1 추정 한계값

수문설계 축척의 실용적인 상부 한계는 지구의 수문순환이 밀폐계이므로 무한하지 않으며 지구상 물의 총량은 본래는 일정하다. 어떤 수문학자는 상부한계는 없다고 인정하나 그런 견해는 물리적으로 비현실적이다. 설계 축척의 하부한계는 설계변수값이 음의 양이 될 수 없으므로 대부분의 경우 0이다. 진정한 상부한계는 보통 미지수일지라도 실용적인 목적에 의해 추정한 상부한계를 결정해야 한다.

추정한 한계값(ELV)은 최대 이용할 수 있는 수문정보에 의거하여 주어진 위치에서 수문사상에 대한 가능한 최대량으로서 정의한다. ELV에 대한 불확정의 범위는 정보의 신빙성, 기술적 지식 그리고 해석의 정확성에 좌우된다. 정보, 지식 그리고 해석이 향상하여서 진정한 상부한계에 보다 근사하게 산정하면 불확정의 범위는 감소한다. 관측한 수문사상은 미리 추정한 한계값을 초과하는 경우가 있다.

추정한 한계값의 개념은 보통 함축적으로 가능 최대 강수량(PMP)을 이용하고 가능 최대 홍수량(PMF)에 해당한다. 가능 최대 강수량은 특정유역 위에서 주어진 지속기간에 대해 물리적 상부한계에 가까운 강수량으로써 WMO(1983)에 의해 정의되었다.

12.1.2 확률을 기초로 한 한계

확률은 미지수이기 때문에 추정한 한계값을 결정론적으로 이용한다. 설계 축척을 아래로 낮추는데 확률 혹은 빈도를 기초로 한 접근을 채택한다. 이 수준에서 수문사상의 크기는 보통 빈번한 관측의 범위 이내 혹은 가까워 아주 적다. 결과로서 생기확률은 빈도해석에 대해 충분한 길이의 수문기록을 이용할 수 있을 때 적당하게 추정할 수 있다. 확률론적 접근은 덜 주관적이고 확정론적 접근보다 더 이론적으로 처리하기 쉽다. 확률론적 방법은 역시 수문경제와 위험 해석 같은 최적 설계 수준 결정의 논리적 방법이 된다.

물조절을 실패한 인구가 조밀한 면적에 대해서는 생명손실과 광대한 재산 손해가 일어나고 ELV를 이용한 설계는 정당화 해야 한다. 실패한 적은 인구의 면적에서는 보다 작은 손해가 생기며 부호의 매우 작은 등급에 대한 설계는 정당하다. 수문설계 축척에 관한 이들 극치 사이는 가지각색의 조건들 존재와 가지각색의 설계값을 요구한다. 수문사상의 확률론적 행동을 결정할 수 있을 때 보통 설계값처럼 지정한 재현기간에 대한 사상 크기를 최대로 이용한다.

과거 경험과 판단에 기초하여 물조절 구조물에 대하여 일반화한 설계 표준을 개발하였으며 표 12.2에 정리하였다. 실패의 잠재적인 중요성에 따라 구조물은 중요한, 중간 그리고 중요하지 않음으로 구분하였으며 설계축척에 관하여 대응하는 근사한 범위를 표 12.2에 나타냈다. 표 12.2에서 댐에 대한 표준은 여수로 용량의 설계에 관계한다. 일반적으로 주요 구조물을 실패하면 상당한 생명손실과 광대한 손해를 일으킨다. 중간 구조물의 경우에서는 생명손실이 적을 것이고 손해는 소유자의 재정능력 이내일 것이다. 중요하지 않은 구조물에 대하여 일반적으로 생명손실은 없고 손해는 구조물을 복원하고 수리하는 비용과 같은 크기일 것이다.

표 12.2 **물 조절 구조물에 대한 일반화된 설계 표준**

구조물의 형태	재현기간(years)	ELV
Highway culverts		
Low traffic	5~10	
Intermediate traffic	10~25	-
High traffic	50~100	-
Highway bridges		
Secondary system	10~50	-
Primary system	50~100	-
Farm drainage		
Culverts	5~50	-

Ditches	5~50	-
Urban drainage		
Storm sewers in small cities	2~25	-
Storm sewers in large cities	25~50	-
Airfields		
Low traffic	5~10	-
Intermediate traffic	10~25	-
High traffic	50~100	-
Levees		
On farms	2~50	-
Around cities	50~200	-
Dams with no likelihood of loss of life(low hazard)		
Small dams	50~100	-
Intermediate dams	100+	-
Large dams	-	50~100%
Dams with probable loss of life (significant hazard)		
Small dams	100+	50%
Intermediate dams	-	50~100%
Large dams	-	100%
Dams with high likelihood of considerable loss of life(high hazard)		
Small dams	-	50~100%
Intermediate dams	-	100%
Large dams	-	100%

12.1.3 물 이용에 대한 설계

위의 토론은 홍수같은 과대한 물의 조절에 대한 수문설계에 적용한다. 물 이용에 대한 설계는 부족한 것을 제외하고는 과대한 물을 관심갖는 것과 유사하게 취급한다. 가뭄이 장시간 걸치기 때문에 극치 홍수량 보다 역사적인 수문기록이 보다 적다. 따라서 특히 설계사상이 때때로 상수도 설계의 경우 같이 최근 여러 해이면 빈도해석을 통한 가뭄 설계수분 결정이 더욱 어렵다. 도시 상수도 계통의 설계에 대한 공통의 기초는 기록의 한계가뭄인 최악의 기록가뭄이다. 그 설계는 동등한 한계기간을 통하여 필요한 율로 물 공급이 되면 만족하게 생각한다. 한계기간 접근의 제한은 미지수인 단일 역사적 사상에 관한 설계 기초와 관계가 있는 위험수준이다. 이 제한을 이겨내기 위해 합성유량산출의 방법은 컴퓨터를 이용하여 개발하였고 합성유량 기록을 준비한 난수 산출은 역사적 기록과 통계적으로 동등하다.

물 이용에 대한 수문설계는 특히 건조한 지역에서 물 권리의 법률구성에 의해 밀접하게 조절한다. 사용자가 지정한 법은 그들 배당이 부족할 경우에는 축소할 것이다. 어류와 하천의 야생생물을 보호하기 위한 노력에서 방법은 유입유량에 대해 그들이 필요한 양을 최근에 개발하였다(Milhous and Grenney, 1980). 홍수조절과 달리 충분한 수문정보에 대한 물공급은 유출률과 수위를 준비해야 하며 필요한 유입유량은 혼탁, 온도 그리고 한 종류로부터 다른 종류까지 변하는 복잡한 방식의 다른 수질변수에 의해 영향을 받는다.

수자원계는 사용자의 요구, 유입유량 유지에 필요하고 홍수조절에 관계하여 경쟁하는 요구에 지배를 받는다. 수문설계는 이들 인자의 각각에 대하여 적당한 설계수준을 지정해야 한다.

12.2 설계수준의 선택

설계축척에 대한 수문설계 수준은 구조물의 설계 혹은 계획에 대하여 고려하는 수문사상의 크기이다. 추정한 한계값에 대한 구조물 설계와 계획에서 항상 경제적이지 않으므로 ELV는 종종 특수한 설계목적에 대하여 수정한다. 최종설계값은 설계자 혹은 계획자의 경험과 공학적 판단에 따라서 그 이상 수정해야 한다. 수문설계값 결정에 일반적으로 이용되는 3가지 접근은 경험적 접근, 위험도 해석 그리고 수문경제 해석이다.

12.2.1 경험적 접근

경험적 접근으로서 과거 관측 가운데에 최대 극치사상을 종종 설계값으로 선택한다. 과거 N년의 최대 극치사상이 다음 n년 동안 같거나 혹은 한번 초과할 확률은 다음과 같다.

$$P(N,n) = \frac{n}{N+n} \tag{12.1}$$

예를 들면 N년에 관측된 최대 홍수량이 미래 N년에서 같거나 초과할 확률은 0.5이다. m년 연속하는 가뭄이 N년 기간 이상 기록의 한계사상이면 다음 n년 이내에 발생할 더욱 나쁜 가뭄의 확률 $P(N,m,n)$은 얼마인가? N년 기록에서 기간 m의 수열은 $N-m+1$이고 n년 기록에서 $n-m+1$이다.

과거와 미래기간 조합된 이상 나쁜 사상의 기회는 미래 n년에 포함할 것이다.

$$P(N,m,n) = \frac{(n-m+1)}{(N-m+1)+(n-m+1)}$$
$$= \frac{n-m+1}{N+n-2m+2} \quad (n \geqq m) \qquad (12.2)$$

m=1일 때 식 (12.1)과 같다.

예제 12.1

40년간의 수문자료로부터 결정한 것처럼 기록의 한계 가뭄이 5년 계속하였다면 다음 20년 동안 발생할 더 가혹한 가뭄의 기회는 얼마인가?

풀이

식 (12.2)를 이용하여

$$P(40,5,20) = \frac{20-5+1}{40+20-2\times5+2} = 0.308$$

12.2.2 위험도 해석

물조절 설계는 위험의 중요성을 포함한다. 물조절 구조물은 설계 재현기간 T에 대한 크기가 구조물의 기대하는 수명 이내에 초과하면 실패한다. 자연적 혹은 선천적 실패의 수문위험도는 식 (12.3)을 이용하여 계산할 수 있다.

$$\overline{R} = 1 - [1 - P(x \geqq x_T)]^n \qquad (12.3)$$

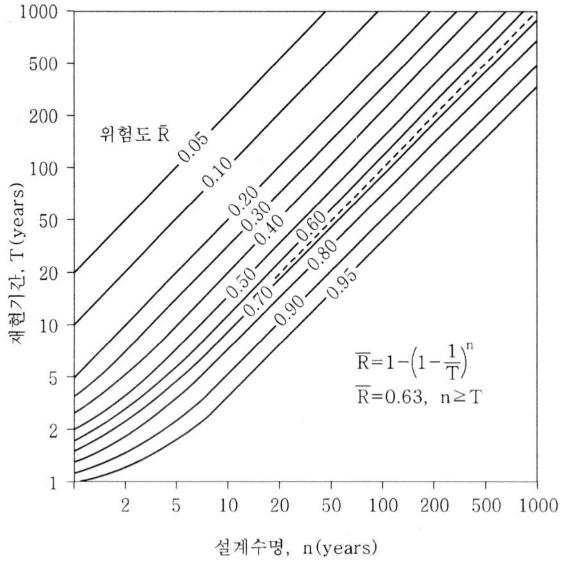

그림 12.3 설계수명 동안 설계사상이 적어도 한번 초과할 위험도

여기서, $P(x \geq x_T) = 1/T$, n은 구조물의 기대수명, $\overline{R}$ 는 n년에서 적어도 한번 발생할 사상$x \geq x_T$의 확률이다. 이 관계를 그림 12.3에 표시하였다. 예를 들면 수문학자는 암거의 설계용량을 유출량의 100년 첨두량에 대하여 설계하여 10년의 구조물 기대수명동안 초과하지 않을 것이라고 거의 90% 확신을 바란다. 실패의 40% 위험을 받아들이면 설계재현기간은 20년 줄일 수 있든지 기대수명을 50년 연장할 수 있다.

예제 12.2

암거는 10년의 기대수명을 갖는다. 설계수명동안 암거 용량을 적어도 한번 초과하는 사상의 위험을 10% 받아들인다면 설계 재현기간을 얼마로 해야하나? 이 재현기간의 사상에 대하여 설계한 암거가 50년에 대하여 초과하는 용량을 갖지 않을 기회는 얼마인가?

풀이

식 (12.3)에 의해

$$\overline{R} = 1-(1-\frac{1}{T})^n$$

$$0.10 = 1-\left(1-\frac{1}{T}\right)^{10}$$

$$\therefore\ T = 95\text{년}$$

T=95년이면 n=50년에 관한 실패위험도는

$$\overline{R} = 1-(1-\frac{1}{95})^{50} = 0.41$$

용량이 50년기간 동안 초과하지 않을 확률은

1−0.41=0.59 또는 59%

주어진 실패의 위험도에 대하여 필요한 설계재현기간 T는 T와 n이 크게 됨에 따라 설계수명 n와 같이 직선으로 증가하는 것을 그림 12.2에서 볼 수 있다. 이들 조건하에서 설계재현기간이 T=n인 설계수명과 같으면 실패의 위험도는 얼마인가? 멱 계열로 식 (12.3)을 확장하여서 n, $1-(1-1/T)^n \approx 1-e^{-n/T}$의 큰 값에 대하여 나타낼 수 있고 $T=n$에 대한 위험도는 $1-e^{-1}=0.632$이다. 예를 들면 100년 사상이 다음 100년 동안 적어도 한번 초과하는 기회가 63%에 가깝다.

자연의 수문 불확정은 위와 같이 설명할 수 있지만 불확정의 다른 종류는 계산하기 어렵다. 이들은 종종 안전계수(SF) 혹은 안전한계(SM)을 이용하여 다룬다. 수문설계 값 L 그리고 계획에 채택한 실제 용량을 C로 놓으면 안전계수는

$$SF = \frac{C}{L} \tag{12.4}$$

이고 안전한계는

$$SM = C - L \tag{12.5}$$

실제 용량은 기술적(수리학, 구조, 건설, 운영 등), 사회경제적, 정치상 그리고 환경적인 불확정의 다른 종류에 대하여 고려하기 때문에 수문설계값 보다 더 크다. 상술한 수문위험도 $\overline{R}$과 구조물의 설계수명 n에 대한 식 (12.3)은 관계가 있는 재현기간 T를 계산하는데 이용할 수 있다. 이 초과 확률에 대응하는 수문사상 크기 L은 수문자료의 빈도해석에 의해 찾는다. 설계값 C는 L에 할당한 안전계수를 곱하든지 증가한 안전한계를 더하여 산출한다. 예를 들면 계산된 최대 수면 높이 위에 10cm 여유고를 두어 10cm의 안전제한으로 제방설계가 관례적이다.

12.2.3 수문경제 해석

최적 설계 재현기간은 수문사상의 확률적 성질과 손해가 수문사상의 가능한 범위에 관하여 둘다 알고 있어 일어나는 결과라면 수문경제 해석으로 결정할 수 있다. 설계재현기간의 증가에 따라 구조물의 주요한 비용은 증가하나 기대되는 손해는 더 방어할 여유가 있기 때문에 감소한다. 년을 기초로 한 주요비용과 기대되는 손해를 합계하면 최소 총비용을 갖는 설계재현기간을 구할 수 있다.

그림 12.4(a)는 상술한 재현기간을 갖고 일어나는 홍수같은 사상에서 결과되는 손해를 보여준다. 설계사상 크기가 x_T이면 구조물은 $x \leq x_T$인 사상에 대하여 모든 손해를 예방하나 $x > x_T$에 대하여는 그렇지 않아서 기대되는 년 손해비용은 어떤 주어진 년에서 일어나는 사상의 크기 x의 확률 $f(x)dx$와 사상으로부터 일어나는 손해 $D(x)$를 곱하고 $x > x_T$(설계수위)에 대하여 적분하여서 구한다. 기대되는 년비용 D_T는

$$D_T = \int_{x_T}^{\infty} D(x) f(x) dx \tag{12.6}$$

그림 12.4(a)에서 그늘진 면적이다.

식 (12.6)은 $x > x_T$의 범위를 간격으로 절단하고 각 간격에서 사상에 대한 기대되는 년손해비용을 계산하여 값을 구한다.

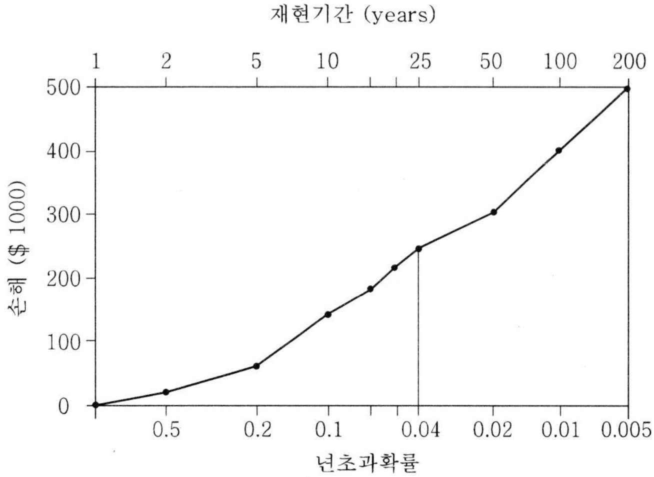

(a) 여러재현기간의 사상에 대한 손해

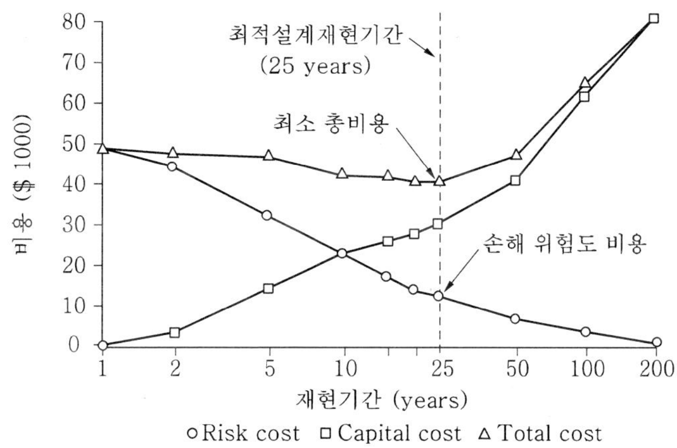

(b) 수문경제해석

그림 12.4 수문경제 해석에 의한 최적설계 재현기간의 결정

$x_{i-1} \leqq x \leqq x_i$에 대하여

$$\Delta D_i = \int_{x_{i-1}}^{x_i} D(x) f(x) dx \tag{12.7}$$

$$\Delta D_i = \left[\frac{D(x_{i-1}) + D(x_i)}{2}\right] \int_{x_{i-1}}^{x_i} f(x) dx$$

$$= \frac{D(x_{i-1}) + D(x_i)}{2} [P(x \leqq x_i) - P(x \leqq x_{i-1})] \tag{12.8}$$

그러나 $P(x \leqq x_i) - P(x \leqq x_{i-1}) = [1 - P(x \geqq x_i)] - [1 - P(x \geqq x_{i-1})]$

$=P(x \geq x_{i-1})-P(x \geq x_i)$이므로 식 (12.8)은 다음과 같이 쓸 수 있다.

$$\Delta D_i = \frac{D(x_{i-1})+D(x_i)}{2}[P(x \geq x_{i-1})-P(x \geq x_i)] \tag{12.9}$$

그리고 재현기간 T에 대하여 설계한 구조물에 대한 기대되는 년 손해비용은

$$D_T = \sum_{i=1}^{\infty}[\frac{D(x_{i-1})+D(x_i)}{2}][P(x \geq x_{i-1})-P(x \geq x_i)] \tag{12.10}$$

구조물의 일년마다의 주요비용에 D_T를 가산하여 총비용을 구할 수 있으며 최적설계 재현기간은 최소총비용을 갖는 하나이다. 수문경제 해석은 총수조절 저수지, 제방, 수로 그리고 하천 횡단도로 설계에 적용되었다. 홍수손해의 연구에 대해 경제측정과 여러 가지 재현기간의 사상에 대하여 결정해야 하는 홍수의 지속기간과 정도는 홍수의 각 수위에 대한 손해량으로 다루어야 한다. 홍수의 사회적 비용은 수량화하기 어렵다.

연습문제

12.1 수문설계 축척 결정시 고려해야 할 사항은?

12.2 재현기간–년비용–안전과의 상관관계를 설명하시오.

12.3 설계수준 선택시 수문경제해석의 방법을 설명하시오.

참고문헌

1. 윤용남, 기초수문학, 청문각, 2013.
2. 국토교통부, 수자원장기종합계획수정, 2016.
3. 한국수자원공사, 물과 미래, 2020.
4. 국토해양부, 수문관측메뉴얼, 2011.
5. 이종형 외 2인, 수문학, 구미서관, 2016.
6. 한국수자원학회, 하천설계기준 해설, 2019.
7. 高橋裕編, 河川水文學. 共立出版社, 昭和53年.
8. 岩井重久・石墨政儀, 應用水文統計學, 森北出版, 昭和45年.
9. 岡本芳美, 技術水文學, 日刊工業新聞社, 昭和62年.
10. R.W. Herschy : "Hydrometry, Principle and Practices", John Wiley & Sons Ltd., 1978.
11. R.C. Ward : "Principle of Hydrology", 2nd ed., McGRW-HILL BOOK CO., 1975.
12. John C. Rodda, Riochard A. Downing, Frank, M. Law : "Systematic Hydrology", Butterworths & Co(Publishers) Ltd., 1976.
13. Edited by John C. Rodda : "Facets of Hydrology", John Wiley & Sons, Ltd., 1976.
14. Edited by M.J. Kirkby : "HILLSLOP HYDROLOGY", John Wiley & Sons, LTD. 1978.
15. Roy Ward : "Floods, A Georgraphical Perspective", THE MACMILLAN PRESS LTD, 1978.
16. Editor-in chief Ven Te Chow : "HANBOOK OF APPLIED HYDROLOGY, A Compendium of Water-resources Technology", McGRAW-HILL BOOK CO., 1964.
17. Ray K. Linsley, Max A. Kohler, Joseph L.H. Paulhus : "APPLIED HYDROLOGY", McGRAW-HILL BOOK CO., 1949.
18. Ray K. Linsley, Max A. Kohler, Joseph L〉H〉 Paulhus : "HYDROLOGY FOR ENGINEER", McGRAW-HILL BOOK CO., 1958.
19. Jaromir Nemec : "Engineering Hydrology", TATA McGRAW-HILL Publishing Company Ltd., 1964.
20. A.T. Hjelfelt, J.J. Cassidy : "Hydrology for Engineer and Planners", Iowa State University Press, 1975.
21. E.F. Schulz : "PROBLEM IN APPLIED HYDROLOGY", WATER RESOURCES PUBLIATIONS, 1973.
22. George, F. Pinder, William G. Gray : "Finite Element Simulation in Surface and Subsurface Hydrology", ACADEMIC PRESS, 1977.

23. Donald E. Overton, Michael E. Meadows : "Stormwater Modeling", ACADEMIC PRESS, 1976.

24. Martin P. Wanielista : "STORMWATER MANAGEMENT, QUANTITY AND QUALITY", ANN ARBOR SCIENCE PUBLISHERS INC., 1978.

25. Vujica Yevjevich : "PROBABILLTY AND STASTISTICS IN HYDROLOGY", WATER RESOURCES PUBLICATIONS, 1972.

26. Victor Miguel Ponce : Engineering Hydrology, Prentice Hall, Englewood Cliffs, New Jersey, 1989.

27. Richard H. McCuen : Hydrologic Analysis and Design, Prentice Hall, Englewood Cliffs, New Jersey, 1989.

28. Elizabeth M. Shaw, Hydrology in Practice, Van Nostrand Reinhold Co. Ltd., 1985.

29. Hmraghunath : Hydrology, A Halsted Press Book, 1985.

30. Australian Water Resources Councl, Guidelines for floodplain management in Australia, 1985.

31. New South Wales Government, Floodplain development manual, 1986.

32. United States Department of the Interior, A process for communtiy flood plain management. 1979.

33. United States Water Resoures Council, Floodplain management handbook, 1981.

34. Tomas A. Segbert, Stormwater Management for land development, John Wiley & sons, 2006.

35. John E. Gribbin, Introduction to Hydraulics and hydrology with Applocations for Storm water Management, Thomson Learning, 1997.

부록

(부록 1)

수문관측업무규정

(국토교통부훈령 제444호)

제1조(목적) 이 규정은 하천법 제 18조 및 동법시행령 제12조의 규정에 의하여 하천유역의 강수량, 하천의 수위 · 유량 · 유사량 등 수문현상에 관한 관측 및 자료제출 등의 방법을 정하고, 국토계획 및 수자원계획, 유역조사, 유역종합치수계획, 하천정비기본계획, 하천공사의 실시, 하천의 효율적인 유지관리에 필요한 수문자료를 제공하는 등 수문관측업무에 관한 세부사항을 정함을 목적으로 한다.

제2조(적용범위) 이 규정은 국토교통부 수문관측 업무에 적용한다.

제3조(용어의 정의) ① 이 규정에서 사용하는 용어의 정의는 다음 각호와 같다.

1. "유역"이라 함은 하천의 어느 일정지점을 동일한 유출점으로 갖는 지표면의 범위를 말한다.
2. "수계"라 함은 하구(바다와 만나는 본류하천의 종점)을 기준으로 하였을 때 본류하천의 유역에 속하는 하천의 총칭을 말하며, 그 명칭은 본류하천의 명칭을 따른다.
3. "관측소"라 함은 하천유역의 강수량, 하천의 수위 · 유량 · 유사량 등의 관측을 정상적으로 계속하여 실시하기 위한 시설물 또는 관측지점을 말한다.
4. "강수량"이라 함은 일정한 시간 동안에 내린 수량(비, 우박, 서리, 눈 등)을 단위면적당의 깊이로 표시한 것을 말하며, 크게 강우량과 강설량(적설량을 강우량으로 환산한 우량)으로 나눈다.
5. "적설량"이라 함은 일정한 시간 동안에 내린 눈의 깊이를 말한다.
6. "강우강도"라 함은 단위시간 동안에 내린 비의 양을 말한다.
7. "증발량"이라 함은 공기 중에 설치된 표준증발접시에서 일정한 시간 동안에 증발한 물의 깊이를 말한다.
8. "수위"라 함은 일정한 기준면으로부터 하천의 수면까지의 높이를 말한다.
9. "최고수위"라 함은 일정한 기간을 통하여 최고의 수위를 말한다.
10. "최저수위"라 함은 일정한 기간을 통하여 최저의 수위를 말한다.
11. "평수위"라 함은 1년을 통하여 185일은 이보다 저하하지 않는 수위를 말한다.
12. "저수위"라 함은 1년을 통하여 275일은 이보다 저하하지 않는 수위를 말한다.
13. "갈수위"라 함은 1년을 통하여 355일은 이보다 저하하지 않는 수위를 말한다.
14. "일평균수위"라 함은 1일을 통하여 1시부터 24시까지 매시 수위의 합을 24로 나눈 수위를

말한다.

15. "연평균수위"라 함은 1년을 통하여 일평균수위의 합을 당해연도의 일수로 나눈 수위를 말한다.
16. "유량"이라 함은 하천의 횡단면을 단위시간에 통과하는 물의 부피를 말한다.
17. "최대유량"이라 함은 일정한 기간을 통하여 최대의 유량을 말한다.
18. "최소유량"이라 함은 일정한 기간을 통하여 최소의 유량을 말한다.
19. "평균유량"이라 함은 1년을 통하여 185일은 이보다 저하하지 않는 유량을 말한다.
20. "저수유량"이라 함은 1년을 통하여 275일은 이보다 저하하지 않는 유량을 말한다.
21. "갈수량"이라 함은 1년을 통하여 355일은 이보다 저하하지 않는 유량을 말한다.
22. "일평균유량"이라 함은 1일을 통하여 1시부터 24시까지 매시 수위에 대응하는 유량의 합을 24로 나눈 유량을 말한다.
23. "연평균유량"이라 함은 1년을 통하여 일평균유량의 합을 당해연도의 일수로 나눈 유량을 말한다.
24. "유사(流砂)"라 함은 하천의 흐름에 의해서 이송되는 토사를 말하며, 이송형태에 따라 소류사(掃流砂)와 부유사(浮流砂)로 나눈다.
25. "수질"이라 함은 일정한 시점의 물의 물리적, 화학적 및 생물학적 제성질을 말한다.

② 제1항에서 정하지 않은 용어에 대하여는 관계법령 또는 다른 규정에서 정하는 것을 준용한다.

제4조(단위) 관측 및 보고 등에 사용하는 단위 및 소수점이하 최소자리 수는 다음과 같이 정한다.

구 분	단 위	소수점이하자리수
기 온	℃	1자리
강 수 량	mm	1자리
강 우 강 도	mm/hr	1자리
적 설 량	cm	0자리
증 발 량	mm	1자리
수 위	m	2자리
유 속	m/sec	2자리
단 면 적	m^2	2자리
유 량	m^3/sec	2자리
유 역 면 적	km^2	2자리

제5조(관측소의 등급별 관리) ① 관측소는 다음 각호와 같이 1등급, 2등급, 3등급, 4등급으로 구분한다.

1. 1등급 관측소
   가. 강우레이더의 지상계측 보정용으로 이용되는 우량관측소
   나. 한강 · 낙동강 · 금강 · 섬진강 · 영산강 · 안성천 · 삽교천 · 만경강 · 형산강 · 동진강 · 태화강 · 탐진강 수계(이하 "12대 수계"라 한다)의 홍수예보에 활용되는 실시간 자동수집방식의 우량관측소

다. 12대 수계의 홍수예보지점 중 본류 및 제1지류에 위치한 수위 · 유량 · 유사량 관측소

라. 수자원단위지도상 중권역 유역의 출구점에 위치한 수위 · 유량 · 유사량 관측소

마. 수계대표 수질관리지점에 위치한 수위 · 유량 · 유사량 관측소

2. 2등급 관측소

가. 자료보유기간이 40년 이상인 수문관측소

나. 이수 · 치수 목적상 관측소의 공간적 배치 및 고도별 배분 등을 감안하여 실시간 자동수집방식에 의해 자료를 수집할 필요성이 있는 우량관측소

다. 12대 수계의 홍수예보지점 중 제1호다목에 해당하지 않는 수위 · 유량 · 유사량 관측소

라. 중앙수질관리지점에 위치한 수위 · 유량 · 유사량 관측소

3. 3등급 관측소

가. 자료보유기간이 20년 이상인 수문관측소

나. 제 1호 및 제2호에 속하지 않는 우량관측소

다. 지방수질관리지점에 위치한 수위 · 유량 · 유사량 관측소

4. 4등급 관측소

제1호 내지 제3호에 속하지 않는 수문관측소

② 제1항의 규정에 의한 등급별 관측소에 대하여는 다음 각호와 같이 구분 관리할 수 있다.

1. 1등급 관측소

가. 실시간 자동수집방식에 의한 자료수집

나. 낙뢰방지보호시설(2종지점 및 피뢰설비)

다. 연 6회 이상 점검

라. 1~2년 주기의 유량측정

마. 12대 수계의 주요 1~2개 지점에 대한 실시간 유량측정

바. 동절기 관측이 가능한 관측계기의 설치 또는 가열장치 부착

사. 유량측정과 병행하여 유사량 측정

2. 2등급 관측소

가. 실시간 자동수집방식에 의한 자료수집

나. 낙뢰방지보호시설(2종접지 및 피뢰설비)

다. 연 6회 이상 점검

라. 3~4년 주기의 유량측정

마. 동절기 관측이 가능한 관측계기의 설치 또는 가열장치 부착

바. 하상변동이 예상되는 곳에서의 유량측정과 병행하여 유사량 측정

3. 3등급 관측소

가. 실시간 자동수집방식에 의한 자료수집

나. 낙뢰방지보호시설(3종접지 및 피뢰설비)

다. 연 4회 이상 점검

라. 5년 주기의 유량측정

4. 4등급 관측소

가. 연 4회 이상 점검

나. 필요시 유량측정

제6조(관측소의 배치) 관측소는 수문현상을 효율적으로 파악하기 위하여 다음 각호의 사항을 고려하여 배채하여야 한다.

1. 우량관측소

가. 대략 균등한 강수상황을 나타내는 지역으로 구분이 가능한 경우에는 그 지역별로 1개 관측소를 배치하되 평면과 표고차를 고려하여 관측망을 구성

나. 대략 균등한 강수상황을 나타내는 지역으로 구분하는 것이 곤란한 경우에는 50km^{2}마다 1개 관측소를 배치

2. 수위 · 유량 · 유사량 관측소

가. 하천 등의 관리, 계획 및 시공상 주요한 지점

나. 주요 지류하천의 합류점 전후 및 보, 취 · 배수문 상하류

다. 협곡부, 유수지, 호소, 저수지, 내수 및 하구 등의 수리 · 유사특성과 공공수역의 수질이 종합적으로 파악될 수 있고, 치수 · 이수 · 하천환경의 상황을 알기 위하여 필요한 지점

라. 하천 상 · 하류의 연관 분석이 가능한 지점

제7도(관측소의 설치) 관측소의 설치장소는 다음 각호의 사항을 고려하여 정하여야 한다.

1. 우량 관측소

가. 지형이 협곡해서 풍향, 풍속에 영향을 적게 주는 장소

나. 바람의 영향으로 인하여 특수한 강수상황이 나타나지 않는 장소

다. 대략 사방 10m 이상 넓이의 평활한 토지로서 인근 장애물 높이의 2배 이상 떨어져 있고 대기의 변화가 적은 장소

라. 물이 고일 염려가 없는 장소

마. 관측과 순회 점검이 편리하고 관측원을 확보하기 쉬운 지점

2. 수위 · 유량 · 유사량 관측소

가. 물의 흐름상태가 일정하고 유속이 크게 변하지 않는 지점

나. 수면경사가 급하거나 또는 완만하지 않은 지점

다. 유로 및 하상의 변동이 적은 지점

라. 갈수시에도 관측이 가능한 지점

마. 관측시 위험이 적고 유지관리가 용이한 지점

바. 관측과 순회 점검이 편리하고 관측원을 확보하기 쉬운 지점

제8조(관측소대장의 작성) ① 홍수통제소장은 관측소를 설치하였을때에는 별지 제1호 내지 제11호 서식에 의하여 관측소 대장을 작성 비치하고, 관측소 현황을 항상 정확히 파악하여 기록하여야 한다.

② 관측소의 신설, 이관, 이설, 폐지 또는 개량하거나 보수를 한때에는 관측소 대장에 소정의 사항을 기재하는 동시에 종전의 대장을 합쳐 보관한다.

제9조(관측소 표지판) 관측소에는 다음 각호의 내용이 기재된 표지판을 설치하여야 한다.

1. 우량관측소 : 관측소명, 관측소 등급, 수계명, 관리기관명, 관측개시일, 설치년월일, 관측소 위치, 위도, 경도, 표고, 연락처
2. 수위 · 유량 · 유사량 관측소 : 관측소명, 관측소 등급, 수계명, 하천명, 관리기관명, 설치년월일, 관측소 위치, 위도, 경도, 수위표영점표고, 하구 또는 지류와의 합류점으로부터의 거리, 경계홍수위, 위험홍수위, 연락처

제10조(관측의 종목) ① 관측소에서 행하는 관측의 종목은 다음 각호와 같고 필요한 경우에는 이를 병행하여 관측할 수 있다.

1. 우량관측소 : 강수량
2. 수위 · 유량 · 유사량 관측소
   가. 수위
   나. 유량
   다. 소류사량
   라. 부유사량

② 제1항제1호가 관련되는 풍향풍속, 증발량, 기온, 습도, 적설량등의 기상요소를 관측할 수 있는 관측계기가 갖추어진 관측소에서는 이에 대한 관측을 실시할 수 있다.

③ 하천환경관리를 위하여 필요한 경우에는 제1항제2호의 관측소에서 하천수질환경기준에서 정하는 수질에 관한 항목을 측정할 수 있다.

제11조(관측계기 및 시설) ① 관측소의 관측계기 및 시설은 다음 각호와 같다.

1. 우량관측소
   가. 자기우량계
   나. 보통우량계
2. 수위 · 유량 · 유사량 관측소
   가. 자기수위계
   나. 보통수위표(목자판)
   다. 영점표고 검정 수준점
   라. 유속계

마. 부자

바. 횡단말뚝

사. 부자투하설비

아. 가(假)수위표(보조수위표)

자. 소류사 채취기

차. 부유사 채취기

② 제1항의 관측계기로서 검정규격이 있는 것은 검정에 합격한 것을 사용하여야 한다.

③ 유속계는 유량측정의 정확성을 기하기 위하여 매년 1회 이상 한국건설기술연구원 또는 다른 검정기관에서 검정을 받아야 한다.

④ 유량·유사량 측정장비와 제10조제3항의 규정에 의하여 실시하는 수질측정장비는 매측정시마다 기기의 초기설정치에 대한 확인을 하여 정확한 결과를 얻을 수 있도록 하여야 한다.

제12조(관측방법) ① 관측항목별 관측방법은 다음 각호와 같다.

1. 강수량

   자기 우량계 및 보통우량계에 의한다.

2. 수위

   관측시설에 의한 관측자료, 자기수위계의 자기기록지 자료 및 보통수위표에 의한다.

3. 유량

   유속계, 부자 또는 기타 방법으로 측정한 평균유속과 그 유속이 대표하는 단면적을 곱한 값, 댐 월류량 또는 방류량에 의하여 계산한다.

4. 유사량

   유사량계에 의하여 채취된 시료로 계산한다.

5. 하상변동조사

   수위관측소 지점을 중심으로 상·하류 약 500～1,000m의 직선 유로구간에 가수위표를 설치하고, 횡단측량을 실시하여 일정기간마다 하상의 변동상태를 측정한다.

6. 수질

   수위·유량·유사량 관측소에서 채수한 물을 이용하여 환경기준 및 하천수수질검사기준에 관한 항목을 분석하거나 국가공인수질검사소의 분석결과를 활용할 수 있으며, 유량자료의 확보가 가능한 지점에서 측정한다.

② 관측종목별 관측시각은 다음 각호와 같다.

1. 강수량

   매 정시를 기준으로 하고 당일 0시부터 24시간의 강수량을 일강수량으로 한다.

2. 수위

   시각별 수위는 매 정시를, 최고수위 및 최저수위는 발생 시각을 기준으로 측정하며, 일평균

수위는 1시부터 24시까지의 시각별 수위를 산술평균한 값으로 한다.

3. 유량

유량측정은 수위-유량관계곡선을 작성할 수 있도록 갈수위, 저수위, 평수위, 홍수위 등 수위변동에 따라 충분히 측정한다.

4. 유사량

소유사량은 평수위시에는 동일지점, 동일유량의 상태에서 원칙적으로 10회 이상 실시하고 홍수위시에는 횡단방향으로 최소 2점 이상을 선정하여 가급적 많이 측정하며, 부유사량은 하천단면 형태가 가급적 균일한 단면에서 횡단방향으로 최소한 3점 이상을 선정하여 가급적 많이 측정한다.

제13조(수문관측 업무계획) ① 홍수통제소장은 이 규정을 기본으로 수문관측을 종합적으로 실시하기 위하여 연간 수문관측 업무계획을 작성하여야 한다.

② 수문관측 업무계획에는 다음 각호의 사항을 포함하여야 한다.

1. 관측소의 순회점검 및 유지·보수계획의 시기, 인원 및 방법 등
2. 관측원 훈련계획
3. 관측소별 관측계획
4. 관측자료 처리 및 배포계획
5. 그 밖에 필요한 사항

제14조(관측원의 위촉) ① 홍수통제소장은 수문관측의 효율을 높이기 위하여 관측소에서 가까운 곳에 거주하는 자(이하 "관측원"이라 한다)에게 관측업무를 위탁할 수 있다.

② 제1항의 규정에 의하여 관측업무를 위탁하고자 할 때에는 관측원의 이력사항 및 업무수행능력을 감안하여 위촉하고 위촉장을 교부한다.

③ 홍수통제소장은 제2항의 규정에 의하여 위촉된 관측원이 다음 각호에 해당하는 경우에는 해촉하고 이를 통지하여야 한다.

1. 해촉원을 제출한 때
2. 제16조의 규정에 의한 업무를 성실히 수행하지 않을 때
3. 제17조의 규정에 의한 관측원 수칙을 이행하지 않을 때

제15조(관측사례금 지급 등) ① 홍수통제소장은 제14조의 규정에 의하여 관측원을 위촉한 경우에는 당해 연도에 계상된 예산범위내에서 관측사례금 및 제수당을 지급할 수 있다. 이 경우 제18조제1항의 규정에 의한 관측자료를 제출하지 않은 경우에는 그러하지 아니하다.

② 홍수통제소장은 수문관측업무에 종사하는 관측원에 대하여 당해 연도에 계상된 예산범위 내에서 관측원의 교육 및 기타 수문관측업무 수행에 필요한 여비(공무원여비규정 별표1 제4호에 해당하는 여비)를 지급할 수 있다.

③ 제1항 및 제2항의 규정이외에 관측성과 등의 작성에 필요한 소모품, 우송에 필요한 우송료

및 업무연락에 필요한 통신료를 지급할 수 있다.

제16조(관측원에 위탁하는 업무) 관측원에게 위탁하는 업무는 제10조제1항제1호 내지 제2호에서 정한 관측 종목으로 한다.

제17조(관측수칙 및 관측원수칙) 홍수통제소장은 별표에서 정하는 관측원수칙을 관측원이 숙지하도록 하고 관측원은 이를 성실히 이행하여야 한다.

제18조(관측자료 등의 제출) ① 관측원은 별지 제12호 내지 제16호 서식에 의한 관측성과 2부와 별지 제17호서식에 의한 관측소점검일지 1부를 익월 5일까지 관할 홍수통제소장에게 제출(자기기록지는 원본)하여야 한다.

1. 우량일보(별지 제12호서식)
2. 우량월보(별지 제13호서식)
3. 수위일보(별지 제14호서식)
4. 수위월보(별지 제15호서식)
5. 감조수위월보(별지 제16호서식)
6. 관측소점검일지(별지 제17호서식)

② 홍수통제소장은 제1항의 관측성과 자료를 이용하여 자동전송장치 등을 이용하여 자동으로 저장된 자료의 확인 및 신뢰도를 검증하여야 한다.

③ 홍수통제소장은 제1항의 관측성과 자료를 검토하여 익월 10일까지 한강홍수통제소장에게 1부를 송부(자기기록지 및 관측소점검일지는 제외)하여야 한다.

④ 홍수통제소장은 유량·유사량 등을 측정한 성과품이 있을 경우 이를 한강홍수통제소장에게 송부하여야 한다.

제19조(관측자료의 보관관리 및 배포) ① 홍수통제소장은 제8조의 규정에 의한 관측소 대장 및 제18조의 규정에 의한 관측성과를 영구 보존하여야 한다. 단, 마이크로 필름 또는 그 밖의 전산매체에 의해 영구 보존되는 자료는 그러하지 아니하다.

② 한강홍수통제소장은 모든 수문자료를 전산처리하여 보관하여야 한다.

③ 한강홍수통제소장은 제18조제3항 내지 제4항의 규정에 의하여 송부 받은 관측자료 및 성과품을 검토 분석하여 한국수문조사연보와 유량 및 유사량연보를 발간·배포하여야 한다.

④ 제3항의 한국수문조사연보 및 유량·유사량연보를 작성함에 있어 관련기관(한국수자원공사 및 농업기반공사 등)에서 관측한 자료를 함께 수록할 수 있다.

⑤ 관측자료는 전산기록매체(CD롬 및 데이터베이스자료)를 이용하여 수요자에게 제공할 수 있다.

제20조(수문관측업무 지도·감독 등) ① 국토교통부장관은 연1회 이상 홍수통제소에서 실시하고 있는 수문관측업무 및 관측성과 등에 관하여 현지지도를 실시한다.

② 홍수통제소장은 관측계기 및 시설 등에 대하여 제5조제2항에서 정한 점검주기 이상의 점검

을 실시하고, 점검결과 보수가 필요한 사항은 가능한 한 조속히 보완하여야 한다.

③ 홍수통제소장은 매년 1회 이상 관측원에 대한 교육을 실시하여야 한다.

④ 국토교통부장관 또는 한강홍수통제소장은 홍수통제소장이 제3항의 규정에 의하여 실시하는 교육을 대행할 수 있다.

제21조(관측소의 유지 및 관리) 홍수통제소장은 이 규정에 의하여 관측이 적절히 행하여지도록 관측계기 및 관측시설의 유지관리에 만전을 기하여야 한다.

제22조(관측소의 보전) ① 홍수통제소장은 수위·유량관측소의 상·하류 일정구역에 대하여 하천의 형상보전에 만전을 기하여야 한다.

② 홍수통제소장은 제5조제1항의 규정에 의한 1등급 및 2등급 관측소에 대하여 수문학적 동질성과 연속성이 유지되도록 노력하여야 한다.

제23조(관측소 피해조치 및 보고) ① 홍수통제소장은 관측소가 피해를 입었거나, 관측기기 및 관측시설의 고장이 있을 때는 신속하게 필요한 조치를 강구하여야 한다.

② 홍수통제소장은 관측소가 홍수 등에 의하여 피해를 입었을 때는 관측소 피해 보고서를 작성한 다음 관계법령에 의한 보고계통에 따라 피해보고를 하여야 하며, 이를 즉시 국토해양부장관에게 보고하여야 한다.

제24조(관측세칙) ① 국토교통부장관 또는 홍수통제소장은 이 규정의 시행을 위하여 필요한 세부사항을 따로 정할 수 있다.

② 이 규정에서 정하지 않은 세부사항에 대하여는 국토교통부장관이 따로 정하는 바에 따른다.

부 칙

제1조(시행일) 이 규정은 2004년 1월 1일부터 시행한다.

제2조(관측기준시각 변경에 따른 경과조치) 제12조제2항제1호의 개정으로 인하여 2003년 12월 31일의 일강수량은 당일 24시까지로 한다.

제3조(다른 규정과의 관계) 이 규정 시행당시 다른 훈령의 규정에서 종전의 규정을 인용하고 있는 경우 이 규정 중 그에 해당하는 규정이 있을 때에는 종전의 규정에 갈음하여 이 규정의 해당 규정을 인용한 것으로 본다.

(부록 2)

1. 기준 홍수위의 정의

(1) 지정홍수위

- 계획홍수량의 100분의 20에 해당하는 유량이 흐를 때의 수위
  ① 1년에 5~10회 정도도달수위
  ② 지정홍수위가 되면 매시간 수위관측보고

(2) 경계홍수위

- 수위가 더 이상 상승하면 제방, 수문, 교량 등에 대한 경계가 필요한 수위로 계획홍수량의 100분의 50에 해당하는 유량이 흐를 때의 수위
  ① 2~3년에 1회 정도 도달수위
  ② 평균저수위로부터 계획홍수위까지의 밑으로부터 약 60%의 수위
  ③ 대피준비 및 수방력 출동준비 시점

(3) 위험홍수위

- 제방, 수문, 교량 등에 대한 붕괴의 위험이 예상되는 수위로써 계획 홍수량의 100분의 70에 해당하는 유량이 흐를 때의 수위
  ① 5~10년에 1회 정도 도달수위
  ② 대피 및 수방력출동 시점

2. 홍수예보발표

(1) 목적

홍수예보 발표로 홍수에 대한 대비 및 대피시간을 제공하여 인명 및 재산피해의 최소화

(2) 홍수예보 발표기준

- 홍수주의보
  ① 기준지점의 수위가 지정홍수위를 넘어 계속 상승하여 경계홍수위에 가까워질 것이 예상되는 경우
  ② 지정홍수위에 도달하지 아니한 경우라도 강우 등의 상황에 비추어 경계홍수위에 가까워질 것이 예상되는 경우
- 홍수경보

① 기준지점의 수위가 경계홍수위를 넘어 계속 상승하여 위험홍수위에 가까워질 것이 예상되는 경우

② 경계홍수위에 도달하지 아니한 경우라도 강우 등의 상황에 비추어 위험홍수위에 가까워질 것이 예상되는 경우

- 해제

① 기준지점의 수위가 지정홍수위 이하로 내려가 홍수피해의 우려가 없다고 인정되는 경우 홍수주의보 해제

② 홍수경보는 일단 홍수주의보로 대체발표후 해제

※ 홍수주의보 및 홍수경보는 유역의 전부 또는 일부에 대하여 발표하거나 해제

(3) 홍수예보 발표권자

- 5대강수계 : 각 수계 홍수통제소장
  - 한강, 낙동강, 금강, 영산강, 섬진강
- 기타수계 : 해당 지역 관할 건설부 지방국토관리청장

(4) 홍수예보의 전파

- 홍수예보를 발표한 홍수통제소장(지방국토관리청장)은 그 내용을 즉각 중앙재해대책본부장과 해당지역 재해대책본부장 및 방송국에 통보
- 시 · 도재해대책본부장은 홍수예보대책지역 행정기관에 통보 및 홍수대비 활동전개

3. 홍수예보를 위한 주요지점 및 기준수위

(단위 : m)

수계명	하천명	관측소명	홍 수 위			
			지 정	경 계	위 험	기왕최고
한 강	본 류	인도교	4.5	8.5	10.5	12.26
	남한강	여 주	5.0	7.5	9.5	10.00
낙동강	본 류	왜 관	5.0	7.0	9.0	10.43
	본 류	현 풍	7.5	11.0	13.0	13.71
	밀양강	진 동	5.0	8.0	10.0	11.40
	본 류	삼랑진	4.0	7.0	9.0	10.31
	감 천	낙 동	5.0	7.0	8.5	
	본 류	구 포	3.0	4.0	5.0	
금 강	미호천	석 화	2.0	4.0	5.0	11.70
	본 류	공 주	3.5	6.0	8.0	7.20
	본 류	강 경	5.0	6.0	7.0	8.59
	본 류	규 암	3.5	5.5	7.0	

영산강	본 류	본 동	4.0	6.0	7.0	
	본 류	영산포	5.0	7.0	9.0	
	본 류	마 륵	3.0	4.0	5.0	
	지석천	남 평	2.0	3.0	4.0	
	본 류	나 주	4.0	7.0	8.0	8.60
	황룡강	선 암	1.5	2.0	3.0	5.15
섬진강	본 류	구 례	4.0	6.0	7.0	6.10
	본 류	송 정	6.0	10.5	14.0	
	본 류	본 류	4.0	7.0	8.0	

(부록 3)

〈각종 확률지 및 방안지〉

정규 확률지

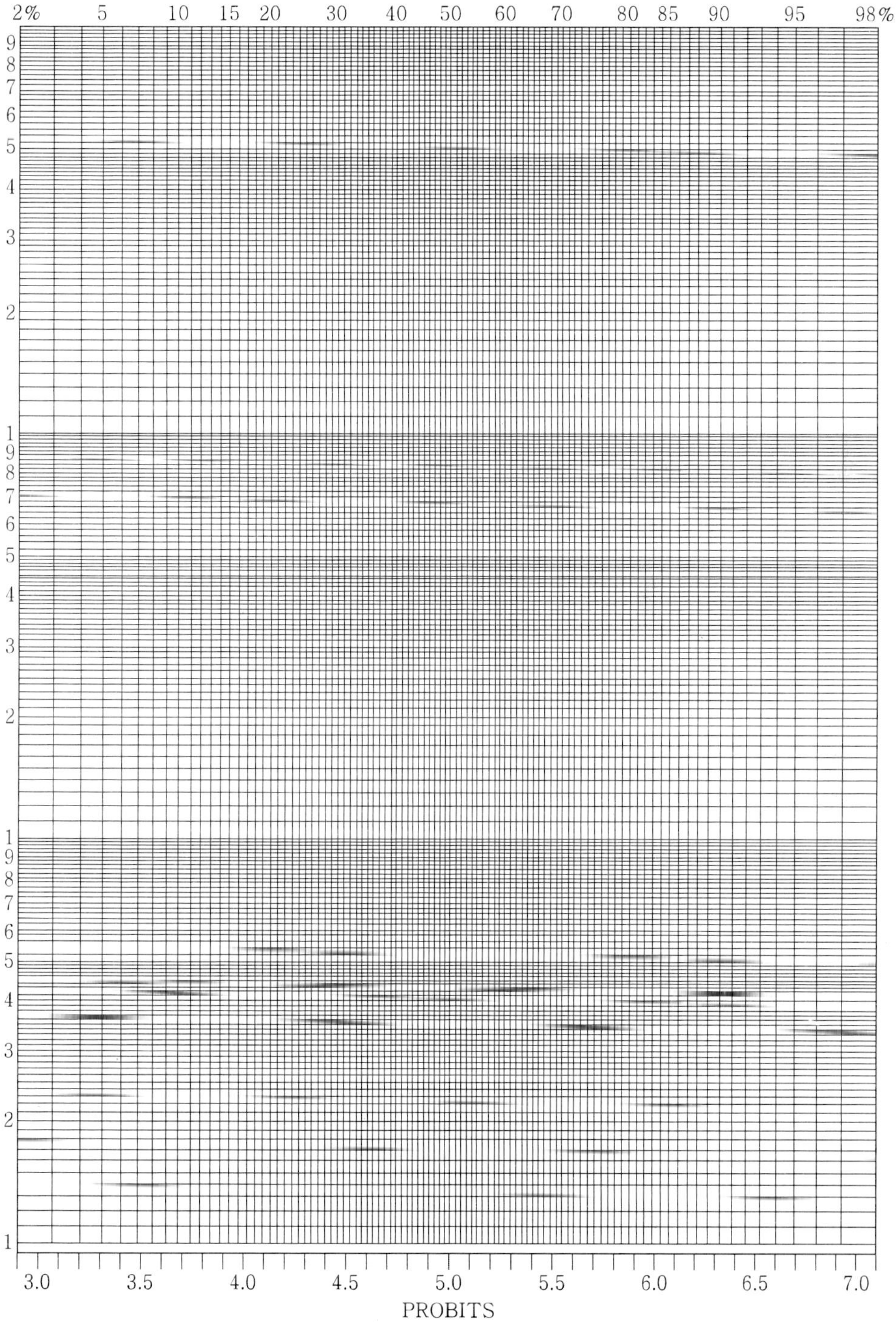
2% 5 10 15 20 30 40 50 60 70 80 85 90 95 98%
9 8 7 6 5 4 3 2 1
9 8 7 6 5 4 3 2 1
9 8 7 6 5 4 3 2 1
3.0 3.5 4.0 4.5 5.0 5.5 6.0 6.5 7.0
PROBITS

대수정규 확률지

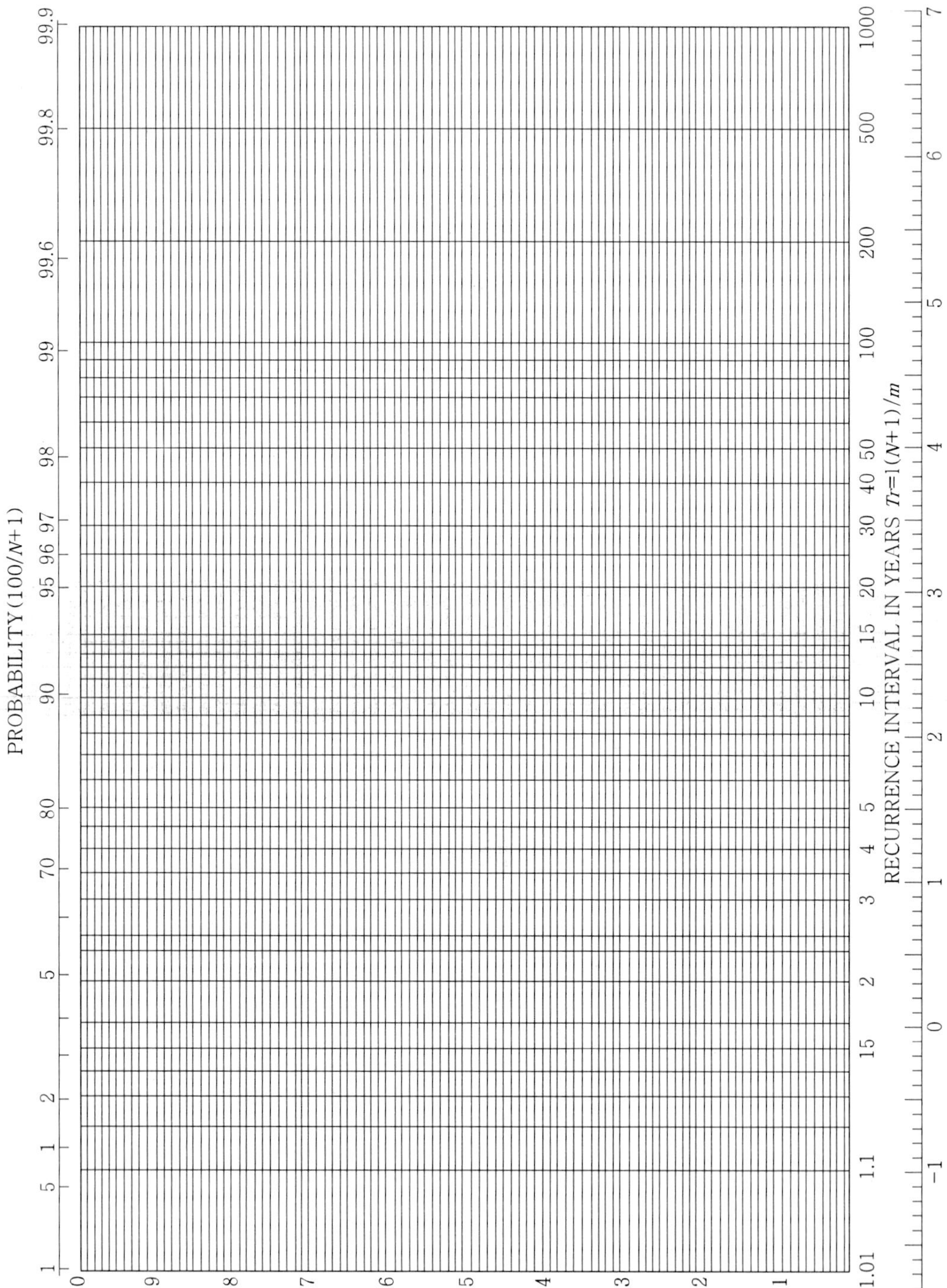

Type-Ⅰ 극치분포 확률지(Gumbel 확률지)

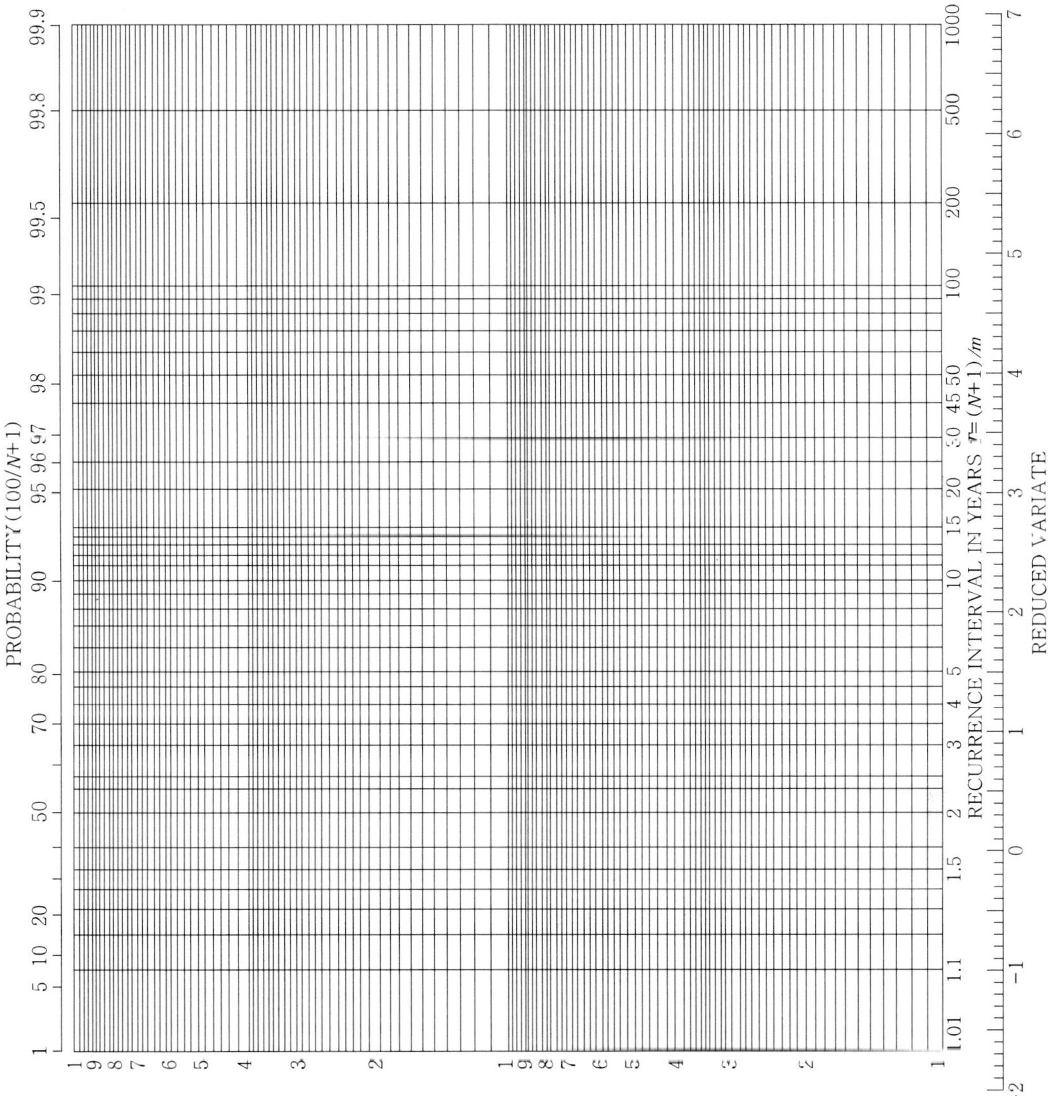

Type-Ⅲ 극치분포 확률지

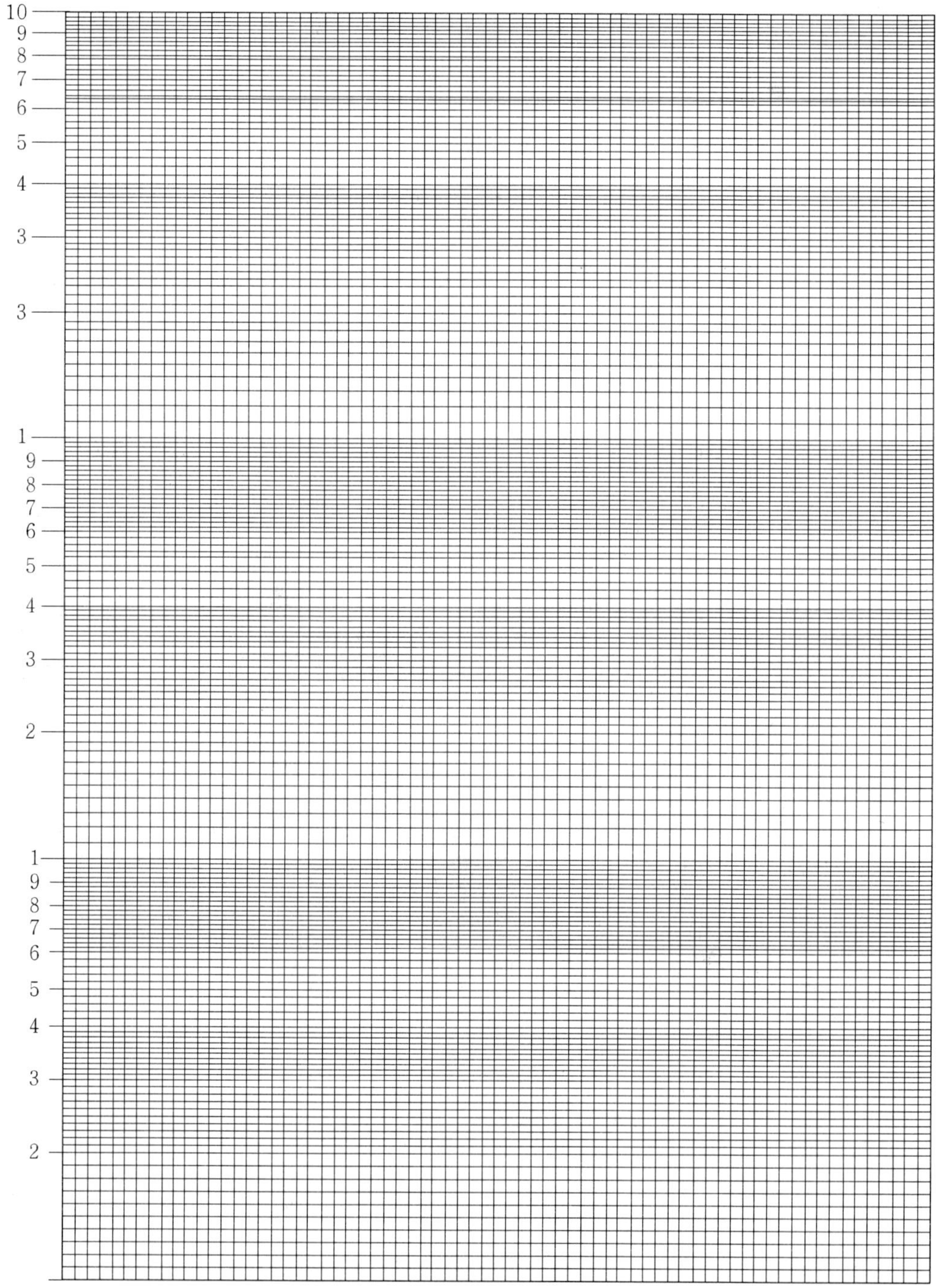

반대수 방안지(3 Cyles)

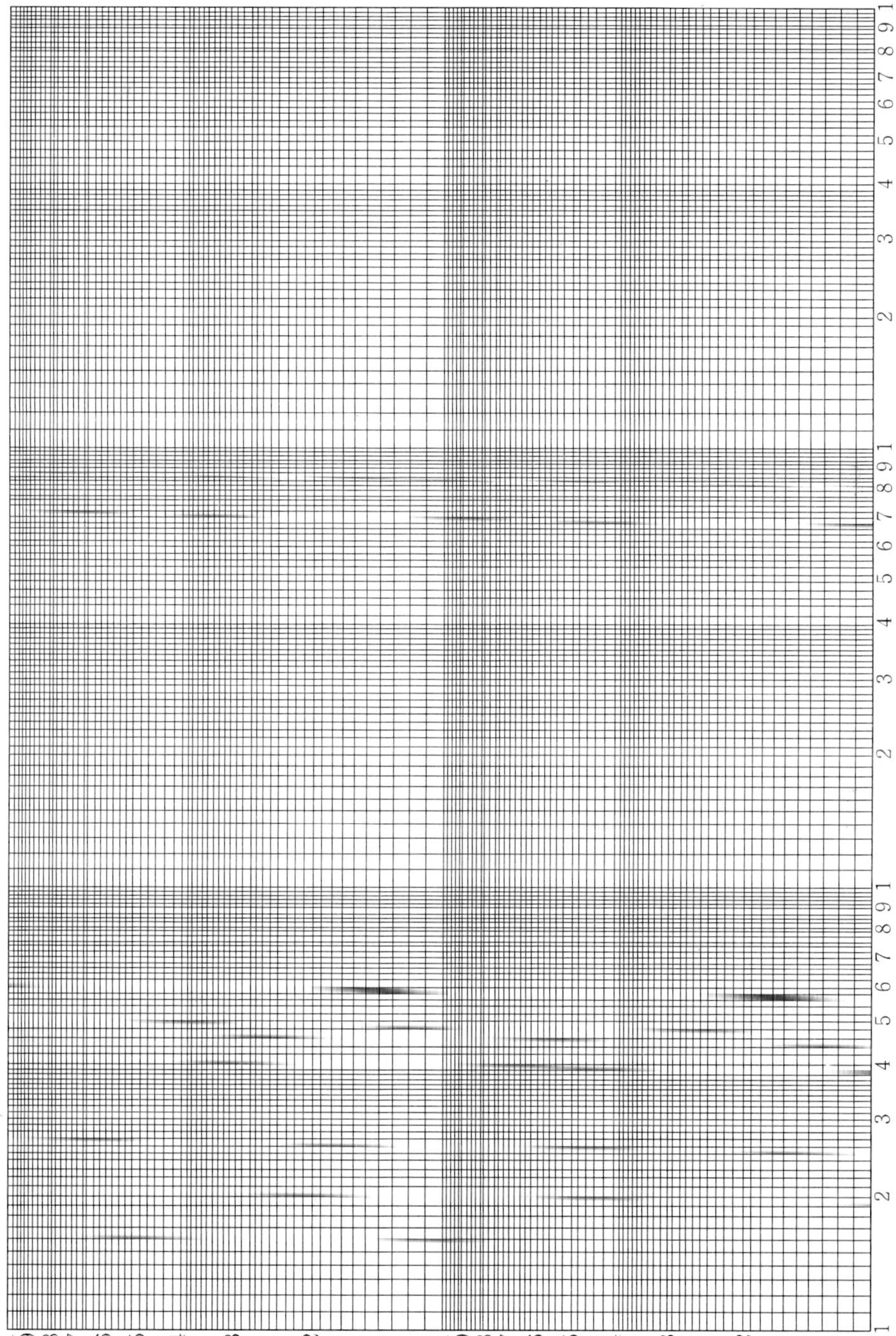

전대수 방안지(2×3 Cycles)

찾아보기

ㄱ

가능최대우량 56
간헐하천 20
강수 34
강수량 32
강우강도 42
강우강도식 57
강우손실 150
강우지속시간 41
공극률 128
교호방법 71
기단 50
기상레이다 90
기저유출 175

ㄷ

누가우량곡선 43

ㄷ

단면 98
단위도 230
대기 5
대기압 7
대류성 강우 47
대수층 138
등우선도 42
등우선법 65

ㅁ

면적고도곡선 32
물수지법 155

ㅂ

변량 280
변수 280
보급하천 145
보유수율 129
보통우량계 82
본천 20
부자 105
비산출율 129
비용-이익분석 272
비 피압대수층 139

ㅅ

산악성강우 47
상관계수 299
상대습도 9
상시하천 20
선형 회귀 299
수계 21
수문곡선 98
수문기상 5
수문순환 3
수문학 2
수위 114
수위-유량곡선 110

수위-유량관계 99
수자원 부존량 13

ㅇ

안전채수량 130
에너지수지법 156
왜곡도 292
우량주상도 42
유량 22, 98
유선망 140
유속계 102
유역 21
유역평균경사 35
유역평균우량 42, 64
유역형상 28
유출 166
유출곡선지수 190
유출성분 173
유출순환 166
유출하천 146
유황곡선 119
유효우량 184
이중누가곡선 72
인공강우 93

ㅈ

자기우량계 83
재현기간 57, 278
저기압성 강우 49
저류방정식 254
전선 50
정상년비율법 71
주감소곡선 180
중앙단면법 101
증기압 8
증발 152
증발산 161
지점우량 42
지중수 124
지천 20
지체시간 239
지하수대 125
지하수면 125, 139
직접유출 175
직접유출유량 수문곡선 181

ㅊ

첨두유량 239
초과확률 281
침투 132
침투능 133
침투율 132

ㅌ

태양복사 11
태양복사에너지 158
태풍 54

ㅍ

평균단면법 122
포화증기압 8, 45
표준계산오차 300
표준편차 292
피압대수층 139

ㅎ

하구 20
하천경사 30
하천길이 27
하천밀도 29
하천차수 25
합리식 202
형상계수 29
홍수도달시간 203
홍수수문곡선 180
홍수추적 250

확률년 278
확률밀도함수 281
횡단면 98

ETC
cutoff 270
DAD 해석 67
Darcy 법칙 140
IDF 곡선 60
Muskingum법 259
Plotting position 289
Tensiometer 126
Thiessen 다각형법 65
W-지수법 187
ϕ-지수법 187

저자 소개

이종형 공주대학교 사회환경공학과 교수
김이현 경북대학교 건설환경디자인과 교수
박정규 대전과학기술대학교 도시건설과 교수

수문학(제3판) 정가 20,000원

저 자 : 이종형 · 김이현 · 박정규

발행인 : 임해진
발행처 : 도서출판 구미서관

발행 : 2006년 3월 20일 제1판 1쇄
2010년 2월 26일 제2판 1쇄
2021년 7월 12일 제3판 1쇄

등록 : 1979년 6월 29일 No.9-6호

주소 : 서울시 마포구 신촌로 2길 5-15 구미빌딩
전화 : 02-333-1101
팩스 : 02-335-2201
http://www.goomibook.com

ISBN : 979-11-6257-170-5(93530)